武器甲冑図鑑

ARMS & ARMOR

市川定春 著

有田満弘・諏訪原寛幸・福地貴子 画

アドリアン・アルマンの再現をもとにした「ジャンヌ・ダルク」の甲冑と軍旗。恐らく最も忠実に再現された姿ではないかと考えられる。

CONTENTS

第Ⅰ章
古代の戦士 ANCIENT WARRIORS ——— 013

前3000頃–前1500年頃	軍隊の曙 古代エジプト ——— 014
前2550–前2350年頃	埋もれていた軍隊 シュメール ——— 016
前1552–前1070年	ファラオの軍隊 エジプト［新王国時代］——— 020
前1250年頃	英雄たちの時代 古代ギリシア ——— 024
前930頃–前609年	騎兵あらわる アッシリア ——— 026
前559–前330年	民族のモザイク軍 アケメネス朝ペルシア ——— 032
前800–前350年	ギリシア式密集方陣（ファランクス）と市民兵 ギリシア［古拙・古典時代］——— 036
前359頃–前323年	偉大な王のつくりし軍隊 マケドニア ——— 044
前323–前30年	古代軍隊の見本市 後継者時代（ディアドコイ）——— 050
前317–前183年	古代最強の呼び声高き軍隊 マウリヤ朝インド ——— 054

年代	小見出し	項目	頁
前800 – 前275年	ローマ以前	古代イタリア	060
前753 – 前509年	装備自前の軍隊	ローマ［王政時代］	062
前519 – 前2世紀中頃	ローマの軍は一日にしてならず	ローマ［共和政初期］	064
前814 – 前146年	海上国家の傭兵軍	カルタゴ	070
前2世紀末 – 前28年	市民軍から職業軍へ	ローマ［共和政末期］	074
前5 – 前1世紀	記録のなかの蛮族戦士	ケルト人	078
前27 – 後235年	軍団兵と補助軍兵	ローマ［帝政期前半］	080
前1 – 後2世紀初頭	ローマと敵対した東方勢力	ポントス／パルティア／ダキア	088
235 – 476年	東方化されたローマ軍	ローマ［帝政末期］	096
前115年 – 後5世紀	巨大帝国に挑んだ蛮族戦士	ゲルマン人	100

297–846年	入れ墨戦士 **ピクト人** ——— 104
220–649年	重装騎馬軍団 **ササン朝ペルシア** ——— 106
374–466年	ヨーロッパを席巻した騎馬軍団 **フン族** ——— 110
260–272年	シルクロードの富が生んだ精強軍 **パルミュラ** ——— 112

戦争の技術1
古代オリエントの攻城技術 ——— 030

戦争の技術2
古代ギリシアに見る兵器の起源 ——— 052

戦争の技術3
古代アジア・アフリカの戦象 ——— 058

戦争の技術4
ローマの砲撃兵器 ——— 094

第Ⅱ章
中世の戦士 MEDIEVAL WARRIORS ——— 115

年代	テーマ	項目	ページ
475－578年	ローマ再興を目指して	東ローマ（ビザンツ）帝国［初期］	116
425－945年	アーサー王の軍隊	ブリトン	120
550－826年	鐙をもたらした騎馬軍団	アヴァール人	122
578－1118年	双頭の鷲の下に	ビザンツ帝国［中期］	124
499－1066年	ブリテン島のゲルマン戦士	アングロ・サクソン人	132
481－814年	暗黒時代（ダーク・エイジ）のフランス軍	フランク王国	136
790－1070年	ヨーロッパを席巻した海賊軍	ヴィーキング	140
700－1072年	騎乗戦闘の革命児	ノルマン	144
1096－1270年	聖地を目指して	十字軍	148
620－1500年	キリスト教国との対峙	イスラム勢力	156
1118－1461年	最後のローマ軍	ビザンツ帝国［後期］	166
10－16世紀	インドのイスラム軍	中世インド／南アジア	168

12–14世紀	タルタロスからの使者 **モンゴル**	172
711–1300年	失地回復戦争（レコンキスタ） **中世スペイン**	178
846–1329年	北方の荒武者 **スコットランド／アイルランド**	182
911–1300年	ローマ帝国の後継者 **ドイツ（神聖ローマ帝国）**	186
987–1328年	中世盛期の軍隊 **中世フランス**	188
1337–1453年	フランスvsイングランド **百年戦争**	194
13–15世紀	北の十字軍 **東ヨーロッパ**	204
15世紀	火器と戦車の軍隊 **フス戦争**	212

戦争の技術 5
ビザンツ帝国の秘密兵器 —— 130

戦争の技術 6
イスラム世界の技術 —— 164

戦争の技術 7
モンゴルの火薬と攻城兵器 —— 176

戦争の技術 8
火薬の伝来と火器の登場 —— 210

第Ⅲ章
近世の戦士 RENAISSANCE WARRIORS ―― 217

年代	項目	ページ
14－16世紀	再生と革新 **ルネサンス・イタリア**	218
15世紀	神の軍隊 **神聖ローマ帝国**	226
14－16世紀	民兵軍団の戦い **スイス**	234
1364－1477年	「日没する国」の大公の軍隊 **ブルゴーニュ公国**	240
1455－1487年	王権に群がるイングランド騎士 **バラ戦争**	244
14－17世紀	ヨーロッパを震撼させたイスラム軍 **オスマン・トルコ**	246
1501－1736年	神秘主義教団の精強騎馬軍団 **サファビー朝ペルシア**	252
14－18世紀	大ハーンの後継者 **ティムール／ムガル**	254
16－18世紀	ムガルの敵対勢力 **ヒンズー教徒の軍隊**	264
1462－1598年	「軛(くびき)」からの開放と雷帝の時代 **ロシア**	268
1492－1600年	大航海時代 **コンキスタドール**	276
15－17世紀	新大陸の戦士 **南北アメリカ大陸**	280

15－17世紀	絶対王権を確立した軍隊 **フランス** —— 294
16－17世紀	太陽の沈まない王国 **スペイン** —— 300
16－17世紀	ヘンリーとエリザベスの時代 **イングランド／スコットランド／アイルランド** —— 308
16－17世紀	帝国最後の時 **神聖ローマ帝国** —— 318
16－17世紀	東欧の精鋭騎兵 **ポーランド** —— 326
16－17世紀	独立を獲得した革新的な軍隊 **オランダ** —— 330
17－18世紀	"北方の獅子"とその軍隊 **スウェーデン** —— 332
17世紀	王党派対議会派（ロイヤリスト　パーラメント） **イギリス市民戦争** —— 336

戦争の技術 9
中世を終わらせた兵器 —— 270

戦争の技術 10
ボーディング –船上の戦い– —— 290

戦争の技術 11
小銃の仕組みと変遷 —— 340

第Ⅳ章
近代の戦士 MODERN WARRIORS ——— 345

17世紀後半−18世紀前半
燧石式小銃と銃剣
フランス／イングランド ——— 346

18世紀
ロシア／スウェーデン
大北方戦争 ——— 354

1715, 1745年
スコットランド／イングランド
ジャコバイトの乱 ——— 358

1756−1763年
プロイセン／オーストリア／ロシア／フランス
七年戦争 ——— 362

1775−1781年
散兵戦とゲリラ戦
アメリカ独立戦争 ——— 368

1792−1815年
フランス／イギリス／ロシア／オーストリア／プロイセン
ナポレオン戦争 ——— 372

1861−1865年
US対CS
南北戦争 ——— 402

18−19世紀
北米大陸の先住者
ネイティヴ・アメリカン ——— 406

19世紀後半
ナポレオン戦争後のヨーロッパ
クリミア／普墺／普仏戦争 ——— 408

1838−1902年
大英帝国の戦い
植民地戦争時代 ——— 412

戦争の技術 12
機関銃の発明 −大量殺戮の時代へ− ——— 420

参考文献 ——— 423
索引 ——— 434
あとがき ——— 447

はじめに

　本書は歴史上に実在した武器や甲冑が、「いつ、どこで、誰が、どのように使用したか？」ということを、通史風に明らかにしようと試みた本である。ただし紙面の都合から扱う領域を西洋世界に絞り、またそこでの説明を理解する上で、あったほうがよいと考えた関連地域のみを取りあげている。そうしたことから紹介する武器や甲冑の種類も決して多いとはいえないが（少ないともいえない）、その分を質の向上に振り向け、特にイラストでは細心の注意を払うようにした。
　またより広範な読者が理解しやすいよう、軍事史を扱う書物にありがちな、専門的な用語を読者が熟知していることを前提とした記述と内容は避け、できる限り説明を加えるとともに内容も吟味している。同様に前提となる時代時代の歴史的背景も概観できるようにした。しかしながら、広範な歴史範囲を扱うことから、歴史的背景の説明が寸評とならざるを得なかった点はご了承願いたい。

　本文中の固有名称は、原則として英語か原語の発音をカナで表記し、可能な限りその地域で使用された名称を附記している。また固有名称には和訳できないものも多く注意を要するが、訳語を用いた場合にはできるだけ機能中心に考えて日本語化したつもりである。ただし、我が国ですでに一般化している訳語や表記は慣例に準じている。例えばGatling gunは「ガトリング銃」ではなく「ガトリング砲」とし、「弓」を意味するbowの表記は「バウ」ではなく「ボウ」とした。
　なお、欧文綴りでの"‐"や"＝"、スペースはカナ表記では一括して"・"にした。欧文綴り自体は文中に挿入すると読みづらくなると考え、巻末索引に武器・甲冑・兵種名に限ってまとめて記することにした。原語を知りたいと望まれる方は、お手数ではあるがそちらを参照願いたい。

市川定春

第Ⅰ章
ANCIENT WARRIORS
古代の戦士

前3000年頃-前1500年頃

軍隊の曙
古代エジプト

およそ5000年ほども昔のこと。それまでナイル川沿いの土地を上下に分かっていたエジプトがひとつとされて最初の統一王朝がつくられた。これよりエジプトの文明は曙の時代をむかえ、軍隊もまたその薄明りのなかに姿をあらわす。

古代エジプト兵士

前2000年頃の歩兵。軍隊の中心となったのが槍と盾をもった槍兵と弓兵だった。前3000年から1500年の長きにわたって、エジプトの兵士たちは兜や鎧めいたものを身につけていない。かぶっている古代エジプト独特の頭巾は防具ではなく、きつい日光を避けるための日除け。

盾の上辺が弧を描いているのが古代エジプト盾の特徴

■ 戦斧

白兵戦で用いられた斧は、斧頭が長く平たく厚みがない。兜も鎧もつけていなかったため、比較的薄刃でも用が足りたと思われる。ひもを用いて木製の柄に装着した点にも特徴がある。

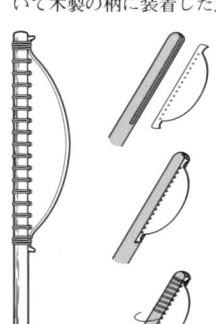

① 斧頭の装着部分にはひもを通す孔が空けられ、柄のほうには溝が彫られている

② 斧頭を柄の溝にはめ込む

③ 斧頭に空いている孔にひもを通し縛りつける

第Ⅰ章　古代の戦士
前3000頃-前1500年頃　古代エジプト

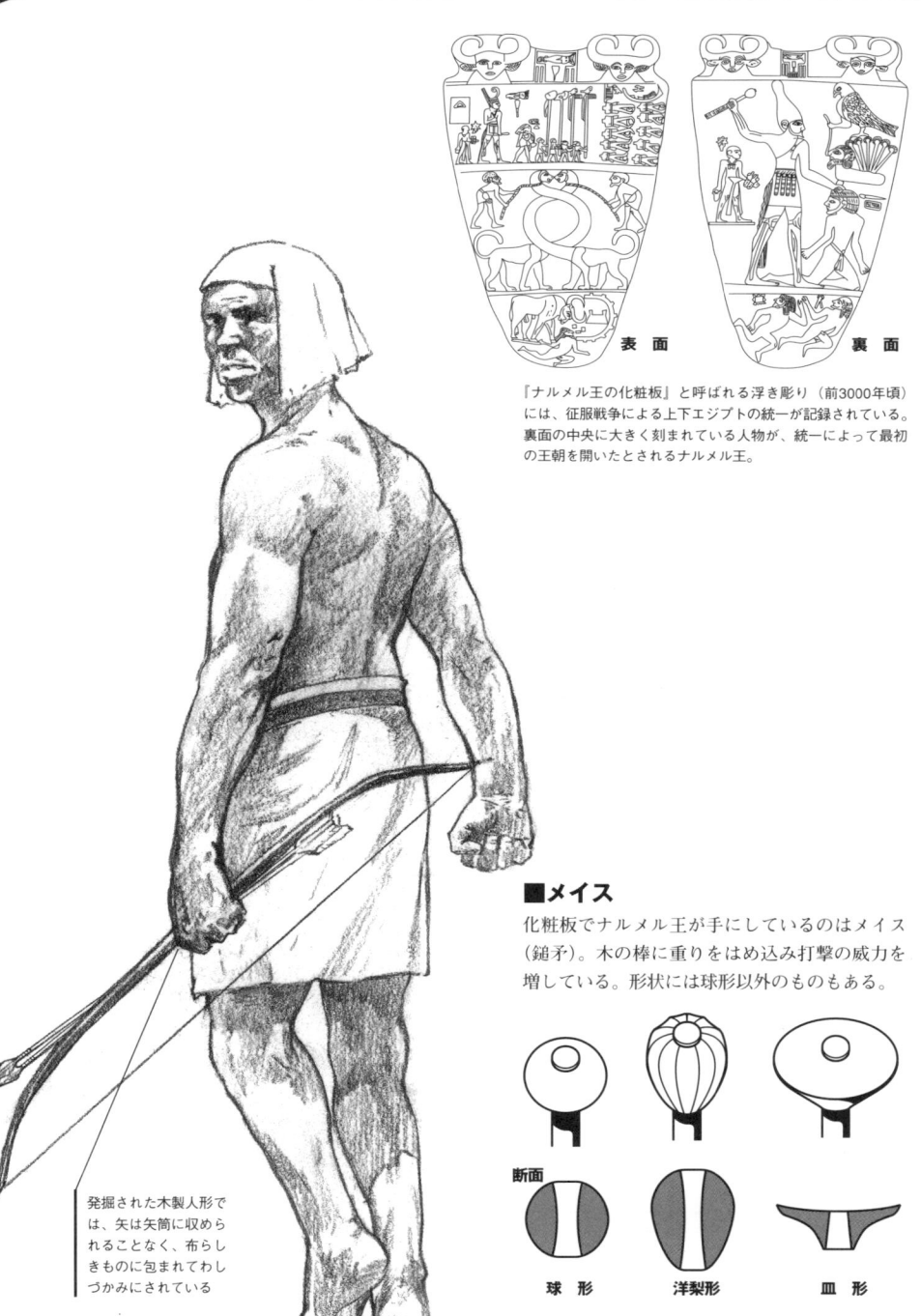

『ナルメル王の化粧板』と呼ばれる浮き彫り（前3000年頃）には、征服戦争による上下エジプトの統一が記録されている。裏面の中央に大きく刻まれている人物が、統一によって最初の王朝を開いたとされるナルメル王。

■メイス

化粧板でナルメル王が手にしているのはメイス（鎚矛）。木の棒に重りをはめ込み打撃の威力を増している。形状には球形以外のものもある。

断面

球形　　洋梨形　　皿形

発掘された木製人形では、矢は矢筒に収められることなく、布らしきものに包まれてわしづかみにされている

前2550-前2350年頃

埋もれていた軍隊
シュメール

ティグリス川とユーフラテス川に挟まれた地域もまた文明の発祥地として知られている。のちにギリシア語で"河間の地"（メソポタミア）と呼ばれるようになるこの地では、周辺に暮らす民族が流入をくり返し、点在する都市国家が激しい抗争をくり広げていた。メソポタミア文明を最初に担ったシュメール人の遺跡からは、抗争の激しさを物語るような、軍隊にまつわる遺物が発掘されている。

シュメールのチャリオット

1927年に発掘された前2550年頃のモザイク画『ウルのスタンダード』にあるチャリオット（戦車）の再現。4頭のロバが牽く4輪車。車輪は半円形の板を合わせたものでスポークがない。このため牽引重量が重くなるだけでなく、地面を走る衝撃がそのまま伝わり、乗員には相当応えたと思われる。車輪は車軸ごと回転する造りになっており、そのため騒音がひどく随分遠くからでも接近するのが知れただろう。乗っているのはロバを操る御者とジャヴェリン（投槍）を投げつける兵士のふたり。馬が人を乗せられるほどに大形化するまで、騎馬兵ではなくチャリオットが機動戦力として用いられていた。

引き棒の推定の長さは3m

キシュから発掘された前2600頃の粘土製模型により4輪と2輪のチャリオットがあったことがわかっている

車輪の直径は推定で50～100cm。接地面には銅の釘で革を貼りつけていた

第Ⅰ章 古代の戦士
前2550-前2350年頃　シュメール

都市遺跡ウルで発掘された『ウルのスタンダード』の全体の様子と裏面の一部。表面に色あざやかな青色のモザイク片を貼りつめている。「スタンダード」（英語で「部隊標識」（軍旗）の意）と呼ばれるようになったのは、王の旗手と思われる人骨の近くで発見されたことによる。実際に何に使われていたかは不明。

ウルの兵士

同じく『ウルのスタンダード』から再現した槍をもつ兵士。兜は金属製。腰蓑は動物の毛皮のようにも、また植物の葉でできているようにも見えるが、かさばっていることで防具代わりとなる。大きなマントも深手を避けようというもので、急所となる胴体に狙いをつけにくくするはたらきもある。マントにある小さな円は、マントが垂れるようにするための重しとした金属製の鋲と思われる。

017

ラガシュの兵士

ラガシュの都市遺跡から発掘されたレリーフ『禿鷲の碑』（前2400年頃）に描かれた兵士。槍を両手でもっており、盾も大きいことから槍兵と盾兵が組み合わさされていたと考えられる。ここでの兵士たちは『ウルのスタンダード』にあったようなマントを着ていないが、盾にはそれ以上の防御力がある。

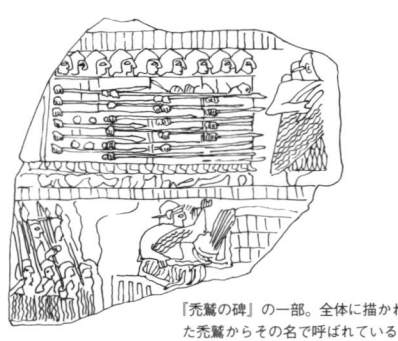

『禿鷲の碑』の一部。全体に描かれた禿鷲からその名で呼ばれている。

穂先の装着方法

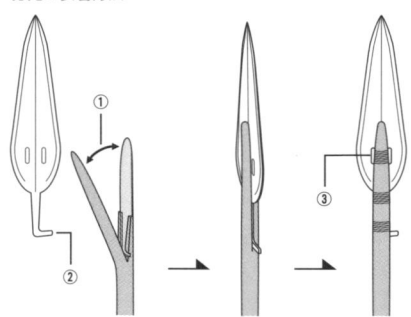

① 柄の先端をふたつに割き、穂先がぴったりと収まるようになかを削っている

② 穂先の差込部分先端が曲げられており、柄に彫った溝にはめて抜けにくくしている

③ 縛りつけて固定する。穂先には目孔がふたつ空いているものもあり、よりしっかりと縛りつけられるようになっていた

第Ⅰ章　古代の戦士
前2550-前2350年頃　シュメール

■コピシュ

白兵戦に用いたコピシュ刀。青銅製。刃は湾曲した部分の外径側にあり、直線部分にはない。その特徴から趣としては刀というよりも柄と打撃部を一体化した全金属製斧、あるいは鉈（なた）といった感がある。後世になるほど湾曲部分が長くなる。コピシュはエジプトでも用いられた。

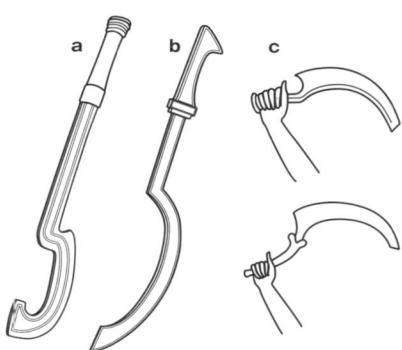

a) 前2100年頃
b) 前1300年頃
c) エジプトの短いコピシュ2種。前16～13世紀頃

『禿鷲の碑』のなかで兵士たちの先頭に描かれているラガシュ王エアンナトゥム。指揮官級の人物の兜には後頭部に髷（まげ）のような塊の装飾がある。

■戦斧

シュメールの戦斧は、銅製で細いつるはし（ピック）のような形をしており、固い兜でも貫通できるようになっている。斧頭には穴が空いており、ソケットのようにして柄を差し込む方式がとられていた。

◆最古の戦闘隊形・エリン◆

『禿鷲の碑』に描かれた兵士たちは盾を並べ、槍を揃えて突き出している。その様子が最古の戦闘隊形だと考えられており、レリーフに書かれた楔形文字から「エリン」と呼ばれている。一組になっている槍の本数から横6列だったのではないかと考えられてはいるものの、どのような状態であったかはわかっていない。まったくの当て推量ではあるが右図のようなものだったのかも知れない。

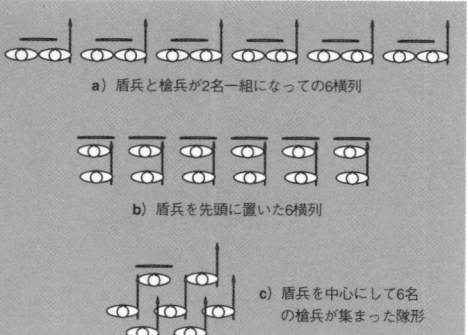

a) 盾兵と槍兵が2名一組になっての6横列

b) 盾兵を先頭に置いた6横列

c) 盾兵を中心にして6名の槍兵が集まった隊形

前1552-前1070年

ファラオの軍隊
エジプト［新王国時代］

独自の道を歩んでいたかに見えるエジプトとメソポタミアの文明にも、交易と民族移動を通じての交流があった。もっぱら影響を受けたエジプトでは、新王国時代になると、メソポタミアで用いられたチャリオットや鎧が用いられるようになる。

エジプトのチャリオット

2頭の馬が牽引する2輪チャリオットに乗るラメセス2世。アブ・シンベル神殿の壁画をもとに再現。このファラオはシリアのカデシュに親征し、チャリオット戦でヒッタイトを打ち破ったことで知られている（前1285年）。チャリオットを走りまわらせ、車台上から弓や投槍を浴びせ掛けたエジプトでは、車体の軽量化が図られ、時速は38kmと速かったことがわかっている。車体後部に車輪が取りつけられたことで、旋回性能もあがっている。乗員は御者と兵士の2名。ラメセスがかぶっているのは、第18王朝からファラオが用いるようになったコブラの前立てのある「青王冠」（「ケプルシュ」）。従来いわれてきた「戦の兜」というのは誤り。身につけているのは、青銅製のスケイル（小札）を連ねた丈長の鎧。チャリオット兵は攻撃時に両手がふさがり盾をもてないことから、また歩きまわる必要もないことから、こうした丈の長い小札鎧が着用された。

チャリオットの随走兵。旋回時や停車時に無防備となるチャリオットを援護する。投槍と盾をもち、若く足の速いものが選ばれる。

第Ⅰ章 古代の戦士
前1552-前1070年 エジプト［新王国時代］

◆チャリオット戦術◆

チャリオットを用いる戦術には次の4種がある。

a) 車台上から槍などで直接攻撃する。乗員は御者1名と車体の左右どちらかの側をそれぞれに受けもつ兵士2名。乗員数が3名と多いので車体は頑丈で、牽く馬は3頭以上。

b) 素速く動きまわり遠巻きにし、車台上から飛び道具で攻撃する。そのため造りが軽量であることが求められ、乗員も御者と兵士の2名と少ない。軽量なので2頭立てですむ。

c) 一直線に突撃し敵の戦列を寸断する。車体の前面に槍、車体横に鎌状の刃を取りつけたものもある。乗員は御者のみですむが重く、アケメネス朝ペルシアのものは4頭立て。

d) 素速く兵士を移動させることに用いる。乗ってきた兵士は降りて徒歩になって戦う。チャリオットは後方に退いて控えており、後退するときには再び兵を乗せ素早く撤退した。

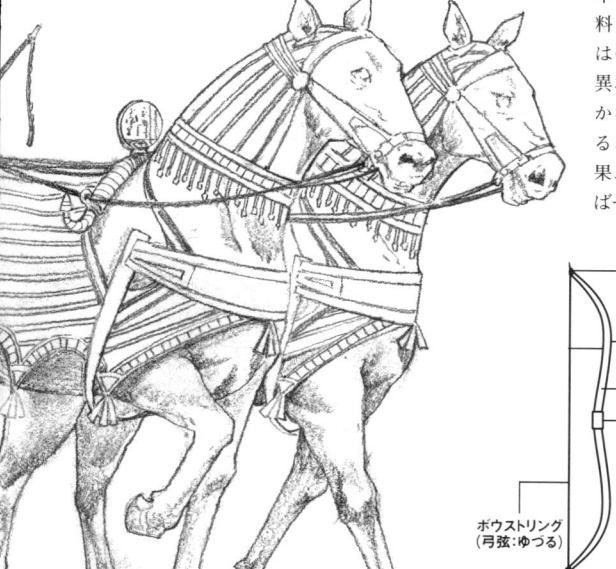

■合成弓（コンポジット・ボウ）

単一の材料でできた「単弓」に対し、複数の材料を組み合わせたものを「合成弓」と呼ぶ。図はその一例で、木と動物の腱、角という材質の異なるものをニカワで貼りつけている。力のかかる部分に腱を用いることで、木であれば折れるところまで湾曲させることができる。その結果、弓力が増し、矢を強く、速く、遠くまで飛ばせるようになる。

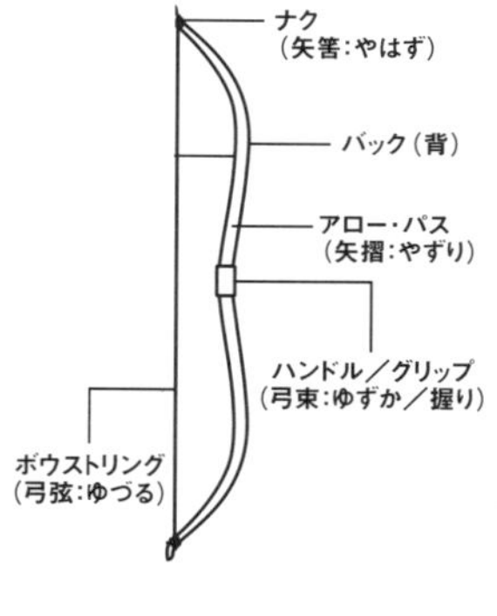

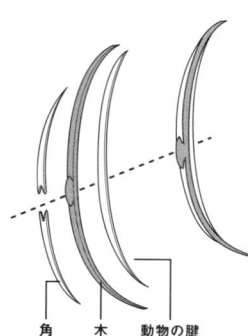

- ナク（矢筈：やはず）
- バック（背）
- アロー・パス（矢摺：やずり）
- ハンドル／グリップ（弓束：ゆずか／握り）
- ボウストリング（弓弦：ゆづる）

角　木　動物の腱

「メイス・アックス」と今日呼んでいる珍しい斧。威力を高める重りとして瘤状の塊がついており、振るうときには両手で用いた

三角形をした弓。複数の材質を組み合わせた合成弓と思われる

新王朝エジプト歩兵

歩兵の一般的な武器は槍と斧だった。弓兵はアブ・シンベル神殿の壁画に見られるもの。頭を剃りあげた姿は、戦場の兵士とは様子が明らかに異なる。またラメセス2世の肖像の足下に多数で描かれていることからファラオの親衛隊だと思われ、丸坊主頭がその標章であったようでもある。

さまざまな武器を携帯する歩兵たち。槍を主武器とする一方で、携帯武器としてコピシュ、棍棒、メイス、三角形状の短剣などが用いられた。

第Ⅰ章　古代の戦士
前1552-前1070年　エジプト［新王国時代］

斧頭形状の変遷

パレスティナに見られた錨形のa) **アンカー・アックス**の影響を受けたと思われるのがb) **イプシロン・アックス**。形がギリシア文字の"ε"に似ていることから今日その名で呼ばれている。c) **ダックビル・アックス**は、動物のカモノハシに似ていることから。d) **アイ・アックス**（目形斧）は斧頭に空けられた穴が並んだ目のように見えることからその名がある。e) は新王国時代の斧頭。斧頭は細身で肉厚となり、今日見慣れたようなまさかり形になるが、エジプト特有のひもで縛りつける装着方式は根強く維持されていた。

	エジプト	シリア パレスティナ	メソポタミア
B.C 3000	⌢		⬒
B.C 2500	⌓	a	
B.C 2000	b ⌢ c		d
B.C 1500	e		

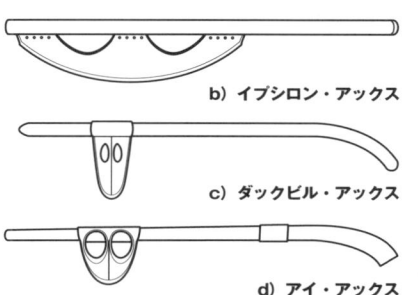

b) **イプシロン・アックス**

c) **ダックビル・アックス**

d) **アイ・アックス**

シャルダナ人親衛兵

エジプト軍には周辺異民族の兵士が多く含まれていた。時代が進むにつれて彼ら傭兵に依存する割合は増え、ラメセス2世の軍団では半数以上が異民族傭兵だった。彼らのなかにはファラオの身辺警護にあたったものもおり、シャルダナ人親衛兵は前13世紀からエジプトに侵入してきた"海の民"の一派だった。彼らの武装は彼ら自身のものが用いられたことから、外見は何ら"海の民"と変わりがない。アブ・シンベル神殿の壁画には角をつけた兜に円盤を取りつけた親衛兵の姿が描かれており、敵味方の区別として唯一、円盤が取りつけられたとも考えられている。

胴鎧は煮詰めて固くした皮革と思われる

剣は強度をもたせるために鍔（つば）側に広い三角形にしており、その形状から主に刺突することに用いた

前1250年頃

英雄たちの時代
古代ギリシア

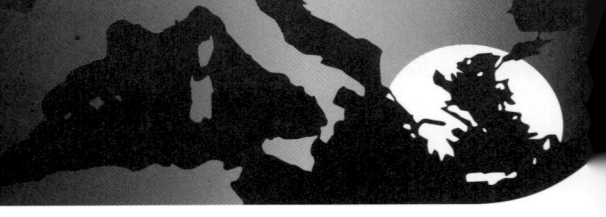

トロイア戦争（前1250年頃）を舞台としたホメロスの大叙事詩『イリアス』には、アキレウスを初めとする多くの英雄戦士が登場する。かつては架空の話とされたトロイアの攻防戦だが、今日にいたる考古学的な成果はその実像を解明しつつある。

ミュケナイ貴族戦士

ミュケナイ近郊のデンドラで発掘された青銅製鎧（前1400年頃）をもとに再現した戦士。ほぼ完全に身体を防護することができ、一方で動作が大きく制限されて俊敏さに欠けることから、チャリオット上で戦う身分の高い戦士が身につけたと思われる。兜は豚の牙を薄片にして糸で連ねたもの。

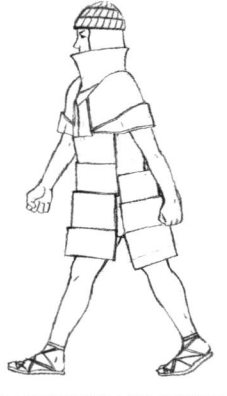

腰より下では連ねた板金が前後に分かれるようになっており、広い歩幅で歩けるようになっている。しかし全身が固められた状態に変わりはなく、単身徒歩では容易に討ちとられたことだろう。

第Ⅰ章　古代の戦士
前1250年頃　古代ギリシア

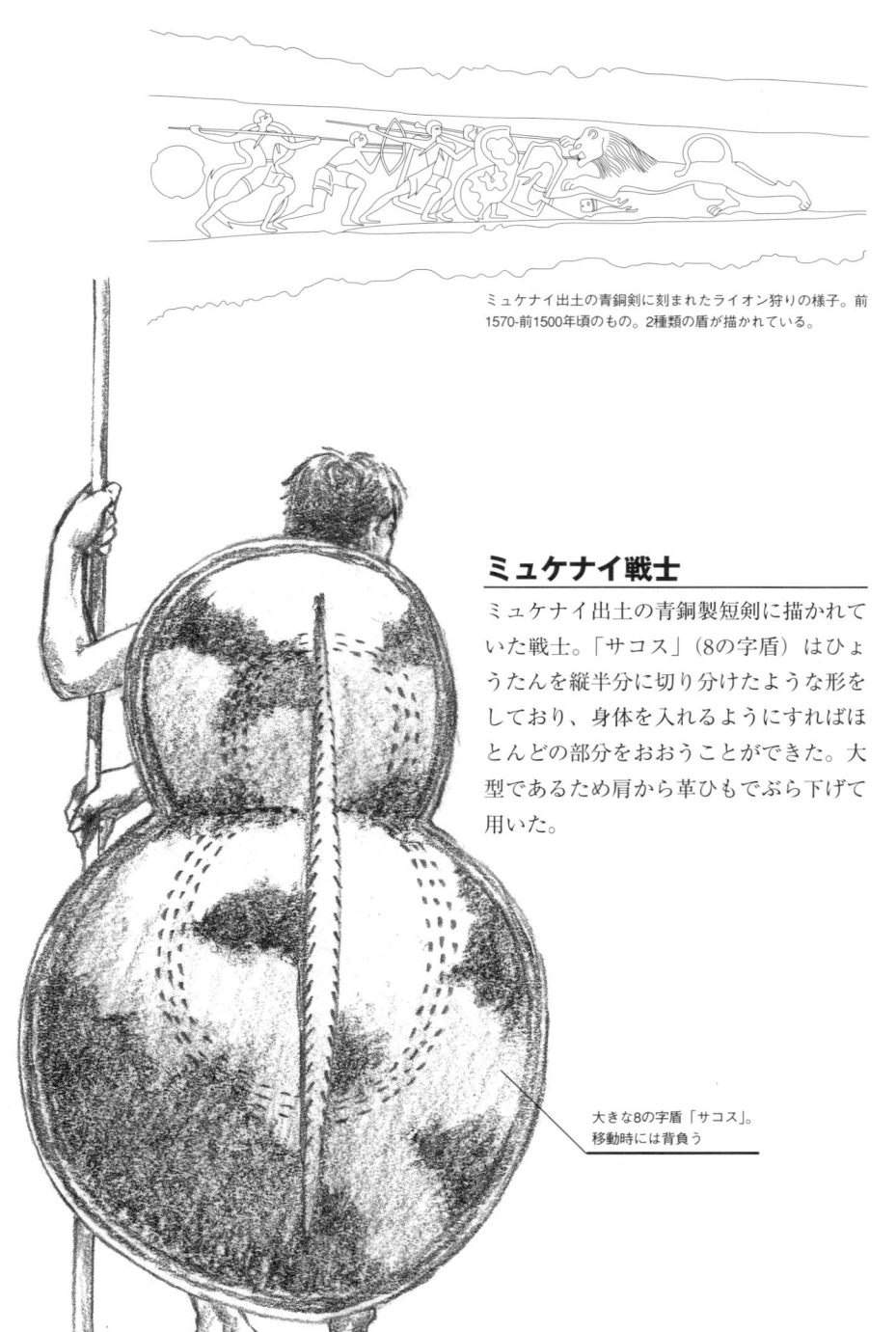

ミュケナイ出土の青銅剣に刻まれたライオン狩りの様子。前1570-前1500年頃のもの。2種類の盾が描かれている。

ミュケナイ戦士

ミュケナイ出土の青銅製短剣に描かれていた戦士。「サコス」(8の字盾)はひょうたんを縦半分に切り分けたような形をしており、身体を入れるようにすればほとんどの部分をおおうことができた。大型であるため肩から革ひもでぶら下げて用いた。

大きな8の字盾「サコス」。移動時には背負う

前930頃-前609年

騎兵あらわる
アッシリア

諸勢力が争いをくり広げたメソポタミアでは、ティグリス川上流域に本拠をおいていたアッシリアが次第に勢力を増し、ついには最古の世界帝国を築くにいたった。アッシリアは、逆らうものに容赦しない恐怖支配で知られており、宮殿には強大な武力を見せつけるための壁画が飾られ、朝貢に訪れるものたちを威圧していた。壁画には馬に乗る騎兵の姿がはっきりと描かれている。

アッシリア騎兵

アッシュールナシルパル2世宮殿の壁画（前9世紀）をもとに再現した騎兵。周辺の騎馬民族との接触があったアッシリアでは、人を乗せられるように馬を改良していき、それまで用いられていたチャリオットから騎兵へと、機動戦力を交代させるさきがけとなった。槍をもつほかに、弓を射る騎兵もいたが、周辺の騎馬民族ほど巧みに馬を操れるようでもなく、馬上で弓を射る騎馬弓兵というよりも、騎乗して戦場に赴き、降りて弓を射る弓兵といったものだっただろう。

第Ⅰ章 古代の戦士
前930頃-前609年　アッシリア

アッシリア歴代王の宮殿壁画に描かれている兜と刀剣

王名	兜	剣
アッシュールナシルパル2世 在位前884-前859年 シャルマネセル3世 在位前859-前824年		
ティグラートピレセル3世 在位前745-前727年		
サルゴン2世 在位前722-前705年		
センナケリブ 在位前705-前681年		
アッシュールバニパル 在位前669-前626年		

アッシリア歩兵と投石ひも兵

センナケリブ宮殿の壁画（前7世紀初め頃）をもとに再現した歩兵と投石ひも兵。歩兵は円形の盾をもち、円盤を取りつけた胸当を身につけている。投石ひもが登場したのは、ほぼ弓と同じ中石器時代（前1万2000年〜8000年）といわれている。石を加速させて投擲するというこの武器は、オーストラリア大陸を除くすべての大陸で用いられた。投石ひもが武器として有用だったのは、貫通力をもって敵を殺傷する弓と違い、弾丸の衝突力によって敵を倒すため、防具が金属化されてもほぼ変わらぬ威力を発揮できたことによる。たとえ甲冑をつけていたとしても、四肢の骨を砕いて重傷を負わせることができたのである。旧約聖書に登場するダビテとゴリアテの戦いはそうした投石ひもの威力を物語る象徴的な逸話であろう。社会が近代化し、火器の発達によって、軍隊の様相が様変わりしても、植民地獲得に乗り出した冒険者たちがもっとも恐れたのは投石ひもからの攻撃であり、それは19世紀になっても変わらない意見であった。

第Ⅰ章 古代の戦士
前930頃-前609年 アッシリア

■投石ひも

ひもの先に弾丸を包む革、もしくは布の部分があって、その先にもひもがついており、ちょうど眼帯のような形状をしていた。非常に簡単な構造で、全長は1mほど。重さはおそらく0.3kgに満たない。ひもは黒藺草（くろいぐさ）や毛髪、動物の腱を編んだものだった。投げつける弾丸には、手頃な大きさの石や素焼きの粘土（テラコッタ）、鉛などが用いられた。投石ひもを効果的に扱えるようになるには、弓よりも長期の訓練を必要とする。

投石ひもの使い方

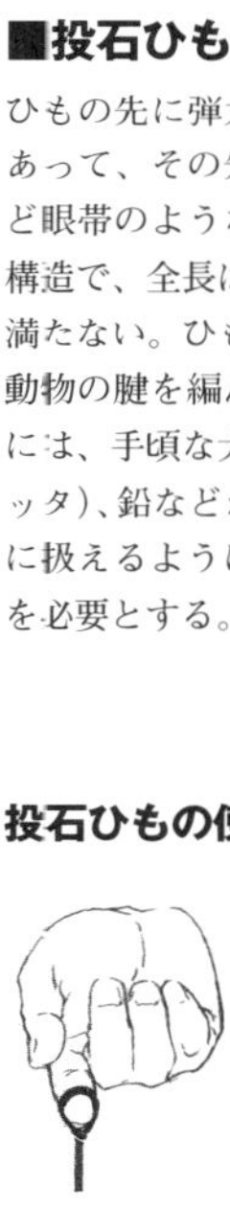

① 投石ひもの片方の端にある輪を指にはめる
② ひものもう一方の端を握る 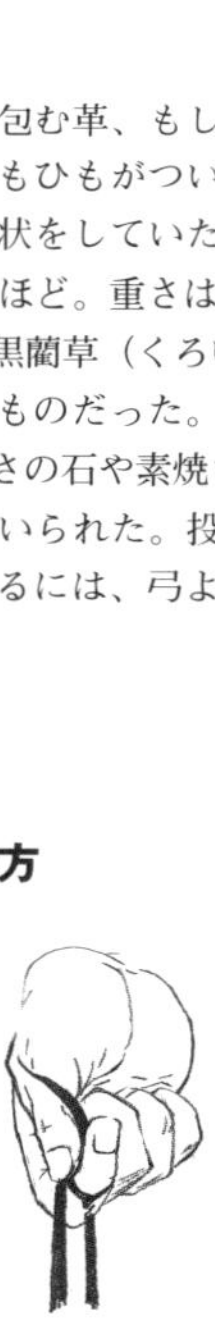
③ 弾丸をひもの中央にある石受け部分におく
④ ひもを垂らす 
⑤ 頭の上でひもを回転させる 
⑥ 十分に勢いがついたところで目標めがけて握っていたひもを離す

戦争の技術 1
古代オリエントの攻城技術

都市の城塞化とそれへの攻撃は早くから行われており、古くはエジプトの先王朝時代後期（前3000年頃）の石板にも記録されている。アッシリア帝国の王宮を飾っていた壁画によれば、数々の攻城技術がすでにあったことがわかっている。

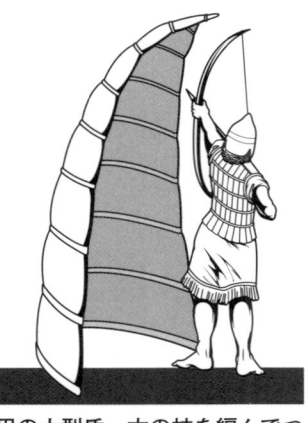

攻城盾

攻城戦専用の大型盾。木の枝を編んでつくられており、城壁上からの攻撃を考慮して盾上部に角度がつけられている。サルゴン2世宮殿の壁画（前8世紀末）より。

アッシリアの攻城技術

アッシュールナシルパル2世宮殿の壁画（前9世紀）にある攻城戦の情景。描かれた攻城技術は、巨大な弩弓や投石兵器がないことを除けば、その後の歴史のなかで見られるものとさほど変わらない。

梯子を掛けて城壁の上から侵入を試みる兵士

城壁に空けた穴から侵入しようと試みる兵士

矢が降りそそぐなか、甲冑に身を包んで城壁を突き崩す兵士

攻城車

アッシリア歴代王の宮殿壁画に見られる攻城車の数々。破城槌（ラム）を用いて城壁を破壊するためのもの。操作する兵士たちを保護するために防壁が備えつけられ、移動に便利なように車輪がある。

浮き袋を抱えて渡河作戦を実行する兵士

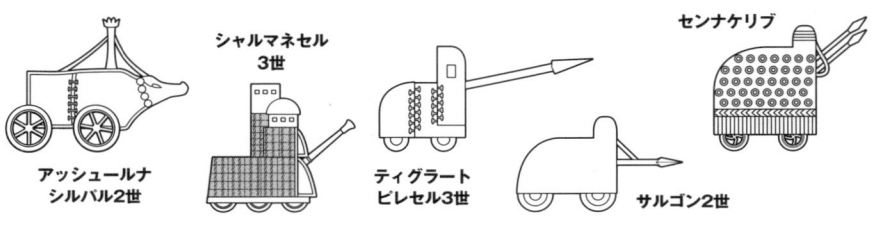

アッシュールナシルパル2世　シャルマネセル3世　ティグラトピレセル3世　サルゴン2世　センナケリブ

破城槌つきの攻城車。上部は攻城塔のようになっている。その前方では城兵が鎖らしきもので破城槌を持ちあげようとしており、さらにそれを防ごうとしている攻め手も描かれている

城兵に向けて自ら矢を浴びせるアッシュールナシルパル2世

坑道掘削により城壁の破壊と侵入を試みる坑夫たち

盾で城兵の矢から身を守り、矢を射掛けて城壁に取りつく味方を支援している

前559-前330年

民族のモザイク軍
アケメネス朝ペルシア

アッシリア滅亡後に台頭してきたのが、アケメネス家のキュロス率いるペルシア人だった。宗主国のメディアを攻め、リュディアを滅ぼした彼らは、やがて大帝国を築きあげるにいたった。広大な領土にはさまざまな民族が暮らし、帝国は彼らを召集することで巨大な軍隊を起こすことができた。一方でそれらの部隊は地域色をそのまま残し、いつの時代にも、ペルシア軍は多国籍軍の様相を呈していた。

アタナトイ

「アタナトイ」はアケメネス朝ペルシアの精鋭軍団で定員は1万名。意味は"不死隊"。隊に欠員ができるとただちに補充されたことからこの名がある。彼らがもつ槍の石突（いしづき）はザクロをかたどり、金銀で彩られていた。そのアタナトイからさらに選抜されて編制された親衛隊が「オイ・メロポロイ」である。意味は"金リンゴの槍もちたち"。その名のとおりに槍の石突が金色のリンゴをかたどっていた。宮廷では緋色とカリン色の揃いの衣装をまとっており、その姿は今日に残るペルセポリスの王宮通路壁面や、スサのアルタクセルクセス2世（在位前404-前359年）の王宮壁面にレリーフとされて残されている。

果実のザクロをかたどった槍の石突

第Ⅰ章　古代の戦士
前559-前330年　アケメネス朝ペルシア

メディア風アタナトイ　　ペルシア風アタナトイ　　オイ・メロポロイ

レリーフに見られる、風俗の異なるアタナトイ。右端の鎧を着込んだオイ・メロポロイは、3つコブの帽子など全体にメディア風。

カルダケス

ペルシア軍で密集方陣を組んだ重装歩兵と考えられている兵種。一方で軽装兵であったともいわれており定説はない。ストラボンによれば、「カルダ」とは"勇敢で戦闘的な行為"を意味し、その行為とは野営訓練中に、山野で食料を盗んで暮らすことだったという。また"彼らは5才から24才にかけて、弓術、槍術、馬術、言論のエリート教育を受けたペルシア人青年からなる集団であった"とも記されている。軍務期間は長く、20～50才まで。盾、弓矢、戦斧を携帯し、フェルトの頭巾をかぶっていた。胴鎧は鱗状の金属片をつなぎ合わせたものだったらしい。

033

ペルシア人騎兵

ペルシア帝国では騎兵のほとんどが軽装で、金属の鎧を身につけていたのは、王の親衛隊などのごく限られた部隊だけだった。乗り手のみならず馬をも装甲した彼らの役割は、騎馬民族の騎馬弓兵が放つ弓矢を跳ね返し、そのまま敵陣に突入してこれを切り裂き、混乱に陥らせることである。ペルシア騎兵は、周辺騎馬民族とは異なり、弓ではなく投槍を用いた。接近戦ではより短い槍を使用した。

ペルシア人軽装騎兵

ペルシア人重装騎兵

第Ⅰ章　古代の戦士
前559-前330年　アケメネス朝ペルシア

スキタイ騎兵

スキタイとはペルシア北部にいた騎馬民族のことをいう。ペルシア人は彼らを抑えつけようと幾度も遠征を行ったが、その度に失敗し散々な目にあっている。一方でサカ人と呼ばれてペルシア人に仕えたものたちもいる。重装なスケイル(小札)鎧を着込み、ウォー・ピックを振い、馬上から巧みに矢を放つこともできた。

スキタイ騎兵

前800-前350年
ギリシア式密集方陣と市民兵(ファランクス)

ギリシア［古拙・古典時代］

民族移動の大波を受けて長い変動期に入ったギリシアが、再び歴史の表舞台に登場してくるのが前8世紀以後のこと。その頃のギリシアには"ポリス"と呼ばれる都市国家が点在し、わたしたちがよく知る美術品など、馴染みのある文物のほとんどがこの時代以降につくられている。同じくこの頃に、ポリスの市民社会は軍事戦術上の傑作を生み出してもいる。それが「ファランクス」である。

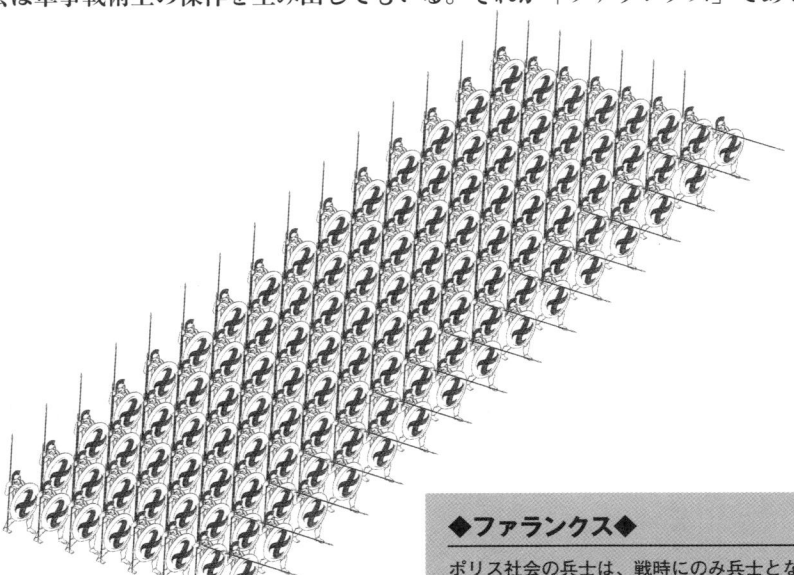

ホプリテス（前8世紀以前）

ホプリテスは右手に長槍、左手に「ホプロン」と呼ばれる円形の盾をもった。盾は上半身をおおえるほどに大型だが、持ち手側の左半面しかおおうことができない。ファランクスでは、無防備となる右半面を右隣の兵士が埋めてくれる。つまり彼らホプリテスはファランクスを組まなければ無敵といえる力を発揮できなかった。右ページの図は前8世紀以前の重装甲のホプリテス。

◆ファランクス◆

ポリス社会の兵士は、戦時にのみ兵士となる一般市民であった。そのため個人の力量が劣るのは仕方なく、これを補うために発案されたのが、密集して戦う方陣隊形戦術だった。盾と槍を装備した「ホプリテス」と呼ぶ兵士たちを、盾が重なるほど接近させて横に並ばせ、前後の隙間なく幾重にも縦に並ばせる。このギリシア特有の密集方陣を「ファランクス」と呼ぶ。密集したまま前進し敵に向かっていく点が大きな特徴となっており、前面に対しては極めて防御力が高く、また無類の攻撃力を誇る。一方で密集しつづけなければならないことから機動性に劣り、側面からの攻撃には脆いといってもよい。

第Ⅰ章　古代の戦士
前800-前350年　ギリシア［古拙・古典時代］

ホプリテスの武器は当初2本の投槍だった。1本を投げつけ、残りの1本で白兵戦を戦ったと思われる

銅鎧「トラクス」

円形の大盾「ホプロン」。基盤は木製で表面に青銅板をかぶせている。裏面の中心にあるバンド（帯輪）に腕を通し、外縁上にあるグリップ（握り部分）を握って保持する

すね当「クネミドス」

前8世紀以前のホプリテスは頭をすっぽりとおおう兜をかぶっていた。胴鎧のほかに、もも、すね、上腕、前腕、さらには足の甲や股間を保護する鎧部品が見つかっている。この全身をおおう鎧を「パノプリア」という。

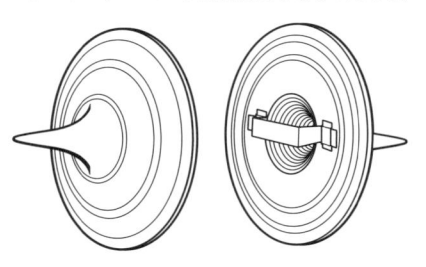

■ホプロン

ホプロンの直径は1mほど。ホプリテスの名はこの大盾にちなむともいわれている。自分のみならず、左隣りの兵士の右半面をも防護したことから、戦場で盾を失うことは味方を裏切る行為とされ、もっとも不名誉なことと考えられていた。ホプリテスとファランクスにとっては物心両面でなくてはならない防具だった。

■アスピス

「アスピス」はホプロン以前にギリシアで使用されていた青銅製の丸盾。大きなものでも直径45cm程度。盾の中央に取っ手があり、自由に振りまわせることから守備範囲は広い。盾の裏にある掛けがねには、肩から吊るための革帯を取りつけることができ、退却時には首から下げて背中を防護することもできた。ホメロスの『イリアス』にも登場し、起源は前7世紀以前にまで遡ることができる。おそらくドーリア人を起源とするものだろう。

037

以前の頭をすっぽりとおおう兜では命令が聞き取りにくいため、まず耳がさらけ出され、さらに頬当部分を残して顔もさらけ出されるようになる

ホプリテス（前6～4世紀）

前6世紀の終わり頃になると、ホプリテスは投槍に代えて2～3mほどの長槍をもつようになる。この槍は石突部分も尖っており、転倒した敵を突き刺すことができた。ふつう腰には短い剣を帯びていて、槍を折ったり落としたときに用いた。ペルシア戦争頃（前500年前後）からは、次第に甲冑が軽量化されていき、リネン（麻の織物）製の鎧が着られるまでになったが、このことは、ホプロンとファランクスによる防御技術が優れた段階にまで達していたことを想像させる。

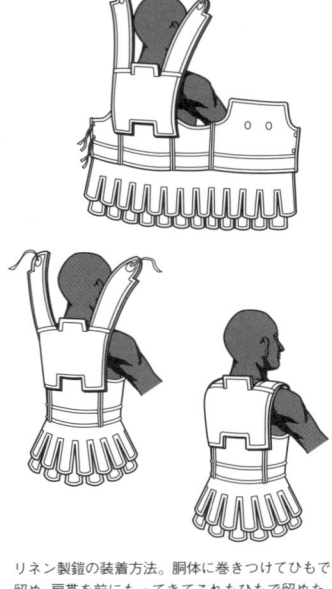

リネン製鎧の装着方法。胴体に巻きつけてひもで留め、肩帯を前にもってきてこれもひもで留めた。後ろから見ると首を守るようにして襟がついている。半身に構えても首を防護することができる。

第Ⅰ章　古代の戦士
前800-前350年　ギリシア［古拙・古典時代］

水滴型のピュロス式兜。前5世紀末から用いられた

ラケダイモン兵士（前5世紀）

陸軍大国として知られたスパルタと、その支配に服していた近隣住民のことを"ラケダイモン"と呼ぶ。スパルタが軍事行動を起こす際には、彼らはふつうラケダイモン軍として一緒に行動した。図は前5世紀頃のラケダイモン軍ホプリテス。当初は彼らも重装な鎧をつけていたが、戦場での機動性が重視されるようになると次第に鎧が省かれていき、ついには兜と赤い肌着、そしてホプロンだけとなった。肌着が赤色とされたのは、傷を負わされても目立たず、敵を欺くことができたからだという。また異様なまでに伸ばした髭と後ろ髪は、敵よりも背が高く、より堂々と、より恐ろしく見えるといった理由でそうされた。こうした特徴からラケダイモン兵はひと目で見分けることができた。

◆ラケダイモン軍の構成◆

ラケダイモン
├─ スパルタ市民
├─ ペリオイコイ（辺民）
│　　市民権はあるが参政権はない
│　　戦時にはホプリテスとして従軍
└─ ヘイロタイ（隷農）
　　　市民権も参政権もなし
　　　軽装兵や従者
　　　（スパルタ人ひとりにつき7名）
　　　として従軍

イフィクラテスのホプリテス

前4世紀初頭のこと。アテナイの傭兵隊長だったイフィクラテス（前415-前353年）が新しいタイプのホプリテスを考案した。兵士たちは通常よりも長い4mほどもある槍を装備し、一方で機動性と運動性を高めるために防具の徹底的な軽量化が図られた。すね当は廃されて代わってブーツのような履き物となり、盾は直径60cmほどに小さくされ、リネン製鎧もより柔らかい布地にキルティングをほどこしたものへと変更された。

ラケダイモンのホプロン表面には、ラケダイモンの頭文字「Λ」（ラムダ）が描かれていた。同様にほかのポリスも自らのポリスを象徴する図像を描いていた。

シュキオン。
その名の頭文字「Σ」（シグマ）か、古文字の「C」

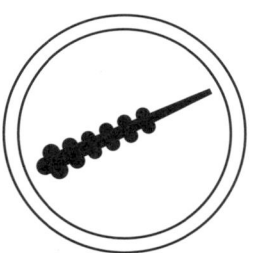

テバイ。
ヘラクレスの棍棒

アテナイ。
女神アテネにあやかってメデューサ（ゴルゴン）の首

第Ⅰ章 古代の戦士
前800-前350年 ギリシア [古拙・古典時代]

■ギリシア兜 (コリュス)

古代ギリシアの兜（「コリュス」）の歴史はケーゲル式とコリント式のふたつのタイプから始まる。

a) ケーゲル式。BC8世紀頃のものでアルゴスで発見された。完全な形で残るものとしては最古の遺物。「ケーゲル」はドイツ語で"円錐"の意

b) コリント式。BC8世紀頃のもの

c〜e) イリュリア式。ケーゲル式から発展したもの。BC5世紀まで使用される

f,g) コリント式。底辺に切れ込みがあり、戦闘時以外は耳の上に引っ掛けて兜を跳ねあげていられる

h) コリント式改良型。耳の部分があらわになっている。コリント式はこれを最後にBC5世紀の初めに消滅した

i) ミロス式。コリント式の発展型ではあるがあまり使用されていない

j) カルキディケ式。コリント式の発展型で全盛したもの（最初に耳をあらわした）

k) カルキディケ式。頬当が蝶番で可動する

l) アッティカ式。鼻当がなくなり頬当が蝶番で可動する

m,n) コリント・エトルリア式。イタリア半島で発達したコリント式の兜。ローマ軍も使用している

o) ピュロス式。その名は同名のフェルト製帽子に形状が似ていることに由来する

p,q) トラキア式。兜に庇があり、頬当が尖っている。髭のレリーフはこの兜によく見られる装飾

r) ボイオティア式。騎兵用に前方の視野を考慮した兜

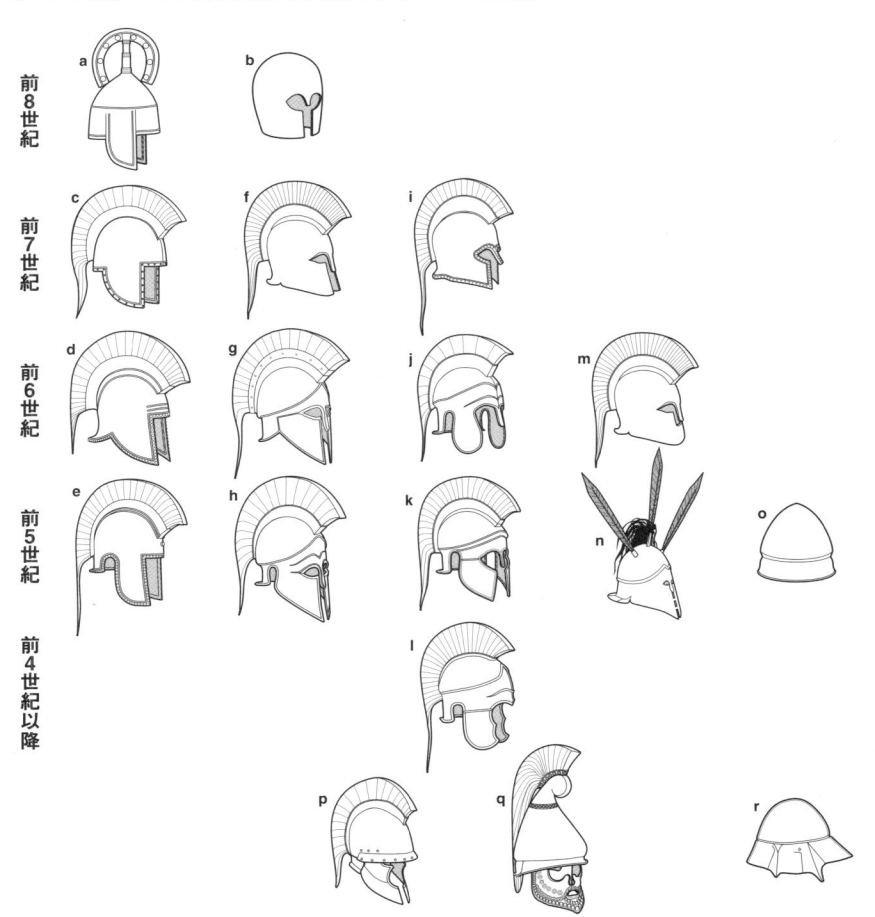

前8世紀
前7世紀
前6世紀
前5世紀
前4世紀以降

ペルタステス

「ペルタステス」は軽装歩兵の一種で、投槍と、トラキア地方から伝わった「ペルテ」と呼ばれる軽量の盾を装備した。ギリシアの軽装歩兵には、ほかにプシロイ（弓を携帯）、ギュムネティア（投石ひもを携帯）などがある。軽装歩兵は文字どおり軽装の兵士のことをいい、加えて弓や投石ひも、投槍などの射程武器を主要装備とした。敵と直接渡り合うのではなく、射程武器によって離れた場所から攻撃を行い、敵が迫ったときには白兵戦を回避して逃げ出した。そのため身軽である必要があった。ペルタステスだけは軽装歩兵でありながら、ほかと違って槍をもって戦列を維持し、白兵戦を行うことができた。

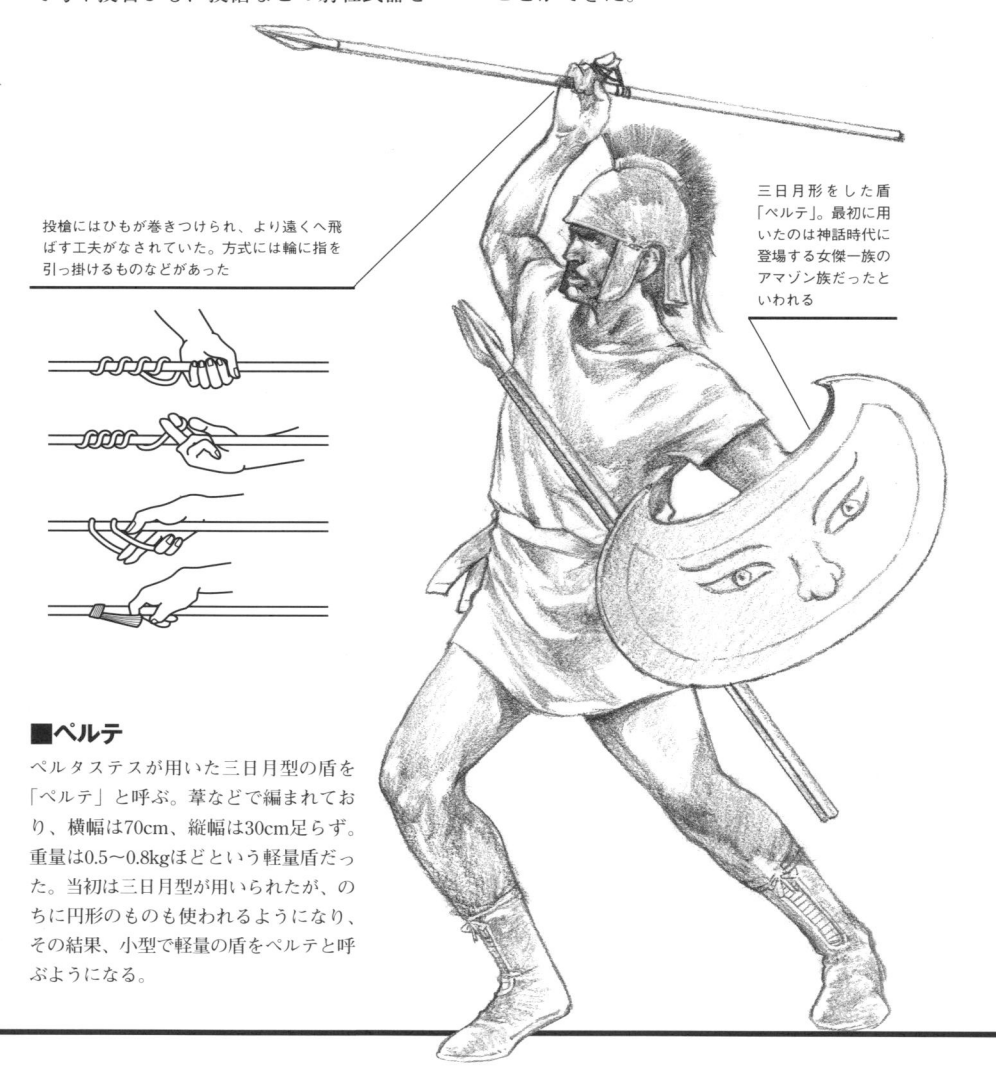

投槍にはひもが巻きつけられ、より遠くへ飛ばす工夫がなされていた。方式には輪に指を引っ掛けるものなどがあった

三日月形をした盾「ペルテ」。最初に用いたのは神話時代に登場する女傑一族のアマゾン族だったといわれる

■ペルテ

ペルタステスが用いた三日月型の盾を「ペルテ」と呼ぶ。葦などで編まれており、横幅は70cm、縦幅は30cm足らず。重量は0.5〜0.8kgほどという軽量盾だった。当初は三日月型が用いられたが、のちに円形のものも使われるようになり、その結果、小型で軽量の盾をペルテと呼ぶようになる。

第Ⅰ章 古代の戦士
前800-前350年 ギリシア［古拙・古典時代］

トラキア人兵士

トラキア人はギリシア北方の山岳地帯に居住していた民族。騎馬民族であることから優れた騎兵として知られていたが、同時に優れた軽装歩兵でもあった。ギリシア人は彼らを蛮族視する一方で、わずかながらも文化を取り入れており、ペルテを取り入れただけでなく、ペルタステスの戦闘様式もまたトラキア人のそれをもとにしたといわれている。

ロムファイア

■ロムファイア

トラキア人特有の武器に「ロムファイア」と呼ばれる両手剣がある。"森のなかで使うには長過ぎるが、敵の馬の足を切断することができる"とされた。全長は1～2m。刀身が鎌状に湾曲しており、鎌と同じように湾曲した内側に刃がある。柄の長さと刃の長さがおおよそ同じで、柄は木製だったと考えられている。トラキア人は討ちとった敵の首を切先に刺し、それをかかげて威嚇した。

前359頃-前323年

偉大な王のつくりし軍隊
マケドニア

古代ギリシア人いうところのギリシア世界の辺境、蛮地マケドニア。皮肉なことにギリシア人たちはその地の王ふたりを盟主として戴かなければならなかった。フィリッポス2世（在位前359-336年）とアレクサンドロス3世（大王。在位前336-323年）である。この親子ふたりの偉大さは、ギリシア式の軍隊を改良し、その戦術を完成させたことにあった。

第Ⅰ章　古代の戦士
前359頃-前323年　マケドニア

◆マケドニア式ファランクス◆

横列と縦列の兵士が密集する方陣隊形自体は、それまでのファランクスと変わりがない。唯一最大の差異は、兵士たちが「サリッサ」と呼ばれるとてつもなく長い槍をもっていたことである。最前列から5列目までの兵がこの長い槍を前方に突き出し、まったくの槍襖となって敵に迫る。兵士たちは勇ましい掛け声をかけながら前進していった。

鶏冠（とさか）のあるトラキア式の兜。左右に羽根飾りがある

2本に分けた柄を連接し、1本のサリッサとするための金属環

ペゼタイロイ

マケドニア式ファランクスを組んだ兵士は、ホプリテスとは呼ばれず、マケドニア風に「ペゼタイロイ」と呼ばれる。意味は"歩兵のヘタイロイ"。フィリッポス2世が自ら創設した軍制下で、美称として騎兵のヘタイロイにならって名づけられた。マケドニア全土から選抜された農牧民出身の一般成人男子からなり、有事の際に必要に応じて徴募された。

■サリッサ

マケドニア軍独特の長柄槍が「サリッサ」である。全長は5.5～6m、穂先部分だけでも50cm、石突部分で45cm、重量は7kgにもなる。穂先の長さは、遅くとも前4世紀までには55cmに達している。歩兵、騎兵、ともに装備したが、騎兵用のサリッサはやや短かく、4.5mほどだった。その長さは敵を遠くから突くだけでなく、方陣を整え、隊形を維持する目安ともなる。

第Ⅰ章　古代の戦士
前359頃-前323年　マケドニア

ヒュパスピスタイ

有事の際のみに徴募されたペゼタイロイが限られた兵役期間だったのに対し、常備軍のようにしてはたらいたのが「ヒュパスピスタイ」である。王国全域から選抜された隊員は長期にわたって在営し訓練を受けた。そのため武技にも優れ士気旺盛。まさにマケドニア軍の精鋭歩兵部隊であった。王に随従したことから名誉部隊としての地位がある。武装はペゼタイロイと同様のものを装備した。

マケドニア軍の盾には天空の星をモチーフにした模様が描かれていた。

BC4世紀初期。

BC3世紀初期。

BC2世紀初期。

◆鎚と金床◆

ギリシア世界の騎兵戦力は、戦列を敷いた歩兵部隊の側面を防御し、あるいは敗走する敵を追撃するのに用いられるのが常だった。次第に機動力を生かした打撃戦力として注目されるようにはなっていったが、打撃戦力としての完成度をもつにいたったのはマケドニア軍においてである。マケドニア軍は、あたかも鍛冶仕事で用いる"金床"のようにして歩兵部隊を用い、敵部隊を受けとめてこれを拘束したのち、翼に配していた騎兵に間隙を縫って敵戦列を突破させ、拘束されている敵部隊を"鎚"となって背後から包囲、打撃させた。この戦術を"鎚と金床"と呼んでいる。

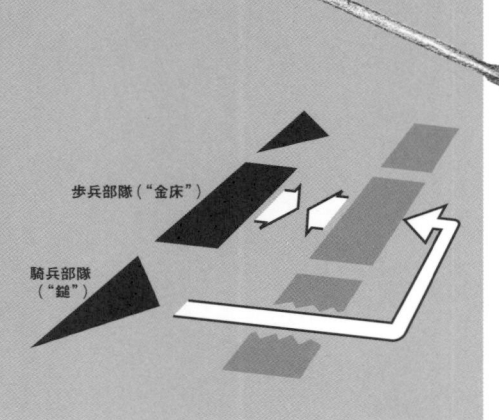

歩兵部隊（"金床"）
騎兵部隊（"鎚"）

ヘタイロイ

マケドニア軍の精鋭騎兵部隊。「ヘタイロイ」という語には"僚友""仲間""王の友"といった意味がある。マケドニア王ととりわけ親密な関係にあった集団のことをいい、みな王直属の騎兵として従軍したことから"騎兵仲間"などとも意訳される。歩兵よりは短い4.5mの騎兵用のサリッサを用い、これには「キシュトン」の名もある。中世のランス（騎槍）と同じで、馬上突撃では長さの利を生かして一方的に敵を粉砕した。穂先は両端にあり、一般には柄が折れたときの備えとされるが、槍を水平に保持するための重りとしての役割もあっただろう。この槍は長大さゆえに盾をもつことができず、防御においては弱みをもっていた。

第Ⅰ章　古代の戦士
前359頃-前323年　マケドニア

プロドロモイ

主に敵情偵察や哨戒を任務とした騎兵部隊。そのため"前哨騎兵"とも意訳される。任務の性格上、機動と敏捷の両性を必要とするため軽装であり、防具は兜のみ。鎧を着ることも盾をもつこともなかった。武器は任務に応じて持ちかえ、偵察では手槍や投槍、会戦ではサリッサを携帯したと考えられている。そのためマケドニア軍では別名「サリッソポロイ」とも呼ばれた。

◆騎兵の隊形◆

a）方陣隊形
ギリシアでよく用いられた四角形の並び方。一般的には横16騎、縦深8騎の計128騎で構成した。先頭を辺で構成したため方向転換するためには大きく旋回しなければならない（図の白い四角は指揮官）

b）菱形隊形
フェライの僣主イアソンが考案した並び方。方陣隊形を45度傾け、角に指揮官級を配した。その場で向きを変えて前後左右どれかの角を先頭とすればよいだけなので、部隊の方向転換が容易だった

c）楔形隊形
マケドニアのフィリッポス2世の考案。菱形隊形の改良板。菱形を中央で切り三角形（楔形）にすることで、菱形隊形の方向転換の容易さを残したまま、時に無駄となる後ろ半分の戦力を廃している

049

前323-前30年
古代軍隊の見本市
後継者時代(ディアドコイ)

アレクサンドロスの死後、帝国は"後継者"（ディアドコイ）たらんとする部下の将軍たちによって分割され、ヘレニズム3王国と呼ばれるセレウコス朝シリア、プトレマイオス朝エジプト、アンティゴノス朝マケドニアが成立した。ギリシア風の部隊だけでなく、各地域で得られる部隊をすべて組み込み編制した軍隊は、さながら古代軍隊の見本市の様相を呈していた。

重装ペゼタイロイ

長引く戦争によって失われた優秀な騎兵部隊に代わり、打撃部隊として編制されたのが重装ペゼタイロイである。これにより敵戦列を足止めさせることを主任務としていた歩兵部隊が、騎兵同様に敵戦列を突き崩す任務を負うことになる。この変化に合わせて、防御力を高めるべく重い鎧を着込むようになり、サリッサもより長くなって6.4〜7.3mにまで達した。結果としては、機動性を失いただ敗北の道を開いただけとなった。

アルギュラスピデス

「アルギュラスピデス」は"銀盾隊"という意。アレクサンドロスがインド遠征を行った際に編制した精鋭部隊で、銀の盾を装備したことからそう呼ばれた。後継者戦争初期においても大きな役割を果たしている。構成員が高齢にも関わらず無敗を誇り、そのことからサリッサを用いた戦法には長年の経験によって培われる何らかの戦闘技術があったと想像される。図は銀盾隊が用いた盾の模様。装備はペゼタイロイと変わらない。

第Ⅰ章　古代の戦士
前323-前30年　後継者時代(ディアドコイ)

ラクダ騎乗兵

ヒトコブラクダに騎乗したアラブ人のラクダ騎乗兵。セレウコス朝シリアで見られた。常には弓を使ったが、接近戦では背の高いラクダの上からでも敵を突き刺すことができる長さ1.8mの細長い剣を装備した。

■セレウコス朝シリアのチャリオット

前190年のマグネシアの戦いでは、セレウコス朝シリアがローマ軍相手にチャリオットを使用したことが記録されている。馬具の前方と左右に刃渡り120cmのスパイクがつき、車軸には真横と斜め下向きに刃渡り90cmのスパイクが取りつけられていた。ペルガモンで発見されたチャリオットのレリーフによれば、騎馬と操縦者は重装の鎧を身につけていたようで、打撃力を異常なまでに高めたことが想像できる。

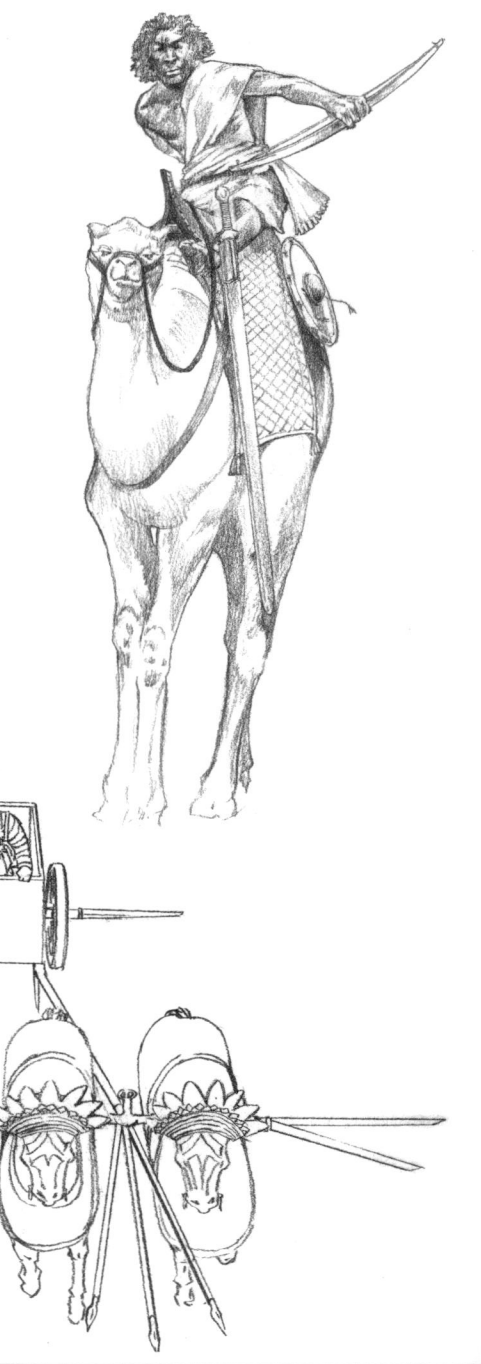

戦争の技術 2
古代ギリシアに見る兵器の起源

軍事の歴史を大きく前進させたのはギリシア人たちだった。彼らは戦略や戦術といったソフトウェアだけでなく、兵器開発といったハードの分野でも熱心だった。そこには後世になって用いられる兵器の、さきがけともいえる姿を見ることができる。

ガストラフェテス

最古の弩弓といわれている。名前の意味は"腹弓"。ハンドル状に湾曲した取っ手を腹部に当てがい、弓を動かないようにして弦を引き絞ったことに由来する。前2世紀に活躍した技術工学家ビュザンティオンのフィロンが記した『器械学便覧』に紹介されている。ただし中世ヨーロッパのクロスボウとの関連は不明。

ハンドル部分が邪魔になることから、射撃時には二股の棒を支柱にするか、岩などの上に乗せて射た。

火炎噴射機

巨大な丸太材をくり抜き、鉄板で補強して管状にしたもの。後尾のふいごから管内に空気を送ると、先端に吊り下げた火鍋から炎が激しくあがり、城壁の木造部分に燃え移ってこれを焼き落とした。巨大であることから胴体部分には車輪を取りつけ、おそらくは人力で動かした。

カタペルテス

「射出機」、または「弩砲」。太矢や石弾を機械的な仕組みで打ち出す兵器。主として攻城戦に用いられるが、フィリッポス2世は渡河退却する味方を援護するために野戦で使用している。攻城戦に射出機（カタパルト）を最初に用いたのはアレクサンドロス大王だったともいわれる。

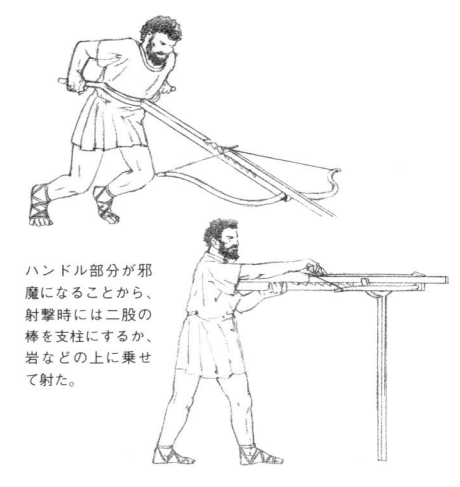

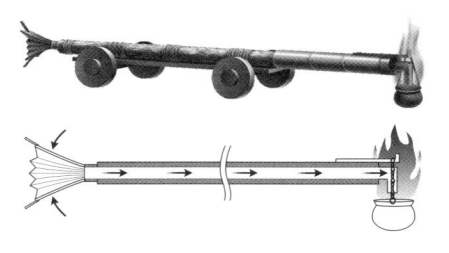

エニュトニオン

太矢を射出することに用いた"ねじれ式"弩砲。ギリシア語で「エニュトニオン」（またはペトロボロス）と呼ばれる。

パリンティオン

石弾を射出した弩砲。ギリシア語で「パリンティオン（またはリトボロス）と呼ばれる。

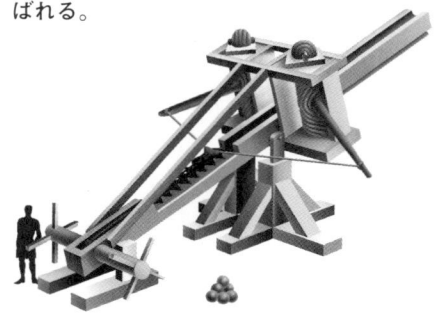

ヘレポリス

"都市を破壊するもの"の意。デメトリオス（マケドニア王。在位前294-前283年）がロドスを攻囲する際に用いた巨大攻城塔。高さは45m。ディオドロスによれば"9層＋1層"からなり、"＋1層"とされた窓のない最下層は一辺が20m、最上層は一辺9mで上にいくほど細くなっていた。最下層は動力室になっていて、全軍から選ばれた屈強の兵士3,400名が、櫂のような棒を操作して塔を動かした。それぞれの車輪は、方向を自在に変えられるように舵のついた車軸をもち、前進だけでなく真横に移動することもできた。

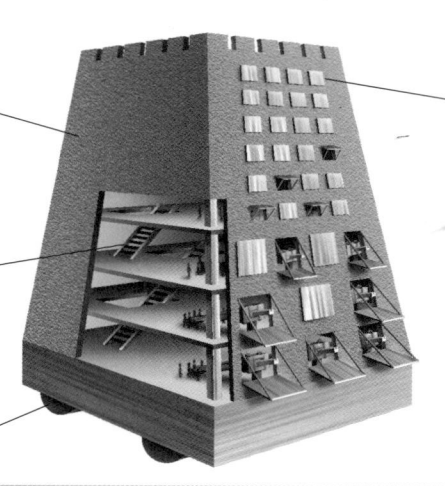

前面と側面には、燃やされないように鉄板が貼られていた

前面の扉は石弾を跳ね返せるように羊の毛皮でおおわれていた。内側から開け閉めができた。

内部の各階にはふたつの階段が設けられ、混乱しないように上りと下り専用に分けられていた

車輪の大きさは直径4.5m、幅は1.5m。表面を鉄板で補強し、左右それぞれに4輪あった

前317-前183年

古代最強の呼び声高き軍隊
マウリヤ朝インド

アレクサンドロス大王のインド遠征に参加し、その戦術や戦略を学んだチャンドラグプタ（在位前316－293年頃）は、インドに自らの王朝を打ち立てた。古代インドの軍隊は、古くから歩兵、騎兵、戦車（チャリオット）、戦象の4軍をもって戦いに臨み、同時代の軍隊のなかでも最強の装備を誇っていたといわれる。

古代インド歩兵

マウリヤ朝の兵士は、王の高官、役人に次ぐ身分とされ、給料を支給された専業兵士であった。歩兵は自分の身の丈と同じ長さほどの弓を使用し、矢の長さも約1.4mと長い。その威力については〝見かけほどではない〟、あるいは〝どんな胸甲でも射抜く〟との両極の意見があるが、鏃（やじり）には毒が塗られていた。弓を装備しない歩兵は三つ又の穂先をもつ投槍と大剣を装備した。剣もまた長大なもので、長さが1.3mを超える。白兵戦では盾を捨て、この広刃の大剣を両手で振りあげて戦う。鎧は主に貴族たちが着るもので、一般の兵士はせいぜい盾を装備するだけだった。この盾もやはり長く、幅が持ち手の身幅よりも狭いのに対し、丈は身長に匹敵していた。

弓の射方は独特である。弓末（ゆずえ）を地面につけ、それを左足の指に挟み込んで支え、矢を放った。

第Ⅰ章　古代の戦士
前317-前183年　マウリヤ朝インド

古代インド騎兵

騎兵はサウニオン型の投槍2本をもち、歩兵よりは小さめの盾を装備している。馬には鞍を置かず、馬銜（はみ）も噛ませていない。代わりに、縫い取りをして補強した生皮を馬の口縁に巻きつけていた。

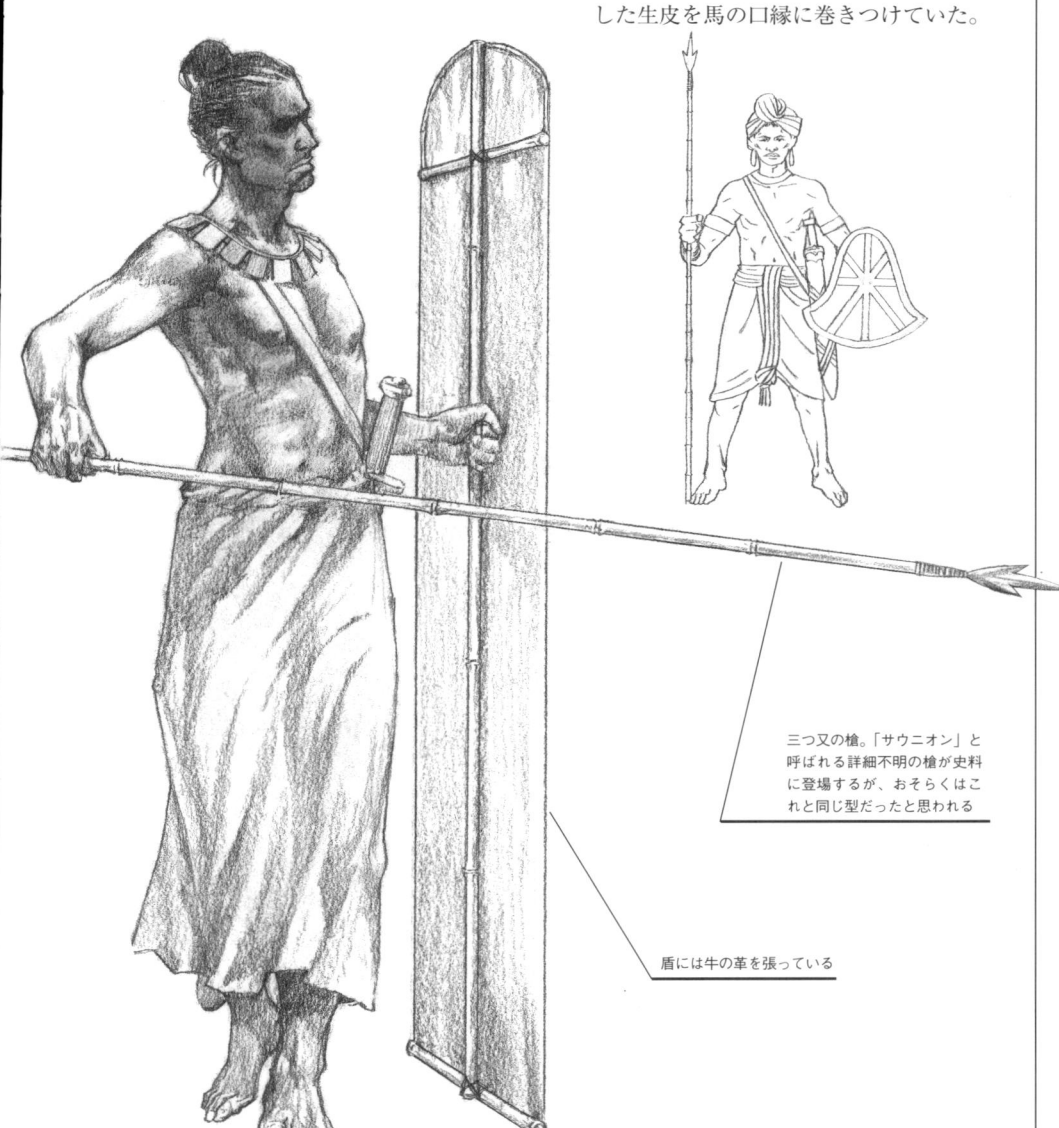

三つ又の槍。「サウニオン」と呼ばれる詳細不明の槍が史料に登場するが、おそらくはこれと同じ型だったと思われる

盾には牛の革を張っている

055

古代インドの戦象

王侯貴族のものとはされていたものの、インドでは象が飼い慣らされて乗り物として用いられていた。そのため戦場に投入されたのも当然のことといえる。乗員は象使いを含めて4名。象使いが首の上部分に、残りの3名が背中の部分にまたがった。のちのヘレニズム世界とは異なり、戦象には櫓（やぐら）を載せていない。王などの貴族階級が乗る場合、大傘をもった兵士がすぐ後ろに同乗する。

第Ⅰ章　古代の戦士
前317-前183年　マウリヤ朝インド

宮殿警護兵

古代インドの多くの王朝には女性の警護兵がいた。おそらくインド神話に登場する戦いの女神カーリーが背景にあるのだろう。セレウコス朝シリアの使節がチャンドラグプタ王に謁見した際に目撃した女性護衛兵は、衣服を身につけず剣だけを装備して王の周囲にあったという。彼女たちが戦争にまで参加したかどうかはわかっていないが、狩りなどの屋外での行事には従ったといわれている。

古代インドのチャリオット

象に次いで王侯貴族の乗り物として用いられていたのが4頭立てのチャリオットである。4頭立てチャリオットの乗員は6名。投槍兵が2名、弓兵が2名、御者が2名という構成だった。兵士を前線まで運ぶことに用い、乗員を降ろすと後方に待機した。時には御者も投槍をもって彼らと戦闘に参加することもある。図は写本に見られるチャリオット。図にある車上から矢を射掛ける様子は、実際の用法とは異なるだろう。

戦争の技術 3
古代アジア・アフリカの戦象

西洋軍隊が初めて戦場で多数の戦象に対面したのは、アレクサンドロス大王のインド遠征の折りだとされている。初めは居並ぶ象の威容さに目を見張ったギリシア人も、大王亡きあとの後継者戦争では多くの戦象を戦場に投入し、ついには極めて一般的なものとして戦象部隊が認知されるまでになった。

後継者戦争初期の戦象

戦象にはふつう、数名の兵士と「インダス」と呼ばれる象使いが搭乗しアンクスという使い棒を振るった。後継者戦争初期では、兵士たちは直接象にまたがり、振り落とされないための工夫として、象の胴体に巻かれたロープに自分たちのからだを縛りつけた。

プトレマイオス朝エジプトの戦象

北アフリカ沿岸は、古代においてはまだ森林地帯が広がっていたとされ、そこには象が生息していた。古代の記録に登場するアフリカ象とは、この地域に生息したサヘル象のことで、現在その末裔がマルミミゾウとして知られている。このアフリカの象は現代のアフリカ象とは違ってインド象よりも小さかった。プトレマイオス朝エジプトが用いた戦象はこの小型の象である。

セレウコス朝シリアの戦象

後継者戦争の末期からは、兵士が収まった櫓（やぐら）を象の上に載せるようになる。発明したのはエペイロスのピュロス王ともいわれる。兵士は櫓上から攻撃できるように長い槍や弓、投槍などを装備した。セレウコス朝シリアでは、当時の大型象であるインド象を用いた。

● 戦象の効果と対策 ●

初めて戦象を見た兵士たちは、その大きさに驚愕し動揺をきたしたという。前1世紀には、カエサルがブリタンニア（現イギリス）遠征に数頭の象を連れていったが、わずか数頭であっても象を初見した同地のケルト人は驚き逃げたという。また、馬を始めとするほかの動物たちは象の臭いを嫌い、混乱状態に陥った。そのため自軍の馬については、象と隣り合わせで飼育して象に慣れさせた。戦場での戦象対策は、主に進路を妨害する工夫がとられ、プトレマイオス朝では「カラクス」を兵士たちにもたせたりしている。これは先を尖らせた木の杭を鎖でつないだもので、突進してくる戦象の進路を塞ごうというものだった。前3世紀には、ローマ人がエペイロス王ピュロスの戦象に対して、仕掛けをほどこした荷車で対抗した。牛が牽く4輪車で、自在に動く腕木をもち、これには鎌、フォーク、松明が取りつけられていたらしい。ほかにも豚に火をつけて放すなど、ローマ人は戦象対策に知恵を絞っているが、ローマの将スキピオがカルタゴの戦象部隊を相手にしたときのものほど洗練されたものはないだろう。彼は自軍戦列に隙間をつくり突進してくる戦象部隊をやり過ごした。興奮した象は象使いさえも制御できない場合が多く、容易には方向を転じることができなかった。ただそれだけのこととはいえ、よく訓練され統制された部隊だけがなし得る技だった。

前800-前275年

ローマ以前
古代イタリア

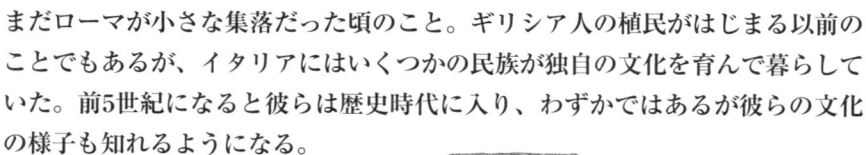

まだローマが小さな集落だった頃のこと。ギリシア人の植民がはじまる以前のことでもあるが、イタリアにはいくつかの民族が独自の文化を育んで暮らしていた。前5世紀になると彼らは歴史時代に入り、わずかではあるが彼らの文化の様子も知れるようになる。

エトルリア人兵士

古代イタリアでもっとも優れた文明を築いていたのがエトルリア人だった。"歴史の父"ヘロドトスによれば、彼ら民族の祖は小アジアのリュディアから渡ってきた移民団であったという。そのためであろうか、彼らは言語、風俗、習慣にいたるまでほかの半島居住民族とは異なっていた。しかし武装は古代ギリシアのホプリテスと同じで、軍事についてはギリシア様式を取り入れていたらしい。当時では珍しいクロスボウ（弩弓）もギリシアから取り寄せている。前6世紀頃には戦場にチャリオットの姿も見られた。戦場用のラッパを発明したのはエトルリア人だったといわれている。図で手にしているのは「ビペンニス」と呼ばれる斧。緩やかな都市連合（宗教的な連合）を築いていたエトルリア人は、ひとりの共同の軍司令官を選出し、彼には各都市の軍事司令権を付与するしるしとしてこの両刃の斧が手渡された。柄には幾本もの棒が、束ねるようにして取りつけられている。こうした束つきの斧は、権威の象徴としてのちのローマ時代の政務官にも用いられた。

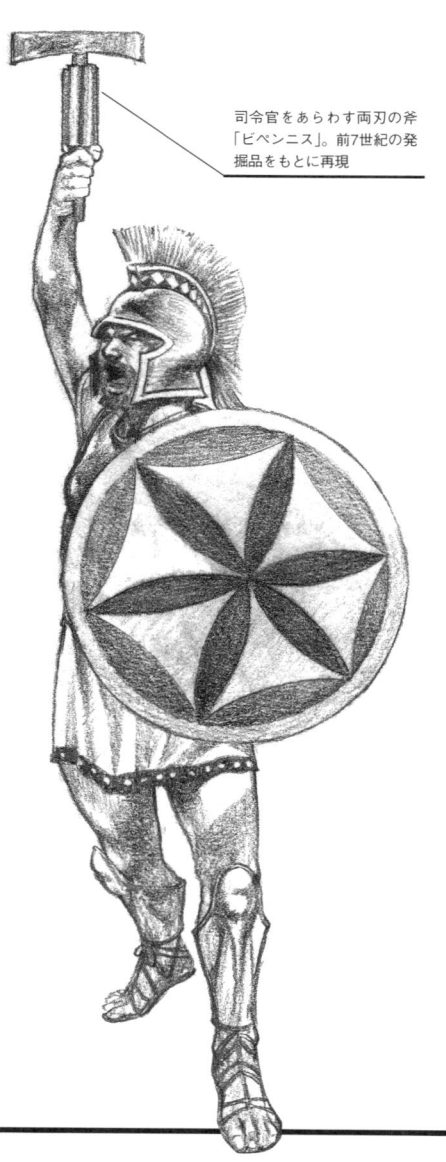

司令官をあらわす両刃の斧「ビペンニス」。前7世紀の発掘品をもとに再現

第Ⅰ章　古代の戦士
前800-前275年　古代イタリア

サムニテ人兵士

イタリア半島原住民族のなかでローマに最後まで対抗したのがサムニテ人である。彼らはほとんどが軽装で戦った。図は前4世紀末に登場した、"金"と"銀"の部隊名をもつ重装の精鋭。前3世紀初頭には「レギオ・リンテウス」（"リンネル軍団"）と呼ばれた。「ペクトラーレ」（胸甲）と「オクレア」（すね当）をつけ、盾を装備して投槍で戦った。

イタリアで広く用いられた胸甲「ペクトラーレ」。胸板、背板、肩当などが連接されている

カンパニア人騎兵

カンパニア人は南イタリアに勢力をもっていたオスキ人。テュレニア海に臨むイタリア半島西岸都市カプアを中心に、カンパニア地方の平原地帯を支配した。騎兵を養うには十分な広さがあったことから、優れた騎兵部隊を有していたことで知られており、傭兵を輩出した。

前753-前509年

装備自前の軍隊
ローマ［王政時代］

伝承によればローマが建国されたのは前753年のこと。初めローマは王政をとる小都市国家に過ぎなかった。すべてを戦争によって手に入れてきたとのちに自認し、誇りにもするローマ人だが、この時代には彼らの国も、彼らの世界支配を支えた軍隊も、未だ発展途上にあった。

槍の穂先と石突はソケット式で柄に装着され、鋲などで固定された

王政初期のローマ戦士

方形のペクトラーレをつけ、手には円形の大きな青銅製盾「クリペス」をもっている。主とした武器は長槍（「ハスタ」）。穂先には木の葉状のもの、30cm以上も鋭く尖ったものなどがあった。剣（「グラディウス」）の長さは50〜70cm。柄頭にはいろいろな細工がほどこされていた。そのほか、投槍（「ウェルトゥム」）、投石ひも（「フンダ」）などが用いられた。

■クリペス／ソマテマス

王政時代の特徴的な防具が、青銅でつくられた大きな円形盾だった。この盾は「クリペス」または「ソマテマス」、あるいはアルゴス式の盾と呼ばれていた。直径の大きさは90〜100cm、重さは12〜13kg。表面には渦巻状の模様が象眼されている。背負うこともでき、行軍するときや決戦を挑むときにはしばしば背に担がれた。

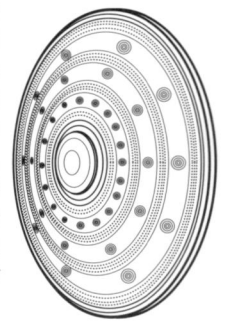

第Ⅰ章 古代の戦士
前753-前509年 ローマ［王政時代］

◆セルウィウスの軍制改革◆

王政ローマの6代目の王となったセルウィウス・トゥリウスは、財産の多さに応じて市民を階級分けする軍制を導入した。貴族を中心とした最富裕の「エクイタス」、次いで市民を5つの階級（クラシス）に分け、ほかは無産市民とされた。"平時の重荷も戦時の重荷も相応に背負う"この制度では、馬を養っていられる貴族たちは騎兵とされ、それ以下の市民は歩兵とされて、市民は財産に見合った装備を自前で用意し出征した。100名で編制される「ケントゥリア」（百人隊）が部隊単位とされて、各階級が戦場に送り出すべき部隊数も定められた。この従軍部隊数が、国家の方針を決定する際のその階級の持ち票数でもある。軍の主力を構成した10万アッセ以上の財産をもつエクイタスと第1クラシスが、総票数の過半数を握っていた。

階 級	兵 種	ケントゥリア数	総定員	基準財産額（アッセ）
エクイタス	騎兵	18	1,800名	100,000以上
第1クラシス	歩兵（＋工兵）	80（＋2）	8,000（＋200）名	同上
第2	歩兵	20	2,000名	100,000～75,000
第3	歩兵	20	2,000名	75,000～50,000
第4	歩兵	20	2,000名	50,000～25,000
第5	歩兵（＋楽兵）	30（＋2）	3,000（＋200）名	25,000～12,500
無産市民（階級外）	歩兵	1	100名	0

※兵力の総計は1万9,300名

前6世紀頃のものである『セルトサの青銅製手桶』には、クラシス別の武装をした兵士の姿が描かれている。

第1クラシス
円形のクリペスまたはアルゴス式の盾をもち、装備は総じてギリシアのホプリテスと同じ。長槍は2本携帯した。

第2クラシス
サビニ人風の大きな楕円形盾「テュレオス」をもつ。胸甲は装備していない。

第3クラシス
第2クラシスと同様。ただしすね当はつけていない。

第4クラシス
盾だけを防具とし、兜はかぶらない。短槍や投槍を武器とした。

ほかに、第5クラシスは投石ひもや、ただの石をもった軽装兵として従軍した。階級の外にいる無産市民は国家存亡の危機といった非常時以外には兵役免除。仮に召集されても唯一の財産ともいえる己の身ひとつで出陣し、敵が投げつけてきた槍や、遺体がもっていた武器を拾いあげて戦う。

前519-前2世紀中頃

ローマの軍は一日にしてならず
ローマ［共和政初期］

ひとりの王に権力が集中することを怖れたローマは、複数の政務官と元老院、民会からなる共和政体へと移行した。軍政はセルウィウスが定めた制度をそのまま用いたが、前4世紀の初めになると機動性を考慮した装備変更がなされた。侵入してきたケルト人や、山岳地域に居住していたサムニウム人と戦った経験にもとづく変更だった。ローマ軍特有の投槍ピルムと、盾のスクトゥムが標準装備とされるようになったのはこの頃からである。

ハスタティ

若く戦歴に乏しいものは、最前列で勇気を奮い体力にまかせて戦う「ハスタティ」とされた。重装歩兵種ではあるが胸と背を守るだけの甲板をつけ、左脚にのみすね当をつける。

■ピルム

ローマ人は、サムニテ人から重い投槍「ピルム」を取り入れて装備するようになった。この槍の威力の源はその重量にある。重く穂先が長いことから、命中すると目標に深々と突き刺さり、盾に当たれば容易に抜けず、投槍の重さが負担となって盾を使いにくくした。標的を外れても、重みによって着投とともに穂先がひしゃげ、敵に拾われて投げ返されることを防いだ。

第Ⅰ章 古代の戦士
前519-前2世紀中頃 ローマ［共和政初期］

◆共和政初期の軍制◆

財産の多寡に応じて自前で装備を持参する出征義務は、セルウィウス当時の軍制と何ら変わりはない。しかし単純な財産別階級（クラシス）ではなく、出征兵士の戦歴（戦闘経験）を考慮した兵種を編制するようになった。軍の中核であった重装歩兵は、第1〜第3クラシスを統合し、年齢（市民兵制度では、それはつまり戦歴を意味した）によって若年順に「ハスタティ」「プリンキペス」「アンテピラニ」の3種に分けられた。最終的にはアンテピラニに変わって「トリアリィ」を加えた3兵種に定まっている。

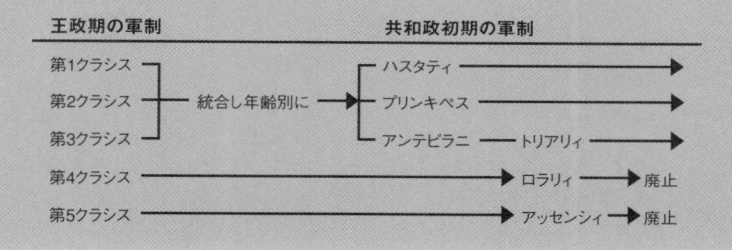

王政期の軍制		共和政初期の軍制	
第1クラシス	統合し年齢別に	ハスタティ	
第2クラシス		プリンキペス	
第3クラシス		アンテピラニ	トリアリィ
第4クラシス		ロラリィ	廃止
第5クラシス		アッセンシィ	廃止

■スクトゥム

共和政期になると、セルウィウス時代に用いられていた重い青銅製の円盾が廃され、第2クラシスの兵士が用いていた楕円形の盾「スクトゥム」に統一された。木製ながら重量は5〜10kgもあり、その重さを利用した一撃によって敵をよろめかせることもできた。盾の上下の縁には青銅製の枠が取りつけられており、振り下ろされた敵の剣を受け止めることができた。

スクトゥムは、細長い木の薄板を張り合わせて層重ねにしてつくられていた。この合板構造に牛の革をかぶせ、彩色をほどこす。盾を保持する取っ手部分は青銅でできており、盾をもった拳が盾芯に収まる造りになっていた。

プリンキペス

「プリンキペス」や「トリアリィ」は高年齢であるだけに、ハスタティよりは裕福であり、「ロリカ・ハマタ」と呼ばれる鎖鎧を着込むものもいた。頭部を守る兜（「カッシス」）には種類があり、鶏冠のような飾りや、馬の尻尾の毛や鳥の羽根によって飾られている。足にはすね当（「オクレア」）をつけるものもいる。ハリウッド映画に登場するローマ兵は着色されたチュニック（上着）を着ていたりもするが、この時代は白かオフ・ホワイトであった。

トリアリィ

プリンキペスと変わらない姿をしているが、長槍を装備していた。戦列を組んだときには最後の砦として最後尾に控える。その際には、敵の視界から隠れるために腰を落とし、片ひざを立てて長槍を斜め前に構えて出番を待った。これは前線の兵士が後退したときの防御陣としての備えであり、新たな軍勢が突然現れたかのように見せることを狙ったものでもある。

ウェリテス

軽装歩兵。重装歩兵になることができない若者や、貧民層から選別されたものたちで編制した。投槍と丸盾を装備し、動物の毛皮をかぶせた兜などをかぶって最前線に出て散兵戦を行った。

プリンキペス

第Ⅰ章 古代の戦士
前519-前2世紀中頃　ローマ［共和政初期］

■グラディウス

共和政期になると、決戦兵器が槍から剣に変わった。「グラディウス」はラテン語で"剣"を意味する。ローマ人の剣は短めで、接敵すると小柄な体格を生かして密集し、振りまわさずに刺突した。剣を振りまわすガリア人が相手であれば2名1組になって攻撃することができた。

トリアリィ

ウェリテス

◆マニプルス戦術◆

共和政ローマの軍隊は、それまでの重装歩兵戦術に見られたような単一戦列ではなく、3重戦列（トリプレクス・アキエス）を組んだ。ハスタティ、プリンキペス、トリアリィがそれぞれに1個の戦列を組み、最前面には別に軽装兵のウェリテスを配した。各戦列では部隊が部隊幅分の間隔を空けて横に並び、第2戦列と第3戦列の部隊は直前戦列の空きスペースが前にくるようにして、同じく間隔を開けて並んだ。そのため3つの戦列を合わせた部隊の並びは市松模様のような状態になる（初期配列図参照）。第1と第2戦列では定員120名からなるマニプルス（しばしば"中隊"と訳される）が配され、第3戦列だけは定員60名のケントゥリア（百人隊）が配された。敵と戦うときには図1から4の順で各戦列が入れ替わった。こうした市松模様の戦列の利点には、敵戦列へ向かって前進する際に地形の起伏による混乱を避けられたこと、そして前線の兵士を交代させられたことがある。古代の戦いでは何時間にもわたって矛を交えなければならなかったが、ローマ軍は兵士を入れ替えることで戦いを継続させ、敵の疲労に付け込んで戦列を突き崩した。最小戦術単位であるマニプルスを運用するこの戦術を、今日では"マニプルス戦術"と呼んでいる。ローマ人自身は部隊をサイコロの5の目のように配したことから「クィンクンクス」と呼んでいた。

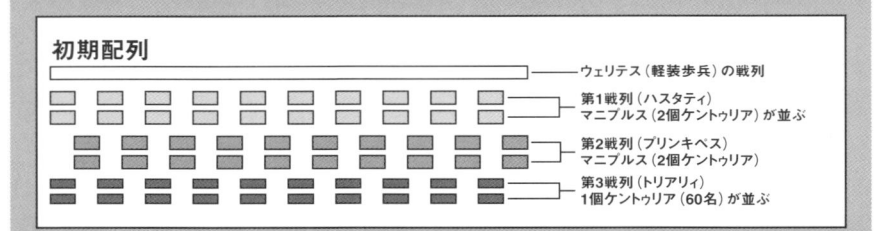

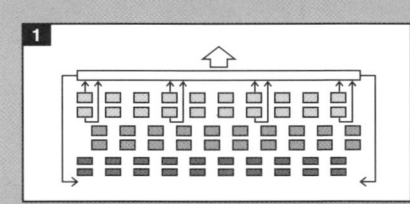

初期配列

- ウェリテス（軽装歩兵）の戦列
- 第1戦列（ハスタティ）マニプルス（2個ケントゥリア）が並ぶ
- 第2戦列（プリンキペス）マニプルス（2個ケントゥリア）
- 第3戦列（トリアリィ）1個ケントゥリア（60名）が並ぶ

1 散兵戦を終えたウェリテスが後退する。その動きに合わせて第1戦列中の後方にいるケントゥリアが戦列の隙間に入り込み、横一線の戦列を構成して第1戦列が前進する。

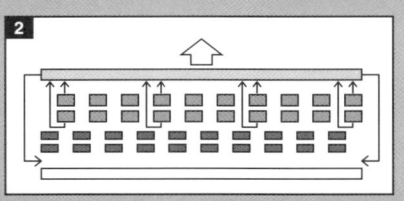

2 第1戦列が後退。第2戦列中の後方にいるケントゥリアが戦列の隙間に入り込み、横一線となって第2戦列が前進。

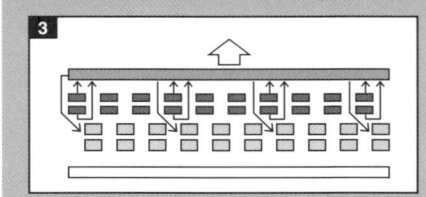

3 第2戦列が後退。第3戦列中の後方にいる分隊が戦列の隙間に入り込み、横一線となって第3戦列が前進。

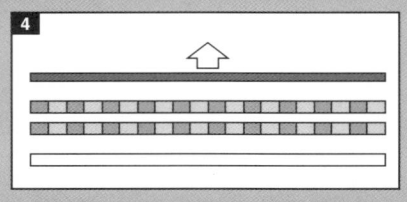

4 最終段階。最前戦に第3戦列が立ち、後退した第1戦列と第2戦列は交互に入り交じってふたつの戦列を構成し待機する。

第Ⅰ章 古代の戦士
前519-前2世紀中頃 ローマ［共和政初期］

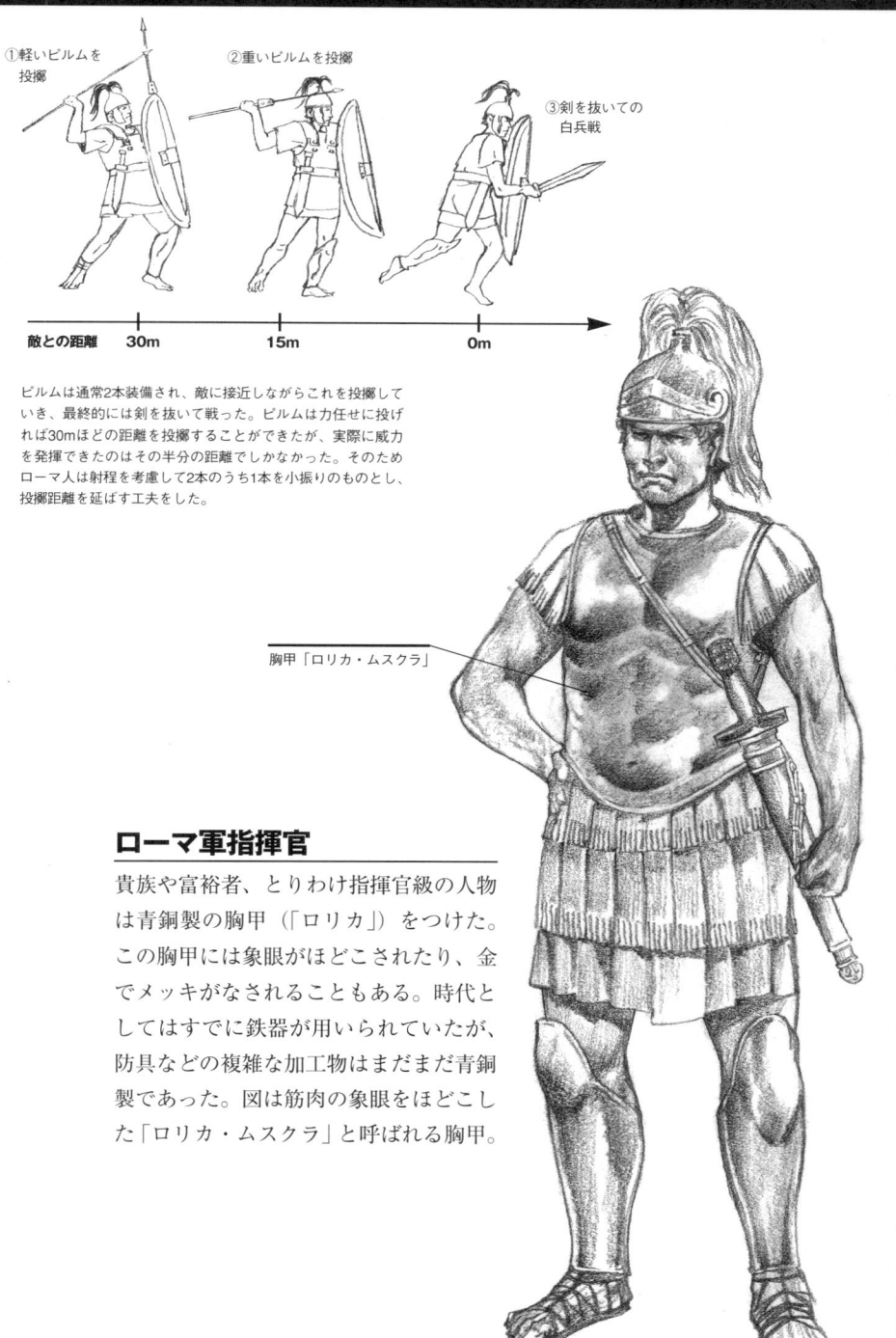

①軽いピルムを投擲　②重いピルムを投擲　③剣を抜いての白兵戦

敵との距離　30m　15m　0m

ピルムは通常2本装備され、敵に接近しながらこれを投擲していき、最終的には剣を抜いて戦った。ピルムは力任せに投げれば30mほどの距離を投擲することができたが、実際に威力を発揮できたのはその半分の距離でしかなかった。そのためローマ人は射程を考慮して2本のうち1本を小振りのものとし、投擲距離を延ばす工夫をした。

胸甲「ロリカ・ムスクラ」

ローマ軍指揮官

貴族や富裕者、とりわけ指揮官級の人物は青銅製の胸甲（「ロリカ」）をつけた。この胸甲には象眼がほどこされたり、金でメッキがなされることもある。時代としてはすでに鉄器が用いられていたが、防具などの複雑な加工物はまだまだ青銅製であった。図は筋肉の象眼をほどこした「ロリカ・ムスクラ」と呼ばれる胸甲。

前814-前146年

海上国家の傭兵軍
カルタゴ

北アフリカ沿岸にあって、西地中海に一大勢力圏を築いていたのがカルタゴだった。彼らの軍隊は、かつてローマ同様に市民軍からなっていたが、領土が発展するにつれて傭兵に依存するようになっていった。海でつながるはるかに広大な領土を、市民兵が確保し防衛することなど事実上不可能だったのである。カルタゴ人は潤沢な資金を背景に、遠くはガリアやヒスパニア、近くは隣国ヌミディアから異なる人種を兵士として雇い入れた。

カルタゴ神殿部隊
ローマとの戦争以前のカルタゴは市民軍を編制していた。なかでも貴族の子弟で構成された「神殿部隊」がよく知られている。構成員は勇気のみならず、人望、富にも優るとされ、武装は富に比例して豪華なものであった。光輝を帯びた装いは見かけ倒しではなく、厳格な訓練も積んでいた。装備は基本的にギリシア世界のホプリテスと変わりがない。それは彼らがギリシア世界から移り住んできた民族の末裔だったという理由からだけでなく、当時の最先端の軍隊がすべてギリシア世界にあったからである。

リビュア人重装歩兵
ローマとの軍事的な衝突がくり返された前3世紀には、精鋭の重装歩兵部隊はリビュアまたはリビュフェニケス人と呼ばれる集団に変わっていた。彼らはリビュア（北アフリカ沿岸）に暮らしたフェニキア人開拓者、またはカルタゴから文化を学んだ現地の住民たちだった。

第Ⅰ章　古代の戦士
前814-前146年　カルタゴ

ヒスパニア人兵士

ヒスパニアとはイベリア半島のローマ時代の呼称。そこに居住したケルト民族のヒスパニア人は、同系のガリア人ともどもカルタゴ軍傭兵のなかで大きな割合を占めていた。西ヨーロッパのなかでもヒスパニアは、ピュレナエイ（現ピレネー）山脈によってほかの地域と隔てられており、環境も大きく違ったことから、独特の文化が形成された。有数の鉱山から得られる豊富な鉱物によって優れた武器をつくることができ、それらは万事にヒスパニア風の独特なものばかりである。

「ソリフェレウム」と呼ばれた投槍。全金属製に特徴がある。ローマ軍のピルムと同じように、重投擲兵器として盾を貫き、敵に致命傷を負わせることができた

ヒスパニア人が使用していた刀剣「ファルカタ」。片刃で鋭い切先をもち、柄は馬などの動物を模していた

ファルカタ刀柄部3種

ヌミディア人騎兵

カルタゴ軍のなかでも、とりわけ優秀だったと考えられているのが隣国ヌミディアの傭兵たちである。一般にヌミディア人と呼ばれているが、単一民族ではなく、幾つかの民族からなっていた。マッシリィ人、マッセリィ人、マッケイ人、ムーア人、ガエトゥリィ人などである。彼らは、軽騎兵と軽装兵になって戦い、とりわけ騎兵部隊は優秀で鞍のない裸馬でも巧みに操ったことで知られている。

カルタゴは小アジアから移民してきたフェニキア人が築いた都市国家だった。その名はフェニキア語で"新しい町"を意味する「カルト・ハダシュト」に由来している。ローマ人は彼らをポエニ人（ポエニキ）と呼んだ。

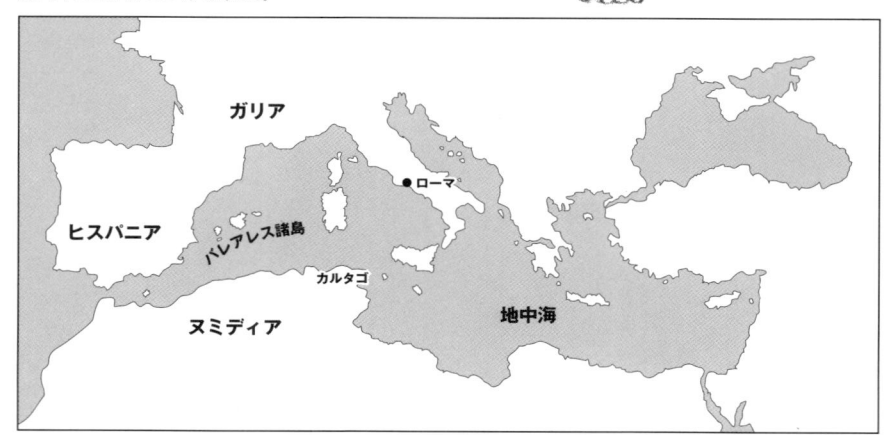

第Ⅰ章　古代の戦士
前814-前146年　カルタゴ

バレアレス諸島の投石ひも兵

カルタゴ軍が重用した投石ひも兵にバレアレス諸島の傭兵がいる。現マジョルカ島を初めとするこの群島に居住したひとびとは、投石ひもの名手として地中海世界に知れわたっていた。子供の頃から過酷な訓練を受けた彼らが放つ弾丸は、狙いが非常に正確で、城壁の狭間や胸壁に身を隠した敵兵を狙い打ちすることもできた。投石ひもは射程に合わせて異なる長さのものを3本用意し、距離が遠ければ長いものを、近ければ短いものを用いた。弾丸は拳大の鉛か鉄片で、重さが約0.5kgもあったという。投石ひもは首に掛けて携帯したことがわかっているが、重くかさばる弾丸をどのようにして携帯したかはわかっていない。紀元後2世紀の浮き彫りでは、簡易なカバンのようなものに弾丸を詰めて携帯した様子が描かれている。

チャリオットと戦象

前4世紀頃までは、カルタゴが4頭立てのチャリオットを相当数保有していたことがわかっている。敵陣に一気に突入して敵の戦列を混乱させることに用いられたが、形状等を詳しく知ることはできない。前3世紀初頭になると、チャリオットが担っていた役割は戦象に受け継がれた。主にアフリカ象を用いたが、ローマと戦った将ハンニバルが乗っていた象は"シッシア"の名で呼ばれ、シリアからもたらされたインド象であった。カルタゴ市には300頭の戦象を飼育するための象小屋があったことが知られているが、第2次ポエニ戦争（前3世紀末）に敗れたあと、象小屋はすべて破壊されている。

前2世紀末-前28年

市民軍から職業軍へ
ローマ［共和政末期］

カルタゴに対する華々しい勝利の一方で、長期にわたる海外での戦争は、ローマ中産市民の経済的な没落を招いていた。出征兵士となって長く故郷を離れた彼らは、労働の機会を失ったことで困窮し、なかには土地を手放す農民も多くいた。ここに所有財産高による兵制は崩壊し、前2世紀後半、ガイウス・マリウス（前157頃-前87年）は、無産市民を含めた志願制による新たな兵制を導入した。

◆マリウスの軍制改革◆

マリウスが行った改革により、装備を負担できないものには、国家が費用を負担して武具を支給するようになった。そのため、それまでまちまちだった武具が統一されて、ハスタティなどの戦列ごとの呼び名も消滅する。兵士は皆、一様に軍団兵（「レギオナリウス」）と呼ばれるようになる。1年限りの兵役だった徴集市民兵とは異なり、彼らは長く兵役に就いたことから次第に職業軍人化が進んでいった。職を与えられた無産市民は、兵役期間中のみならず、除隊後の身の振り方でも軍団指揮の将軍の世話を受け、将軍たちの私兵のごときものとなっていった。やがて軍団兵たちは、ローマのためではなく、彼らを指揮する将軍のために戦うようになる。

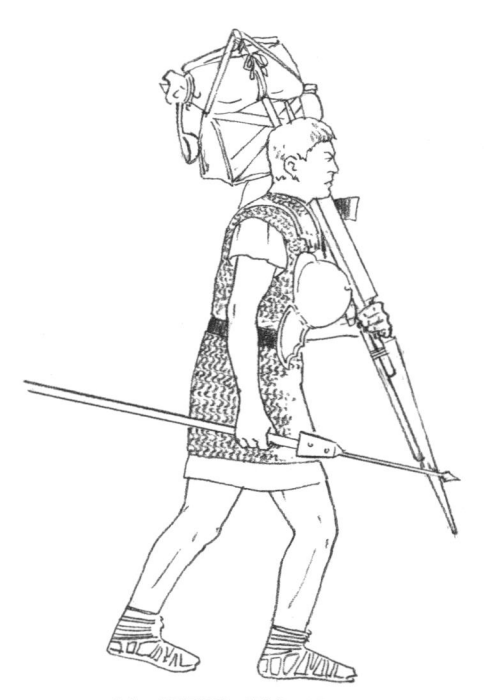

マリウスは軍団活動の効率化にも取り組み、彼の下で遠征に出かけた兵士たちは食料を自分で担いで移動した。当時の市民たちはそれを見て、"マリウスのロバ"と呼んだ。

■ピルム・ムルス

両端を尖らせた木製の2mほどの槍。中央にくぼんだ握りがあり、行軍時には荷物を担ぐ支柱として用いられた。襲撃を受ければ武器としても用いた。野営地では、くぼんでいる握り部分を交差させ数本を組み合わせて障害物としたり、縄で連ねて地面に突き刺して防柵とした。

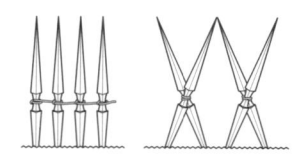

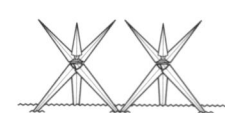

第Ⅰ章　古代の戦士
前2世紀末-前28年　ローマ［共和政末期］

ローマ軍団兵（レギオナリウス）

前2世紀の軍装。軍団兵の兜の形状は時期によって異なるが、量産しやすいように単純な水滴型となっていった。この形状の兜は発掘地の名を取って「モンテフェルティノ型」と呼ばれる。鎧は金属環を連結してつくったロリカ・ハマタと呼ばれた鎖鎧。この鎧は後1世紀まで使用されている。武器はピルム（投槍）、グラディウス（剣）、プギオ（短剣）と、以前と基本的に変わらない。

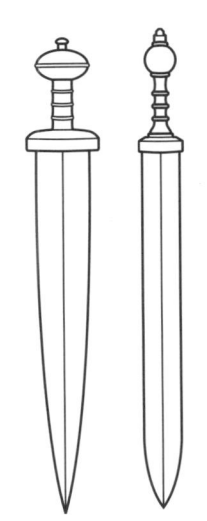

■グラディウス

前3～2世紀頃。刀剣（グラディウス）はローマ兵の決戦兵器だった。彼らは重い投槍のピルムを投擲すると、腰の剣を抜いて敵と戦った。兵士は盾の後ろに身を潜めて剣を振るったが、時には盾で敵に一撃を食らわせ、よろけたところに剣を突き出した。この一撃は敵の胃を狙って繰り出すように教練を受けていた。図左の切先が鋭い剣は、「グラディウス・ヒスパニエンシス」と呼ばれるヒスパニア（現スペイン）式のグラディウス。剣身は40～50cm。前3世紀の終わり頃に、カルタゴと戦っていた（第2次ポエニ戦争時）スキピオ・アフリカヌスが採用したのが始まりとなる。

■ピルム

マリウスはピルムの穂先を留める2本の留め釘のうち、1本を木製に代えた。それまでのピルムは着投すると穂先本体が曲がったが、改良されたものでは木製釘が折れてはじけ飛び、残った金属製の留め釘を支点にして、柄との装着部分で穂先が折れ曲がる。敵の盾に突き刺さったピルムは、折れ曲がった柄の石突側が必ず地面に着き、盾をもつ敵の自由を奪った。戦い後の回収修理も容易だった。

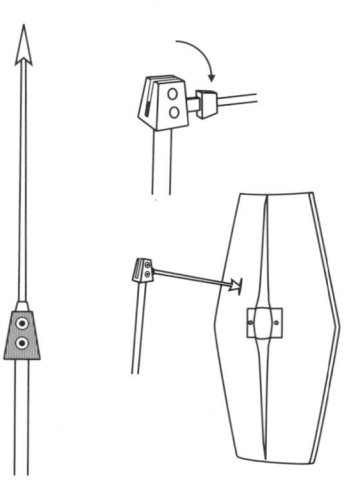

鱗状の小札でつくられた胸甲「ロリカ・スカマタ」

ローマ軍軍旗手

スタンダード（軍団旗）をもつ軍旗手。英語のスタンダードは一般に「軍旗」と訳されるが、布製のフラッグではなく金属製の"像"を支柱の先につけたもの。ローマではこの像に、猪、狼、馬、鷲、ミノタウロスの5種類があった。マリウスは好んで鷲を使用し、以後、ローマの軍団旗といえば鷲章旗（「アクゥイラ」）が定番となった。

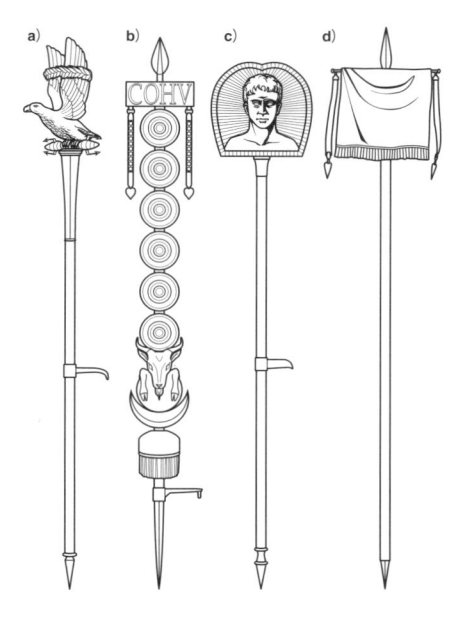

第Ⅰ章　古代の戦士
前2世紀末-前28年　ローマ［共和政末期］

アンテシグナニとポストシグナニ

マリウスの改革は、軍団兵を全員重装歩兵にした。その結果、軽装兵であるウェレテスは軍団から姿を消した。戦況に応じて軽装兵が必要と判断されるときもないではなかったが、そうした場合には、「アンテシグナニ」（"軍旗の前"の意）や「ポストシグナニ」（"軍旗の後ろ"の意）を軽装歩兵として代用することがあった。彼らは軍旗を警護するために特別に編制されていた兵士で、若い体力のある兵士からなっていた。通常は戦列のなかで戦ったが、軽装兵のような任務に就くときには鎧を脱いだ。ただし、それは常時の手段ではなく、将軍たちの機転が生んだ結果に過ぎない。盾は軍団兵のものよりも小さく軽いものを用いた。

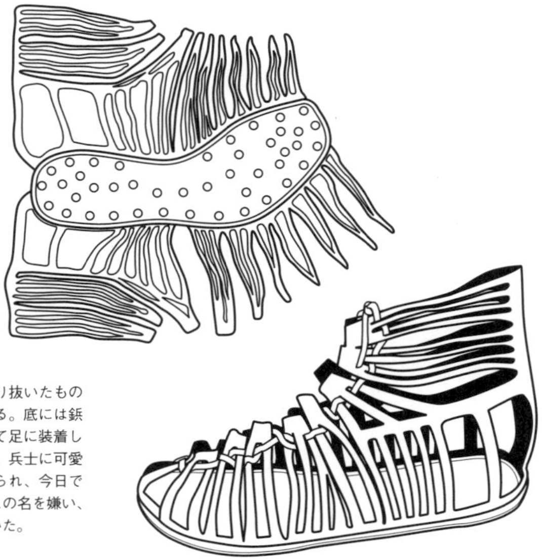

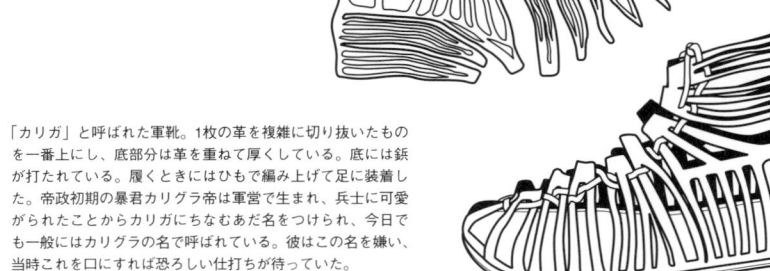

a) 鷲章旗（アクゥイラ）
b) 複数の飾りを取り付けた「シグナム」
c) 「イマジニフェル」と呼ばれる"像"を意匠にしたスタンダード。帝政期以前は動物像だけであったが、帝政期に入ると皇帝の顔が意匠とされた
d) 布製の「ウェキシラム」

「カリガ」と呼ばれた軍靴。1枚の革を複雑に切り抜いたものを一番上にし、底部分は革を重ねて厚くしている。底には鋲が打たれている。履くときにはひもで編み上げて足に装着した。帝政初期の暴君カリグラ帝は軍営で生まれ、兵士に可愛がられたことからカリガにちなむあだ名をつけられ、今日でも一般にはカリグラの名で呼ばれている。彼はこの名を嫌い、当時これを口にすれば恐ろしい仕打ちが待っていた。

前5-前1世紀

記録のなかの蛮族戦士

ケルト人

ケルト人とローマの抗争は古く、かつては一時的ながらローマ市が占拠されたこともあった。一方のギリシア世界でも、アレクサンドロス大王死後の混乱に乗じるかのようにして、ケルト人の一派ガラティア人が侵入してきた。文字をもたなかったケルト人の姿は、ローマ人とギリシア人が残した記録のなかでしか知り得ないが、蛮族（バルバロイ）とされたその姿は、むしろ部族社会に共通する勇猛さの発露だったといえる。

ガリア人戦士

ローマ人は現フランスに居住したケルト人をガリア人と呼んだ。ガリアとはラテン語で"雄鶏"に由来するともいわれ、一説によれば、ガリア人に最初に遭遇したローマ人が、彼らの所持したスタンダードにあった"雄鶏"を見て名付けたという。ガリア人の歩兵の質は最良から最低までの落差が激しかったとされているが、死をも恐れぬ戦い方は、しばしばローマ軍のような十分に統制された軍隊をも打ち負かした。怒濤のごとく押し寄せる攻撃には凄まじいものがあったが、一方でその攻撃力を長く持続することはできなかった。数多くの対戦によってこのことを熟知していたローマ人は、緒戦に耐えさえすれば挽回することができたという。戦場でのケルト人戦士は髪を石膏で固め、騒々しく相手を威圧する行動をとった。敵の首を騎乗馬の馬具に縛りつけ、あるいは槍先に突き刺して自分の勝利を誇示したりもした。しかし、外見や蛮風に反して、吹奏楽器を使用して兵士に簡単な命令を伝えるなど、統率された一面もあった。

死を恐れることを軽蔑していたケルト人は、防具をろくにつけないことが勇者の証明だった

第Ⅰ章　古代の戦士
前5-前1世紀　ケルト人

独特の美的文化をもつことで知られるケルト人は、兜や盾の装飾にも凝っていた

ケルト人貴族戦士

ケルト人は戦争の際にいくつかの部族がまとまってひとりの将軍に指揮されることがあった。その人物は自他ともに認められる勇者でなければならず、通常は有力な部族の族長だった。族長たちの周囲には「ソルダリィ」と呼ばれた優秀な護衛兵が従い、武技に長けていることは当然ながら、それ以上に警護する主（あるじ）に対する狂信的な忠誠心が優先された。地位のあるものに側近く仕えていても、勇者であればなおさら戦場で防具らしきものをつけることがない。

騎兵とチャリオット

ケルト人の機動戦力は騎兵とチャリオットである。ほかの古代国家がそうであったように、高貴で裕福な階級に属するものやその従者が部隊を構成した。その戦力は全軍のおよそ2割から3割に達していた。ただしチャリオットは比較的に限られた地域でしか使用されていない。2頭の馬に牽かれたチャリオットには戦士と御者が乗り、敵に遭遇するとまず投槍を浴びせ、次にチャリオットから降りて剣を抜き徒歩により敵と戦った。

前27-後235年

軍団兵と補助軍兵

ローマ［帝政期前半］

共和政末期の内乱が終わり、アウグストゥス（在位前27-後14年）を第一人者とする元首政が幕を開けると、ローマの軍団兵（レギオナリウス）も新たな装備へと変化した。市民軍から編制されていた頃の姿はもはや影も形もなくなり、ローマ市民権をもたない兵士からなる補助軍に依存する度合いも高くなっていった。

ローマ軍団兵（後1世紀）

後1世紀の軍団兵。盾は楕円形から四角形に近い形状となり、盾芯も四角形の金属板を半球形に打ち出したものに変わった。鎧は最初、鎖鎧であるロリカ・ハマタを使用していたが、次第に金属の板片を組み合わせた「ロリカ・セグメンタータ」となった。

第Ⅰ章　古代の戦士
前27-後235年　ローマ［帝政期前半］

■ローマ兜

下図は帝政期前半のローマの兜。

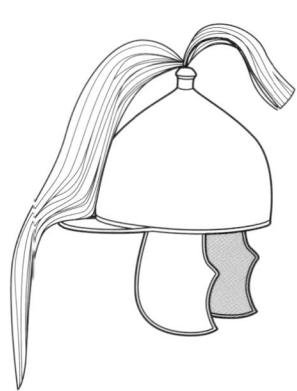

a) モンテフォルティノ型。前1世紀初期。共和政時代から使用されていた兜。青銅製

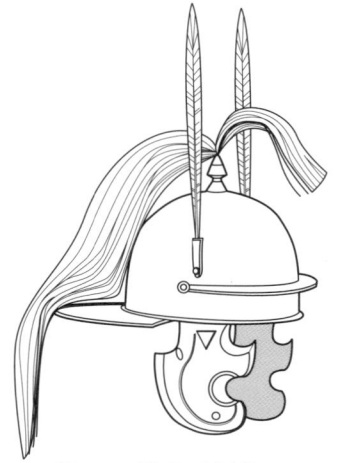

b) コールス型。後1世紀中期。兜を補強するために庇がついたもの。後頭部の鍔状の首当は肩口に斬りつけられたときに首を守るためのもの。前1世紀から後1世紀に使用された。青銅製

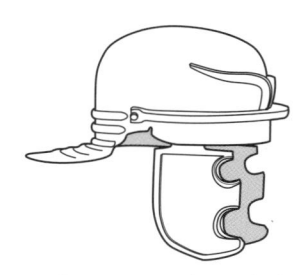

c) インペリアル・ガリック型。前1世紀末期。額部分にある羽根のような装飾は兜の防御力を高めるためのもの。ガリア人が使用していたものに起源がある。鉄製

d) イタリア型。後2世紀初期。インペリアル・ガリック型をイタリア半島で製作した型。後頭部を守る鍔状の首当部分がさらに延長されている。鉄と、青銅（縁取りや三日月のような装飾部分）が用いられている

■ピルム（帝政期前半）

帝政期前半の重いピルム（左）と軽いピルム（右）。重いピルムの中央部付近には丸い重りがついている。軽いピルムの穂先は先端が掛かり鏃になっている。

081

ロリカ・セグメンタータ

ロリカ・セグメンタータにはいくつかの型があった。図はイギリスで発掘されたニューステッド型鎧の復元をもとにした部品の連結図。この鎧を形づくる鉄の板片は、焼き入れ（鉄を硬化する処理）がほどこされていない柔らかい鉄でつくられており、敵の打撃を吸収することができた。兜は庇と鍔状の首当のあるコールス型となった。

トラヤヌスの記念柱に浮き彫りされたロリカ・セグメンタータ。

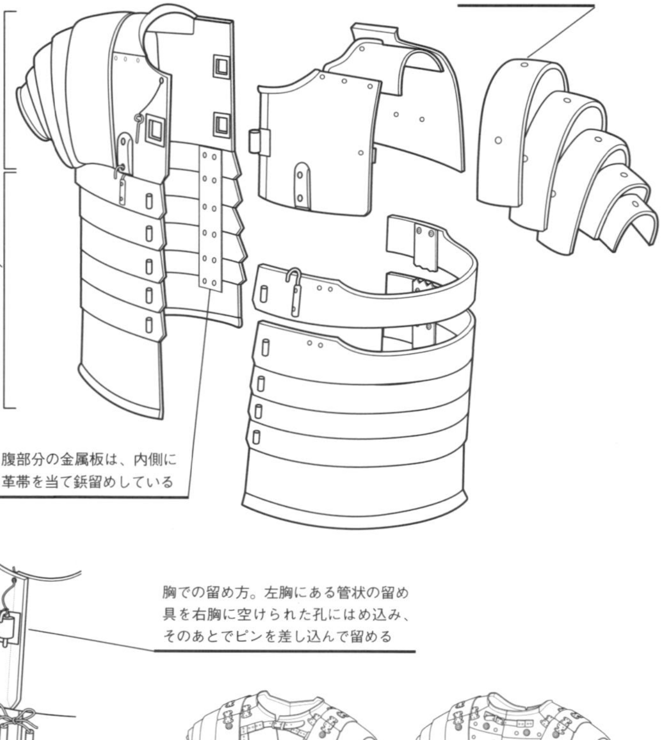

肩の金属板は鋲で連結している

鎧は大きく肩部分と腹部分に分かれる

腹部分の金属板は、内側に革帯を当て鋲留めしている

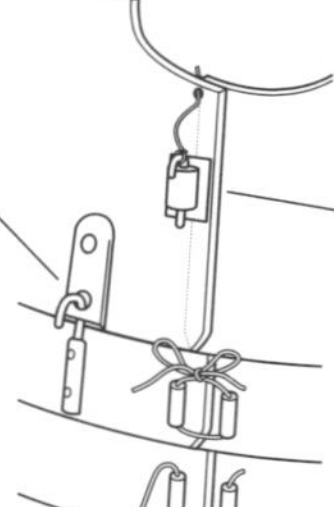

胸部分と腹部分は、鉤でぶら下げるようにして連結する

胸での留め方。左胸にある管状の留め具を右胸に空けられた孔にはめ込み、そのあとでピンを差し込んで留める

胴部分の前での合わせ方。左右につけられた管に革ひもを通し、これを結んで留めた

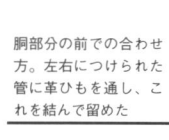

コーブリッジ型（後1〜2世紀）のロリカ・セグメンタータ。肩甲板が蝶番で留められている。

表側　　**裏側**

第Ⅰ章　古代の戦士
前27-後235年　ローマ［帝政期前半］

◆テーストゥード隊形（亀甲隊形）◆

兵士たちが盾を連ね、正面のみならず側面と上方も防護する隊形。その名のとおりさながら亀の甲羅のように見える。トラヤヌスの記念柱にも見られ、前3世紀頃から攻城戦で敵の城壁を堀り崩す際に用いられた。その際には図のように城壁上からの攻撃を防ぐために上に向けて盾を構えて接近した。ローマ人に限らずケルト人もこれを組むことがあった。

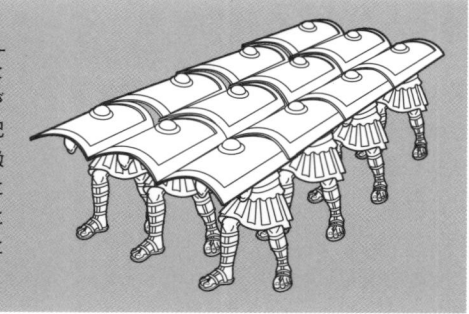

ケントゥリオ（百人隊長）

ローマ軍の最小部隊単位はケントゥリア（百人隊）である。当初は文字どおり100名で編制されたが、共和政期には60名、帝政期には80名が一般的だった。この部隊を指揮したのが「ケントゥリオ」、つまり"百人隊長"である。百人隊長は共和政時代には兵士の投票によって決められた民衆の代表者であったが、帝政時代では、軍団の指揮官が任命した軍務のエリートである。1個軍団（レギオ）には59名の百人隊長が所属したが、皆同列の指揮官ではなく、15段階の階級に分けられていた。特に定員の多い第1コホルスの第1ケントゥリアを指揮する百人隊長は"首位"（プリミピリウス）の百人隊長であり、序列の最高位にある。上位6名の百人隊長は戦術会議の出席を許されていた。こうした階級制度は軍の士気を高揚させるためのシステムとしても役だった。図は共和政末からの帝政期における典型的な百人隊長。各地に残された戦勝記念の凱旋門や墓碑などに刻まれた姿をもとにしている。

手にもっているのは葡萄の幹の杖。体罰を与えるときに使用した百人隊長のしるし

兵士は剣を右腰に吊し、百人隊長は左腰に吊すのが決まりだった

プラエトリウス（皇帝親衛兵）

「プラエトリウス」(親衛兵)の歩兵と騎兵。親衛兵は、帝国の国境を防備する軍団兵とは異なり、皇帝の私兵としてローマ市郊外に設けられた営舎に駐屯していた。帝政以前には武器をもってイタリア半島のローマ圏（ルビコン川より南）に入ることなど絶対に許されなかった。しかし帝政となってからは帝国首都の防衛を名目にして部隊がおかれるようになる。親衛兵は給料などのすべての面で優遇されていた。図の歩兵はセウェルス帝（在位後193-211年）時代のもの。騎兵はトラヤヌス帝（在位後98－117年）時代のもの。騎兵の盾は長六角形をしており4匹のサソリが描かれている。

軍団編制

帝政時代になるとローマ軍団（レギオ）の最小戦術単位はマニプルスからコホルスへと変わった。コホルスは通常、マニプルス2個からなったことから現在の軍隊規模に合わせて"大隊"と意訳される。通常、1個レギオは定員480名のコホルス9個（第2～第10）と800名の定員をもつ1個（第1）の計10個コホルスからなった。

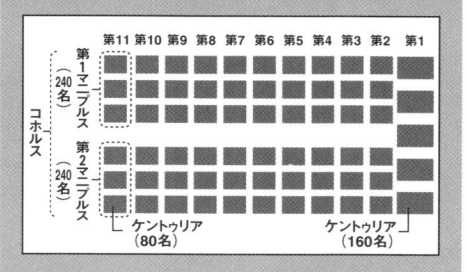

歩兵のプラエトリウス

第Ⅰ章 古代の戦士
前27-後235年 ローマ［帝政期前半］

騎兵のプラエトリウス

アーラ（同盟軍騎兵部隊）

同盟軍騎兵である「アーラ」は、共和政期にはローマ正規軍とともに戦ったイタリア同盟市部隊の総称であった。それが帝政期になると同盟軍の騎兵部隊の名称となる。なかには戦争に敗れたために異国に送られた兵士たちもおり、さまざまな装いには駐屯する地域ごとに特色があった。ローマ人の騎兵が投槍を使用したのに対し、同盟軍騎兵には両手で使用する「コントス」という長槍を装備するものもいた。それらは突撃戦では有力な打撃部隊となった。

アクシリア（補助軍）

ローマ国境の守備に就いた正規軍を支援するために、現地の属州民を中心にして編制した部隊が「アクシリア」（補助軍）である。国境を侵犯して敗れた蛮族民で編制されることもあり、打ち負かされた勢力の多くはローマ軍に喜んで協力している。彼らは一生飢えることがない待遇と給料を与えられ、除隊後には市民権まで得ることができた。なかには帝国内の

アクシリア歩兵

第Ⅰ章　古代の戦士
前27-後235年　ローマ［帝政期前半］

別の地域に派遣されて同士討ちを免れたものもいるが、たとえ同族であってもためらうことなく弓を引いた。図は、トラヤヌスの記念柱にあるダキア戦争で活躍した補助軍歩兵と重装の補助軍弓兵「サジタリウス」。歩兵の兜は正規軍と似ているが、造りは簡略にされていた。ピルムは装備しなかった。

シュマーキアリィ（同盟部族軍）

「シュマーキアリィ」または「フォエデラティ」は、ローマ皇帝と同盟を結んで戦時に出兵した蛮族部隊のことをいう。後1世紀頃から見られるようになったが、指揮官を部族長のみならずローマの正規軍人が務めることもあった。図はトラヤヌスの記念柱に描かれた兵士。棍棒は城壁を登ろうとする敵兵を追い返すのに有用だった。棍棒による攻撃は鎧を着込んだ敵にも損傷を与えることができたため、同じくカタフラクトゥス（重装騎兵。ギリシア語のカタフラクトスに相当）などを攻撃するのにも役立った。

サジタリウス

シュマーキアリィ

前1-後2世紀初頭

ローマと敵対した東方勢力
ポントス／パルティア／ダキア

ガリアやゲルマニアへ進出する一方で、ローマは東へも勢力を伸ばしていた。前1世紀にはポントスと数次にわたって争い、やがて騎馬民族国家パルティアと刃を交えることになる。ローマ軍は騎兵を巧みに操る敵には苦戦を強いられることが多く、東方世界では勝手の違う難敵に対さなければならなかった。ここでは、後1〜2世紀にかけてトラヤヌス帝を苦しめた、イタリア半島近隣のダキアにも触れている。

ポントス

黒海沿岸にあったポントスは、後継者戦争の混乱の最中、前4世紀末に生まれた騎馬民族国家である。ペルシア人を祖とし、軍隊もまたさながらかつてのペルシア帝国に似た雑多な陣容を中身とした。サルマタエ人とスキタイ人の騎馬弓兵。アルメニア人のカタフラクトス（重装騎兵）。歩兵ではそれらの民族に加えてケルト人や黒海沿岸のギリシア系住民を重装歩兵としていた。大鎌を備えたチャリオットまであった。

カタフラクトス

「カタフラクトス」とはギリシア語。騎手のみならず乗馬にも鎧を着せた重装の騎兵をいう。図はアルメニア人のカタフラクトス。アルメニア人はカタフラクトスを多数採用しており、その重装突撃に対抗する装備をもたなかったローマ軍は、しばしば戦列の前面に歩塁を築くことで対抗した。

第Ⅰ章　古代の戦士
前1-後2世紀初頭　ポントス／パルティア／ダキア

カルカスピダス（青銅盾隊）

「カルカスピダス」は"青銅盾隊"の意。その名のとおり、全青銅製の盾をもった部隊。ギリシア系の住民からなる部隊で密集方陣を組んで戦った。

パルティア

現在のイラン高原にあったのがパルティア王国だった（前250頃－後225年）。もともとはより北方の土地に居住していた騎馬民族だったが、セレウコス朝シリアの衰退に乗じて拡大し、前2世紀にはメソポタミア地方にまで勢力を広げた。セレウコス朝が滅亡したのちは（前64年）、東方の雄としてローマと長きにわたって対峙しつづけた。

パルティア人カタフラクトス

小札を綴じ合わせたスケイル鎧や、金属環を連結したチェイン・メイル（鎖鎧）を着込んでいた。こうした重装騎兵の最たる任務は長槍をもって敵陣に突撃することだったが、カタフラクトスの場合は装備が重過ぎて威力に劣ったようで、敵兵に長槍をつかまれてしまうことも間々あったという。接近戦ではメイスや戦斧、剣などを用いた。

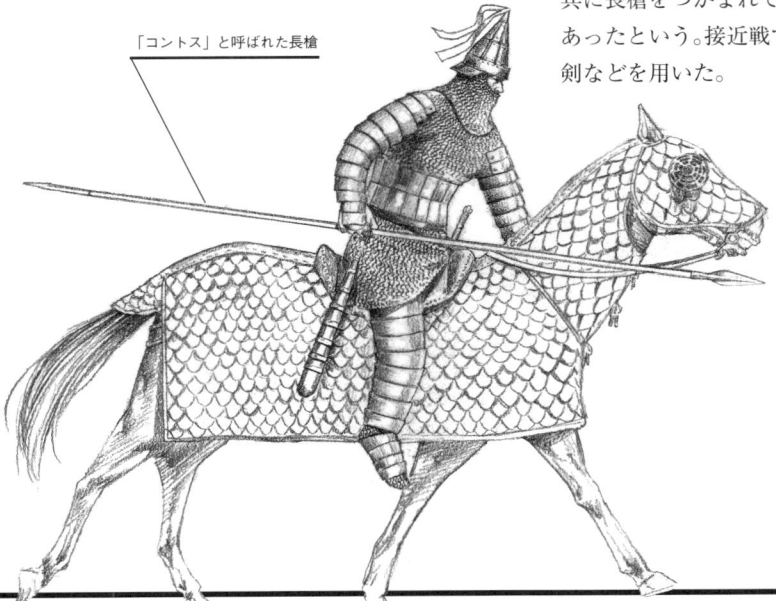

「コントス」と呼ばれた長槍

パルティア人騎馬弓兵

パルティア軍主力の軽装の騎馬弓兵。鎧をつけていない軽装騎兵は、それゆえに機動力に秀でており、それが最大の防御手段ともなる。パルティア人騎馬弓兵は、馬を疾駆させた状態で巧みに弓を操り矢を射たことで知られている。敵へと接近しながら、また敵から離れながら矢を射掛ける戦法は、今日の英熟語「パルティアン・ショット」のもととなり、現在は"最後の一矢""捨てセリフ"の意味として用いられている。

◆パルティアの騎兵戦術◆

遊牧系の民族であったパルティア人は馬上での弓術に秀でており、軍の主力は軽装の騎馬弓兵である。これに重装のカタフラクトスを巧みに組み合わせて用いた。まず騎馬弓兵を接近させて絶え間なく矢を射掛けさせ、次にこれによる敵の混乱に乗じてカタフラクトスを突入させた。弓を射掛け終わった騎馬弓兵は敵から離脱するが、敵に追撃されることもある。軽装である騎馬弓兵はおいそれとは追いつかれないものの、だからといって捕捉される恐れがないとはいえない。そのため敵の追撃兵を撃退するのにもカタフラクトスが用いられた。このように敵陣に"絶え間なく矢を射掛ける"ことに基盤をおいた戦術だったが、それは矢を定期的に補充しなければならないことを意味した。そのためパルティアの将軍たちは騎馬弓兵に"絶え間なく矢を補給"しつづけることを最優先とした。前53年のカルラエの戦いでローマ軍を全滅させたときにはラクダ部隊が延々と矢を補給していた。

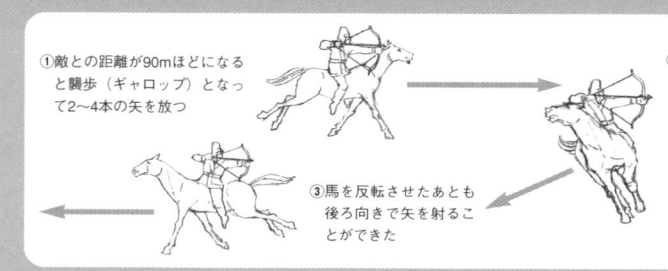

①敵との距離が90mほどになると襲歩(ギャロップ)となって2〜4本の矢を放つ

②45mほどまで近づくと右に旋回しながら矢を射て後退する。右に旋回するのは右利きの兵士が馬上で矢を射ることができるのが左方向であったため

③馬を反転させたあとも後ろ向きで矢を射ることができた

第Ⅰ章　古代の戦士
前1-後2世紀初頭　ポントス／パルティア／ダキア

ダキア

ダキア人はギリシア北方を流れるドナウ河の中流域に居住していた。ローマ帝国国境を脅かし、後1世紀の終わりから後2世紀にかけて、五賢帝のひとりであるトラヤヌス帝と対決した。

ダキア人戦士

投槍をもつダキア人戦士。トラヤヌス帝のダキア遠征を記念したトラヤヌスの記念柱をもとに再現している。投槍のほかに、おそらく腰に鎌状の小刀を携帯していたと思われる。記念柱には接近戦でその小刀を振るって戦う様子が刻まれている。防具では長楕円形の盾をもち、帽子をかぶっているものもいた。胴体を守る鎧は身につけていない。

だぶだぶのズボン。腰と足首のあたりをひもで縛っている

■ファルクス

ダキア人が使用したもっとも恐ろしい武器が「ファルクス」と呼ばれた両手剣だった。全金属製で鎌状の刀身をもち、刃は湾曲した内側にあった。トラヤヌスの記念柱には両手で使用する姿がないが、アダムクシリの戦勝記念碑にはその姿が刻まれている。起源はトラキア人が用いたロムファイアにあると考えられる。

ローマ軍団兵 （ダキア遠征時）

図はアダムクシリの戦勝記念碑に描かれた戦闘の様子とその再現イラスト。ダキア遠征に従った軍団兵は、ダキア人が用いるファルクスに備えて、腕をおおう籠手を着用した。ローマ軍は盾に隠れて剣を突き出す戦い方をしたが、ファルクスはその突き出された腕を斬り飛ばすだけの威力をもっていた。トラヤヌス帝は後105年の第2次ダキア遠征でこの特製甲冑をつけた軍団兵を投入している。

第Ⅰ章　古代の戦士
前1-後2世紀初頭　ポントス／パルティア／ダキア

スパンゲンヘルム型の兜。分割された部品を組み合わせて頭蓋部分を形づくる。トラヤヌスの記念柱では象眼がほどこされたものがある

サルマタエ・ロクサラニ族重装騎兵

ダキア人はトラキア人の子孫ではあるもののトラキア人のような騎兵をもたなかった。そのため騎兵については同盟者であるサルマティアに依存していた。サルマティア人は重装の騎兵を援軍として派遣し、トラヤヌスの記念柱には騎手と騎馬ともにスケイル（小札）の鎧をつけた姿で刻まれている。武器は弓と剣が確認できるだけだが、おそらくは長槍のコントスを使用したと思われる。トラヤヌス帝はこのサルマタエ重装騎兵にならって遠征後に同様の騎兵部隊を編制しており、その種の重装騎兵を最初に採用したローマ皇帝となった。

戦争の技術 4
ローマの砲撃兵器

火薬が登場するよりもはるか昔の紀元前。すでに機械的な仕組みによって弾体を射出・投擲する大型兵器が登場していた。おそらくギリシア世界で考案されたであろうこれらの"砲撃兵器"は、ローマ時代になってから組織的に運用され、高い技術水準にまで達した。

バリスタ

太矢や石弾を射出・投擲する大型兵器「カタプルトゥス」のうち、アーム（腕木）2本をもち、弓木本体の弾性（弓力）を利用しないものをラテン語で「バリスタ」という。ローマ人はこの種の兵器をカルタゴ人とギリシア人から学んだ。ラテン語の「バリスタ」（BALLISTA）自体、ギリシア語の"飛び道具で撃つ"を意味する「バッロ」（ＢＡ∧∧Ω）から派生している。ローマ軍ではケントゥリア（百人隊）ごとに1台のバリスタと11名の操作員が配され、1個軍団に55台が配備された。

　右図は、トラヤヌスの記念柱に刻まれている小型のバリスタ「カロバリスタ」。これには車輪付きの台座があるものもある。小型化されたものは、アルキメデスが開発した"スコルピオ"（スコルピオン）の名で知られていたが、ローマではこれを「マヌバリスタ」とか「アルクバリスタ」とも呼んでいた。

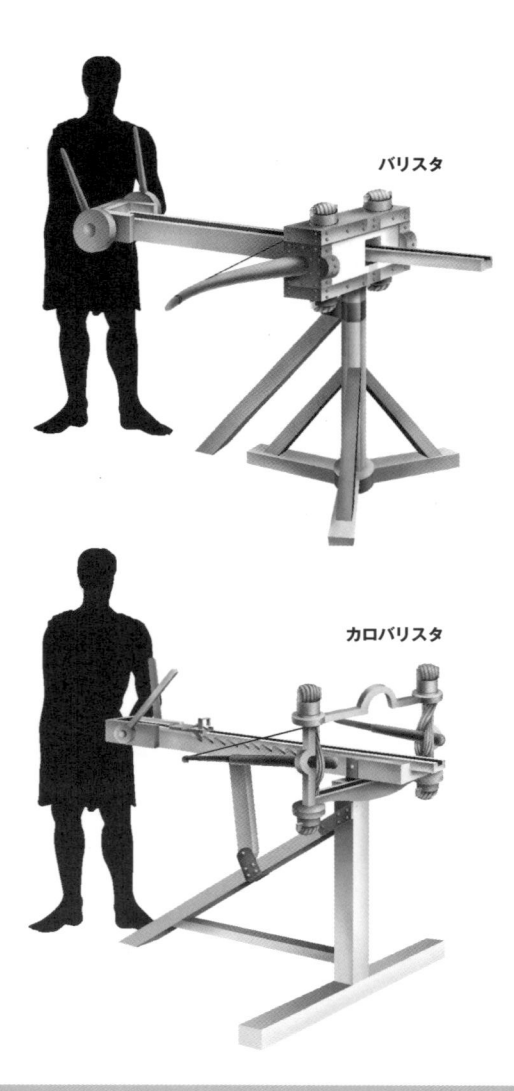

バリスタ

カロバリスタ

"ねじれ式"弩砲

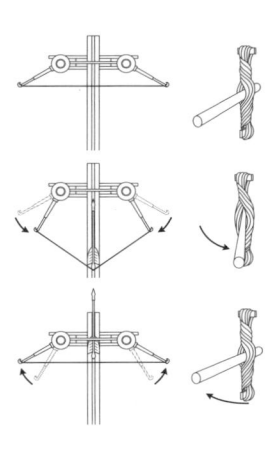

バリスタには主に"ねじれ式"と呼ばれる仕組みが用いられた。これは前4世紀中頃に登場し、髪の毛や動物の腱をよった太綱を綛（かせ）となる木枠に掛け、2本の腕木を取りつけたもの。弓木本体ではなく、引き絞った太綱がねじれて発生する張力を利用する。"ねじれ式"の短所は①威力を増すためにねじれを強くすると、本体を相応に頑丈としなければならず重くなる。②威力を増せば太綱の寿命が短くなる。③湿度によって威力が減少する。④加えて単発式であることも短所といえる。

"ねじれ式"以外の特殊な弩砲

"ねじれ式"の短所を改良しようとしてさまざまな弩砲が考案された。図はビュザンティオンのフィロン（前2世紀後半、応用幾何学の研究家）の著作中にある2種の弩砲「カルコトノン」と「ポルリュボロス・カタペルテス」。前者は太綱の綛の代わりに青銅でつくった輪バネをもつもので、後者は太矢を連射できるものである。また前2世紀の数学者クテシビオスは「アエロトノス」と呼ばれる空気圧をバネとする弩砲を考案している。

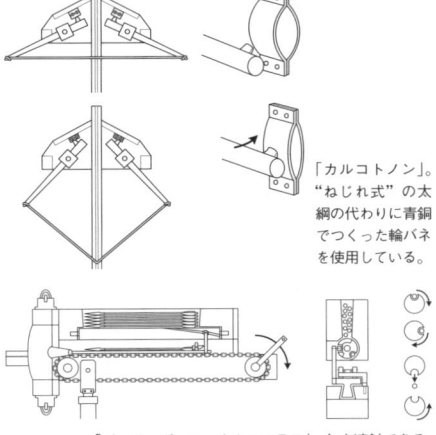

「カルコトノン」。"ねじれ式"の太綱の代わりに青銅でつくった輪バネを使用している。

「ポルリュボロス・カタペルテス」。矢を連射できる。

オナゲル

「オナゲル」は"野生のロバ"の意。後4世紀になって書物にあらわれる最後の投石機。しかし、同種の投石機は前2世紀に「モナコン」としてギリシア世界で知られ、後1〜2世紀にはローマ軍でも使用されていたので、新しい兵器でもない。原理的には"ねじれ式"を用いており、束ねた太綱に1本の腕木を装着し石弾を投擲する。中世ヨーロッパの「カタパルト」と呼ばれる投石機の原型である。

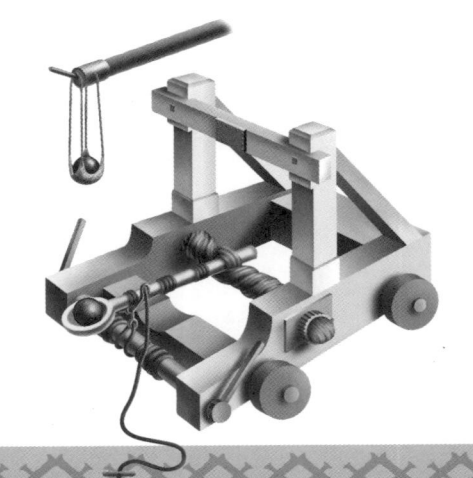

235-476年

東方化されたローマ軍
ローマ[帝政末期]

帝政末期のローマ軍は、共和政や帝政期前半に比べて質の劣化があったといわざるを得ない。なかでも士気の低下は深刻なもので、白兵戦に次第に耐えられなくなった軍団兵は、ついには投擲部隊の様相を呈するまでになっていった。一方で東方化が進み、騎兵には重装の騎兵が登場している。帝政末3世紀のローマ軍は、映画などで慣れ親しんだ姿とは一変している。

ローマ軍団兵（帝政末）

帝政末期になると軍団兵の装備は大きく様変わりする。長槍の「ハスタ」と投槍の「スピクルム」をもち、ウォー・ダートを携帯した。この投げ矢は「プルムバタエ」または「マティーオバルブリィ」と呼ばれた。盾の形は円に近い楕円形となった。彼らはさまざまな種類の投擲武器で戦い、剣を使用することがあまりなく、敵とできるだけ距離を保って戦った。

兜はインテルキサ型と呼ばれる

胴鎧は鱗状の小札スケイルを用いたロリカ・スカマタ

投げ矢は盾の裏に携帯した

剣もまた短いグラディウスではなく、敵と距離を保てる長い剣「スパタ」に変わっている。

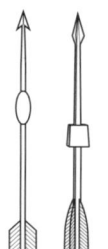

投げ矢の「プルムバタエ」。威力では投槍のピルムに及ばないものの、大量に携帯できる点で優れていた。軸棒には鉛の重りが取りつけられており、強度をもたせるために軸棒をねじったものもあった。射程は50mほど。しかし実際にはもっと間近で投擲した。

第Ⅰ章 古代の戦士
235-476年 ローマ[帝政末期]

ランシアリウス

「ランシアリウス」は長槍、スピクルム、プルムバタエなどを装備した軽装の歩兵。重装の軍団兵の後ろに配されていた。鎧をつけないことだけが重装の兵士と異なる。図の盾に書かれている"ΧΡ"の組み文字は、ギリシア語でキリストを意味する"ΧΡΙΣΤΟΣ"の先頭2文字を組み合わせたもの。

帝政末の軍団は16縦深の戦列を組み、前側に重装の軍団兵を、その後ろに軽装のランシアリウスを配した。そのさらに後ろには、弓兵であるサジタリウスが控え、仰角で矢を射ることもあった。

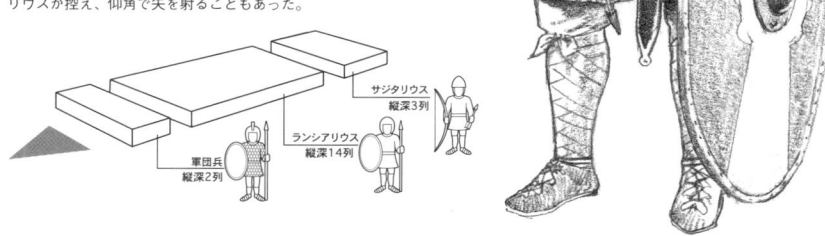

カンタブリア式の騎兵戦術

重装化しはじめる以前のローマ軍騎兵は、投槍を用いる突撃戦術を採用し、鞍には複数の投槍を収めたケースを取りつけていた。この戦術はカンタブリア式と呼ばれる騎兵教練を始まりにしたものだといわれており、ヒッパカ・ギュムナシアも、その教練が儀式・競技化されていったものだとされている。カンタブリアとはヒスパニア西北部の一地方のことで、輩出された優秀な騎兵はカルタゴの名将ハンニバルにも率いられた。ここを第2次ポエニ戦争後に占領したローマ軍は、優秀な騎兵を自軍に組み入れただけでなく、教練方法も取り入れたという。

①左手にもった盾を敵に向けて前進するテーストゥード隊形(亀甲隊形)を組みながら敵に接近。間近で右に旋回する

②投槍を投擲する(第1投)

③後ろ向きになりながら第2投を投擲

④盾を背にした「ペトリノス隊形」によって後退する。もしくは旋回して剣を抜いての突撃を敢行する。競技であったヒッパカ・ギュムナシアでは、この後退隊形のときに敵陣営に槍を投げ入れ、盾に命中した場合には得点が与えられた

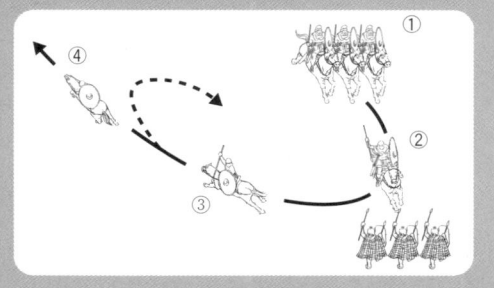

ヒッパカ・ギュムナシア時の騎兵

図は「ヒッパカ・ギュムナシア」と呼ばれた訓練競技時の騎兵。この競技は部隊をふたつに分けて互いに槍を投げ合うというもので、きらびやかに着飾ってはいるが、実戦とさほど変わらない激しさがあった。ただし流血しない配慮がなされており、槍の穂先は木製。さらに木製でも顔に当たれば重傷を負うことから金属製の面までつけていた。大腿部やすねにも防具がつけられ、肌が露出しないようになっている。馬にも鎧がつけられたらしく、兵士の鎧とともに馬用の胸当、馬面の装備も発掘されている。さらにスタンダード用の竜の飾りも同時に発掘されている。ヒッパカ・ギュムナシアは中世ヨーロッパ世界で全盛するトーナメント（武芸試合）の起源ともいわれている。

「ロリカ・ラメルラ」鎧の胸部にある小さな四角形部分は、鎧を着る際に頭を通しやすいよう開閉または取り外し可能となっている

第Ⅰ章　古代の戦士
235-476年　ローマ［帝政末期］

クリバナリウス／カタフラクトゥス

騎兵の重装化は、特に東のローマ帝国で見られるようになる。接していた騎馬民族に対抗するためで、敵装備に合わせたものとなった。ローマ人は重装化された騎兵を装甲の度合いによって「クリバナリウス」と「カタフラクトゥス」に呼び分けた。前者のほうが装甲の度合いは高い。武器はともに長槍のコントスだったが、騎馬民族に対するなかで短弓も装備するようになる。腰には剣も装備しており、遠近いずれの攻撃力をも兼ね備えた優れた部隊である。

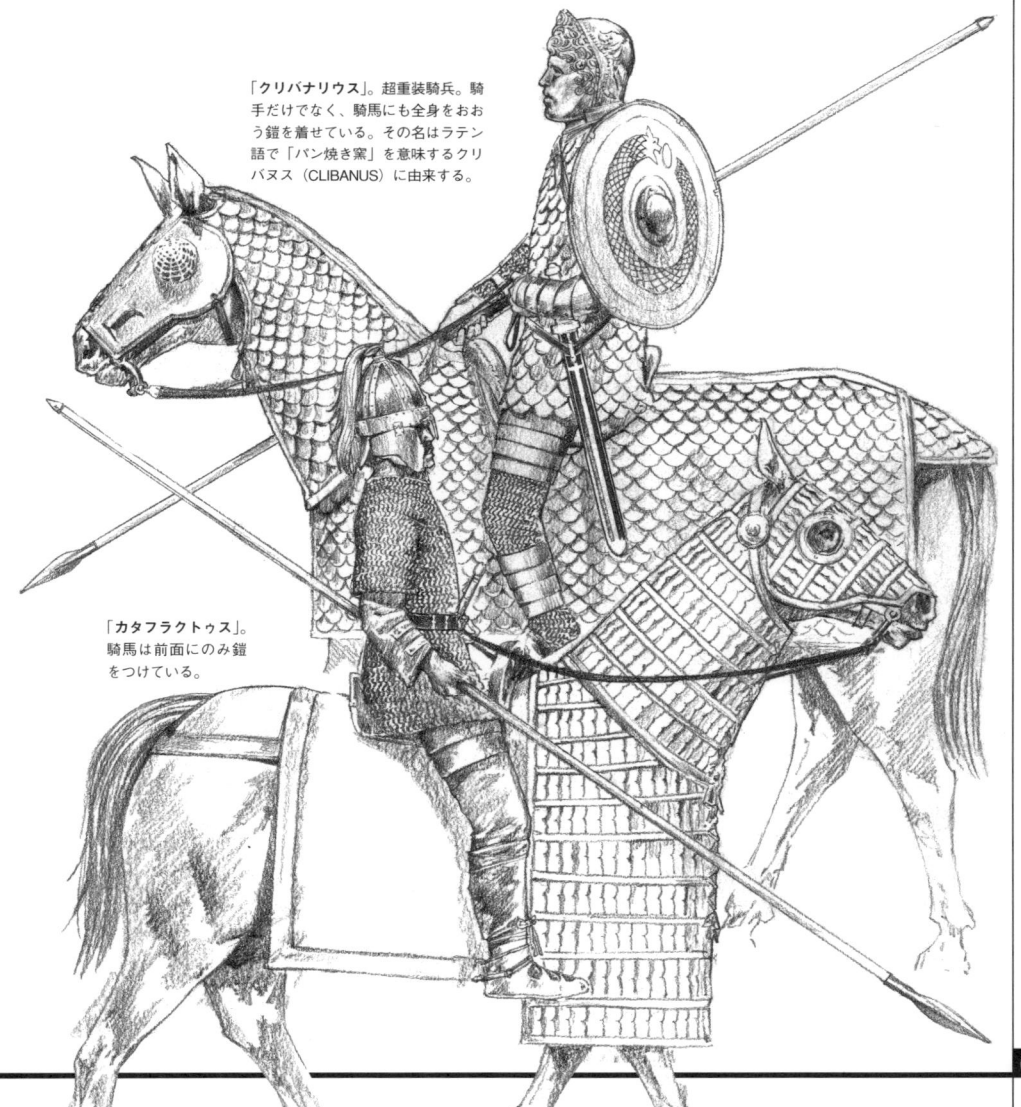

「クリバナリウス」。超重装騎兵。騎手だけでなく、騎馬にも全身をおおう鎧を着せている。その名はラテン語で「パン焼き窯」を意味するクリバヌス（CLIBANUS）に由来する。

「カタフラクトゥス」。騎馬は前面にのみ鎧をつけている。

前115年-後5世紀

巨大帝国に挑んだ蛮族戦士

ゲルマン人

ゲルマン人はインド-ヨーロッパ（印欧）語族に属し、スカンディナヴィア半島などの現在の北欧にあたる地域を原住とした。彼らはそこから南下または西進し、ガリア人を圧迫するとともに前2世紀末にはイタリア半島にまで進入している。この最初の衝突以後、ローマはゲルマン部族との、宿命の対決にも似た抗争と対峙をつづけ、やがてヨーロッパ史の担い手の交代へとつづく。

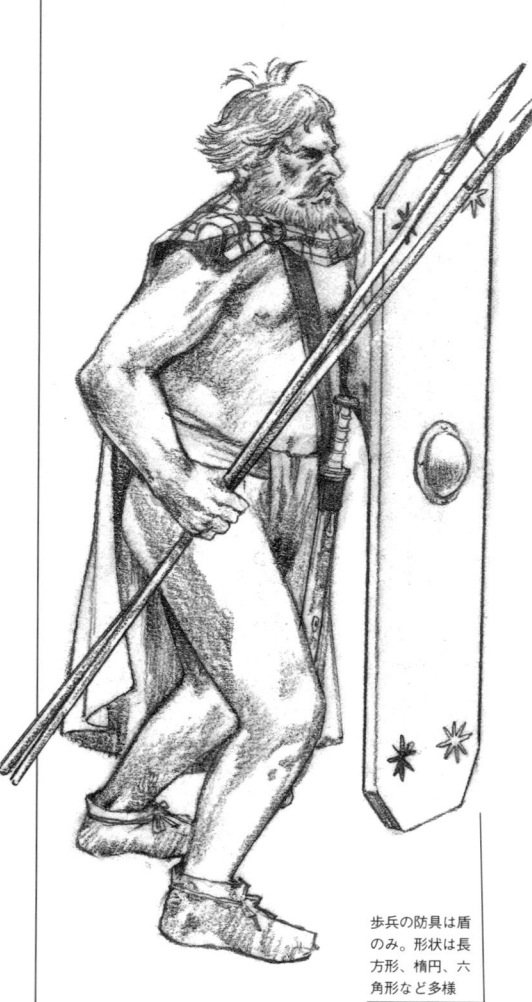

キンブリ／テウトニ族

キンブリ族はユトランド半島、テウトニ族はバルト海沿岸を原住としたゲルマン人。前2世紀に南下を開始し、イタリアにまで進んだ。キンブリとは彼ら自身の言葉で"略奪者"を意味した。

キンブリ／テウトニ族戦士

ゲルマン人は大きな体躯と青い目が身体的な特徴。前1世紀頃までのゲルマン人はまだ十分な防具をつけておらず、盾を唯一の頼りとし、剣と投槍2本をもって戦った。剣はローマ人のものとは違って大振りである。騎兵は兜をかぶっていたようで、大きく口を開けた獣をかたどったものがある。騎兵の盾は楕円または小ぶりの円形をしており表面は白い。ゲルマン人騎兵は直進と右旋回しかできなかったともいわれているが、一方で前1世紀のユリウス・カエサルは、彼らを自身の護衛隊として率いてもおり、総合的な評価は必ずしも定まっていない。

歩兵の防具は盾のみ。形状は長方形、楕円、六角形など多様

第Ⅰ章　古代の戦士
前115年-後5世紀　ゲルマン人

スエビ族

スエビ族は前1世紀にもっとも好戦的だったゲルマン部族。多くの支族をもち、現在のドイツなどにあたるゲルマニアで武威を張っていた。ローマとはカエサル以来の対峙をつづけ、五賢帝最後のアウレリウス帝の時代に、長期にわたってローマ領への侵入を試みたマルコマニ族、クアディ族もスエビ族の一派だった。

スエビ族戦士

スエビ族の見かけ上の特徴は、まとめ上げた長髪を右のこめかみ部で結んだ、"スエビ結び"と呼ばれる髷（まげ）にあった。この独特の髷は、単なるファッションではなく、自由人と奴隷を見分ける社会的な符帳でもあった。ほかのゲルマン諸族でも青年期には同じような髷を結ぶことがあったという。戦いではさらに頂頭部にも髷を結って出陣した。こちらは自らを大きく見せるためにそうしたとされる。盾は楕円形をしており、両端頭頂部に切れ込みをしているのが"スエビ風"とされる。盾をなくすことは最大の恥辱とされ、縄でくくられることもあった。

短い槍の「フラメア」。投げることも接近戦で用いることもできる。斧を武器とする兵士もいた

"スエビ風"の盾には、個人それぞれに美しいと考える色が塗られていた

ゲルマン独特の片刃の短剣「サクス」。長さのある剣はあまり好まれなかった

ゲルマン民族移動図。前2〜後5世紀にかけての主な部族の移動経路をあらわしている。

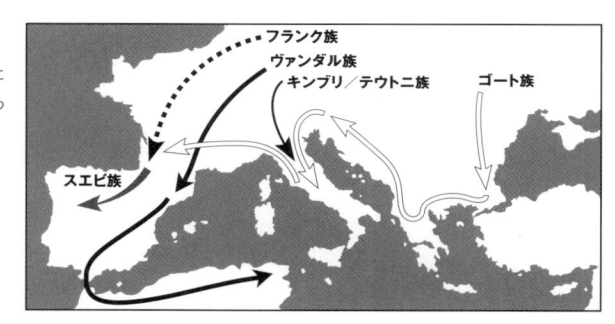

フランク族
ヴァンダル族
キンブリ／テウトニ族
ゴート族
スエビ族

フランク族

ゲルマン人のなかでももっともゲルマンらしからぬ部族がフランク族である。彼らはケルト人と融合したことで、ほかの部族とは違った風習をもっていた。5世紀からのゲルマン民族大移動の荒波のなかでガリア大部を支配するようになり、建国したフランク王国がやがてヨーロッパ史での大きな役割を担っていく。

フランク族戦士

フランク族は、族長などを除けばほとんどが徒下で戦う兵士である。彼らは頭を除いて口ひげは生やし、赤、青、黄、緑といった明るい色の縞模様があるチュニックとズボンをはいた。緑地に赤い縁取りをしたマントをつけた兵士も目撃されており、毛皮の胴衣を着用するものもいた。手には「アンゴン」と呼ばれる掛かり鏃をもつ長い投槍をもち、ローマ人のピルム同様に盾を貫通する威力があった。独特だったのが扱いに難しい「フランキスカ」と呼ばれる投げ斧である。

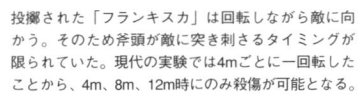

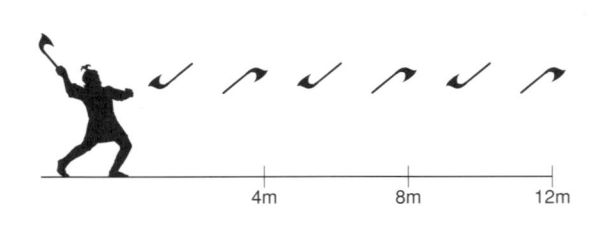

円形の盾。中央にカップ状の盾芯がある

直身の剣

投擲された「フランキスカ」は回転しながら敵に向かう。そのため斧頭が敵に突き刺さるタイミングが限られていた。現代の実験では4mごとに一回転したことから、4m、8m、12m時にのみ殺傷が可能となる。

4m　8m　12m

第Ⅰ章　古代の戦士
前115年-後5世紀　ゲルマン人

ゴート族

ゴート族は現在のポーランドを経由してのち黒海沿岸周辺に居住していた。2族に分かれており一般に西ゴート、東ゴートと呼んでいる。4世紀のフン族の進入によって西に追われ、これがゲルマン民族大移動の発端とされる。ローマに進入した西ゴートは最終的にはヒスパニアに渡って自らの王国を打ち立て、遅れて進入した東ゴートはイタリア半島に王国を築いた。

ゴート族の騎兵

ゴート族戦士

西ゴート族は定住する段階で、機動型の軍隊から拠点防御型の軍隊へと装備を変えている。つまり騎兵から歩兵中心の軍隊に生まれ変わった。兵士のなかにはローマ軍の同盟軍として兵役に就くものも少なくなかった。歩兵は円形の盾と長槍を装備し、騎兵同様に腰には直身の長剣であるスパタを下げていた。ほとんどローマ化した軍隊であったといえる。一方、東ゴートはフン族との接触から騎兵を多く有しつづけた。東西ともゴート騎兵は長槍を用い、円形の盾を用いている。

ゴート族の歩兵

103

297-846年

入れ墨戦士
ピクト人

ピクト人は3世紀になって文献に登場してくる民族である。現在のスコットランド北部およびオークニー諸島に暮らしていたが、その文化や生活はほとんどわかっていない。彼らは海岸沿いにつくった「ブローチ」と呼ばれる石造城塞を拠点とし、交易よりも略奪によって糧を得ることが多かった。その名から入れ墨をほどこしていたと考えられる容貌は、ことさら恐ろしげだっただろう。

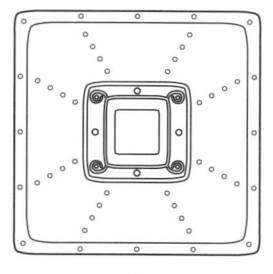

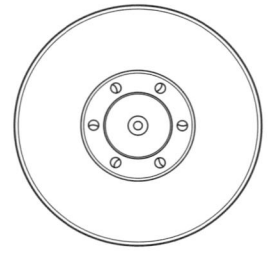

小型の盾。カップ状の盾芯が中央にあり、円や四角、"H"形のものがあった。

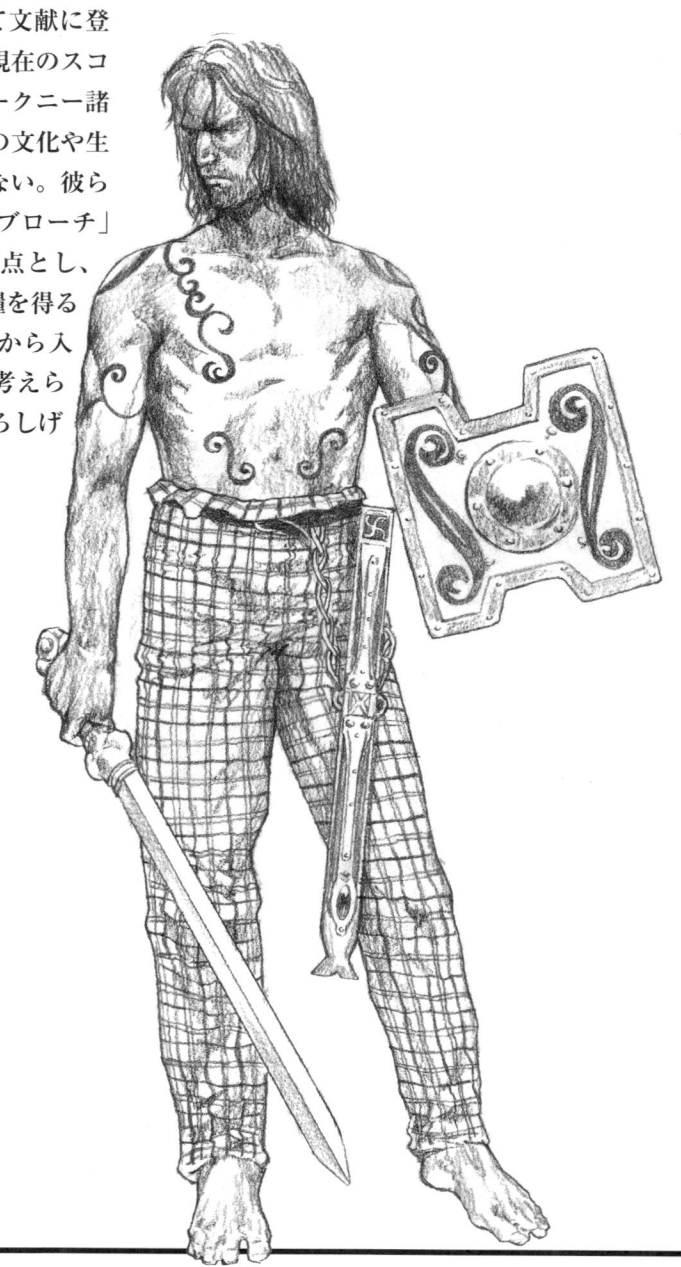

第Ⅰ章 古代の戦士
297-846年 ピクト人

ピクト人戦士

ピクト人の名はラテン語の"描く"を意味する"ピクトゥス"に由来する。そこから彼らは全身に入れ墨をほどこしていたと考えられている。民族的にはガリア人に近いと考えられているが定かではない。確かに彼らが使用したと思われる武具の多くはケルト系の特徴をもち、ケルト人が居住したアイルランドに見られる斧頭も発掘されてはいる。長剣と短槍か投槍、斧を用い、石に刻まれた肖像には片ひざをついて弓を引く姿が描かれている。ケルト系には珍しく弓の名手であったと考える研究者もおり、弩弓らしきものを刻んだ遺物も発見されている。イギリスのウィンドランダの遺跡で発見された木片には、彼らの多くが騎乗しては投槍を用いることができなかったと記されていた。また身を守るために防具を用いることがほとんどなかったとも記されており、遺跡に遺るレリーフで確認できる防具もまた主に盾である。

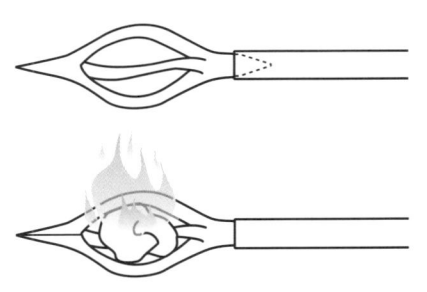

火矢(マレーオルス)用の鏃。枠内にボロ布などの可燃性のものを押し込めて火をつける。弓やバリスタ(弩砲)用の矢の先につけるか、投槍の穂先とされた。イギリス北部で発見され、一説ではピクト人が用いたとされる。こうした構造の鏃は遠くバルカン半島の北部でも発見されているが珍しいもの。

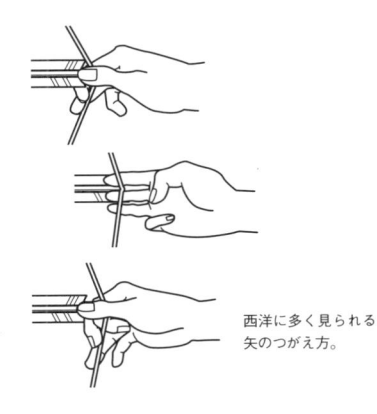

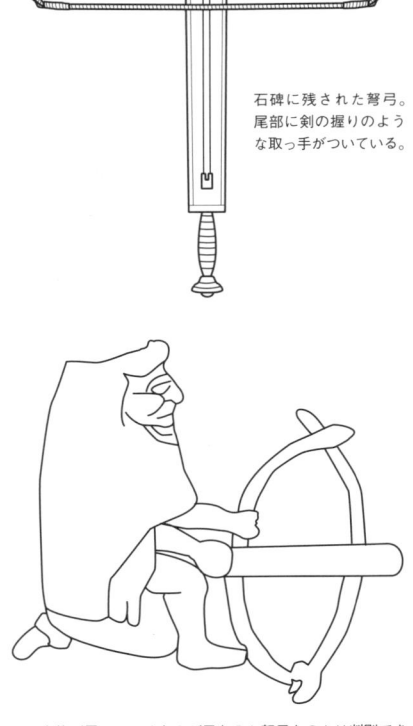

石碑に残された弩弓。尾部に剣の握りのような取っ手がついている。

西洋に多く見られる矢のつがえ方。

この人物が用いているものが弓なのか弩弓なのかは判別できない。いずれだったにしろ、ひざをついた姿勢からは、獲物を追いまわすだけでなく、待ち伏せして狙撃できるだけの腕をもっていたことが推測される。

220-649年-

重装騎馬軍団
ササン朝ペルシア

3世紀に入ると、かつての大帝国復興を掲げたササン朝ペルシアが、パルティアに代わって東方世界に君臨する。以後ササン朝は400年にわたってローマ国境を脅かしつづける。騎馬民族国家だったササン朝の部隊編制はパルティアのそれと酷似していたが、彼らは優れた兵站能力をもち、パルティアと違って長期にわたる攻城作戦を行うことができ、ローマが築いた国境要塞群の攻略も可能だった。また、ゾロアスター教の復活による士気の向上にも目を見張るものがあった。

全金属製のメイス。剣のような形状をしているのが特徴

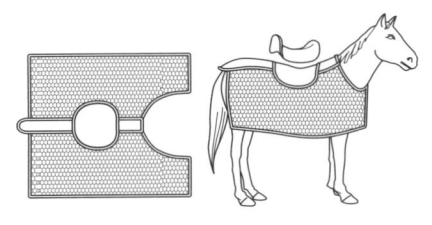

第Ⅰ章　古代の戦士
220-649年　ササン朝ペルシア

馬鎧の着せ方。革や厚布が下地とされており、背中にかぶせて、胸と尻部分で合わせ目を結わえた。

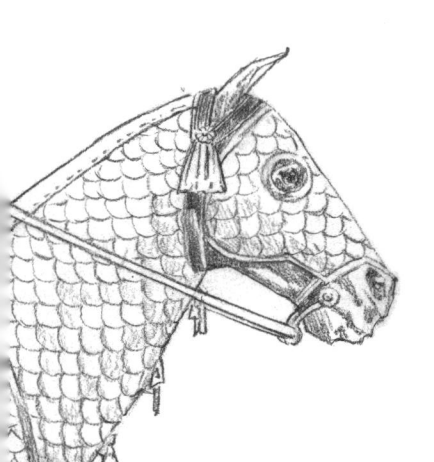

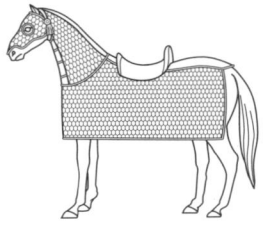

a) 3世紀カタフラクトス用。全身小札鎧

b) 3～4世紀カタフラクトス用。金属板付きの布

c) 6世紀重装騎兵用。鎧なし

d) 7世紀クリバナリウス用。前面のみの装甲

カタフラクトス

図は5世紀頃のカタフラクトス。3世紀頃のカタフラクトスの馬鎧は布か革製の覆いで、これに金属製の板状の装飾を縫いつけていた。これは自分たちを勇ましく見せるためであったといわれる。騎手は上半身を鎖状の鎧でおおい、下半身を板金の鎧でおおっていた。5世紀になると騎手も騎馬もより重装な鎧に変わり、水滴状の兜には金属製の面が付随している。コントスと呼ばれる馬上槍のほかに短弓を装備し、突撃戦だけでなく弓による射撃戦の能力ももっている。剣とは別に、全金属性のメイスも装備している。

およそ400年間存続したササン朝ペルシアの馬鎧は、敵対した勢力の装備に応じて変化している。重装甲化したローマ騎兵やパルミュラと対した当初は、パルティア軍同様に馬全体をおおう金属製の鎧だった。それがイスラム勢力を敵とするようになると次第に布製に変わる。軽快なイスラム騎兵に対抗するためである。しかし戦いの経験のなかで、やはりある程度の突撃力が必要とわかり馬の前面のみの装甲が導入されている。いわば敵勢力との共同作業ともいえる、装備変更のありようを示す典型例となっている。

クリバナリウス

ササン朝軍は騎兵を中心とし、歩兵は見かけの戦列を構成できる程度のものだった。主力兵種となった重装騎兵には、パルティアなどの東方騎馬民族同様に装甲の度合いによって2種がある。馬の全身をおおうものと前面を防護するもので、前者が「カタフラクトス」、後者が「クリバナリウス」と呼ばれた。帝政末ローマとは逆の呼称となっている。図は7世紀頃のクリバナリウス。馬鎧にはリボンのような飾りがつけられていた。騎手の鎧はチェイン・メイル。顔も兜と一体化したメイルで完全におおっている。円形の盾を携帯し突撃時には左手にもって構えた。

盾には肩から掛けるための革帯がつけられており、通常はぶら下げられていたと思われる

兜の頭頂部には球状の飾りがある

第Ⅰ章 古代の戦士
220-649年 ササン朝ペルシア

戦象

ササン朝ペルシアは、戦象部隊を率いていた。象の種類はインド象と考えられており、背に櫓を載せる場合と、直接に兵士をまたがせる場合があった。戦象に搭乗する兵士は弓で攻撃する。

374-466年
ヨーロッパを席巻した騎馬軍団
フン族

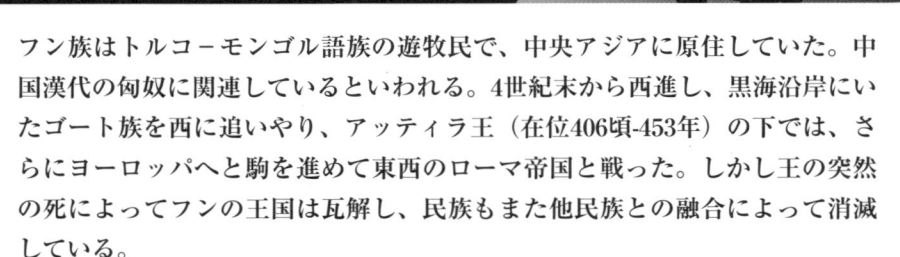

フン族はトルコ－モンゴル語族の遊牧民で、中央アジアに原住していた。中国漢代の匈奴に関連しているといわれる。4世紀末から西進し、黒海沿岸にいたゴート族を西に追いやり、アッティラ王（在位406頃-453年）の下では、さらにヨーロッパへと駒を進めて東西のローマ帝国と戦った。しかし王の突然の死によってフンの王国は瓦解し、民族もまた他民族との融合によって消滅している。

■フンの合成弓

フンの大半は軽装の騎馬弓兵だった。彼らは強力な合成弓を使用しており、およそ75～100mの距離からでも金属製の甲冑を貫くことができたといわれる。これには東方全盛の超重装騎兵カタフラクトスといえども対抗する術がなかった。弓は弦を張る前の自然な状態では、背側に向かって湾曲した"C"の文字形をしており、これを力いっぱい腹側に曲げて弦を掛けた。これにより鉄板さえ射抜く強力な張力が生み出された。言い方を変えるなら、強力な張力に耐えられるだけの強度をもつ合成弓ならではの威力であった。合成弓は3種以上の部材を用いた弓で、2種のものは複合弓という。

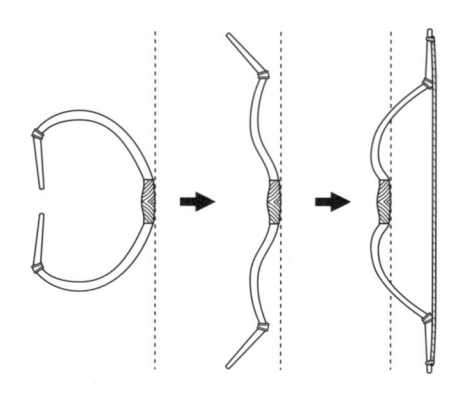

直射の場合、西洋では弦を顎につけるように引くが、東洋ではふつう、耳まで引く。

第Ⅰ章　古代の戦士
374-466年　フン族

フン族戦士

軽装の騎馬弓兵。彼らは優れた馬の乗り手として知られている。ローマ人の記録によれば、食事も睡眠も馬上でとり、ほとんど丸一日馬上で過ごしたという。またそれまで攻め込んできたどの蛮族よりも野蛮であったとして、その存在に脅威を感じていた。髪を伸ばし、頬には子供の頃に傷をつけてその痕をしわのように残していた。奇異な風貌をもつ体格は、小柄ではあるものの手足や首などががっしりと太く、憎悪がそう記させたのか"醜いほどだった"とある。衣服は羊毛、野ネズミの皮などでつくられ、明るい色に着色されており、それがそのまま軍装となった。裕福なものは右上腕部に小型の丸い盾をつけ、また、チェイン・メイルの鎧を着るものもいた。強力な合成弓は東方の超重装騎兵を撃退することができ、一方でフンは超重装騎兵を自軍に取り入れ、侵攻に弾みをつけてもいる。

一般兵士は兜をかぶらず、彼らの装束である山羊の毛で縁取った円形の帽子かフードのままだった。貴族は金属製の兜をかぶっていた

260-272年

シルクロードの富が生んだ精強軍

パルミュラ

3世紀の中頃、シルクロードの要衝という地理的特性を生かし、ラクダのカタフラクトスを登場させたのがパルミュラだった。この地はローマとササン朝ペルシアの勢力が及ぶ衝突点だったが、わずかな期間とはいえ通商による富を背景にして勢威を誇った。初めササン朝の侵入をローマの同盟者として撃退、逆に大きく攻め入ったりもしている。270年にはローマからの自立を掲げて反旗を翻しさらに勢力を拡大させたが、その2年後には帝国によって滅ぼされた。

ラクダ上で用いた鋭く長い剣。その長さは背の高いラクダならではのもの

ラクダのカタフラクトス

第Ⅰ章 古代の戦士
260-272年 パルミュラ

ラクダのカタフラクトス

ラクダに鎧を着せてカタフラクトスとしたもの。騎馬のカタフラクトス同様とまではいかず、それを援護することに用いた。武器は投槍や弓、長剣である。ラクダでは馬より高い位置に座するため、弓や投槍が高所からの攻撃となって有効だった。一方で接近戦では、より敵から距離があるため剣身の長い刀剣が必要とされた。ラクダの臭いは敵の騎馬を混乱させることができた。

カタフラクトス

パルミュラ軍の中核はカタフラクトスを主力とする突撃型の騎馬部隊だった。パルティアなどの多くの騎馬民族国家ではカタフラクタイ（重装騎馬部隊）が従となって、主である騎馬弓兵を援護する役割を担っていたが、ここではその突撃戦法が主役だった。突進してくる長槍のコントスに対して、ローマ軍はより身軽な軽騎兵の機動力で対抗するか、重装甲に関係なく威力をもつ棍棒を用いた。さらには撒き菱（「トリブルス」）を戦場に散布してその突進力を抑えようとした。この撒き菱は有効で、砂中にあって馬やラクダの脚に致命的な損傷を与えた。

ローマ軍が用いた撒き菱「トリブルス」。撒き菱といえば小さいものを想像しがちだが、馬用であるために大きさは5〜30cm。

第Ⅰ章　古代の戦士　総論

　第Ⅰ章では遺跡と遺品によってのみ明らかにされる古代世界と、古典文学によってより具体的な事柄がわかるようになった古代ローマ時代を通して戦士の変貌過程を追っている。

　古代世界では武勇に優れた者が戦場で敵の勇者と相対し、一騎打ちを行って問題を解決することがしばしばあった。しかし、そのような個人の技能を競う戦闘スタイルは、集団としての能力を高めた「軍隊」の登場で次第に廃されていく。
「棍棒」「槍」「刀剣」「短剣」「投槍」「弓」「投石ひも」といった基本的な武器は、糧を得るための長い狩猟生活を経て古代の時点ですでに揃っていたが、「軍隊」ではそれらの武器を個々のものとして使用するのではなく、集団のなかでどのように組み合わせて使用するか、つまり互いの長短所をうまく発揮・克服するにはどのようにすればよいかが問われていった。試行錯誤のくり返しのなかで、時には新しい武器が登場することもあったが、それもまた、あくまでも集団が使用することを主眼において考案されたものだった。
　戦士は個人の技量を磨くことよりも集団（＝軍隊）としての行動を学び、特別な勇者に変わって一般市民が、戦士集団として戦場に君臨することにもなった。古代世界を通して、戦争はひとつの技術となったのである。

第Ⅱ章
MEDIEVAL WARRIORS
中世の戦士

475-578年

ローマ再興を目指して
東ローマ(ビザンツ)帝国[初期]

ローマ領を襲ったゲルマン民族大移動の大波は、ついに西のローマ帝国を滅亡させた（476年）。これより西の帝国領回復が、東西のローマ皇帝であることを自他ともに認める東ローマ（ビザンツ）皇帝の宿願となった。しかしその意識とは別に、ローマ回復に成功した軍事行動は、ユスティニアヌス1世（483-565年）の時代に限られ、またそれが最後の具体的な試みともなった。

ルサリウスが編制した重装騎兵のこの装備は正規軍にも取り入れられ、以後は、東ローマ帝国軍正規兵種カタフラクトゥス（カタフラクトス）の、標準スタイルとなっている。

ブケラーリウス
（重装騎兵）

ブケラーリウス

東ローマ帝国の名将ベリサリウス（505頃-565年）は、533年にはじまるイタリア半島奪還作戦に向けて新たなタイプの重装騎兵を編制した。それが「ブケラーリウス」である。この名称は将軍や大土地所有者が編制した特別に合法化された部隊を指したが、ベリサリウスのそれは、彼自身が戦場で学んだ知識を取り入れたもので、敵国騎兵の長所を凝縮させたものだったといえる。騎槍はアヴァール人が用いていた「ドリュ」。腰にはローマの長剣スパタとは別にフン族の合成弓を下げた。鎧は大腿部までおおうことのできる丈の長いチェイン・メイル。足には金属の長板を並べたすね当てをつけた。左腕には小型の丸盾を装備している。ベ

第Ⅱ章　中世の戦士
475-578年　東ローマ（ビザンツ）帝国［初期］

スクタトゥス

「スクタトゥス」は長楕円形の盾スクトゥムを装備した重装歩兵。武器には長さ3.6mの長槍をもち、長剣の「スパテ」も携帯した。このスクタトゥスからなる部隊は、帝政末期のローマ軍歩兵よりは数段と訓練を積み、優れてもいる。しかしかつてのローマ軍団兵のような攻撃型の兵種ではなく、戦列を維持して受け身で戦う防戦型である。防具はチェイン・メイル製の胸当て鎧で、肩鎧があり、腰には帯状の革片が腰巻きのようにして巻かれる。

楕円形の盾。「スクトゥム」はラテン語で"盾"を意味する。共和政期の軍団盾とはまったく異なる姿をしているがこれもまだ"スクトゥム"と呼ばれる

スクタトゥス
（重装歩兵）

「ドリュ」（長槍）の先につけられた三角旗。空気抵抗によって突撃姿勢時の槍先を持ちあげる効果もあったと思われる

プシロス

「プシロス」とは東ローマ帝国の軽装歩兵を指す。彼らはさまざまな武器を用い、主要なものでは弓、投槍、スタッフ・スリング（投石棒）などを使った。なかでも弓兵からなる「プシロイ」（軽装歩兵部隊）が多く編制されている。飛び道具で戦う一方で、小型の盾と「セクリス」と呼ばれた手斧も装備しており、接近戦でもある程度の抵抗能力をもっている。

投石ひもを長い棒に取りつけたスタッフ・スリング。東ローマでは「スフェンドボロン」と呼ばれた

第Ⅱ章　中世の戦士
475-578年　東ローマ（ビザンツ）帝国［初期］

トラペジトゥス

「トラペジトゥス」はフン族の騎兵をモデルにして編制された。騎馬民族風にブーツを履き、金属製兜をかぶることはあっても鎧はつけない。軽装騎兵種に分類され、さらに槍騎兵タイプと騎馬弓兵タイプの2種に分けられる。槍騎兵タイプは大きな楕円形の盾をもっており、長槍と2本の投槍を装備する。騎馬弓兵タイプは小型の丸盾を装備し、合成弓を携帯した。

槍騎兵タイプの長槍は、重装騎兵のブケラーリウスが携帯したものと同様のもの

425-945年

アーサー王の軍隊
ブリトン

ブリタンニアと呼んだ現イギリスを、ローマ人が属州としたのは後1世紀のこと。その支配は4世紀末までつづき、その間に今日でいう"ローマ化"が進んだ。軍装もまたローマからの影響を受けたものとなっている。中世騎士物語に登場するアーサー王のモデルは5世紀に実在した将だとされているが、彼が率いた軍隊は中世のイメージとは随分とかけ離れてローマ風であったと思われる。

ブリトン騎兵

ローマ時代にはブリタンニアに多くの大陸人兵士が送り込まれた。ブリタンニア先住のひとびとがこれらの兵士たちから影響を受けたことは明らかで、それまで族長や貴族などの富裕者に限られていた鎧兜が一般兵にまで拡大し、重装の騎兵がより一般部隊化している。これらの重装騎兵は「リルリカ」と呼ばれたチェイン・メイルを着用し、金属製の兜をかぶった。羽根飾りや宝石を散りばめた豪華な兜も発見されているが、これは以前と同じく族長級がかぶったものと思われる。族長級は深紅のマントを羽織っていたとも記録されており、色はローマの貴族や将軍が身にした赤紫であったかも知れない。チュニック風の肌着には無地に赤の縁取りがあったことが知られている。武具は長槍と投槍、剣が主なもので、ローマ化以前と変わり映えしない。特徴として短剣のサクスを装備した。投槍が馬上で用いられることはなく、この点もまた重装化したのちのローマ騎兵の影響を受けた一例といえる。

盾は大型の楕円または円形。ローマ軍が用いたものと同じだが、表面は白く模様が描かれていない

第Ⅱ章　中世の戦士
425-945年　ブリトン

図はトラヤヌスの戦勝記念柱に刻まれた吹き流し型のスタンダード。竜を模したこのスタンダード（ドラコ・スタンダード）は、ローマ人がサルマティアなどの東方騎馬民族の影響を受けて自軍に導入したもの。ダキア遠征後の2世紀には、その本家本元ともいえるサルマタエ・ロクサラニ人が辺境警備のためにブリタンニアに配されており、彼らがこのスタンダードを最初にブリタンニアへと持ち込んだ可能性は多分にある。アーサー王の父ウーサー・ペンドラゴンは金色の竜を紋章にしていたが、これもローマ人ら外来者の影響の名残りかもしれない。

胴鎧は革製のもので、肩当のある軽量のものが多かった

ブリトン歩兵

ローマの影響はその後の大陸系民族の侵入によって姿を消していく。しかしそうなるまではローマ人の退去後も維持されていたと考えられており、歩兵の肌着も多彩ながらと色をもっていた可能性が高い。盾もローマ人と同じで円形。おそらく表面にはケルトやゲルマン風の幾何学模様ではなく、帝政末期のローマ軍同様にキリストの略字"ＸＰ"を記していたと思われる。

550-826年

鐙をもたらした騎馬軍団
アヴァール人

アヴァール人は中央アジアに居住したトルコ－モンゴル系の騎馬民族だったが、西進して6世紀には東ローマ帝国を脅かすようになった。東ローマ皇帝はパンノニア（現ハンガリー西部）への居住を許したが、その侵攻が止むことはなかった。東ローマにとってはアヴァールが騎兵装備強化の見本となり、彼らがヨーロッパに鐙（あぶみ）と木製鞍をもたらしたとされる。

アヴァール人騎兵

図はアヴァール人の軽装と重装の騎兵2種。ともに長槍をもち、またフン族同様に弓をもつ。このうち主力となったのが、馬や騎手に鎧をつけた重装騎兵である。彼らの鎧は、金属の薄板を革ひもなどで連結したラメラー式で、兜からは首をおおうチェイン・メイルを垂らしている。軽装騎兵のほうは鎧をまとっていないが、上着の襟口にはやはり首を保護するための革の補強がある。首部分のこうした防護は、アヴァールが最初に用いたともいわれている。軽装騎兵の上着には肩部分にも革の補強がなされており、馬上での斬り合いが首から肩めがけて剣を振り下ろすものだったことがわかる。

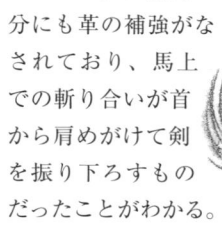

アヴァール軽装騎兵

第Ⅱ章　中世の戦士
550-826年　アヴァール人

アヴァール重装騎兵

木製の鞍はしっかりと馬に固定することができ、馬上戦闘での安定した騎乗を可能にする。アヴァールからもたらされるまではローマには革製の鞍しかなかった。この木製鞍と鐙がもたらされたことは、ヨーロッパにとっては軍事技術上の革命ともいうべき大事件だった。鐙は、突撃時の騎槍の効力を高めるもので、十分な加速をしなくとも、鐙に踏ん張ることで槍先に馬と騎手の重量を伝えることができる。

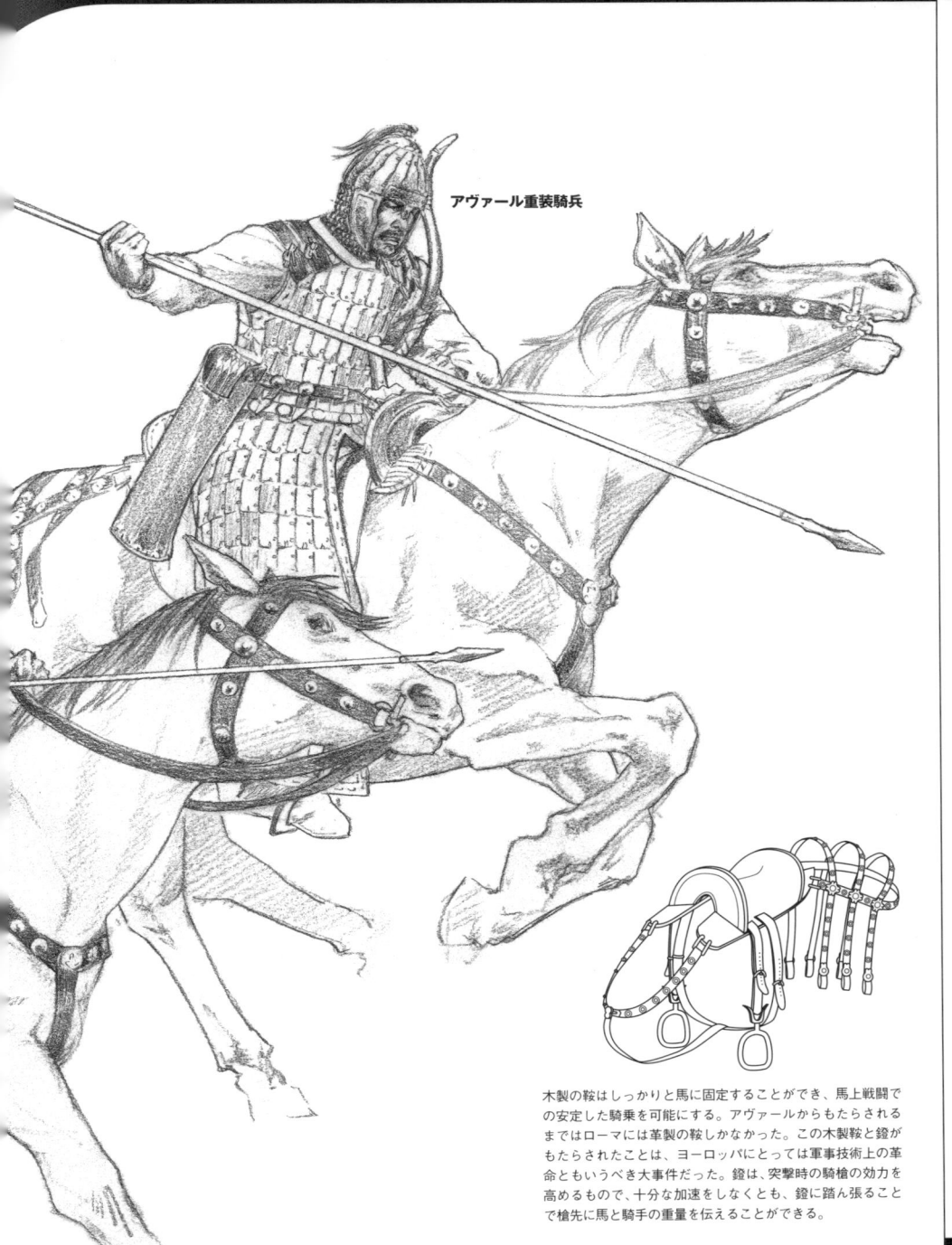

578-1118年

双頭の鷲の下に
ビザンツ帝国[中期]

東ローマをあらわす"ビザンツ"もしくは"ビザンティン"の名は、アウグストゥス以来のローマ帝国と区別するために後世になってから用いられるようになった歴史学上の呼称である。これより本書でも東ローマ帝国をビザンツ帝国と呼ぶことにする。東ローマの名も実は便宜上の呼称で、彼らの自称は常に"ローマ帝国"であった。東ローマはあるべき姿として東西ローマをあらわす双頭の鷲を記章としつづけた、しかしユスティニアヌス1世以後というもの、あるべきもの（都市ローマ）を手中に収めることはできなかった。

スクタトゥス（ビザンツ中期）

ビザンツ帝国は900年もの長きにわたって存続したが、軍の兵種が大きく変わることはなかった。図は9〜10世紀頃の「スクタトゥス」である。その名のとおり大型の円形盾スクトゥムを携帯している。なかには腕と脚に金属または革製、木製の防具をつけたものもいる。こうしたスクタトゥスのなかでもより重装なものは戦列の先頭から2列目まで、あるいは先頭の1列目と最後尾に配された。

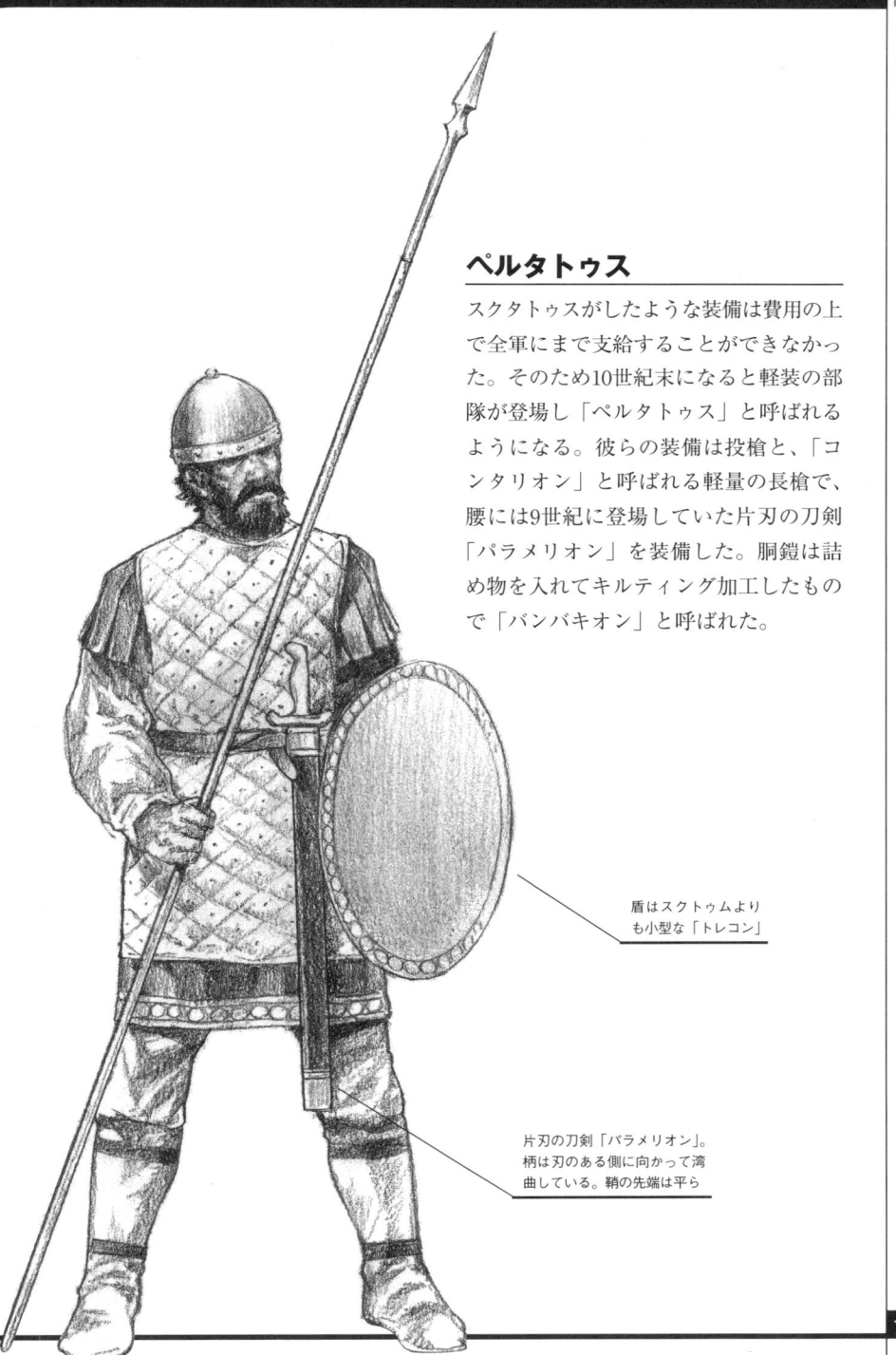

第Ⅱ章　中世の戦士
578-1118年　ビザンツ帝国[中期]

ペルタトゥス

スクタトゥスがしたような装備は費用の上で全軍にまで支給することができなかった。そのため10世紀末になると軽装の部隊が登場し「ペルタトゥス」と呼ばれるようになる。彼らの装備は投槍と、「コンタリオン」と呼ばれる軽量の長槍で、腰には9世紀に登場していた片刃の刀剣「パラメリオン」を装備した。胴鎧は詰め物を入れてキルティング加工したもので「バンバキオン」と呼ばれた。

盾はスクトゥムよりも小型な「トレコン」

片刃の刀剣「パラメリオン」。柄は刃のある側に向かって湾曲している。鞘の先端は平ら

プシロス

図は軽装歩兵のプシロスが携帯したさまざまな武器および装備品。弓を装備した兵士は、補助武器として投石ひも（スリング）も携帯した。これは弓の技量に信頼がおけなかったからではないかといわれている。10世紀中頃の軍事書では、予備の弓、4本の弦、40〜60本の矢を収めた矢筒2個の携帯を推奨している。

投石ひも

投槍

スフェンドボロン
（スタッフ・スリング）

弓

パラメリオン
（刀剣）

「ツィコウリオン」
（手斧）

盾（どちらかを携帯）

丸型筒

矢60本

角型筒

矢40本

第Ⅱ章　中世の戦士
578-1118年　ビザンツ帝国[中期]

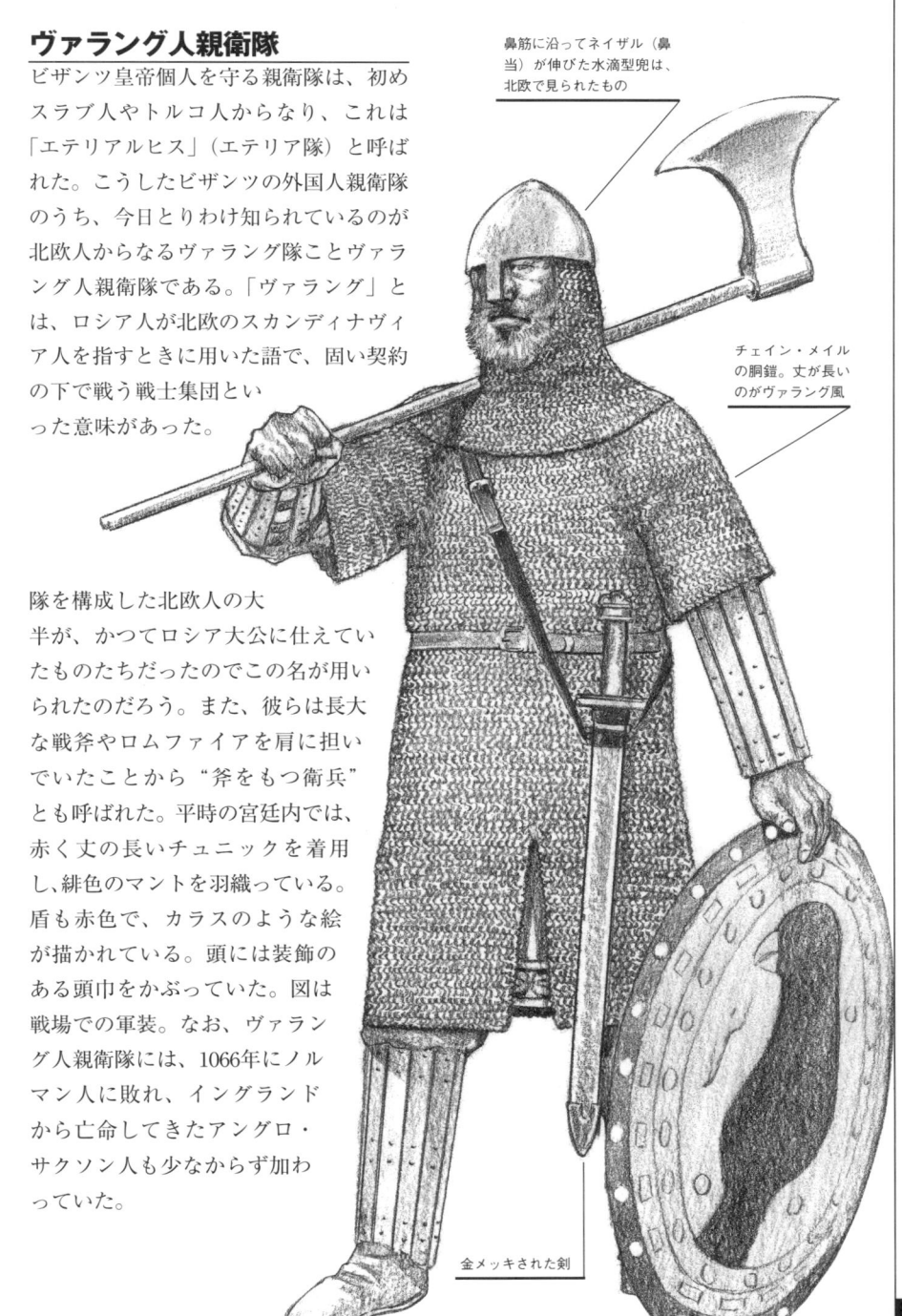

ヴァラング人親衛隊

ビザンツ皇帝個人を守る親衛隊は、初めスラブ人やトルコ人からなり、これは「エテリアルヒス」（エテリア隊）と呼ばれた。こうしたビザンツの外国人親衛隊のうち、今日とりわけ知られているのが北欧人からなるヴァラング隊ことヴァラング人親衛隊である。「ヴァラング」とは、ロシア人が北欧のスカンディナヴィア人を指すときに用いた語で、固い契約の下で戦う戦士集団といった意味があった。

鼻筋に沿ってネイザル（鼻当）が伸びた水滴型兜は、北欧で見られたもの

チェイン・メイルの胴鎧。丈が長いのがヴァラング風

隊を構成した北欧人の大半が、かつてロシア大公に仕えていたものたちだったのでこの名が用いられたのだろう。また、彼らは長大な戦斧やロムファイアを肩に担いでいたことから"斧をもつ衛兵"とも呼ばれた。平時の宮廷内では、赤く丈の長いチュニックを着用し、緋色のマントを羽織っている。盾も赤色で、カラスのような絵が描かれている。頭には装飾のある頭巾をかぶっていた。図は戦場での軍装。なお、ヴァラング人親衛隊には、1066年にノルマン人に敗れ、イングランドから亡命してきたアングロ・サクソン人も少なからず加わっていた。

金メッキされた剣

カタフラクトゥス

帝国の主力兵種は重装の騎兵「カタフラクトゥス」である。ビザンツ時代に書かれたさまざまな軍事書では、細部において装備が異なるものの、おおむね丈の長いチェイン・メイルと、その上にラメラー式の「クリバニオン」鎧を着込んでいる。肩から上腕部にかけて革製の鎧を装着しており、金属の薄板を束ねた籠手とすね当もつけている。武器は長槍のコンタリオン、弓、長剣の「スパティオン」である。軍事書からはコンタリオンを得意としたものと弓を得意としたものがいたことがわかり、前者は西洋凧の形をした大型の盾を用い、後者は腕を留め帯に通して直径30cmほどの丸盾を前腕部に装着した。行軍中は防水加工がほどこされたマントを羽織っており、戦闘になると折り畳まれて鞍の後ろに結ばれた。

カタフラクトゥス

第Ⅱ章　中世の戦士
578-1118年　ビザンツ帝国[中期]

クリバノフォロス

「クリバノフォロス」は、ローマ帝政末期に編制されていたクリバナリウスを、皇帝ニキファロス2世フォカス（在位963-969年）が復活させたもの。しかし、かつてのものよりも、はるかに重装であった。胴鎧はラメラー式のクリバニオンをつけ、その上から丈の長いキルティング加工した布製の「エピロリキオン」を着た。頭には目部分だけをさらしたメイル状のかぶり物をかぶり、その上から金属製の兜をかぶる。関節部分も同じようにメイル製の鎧でおおった。足と腕には、金属の板を束ねた籠手とすね当をつける。さらに小型ではあるが盾も装備していた。武器はカタフラクトゥスと同様に長槍のコンタリオン、長剣のスパティオンであるが、飛び道具として「マルツォボウロン」という投げ矢を数本装備している。1071年のマンツィケルトの戦いで敗れてのちは編制されていない。

クリバノフォロス

長剣の「スパティオン」は革帯で肩から吊り下げられ、腰の左側に吊した

129

戦争の技術 5
ビザンツ帝国の秘密兵器

ビザンツ帝国ではさまざまな兵器が考案された。西方ではローマの文化的遺産が打ち捨てられて暗黒時代と呼ばれる時代に入り、東方にあったビザンツがギリシア・ローマ文化の唯一の正統伝承者となった。そうした国風が研究開発の土壌になったのだと思われる。

大鎌戦車

ビザンツは実験兵器として大鎌付きの"戦車"（チャリオット）を試作している。この兵器は古くはアケメネス朝ペルシアで用いられており、着想としては新しくはない。しかしこれを別兵種ではなく、重装騎兵の装備として試作したところが、重装騎兵を主力としたビザンツらしいともいえる。かつての大鎌付きチャリオットは、車体上に御者が乗り、車体を牽引する馬を操ったが、ビザンツのものには乗員がおらず、牽引操作するのが重装騎兵そのものである。チャリオットというよりも大鎌付きの"2輪馬車"としたほうがよいだろうか。鎌は可倒式とされ、騎手がロープを操作して真横に突き出すようになっていた。牽引操作したのは1〜2騎のクリバノフォロスである。

騎馬弩砲

弩砲を載せた4輪馬車。2騎のクリバノフォロスが牽引し、彼らが弩砲の射手も務めた。走行しながら射撃するといったことはできないが、重装騎兵が前線まで牽引し、飛び道具が飛んでくるなか馬から降りて射撃しようとしたものだろう。発想は18世紀になって登場する騎馬砲兵の先取りといえるだろうか。

ヘレニコン・ニュル（ギリシア火）

焼夷兵器の一種。「ギリシア火」として知られ、「荒野の火」と「海の火」があった。その名のとおり、それぞれ陸上と海上で使用された。最初"火"は、投擲兵器の形をしていた。それは「シフォネス」と呼ばれた筒のなかに爆発性の固形混合物を充填し、敵船めがけて、あるいは城壁の上から敵兵めがけて投げつけた。7世紀末になると、一種の火炎放射器である「海の火」がヘリオポリス人のカリニコスによってもたらされた。"火"は固形物質から液体へと変わり、「サイフォン」と呼ばれる噴射機によって燃えている液体を吹きつけるものとなった。水陸で使用され、海上では敵船を焼き払う有効な兵器となったが、振動によって発火することがあり、陸上では扱いにくく、そのため「荒野の火」は姿を消した。"火"がいかなる原料でつくられていたかは、国家機密でもあったことから、今日では不明となっている。後世の研究家は、石脳油（ナフタ）、硫黄、瀝青（チヤン）、松脂、生石灰、油、テレピン油、硝石などをあげており、数種を混合させてつくったとされる。個々の原料の特質が、そのまま"火"のさまざまな特徴となったはずである。生石灰は水との接触で発火し、硫黄は有毒ガスを発生させる。硝石は爆発を引き起こす。

攻城ドリル

敵の城壁に孔を空けるためのもの。大小さまざまなタイプがあった。図は後世の写本に描かれたもの。使用時には、城兵からの攻撃を防ぐ工夫が必要となる。おそらくは天蓋付きの攻城車に収められて城壁際まで運ばれたのだろう。

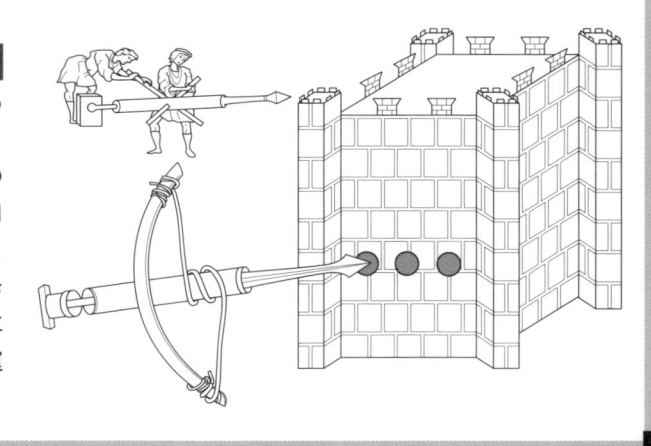

499-1066年

ブリテン島のゲルマン戦士
アングロ・サクソン人

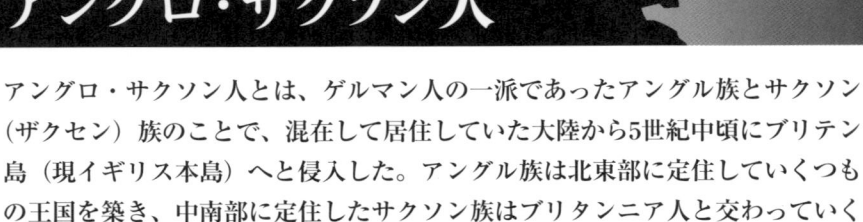

アングロ・サクソン人とは、ゲルマン人の一派であったアングル族とサクソン（ザクセン）族のことで、混在して居住していた大陸から5世紀中頃にブリテン島（現イギリス本島）へと侵入した。アングル族は北東部に定住していくつもの王国を築き、中南部に定住したサクソン族はブリタンニア人と交わっていくつかの王国を築いた。彼らの軍編制は独自の社会制度にもとづいていた。

フュルド（民兵）

イングランドに定住したアングロ・サクソン人は、農業経済に依存した独特の徴募兵組織をもっていた。「フュルド」は農民から招集された民兵のことを指す。ふつうの農民であったフュルドの軍装は粗末なものだったが、本来が勇敢な気質をもつ部族戦士であったために士気旺盛な部隊を構成した。民族に特徴的な武器として、片刃の短剣「サクス」、そしてそれをそのまま長くしたような刀剣「スクラマサクス」を携帯している。またほかに短槍または投槍も装備した。中世の詩人が"トネリコの持ち手"と呼んだように槍の柄はトネリコ製である。長さは1.5～3mほど。中世の写本には1本の槍と2本の投槍をもって戦う姿が描かれている。弓や投石ひもを用いる兵士もおり、弓はイチイ製で120～150cmと長い。矢筒は左肩から掛けるか、右腰あたりにぶら下げていたが、写本では腰の後ろに下げていることもある。

中世期の写本から。穂先に左右3本ずつの突起のある槍が見受けられる。この突起の役割は明確ではないが、敵に深々と突き刺さらないようにするための工夫だともいわれている。

第Ⅱ章　中世の戦士
499-1066年　アングロ・サクソン人

瘤があるように見えるフリュギア式の帽子。時に金属製の兜をかぶることもあった

胴着は羊毛あるいはリネン製。上に革製の胴鎧を着ることもある

短剣のサクスと、それより長いスクラマサクス。「サクス」がサクソンの名の由来となった。どちらも片刃で、スクラマサクスの長さは70cmほど。

セイン

フュルドに対し、上級兵とも呼ぶべきものが「セイン」だった。もともとの彼らは、王や族長といった指導者たちを守るボディーガードで、報酬として土地を与えられ、時には高官となることもあった。イングランドでは、フュルドよりも上層の土地所有者として兵力を提供し、後述する「選抜フュルド」「ハウスカール」とともに、アングロ・サクソン軍の精鋭となった。これらの精鋭兵は、金属の兜やチェイン・メイルを着ることもあり、フュルドとは比べようがないほどに整った装備をしていた。主要武器は槍で、それはアングロ・サクソン人であれば、王であっても下層の兵士であっても変わらなかった。槍はゲルマンの主神ヴォーダンの武器である。彼らは戦場では徒歩で戦い、馬はそこまでの移動に用いた。

セイン

選抜フュルド

アングロ・サクソン社会では、自由人の一家族が生計を立てるのに十分な農地面積をハイド（およそ40～120エーカー）と呼び、1ハイドの所有者はひとりの兵士を送る義務があった。セインは5ハイドを所有してひとりだったが、これと同様に5ハイドが協力してひとりの兵士を送る制度が生まれた。そのような兵士を「選抜フュルド」と呼ぶ。ひとりであっても装備は5ハイド相応のものと定められており、これによりセイン同様の武装戦力がより多く提供されることとなった。

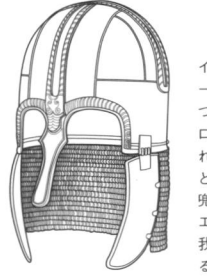

イギリスのヨーク（コッパーゲート）で発掘された鉄と真鍮でつくられた兜。8世紀頃にアングロ・サクソン人によってつくられた。ネック・ガードがメイルとなり頬当につながっている。兜にはルーン文字で"主なるイエス・キリスト、精霊にして神。我々はすべてを代々に渡り伝えるアーメン"と刻まれていた。

第Ⅱ章　中世の戦士
499-1066年　アングロ・サクソン人

ハウスカール（家士）

土地保有者となったセインと違って、金銭を与えられて王侯貴族に仕えたのが「ハウスカール」である。武器はやはり槍や剣であったが、アングロ・サクソン人兵士が別の武器を用いなかったということではない。ノルマン人によるイングランド征服を題材として織られたバイユーのタペストリーには、盾をもたずに、棍棒や柄の長いメイス、斧をもって戦うサクソン人が描かれている。

ハウスカール

イギリスのサフォーク州、サットン・フーから発掘された兜。鉄と真鍮を用いて7世紀頃につくられたもので、面当を備えている。全体に象眼がほどこされており、ヴァイキングの影響がうかがえる。おそらくは名だたる勇者か族長がかぶったものと思われる。重量は2.5kg。

481-814年
暗黒時代(ダーク・エイジ)のフランス軍

フランク王国

ローマ領ガリアの北部に王国を築いたのがゲルマン系フランク族の一派サリ族だった。このフランク王国は、最初の王朝であるメロヴィング朝（481-751年）の初期にガリアのほとんど（現フランス）を治めるようになり、後継王朝のカロリング朝では、シャルルマーニュ（在位768-814年）の下でドイツ、イタリアなどにまで拡大。彼はローマ皇帝の戴冠を受けた。中世のフランス、ドイツは、彼の死後に分裂したフランク王国がもとになっている。

メロヴィング朝フランク王国

クロタール1世（在位511-561年）の時代にガリア大部を支配するまでになったメロヴィング朝は、ローマの官僚制度をもとにして繁栄したものの、依然としてゲルマン文化を強く残していた。王国はゲルマン的な分割相続による分裂と統一をくり返し、それ以上に拡大することはなかった。7世紀末頃までのメロヴィング朝戦士の姿は、ローマ時代のフランク族とさほど変わらない。

メロヴィング朝の戦士は、ほぼフランク族の武装そのままで、盾も円形を用いている

メロヴィング朝戦士

フランク王国初期の軍隊は歩兵を主体とした軍隊である。彼らの武装はフランク族の伝統にもとづき、縞の胴衣を着て、槍のアンゴン、投げ斧のフランキスカを携帯した。鎧を着ることもあるがチェイン・メイルに限られ、着用できたのは有力な貴族や族長、部隊の指揮官級のものだけである。

第Ⅱ章　中世の戦士
481-814年　フランク王国

メロヴィング朝騎兵

歩兵主体のフランク軍を、騎兵を交えたそれへと変えはじめたのが、フランク王国の宮宰（マイオル・ドーム）だったカルル・マルテルである（在職720-741年）。時はあたかもイスラム勢力（サラセン）のスペイン進出時期にあたり、ジブラルタル海峡を越えて西ゴート王国を滅ぼしたサラセン人は、その余勢を駆ってフランク領に侵入した。これに"鉄槌"（マルテル）を下して撃退したのがカルルである。彼が機動戦力の重要性を悟ったのは、サラセンと戦った経験からだったという。図は7〜8世紀頃の石碑をもとに再現した騎兵。ラウンド・シールド（円形盾）をもち、鎧にはチェイン・メイルを用いている。武器は長槍と剣で、槍には翼（ウィング）が見られる。

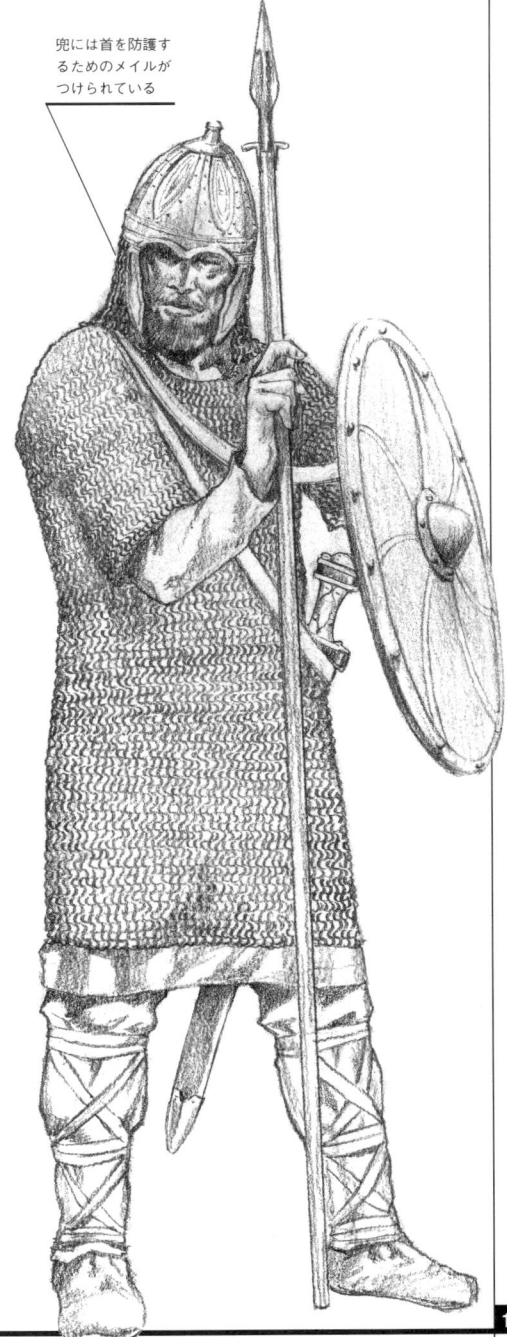

兜には首を防護するためのメイルがつけられている

当時の石碑に刻まれた騎兵の姿。
盾にうずまき状の模様がある。

カロリング朝フランク王国

度々の分裂をしたメロヴィング朝では、取りまとめ役だった宮宰が王国を牛耳るようになり、その職に代々あったカロリング家のピピンが、クーデターによって新たな王朝カロリング朝を開いた（751年）。ピピン（在位751-768年）はカルル・マルテルの子である。騎兵戦力の充実を図る一方で、フランク軍は変わらず自由民からなる歩兵に依存してもいた。

スカラリウス

ブリテン島のアングロ・サクソン人同様に、フランクもまた保有する耕地量をもとにして自由民兵士の徴募を行っていた。自由民の一家族が、貢納した上で生計を立てられる耕地量を1マンスとし、4マンス当たりひとりの兵士を従軍させていた。「スカラリウス」はそうして従軍した歩兵戦士である。縞模様のあった胴衣は、8世紀には白い無地か青で着色されたものとなり、槍は「ウィングド・スピアー」を携帯した。腰には短剣のサクス、またはそれより長いスクラマサクスを下げている。羽織ったマントはブローチで右肩に留められ、これにはケルト人のように格子模様のあるものがあった。下肢にはゲートルのようにして赤い布を巻いている。ひときわ特徴的なのがつばの広い独特の形状をした兜で、この形状はローマ軍の兜に似せたともいわれている。

槍の穂先の軸部分には、翼のように左右に突起があった。今日の英語では、この種の槍を「ウィングド・スピアー」（翼付き槍）と呼んでいる。

独特の形状をした兜にはニワトリの鶏冠のような頭頂飾りがあり、羽根飾りを前立てのようにして取りつけたものや、ユリの花状にして頭頂部分に取りつけた兜も見られる

第Ⅱ章　中世の戦士
481-814年　フランク王国

騎乗して用いる長槍は、中世のように小脇に抱えるのではなく、まだ逆手にもって肩の上にかかげて用いた

写本に見られるカバラリウス。

カバラリウス

カロリング朝の重装騎兵「カバラリウス」。1から8マンスの耕地保有者がなった。平素から馬を飼っていられる点で一般自由民よりも裕福であり、装備もより重装とされた。さらに多い12マンスの保有者は、「ブルンニア」または「ブロイグネ」と呼ばれたスケイル製胴鎧の着用が義務づけられている。図はそうした上層民のカバラリウス。胴鎧のほかには金属板をつないでつくったすね当や籠手をつけるものもおり、盾はフランク族古来のラウンド・シールドをもつ。兜は歩兵のものと変わりがない。当時の記録にはこうした装備の価値を牛の頭数であらわしたものがあり、それによれば兜は牛6頭、ブルンニア鎧は12頭、剣と鞘は7頭、すね当と籠手は6頭、槍と盾は2頭、馬は12頭分であった。合わせると騎兵ひとりの装備価値は、実に牛45頭に等しかったことになる。当然こうした重装備は限られたものにしか用意できなかった。

790-1070年

ヨーロッパを席巻した海賊軍
ヴァイキング

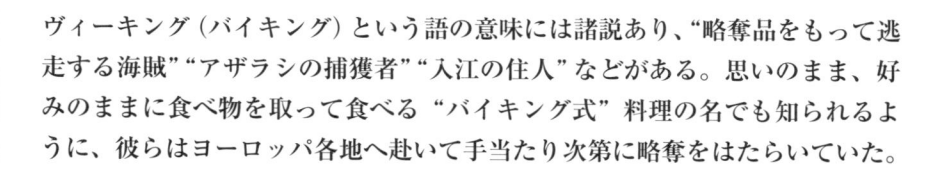

ヴァイキング（バイキング）という語の意味には諸説あり、"略奪品をもって逃走する海賊""アザラシの捕獲者""入江の住人"などがある。思いのまま、好みのままに食べ物を取って食べる"バイキング式"料理の名でも知られるように、彼らはヨーロッパ各地へ赴いて手当たり次第に略奪をはたらいていた。

■ヴァイキング戦士

ヴァイキングといわれてすぐに思い浮かべるのが、左右に角のある兜だろうか。しかしそのような兜をかぶっていたという事実はない。初期には動物をかたどった装飾を頭頂部に戴いていたこともあるにはあるが、もっぱら簡素な水滴型の兜をかぶった。この兜は鉄板を組み合わせてつくるスパンゲンヘルム型で、なかには庇（ひさし）が発達して眼鏡のようになったものや、鼻筋に沿って伸ばしたネイザル（鼻当）付きのものがあった。武器としたのは槍と剣。彼らの剣は研究者たちが「ヴァイキング・ソード」と呼ぶ独特なもので、身幅が広く（3〜5cm）、肉厚で、剣身に沿って走るフラー（樋。ひ）も幅広くつくられている。これを力任せに振るって戦うのがヴァイキング流である。同様に戦斧もまた彼らの好みとされた武器である。円形をした盾の直径はおよそ60cmほど。中央の盾芯はカップ状になっており、そのなかには裏側にある握り棒を握った拳が収まる。鎧はチェイン・メイルを着用し、丈は長く大腿部あたりまでをおおった。しかしこうした鎧は族長に仕えた従士団（「ヒルドメン」やハウスカール）に限られたようにも思える。肌着のまま戦った戦士もいたことだろう。鎧のあるなしに関わらずマントが羽織られ、美しく細工されたブローチで肩に留められた。似たものが腰のベルトにも用いられていた。ズボンには裾が絞まったものと開いたものがある。

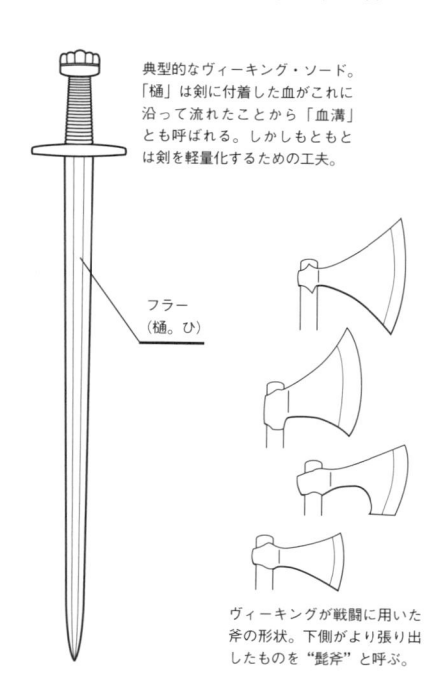

典型的なヴァイキング・ソード。「樋」は剣に付着した血がこれに沿って流れたことから「血溝」とも呼ばれる。しかしもともとは剣を軽量化するための工夫。

フラー（樋。ひ）

ヴァイキングが戦闘に用いた斧の形状。下側がより張り出したものを"髭斧"と呼ぶ。

第Ⅱ章　中世の戦士
790-1070年　ヴァイキング

マントは剣が振るえるよう右肩を露出して羽織られる

盾は板木を並べてつくられており、それぞれの板の端は、並べたときに円形になるよう弧を描いている。盾の周囲は形が崩れないよう、また剣をはじくように金属枠の縁取りがなされた。表面に装飾加工した金具を貼りつけたものもある。戦場ではこの盾を連ねて壁とする"シールド・ウォール"隊形をとった。

ヴァイキング騎兵

ヴァイキングの広範囲な活動は、今日「ロングシップ」と呼ばれる船によるところが大きい。この船は喫水が浅く、川をさかのぼってヨーロッパ奥地にまで入り込むことができた。馬を載せる十分な大きさもあり、河畔からより内陸へと活動範囲を広めることもできた。しかし、馬に乗ることができたのはやはり裕福なものに限られた。富裕な家系だったと推測される墳墓の副葬品からは馬銜や鐙が発見されており、そうした馬具は東方から学んだと考えられている。図の騎兵戦士はヴァイキングの戦士が普段身につけていた服装とはまったく異なるものを身につけているが、考古学上の遺物からは図のようなスラブ風の騎兵像が浮かびあがってくる。略奪行の過程でヴァイキングは新しい物品を取り入れることもあり、自らの様式にこだわらないのがヴァイキングの強さであったともいわれている。

ヴァイキングの騎兵

第Ⅱ章　中世の戦士
790-1070年　ヴァイキング

ウルフヘズナル／ベルセルク

「ウルフヘズナル」とは"狼の毛皮を着たもの"の意で、その名のとおり狼の毛皮を頭からかぶった風変わりな戦士のことをいう。北欧の物語には狼の遠吠えまでしたとある。同様に熊の毛皮を着た戦士「ビョールンセルク」もいたらしい。彼らは皆、サガ（北欧の散文物語）で語られる野獣に変身した戦士であった。一方「ベルセルク」は獣の毛皮こそかぶっていないが、現代人にはそれ以上に理解しがたい格好をしていたようである（図は遺物に残された手がかりと想像を交えて描いている）。彼らベルセルクは戦いのなかで半狂乱状態となり、恐ろしいまでの突進力を発揮して敵陣を突破した。ベルセルクとは"シャツを着ただけのもの"を意味する"バーア・セルク"に由来しているらしく、事実は異常の戦士ではなく、鎧もつけずに剣や槍を振り回し、敵と斬り結んだ勇猛な戦士に与えられた称号であった。

ウルフヘズナル

ベルセルク

700-1072年

騎乗戦闘の革命児

ノルマン

ノルマン人は、スカンディナヴィア半島とデンマークを原住とした民族で、もともとはヴァイキングの一派である。8世紀からヨーロッパ各地へと侵入した彼らは、セーヌ河口の一帯（現フランスのノルマンディー地方）に所領を得、一部は南イタリア、シシリアを占領した。中世騎士の歴史をひもとく場合、制度の始まりをゲルマン、あるいはフランク王国に求め、武装外観をノルマン人のそれからたどる場合が多い。

ノルマン騎士

ノルマン人の武装は、ヴァイキングのそれよりは洗練され、騎乗戦闘向きとなっている。兜は水滴型の「ノルマン・ヘルム」。鎧は丈の長いチェイン・メイルで、重さは15kgほど。これは「ホウバーグ」と呼ばれる。指揮官級の人物が着るホウバーグは長袖で、足には同じくチェイン・メイルの「ショウス」を履いていた。ショウスはももの付け根まである長靴下状のもの。最大の特徴は今日「カイト・シールド」と呼ばれ、その名のとおり西洋凧の形をしている長い盾。この盾は馬上での使用を考慮したもので、肩からすねまでをおおうことができ、かつ足先にいくほど扱いの邪魔にならないよう無駄な面を省いて幅を狭くしている。武器は槍と剣などヴァイキングが用いた装備と変わらないが、メイスや棍棒で武装するものもいた。

丈長の鎖鎧「ホウバーグ」。頭にかぶるフードが一体となっている

カイト・シールド表面にはさまざまな模様が描かれた

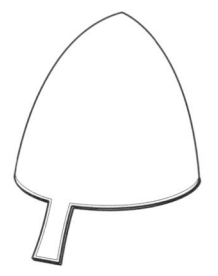

第Ⅱ章 中世の戦士
700-1072年 ノルマン

兜から鼻筋に沿って伸びている板を英語でネイザル（鼻当）と呼ぶ。ノルマン人は皆、一体成形されたネイザル付きの水滴型兜をかぶっており、"頭の尖った略奪者"と呼ばれた。今日ではこの型の兜を英語で「ノルマン・ヘルム」と呼んでいる。

盾の裏には、「エナーム」と呼ばれる2本の短い革帯が取りつけられており、これに左腕を通してしっかりと盾を保持した。また「グイジェ」と呼ばれる長い革帯もつけられており、首に掛けて盾を支えるとともに、腕の動きで盾がからだから離れ過ぎないようになっている。これを用いて背負うこともできる。

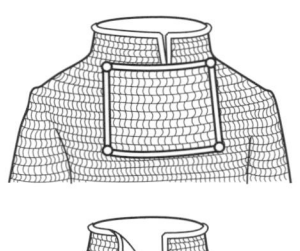

バイユーのタペストリーに描かれたノルマン騎兵。バイユーのタペストリーは、ノルマンディー公ギヨームが、1066年にイングランドに攻め込んでノルマン王朝を打ち立てた際の、事の顛末をつづれ織りにしたもの。中世軍事史の欠かせない絵画資料として知られている。図は研究者のあいだでも議論を呼ぶタペストリーの一部分。ホウバーグの胸にある四角いものが何をあらわしているのか、定まった説はない。

同じくバイユーのタペストリーから。運ばれている鎧の胸にも四角いものがある。

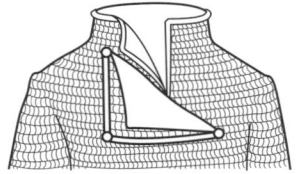

再現すると上図のようになると思われる。鎧を首に通しやすくしたもので、下図のように取り外して鎧の切れ目を広げたものだろうか。そうした工夫がローマ軍にはあった。

145

◆ ノルマン人の騎乗突撃戦法 ◆

ノルマン人は騎乗して戦うことを得意としたが、その技術は定住先のフランク人から学んだものだった。一方でノルマン人は、騎乗戦闘に画期的な戦法をもたらした。それが槍を小脇に抱えて騎馬を走らせ、突撃する戦法である。それまで馬上では、逆手にもった槍を肩の上にかかげて突いていた。この旧式の構えでは、人馬の体重を十分に槍先に伝えることが難しい。狙いを定めるためには腕の力だけで突くことにもなった。脇に抱える新しいスタイルでは、馬を十分に加速させ、人馬の体重をそのまま槍先に伝えることができ、狙いを定めるのも容易だった。この戦闘姿勢が、以来4世紀にわたって騎兵が戦場で絶対的な優位に立つことを可能にしたのである。この姿勢の要となったのが鞍である。ノルマンの戦法は鞍が馬の背にしっかりと固定されるようになったために実現した戦法でもあった。馬の胸部と腹部に革帯が渡されてしっかりと固定され、高い鞍頭が安定した騎乗を可能にした。

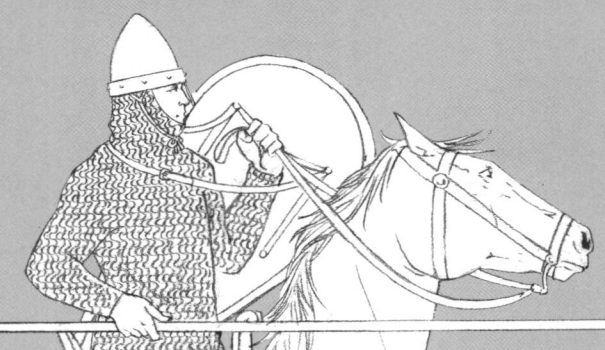

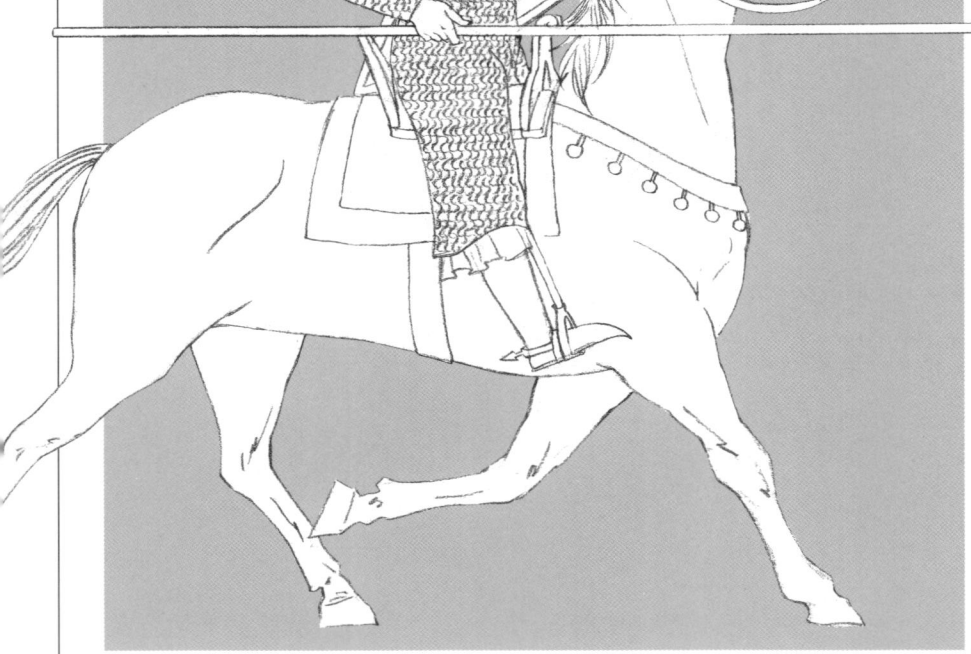

第Ⅱ章　中世の戦士
700-1072年　ノルマン

ノルマン歩兵（弓兵）

ノルマンディー公ギヨームはイングランド遠征に先立って弓兵部隊を大規模に編制した。バイユーのタペストリーには2種類の弓をもつ徒歩戦士が描かれている。騎士と同じような防具を着、弓をもって戦う戦士、そして肌着のままで、やはり弓を射る戦士である。彼らの弓は"デーン人の弓"と呼ばれ、およそ50mの距離からホウバーグを貫くことができた。山なりに射れば射程は倍にまで伸びるが、その分、命中精度は落ちる。矢筒は腰のベルトから下げた場合と、肩から掛ける方式が見られる。そうした標準化されていない装備方法は、まだ彼らが均一の能力を有していなかったことを想像させる。ノルマン人は後頭部を刈りあげる独特の髪型をしていた。

刀剣各部の名称

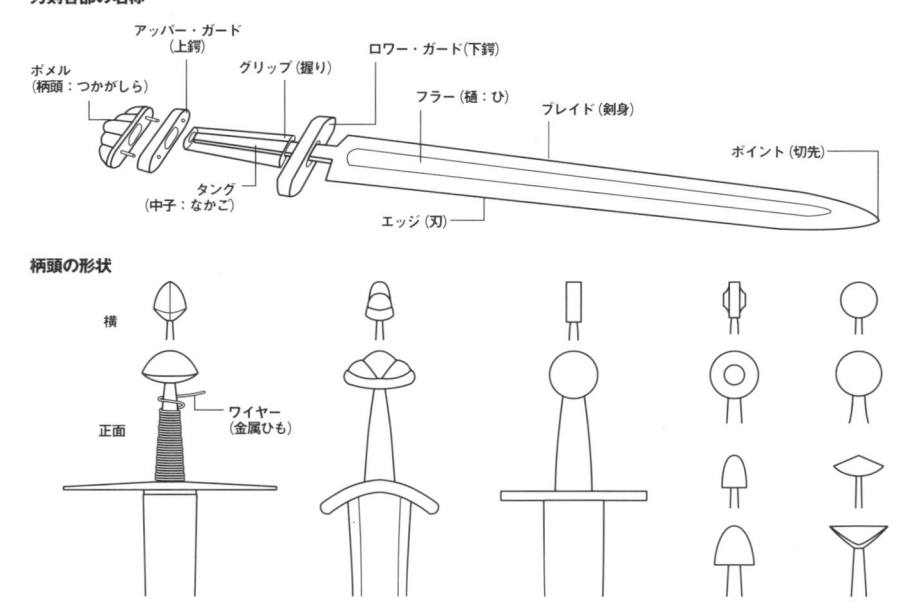

ポメル（柄頭：つかがしら）
アッパー・ガード（上鍔）
グリップ（握り）
ロワー・ガード（下鍔）
フラー（樋：ひ）
ブレイド（剣身）
ポイント（切先）
タング（中子：なかご）
エッジ（刃）

柄頭の形状

横
正面
ワイヤー（金属ひも）

10世紀中〜11世紀中頃に見られたポメル（柄頭）の形状。さまざまな形があった。

1096-1270年

聖地を目指して
十字軍

"十字軍"とはキリスト教徒の聖地イェルサレムの回復を目的とした一連の軍事行動を意味する。のちにはヨーロッパの異教地への布教や、異端排除のための軍事行動も同じく"十字軍"と呼ぶようになった。聖地回復の十字軍は1096年にはじまり、以後2世紀あまりのあいだに断続的に行われた。戦いで死んだものは殉教者とされたことから、国家、地方領主、さらには私設の騎士団や一般信徒までが熱狂のうちに参加し海を渡った。

十字軍騎士 （第1次十字軍当時）

種々雑多なひとびとからなる十字軍を、イスラム教徒はただ"フランク"と呼んだ。この当時ヨーロッパ人を総称する名はフランク以外にはない。第1次十字軍（1096-1099年）では、実態としてもノルマンとフランスの騎士が主力となっている。ノルマン騎士はノルマン・ヘルムを変わらずかぶったが、それには聖戦参加を意味する十字の印がつけられており、士気の高揚が図られていた。刀剣と短剣は革製のベルトで腰に吊した。ノルマン人の場合はホウバーグの下に帯びられて、腰あたりに空けられた穴から柄部分が出ている場合もある（144ページ参照）。盾は「エキュ」と呼ばれたカイト・シールドである。

ホウバーグは、鎖状につなげた鉄製の環を、なめした獣皮に縫いつけたもので重量は9～14kgもある

盾表面には自身の紋章と十字を組み合わせた模様を描いている

第Ⅱ章　中世の戦士
1096-1270年　十字軍

騎士修道会の騎士

12世紀中頃から修道会を模した騎士団が次々と創設された。これらを"騎士修道会"、あるいは"宗教騎士団"などと呼ぶ。彼らは固い結束と鉄の規律でイスラム勢力と対峙し、占領した聖地を守る重要な戦力となった。武装は当時のヨーロッパ騎士が用いたものと何ら変わりがなく、そのため十字をデザインしたそれぞれの修道会独自の意匠によってのみ見分けることができる。テンプル騎士団は白地に赤い十字、聖ヨハネ騎士団（またはホスピタル騎士団）は黒地に白い十字、ドイツ騎士団（図の騎士）は白地に黒い十字といった具合である。これらの意匠は主に、鎧の上にまとう綿製（裕福なら絹製）の「サーコート」と呼ぶ上衣に描かれた。金属の鎧は太陽光線を反射して光るが、サーコートを上にまとえば鎧そのものを隠してしまうので光ることはない。これにより隊列を組んだ味方兵士の目が眩むことを防ぎ、加えて、遠方の敵に自軍の存在を教える危険を避けることもできたと考えられる。

騎士修道会は設立当初は必ずしも恵まれた環境にあったわけではない。図はテンプル騎士団が用いた"貧しき騎士"と呼ばれる記章で、騎士ふたりに1頭の馬しかなかった創設当時の素志を記念している。当時のフランク軍は北イタリア産のウォー・ホース（戦馬）「デストレイア」を使用した。従者が利き手である右（デストリエ）手で轡（くつわ）をとったことが、その名の由来とされる。この馬は馬体が大きく、体高は平均して17ハンド（1.73m）もあり、十字軍初期の武装であれば、騎士をふたり乗せることも可能である。ただし、戦闘でふたり乗りする利点はなく、一方は下馬するしかなかった。攻撃を受けている拠点への緊急移動時にはふたり乗りされることもあっただろう。

149

十字軍騎士（第3次十字軍当時）

第3次十字軍（1189-1192年）にはドイツ、イングランド、フランスの国王が軒並み参加し、騎士修道会も加わっての大がかりな陣容をもって行われた。彼らもまたホウバーグに身を包んで聖地にやって来たが、それは指先部分までもおおうようになっていた。また「メイル・ホウズ」と呼ばれるチェイン・メイルのズボン（あるいは股引き）を履くようにもなった。兜は以前同様にノルマン・ヘルムだが、頭頂部が丸みを帯びたものも登場している。剣は精錬技術の向上にともない、優れた鉄が用いられるようになったため、刃肉が薄くなっている。

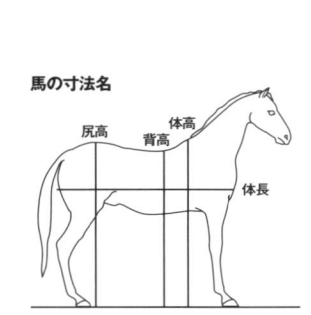

馬の寸法名

第Ⅱ章　中世の戦士
1096-1270年　十字軍

サージェント（領臣）

「サージェント」の身分は騎士よりも低い。しかし十字軍の大半はこのサージェントたちで、装備は騎士に劣るものの、騎兵となって騎士たちの後方に戦列を布くこともあった。馬上では騎槍を振るい、降りては斧や剣を振るう。歩兵としても騎兵としても戦えることから、占領地の守備隊の任に就くことが多かった。

ノルマンヘルムや「セルヴェリエール」と呼ばれた金属製の簡素な兜をかぶった

チェイン・メイル製のホウバーグは、中世ヨーロッパ初期の標準的な鎧

クロスボウ兵 (弩弓兵)

クロスボウ（弩弓）は、十字軍が携帯した武器のなかでももっとも威力のあるものだった。1139年には、ローマ教皇がキリスト教徒が互いに戦争で使用することを禁じたほどである。また教養人として知られるビザンツ帝国皇女アンナ・コムネナ（1083-1148年頃）もその威力に驚き、"悪魔の武器"（シャンクル）と呼んでいる。クロスボウは強力な張力をもち、それが威力のもととなったが、一方で矢の装填には手間がかかった。第3次十字軍のアルスーフの戦い（1191年）では、片ひざをついた槍兵の後ろにクロスボウ兵が配され、撃つものと弦を引くものがペアとなって絶え間ない射撃を浴びせ掛けた。

クロスボウは矢をつがえてしまえば、誰にでも精度の高い射撃が可能だった

クロスボウ各部の名称

- ストリング（弦）
- ボウ（弓）
- リリース・ナット（弦受け）
- ティラー／ストック（台座／弓床）
- トリガー（引き金）
- ラグ（掛け金）
- ブライドル（添え金）
- スティルラップ（鐙）
- タイズ（添えひも）

第Ⅱ章　中世の戦士
1096-1270年　十字軍

テュルコプル／マロン教徒

「テュルコプル」は主にトルコ人の父親とキリスト教徒の母親をもったイスラム教徒、または改宗したイスラム教徒のことをいい、「マロン教徒」はシリアに暮らしていたキリスト教徒のことをいう。ともに現地在住の傭兵として活躍した。トルコ風の武装をして騎兵となってはたらき、重装の騎兵ばかりのフランク軍では、こうした軽装で機動力のある騎兵（主に騎馬弓兵）が時に重要な役割を果たしている。テュルコプルはイスラム陣営からは背教者と見なされた。

防具はキルティング加工をほどこした布製の「アクトン」。これはもともと「アックトゥン」と呼ばれる東方の鎧に由来する

十字軍騎士（13世紀）

図は13世紀頃の十字軍騎士。ホウバーグに付属していた頭巾部は分離され、チェイン・メイルの独立したコイフとなっている。兜は「グレイト・ヘルム」と呼ぶバケツ型の兜をかぶった。またこの頃、イスラム勢の戦い方に対応して馬にも鎧を着せている。イスラム勢は機動力を生かして敵を包囲し、合成弓を使って大量の矢を雨のように降らせた。これに難渋したキリスト教側の騎士（騎兵）は、騎馬にも鎧を着せて戦地に臨むようになった。当初はむき出しのチェイン・メイル状であったが、太陽光線の反射を防ぐために布地をかぶせたものへと変わっている。

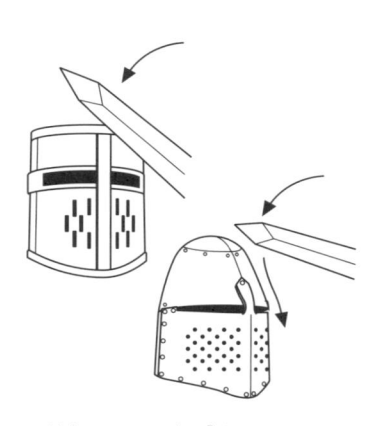

13世紀初めになると、兜に「グレイト・ヘルム」が登場した。この兜は頭をすっぽりとおおってしまうため、視界が大きく損なわれるだけでなく、通気も悪く戦いつづけると息苦しくなった。しかし防御効果自体にはそれらを補って余りあるものがあった。当初は頭頂部が平らであったことから、頭上に振り下ろされた打撃をまともに受けもしたが、13世紀末には打撃力を流し減衰させるように、尖ったものが登場している。

第Ⅱ章 中世の戦士
1096-1270年 十字軍

◆ ホウバーグの着用手順 ◆

チェイン・メイル鎧のホウバーグを着る手順。肌を保護するために、また衝撃を和らげるために、キルティングされた衣類を下に着用する。

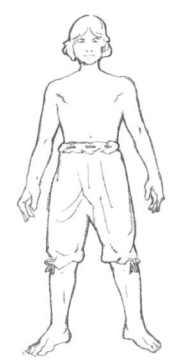

① 衣服を脱ぎ下穿きだけとなる

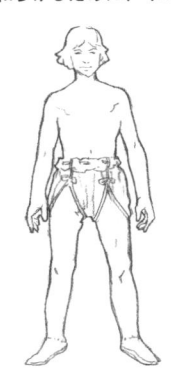

② メイル・ホウズと肌が触れ合う足を保護する布製ホウズを履く

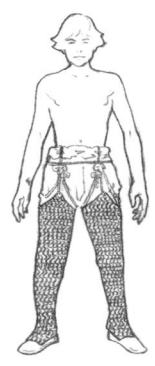

③ メイル・ホウズを履き、下穿きに結わえつける

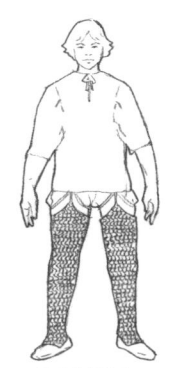

④ 上着を着る

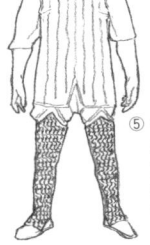

⑤ くず布などを入れてキルティング加工したアクトン（左）、またはガンビソン（右）を着る

⑥ チェイン・メイルの鎧を着る。手のひら部分には切れ目があり、そこから素手を出し入れできる

⑦ 頭を保護するためにキルティングされたコイフ（頭巾）をかぶる

⑧ チェイン・メイルのコイフをかぶる

⑨ サーコートを着る

620-1500年

キリスト教国との対峙
イスラム勢力

イスラムとは予言者ムハンマド（570頃-632年）が創始した教えをいう。7世紀初頭にアラビアで興ったこの宗教は8世紀の初頭までには中東世界に広まり、その勢力は、西はジブラルタルを経由してイベリア半島、東はササン朝を制してインドにまで拡大。多くのイスラム教国を生んでキリスト教国と対峙するようになった。

長槍の柄は竹でできていた

頭からすっぽりと全身をおおったチェイン・メイル。目部分だけが空いている

アンサール（イスラム誕生期）

「アンサール」とはアラビア語で"助ける人"を意味する。イスラム誕生期では予言者ムハンマドを支持したメディナの住人を指す。予言者の没後は、「ムハージルーン」（同じく"移住者"の意）とともに、形成期イスラム国家の軍隊の中核となった。彼らは水滴型をした金属製兜の上に、「カランスワ」と呼ばれたフェルトの帽子をかぶり、黄色い「イマーマ」（ターバン）を巻いた。この黄色いイマーマがアンサールの目印でもある。また、頭を含めて全身をひざ下まであるチェイン・メイルでおおい、その上に肌着を羽織っていたことにも特徴がある。左手には円形の盾をもち、武器は弓と長槍。弓は盾を貫通して持ち手を傷つけるほどに威力がある。コーランには"人の手で扱いにくい武器は弓であり、我々はそれに卓越しなければならない"と記されている。そのとおりに多くの兵が弓の使い手である。腰には直身の剣を携帯した。アラブのイスラム戦士といえば湾刀を携帯したとのイメージがあるが、それは14世紀以降のことである。

第Ⅱ章　中世の戦士
620-1500年　イスラム勢力

重装騎兵

鱗状の鉄片鎧「ジョシャン」。丈がひざ上までのものもある

ウマイヤ朝戦士 (661-750年)

イスラム世界を西はイベリア半島、東はインダス川まで押し広げたのがウマイヤ朝だった。しかし領域民のすべてがイスラムに改宗させられたわけではなく、実体は少数のアラブによる異民族統治といったものだった。そうしたことから軍の主力となった重装歩兵と重装騎兵もアラブ人である。彼らはひざまで長さのあるチェイン・メイル「ディル」を着込み、スパンゲンヘルム型の金属製兜をかぶった。騎兵はさらに、鱗状の鉄片を縫いつけた「ジョシャン」をディルの上に着る。こうした重装を身にできたのが、裕福な貴族やその子弟であったことは西洋世界と変わらない。イスラム世界での第一の武器は剣「サイフ」である。この直身で両刃のサイフを、「タカラーダ」と呼んだ革帯で肩から斜めに下げた。歩兵がもった槍の長さは2〜7mとさまざまで、「ティラダ」「ミトラダ」「ハルバー」などと呼ばれたが違いはわかっていない。騎兵は柄の長さが4.5mほどの騎槍「ルマー」を使用した。柄に竹を用いている場合には「カナート」と呼ばれる。

革製のブーツ「フフィ」。爪先が尖っているのが特徴

重装歩兵

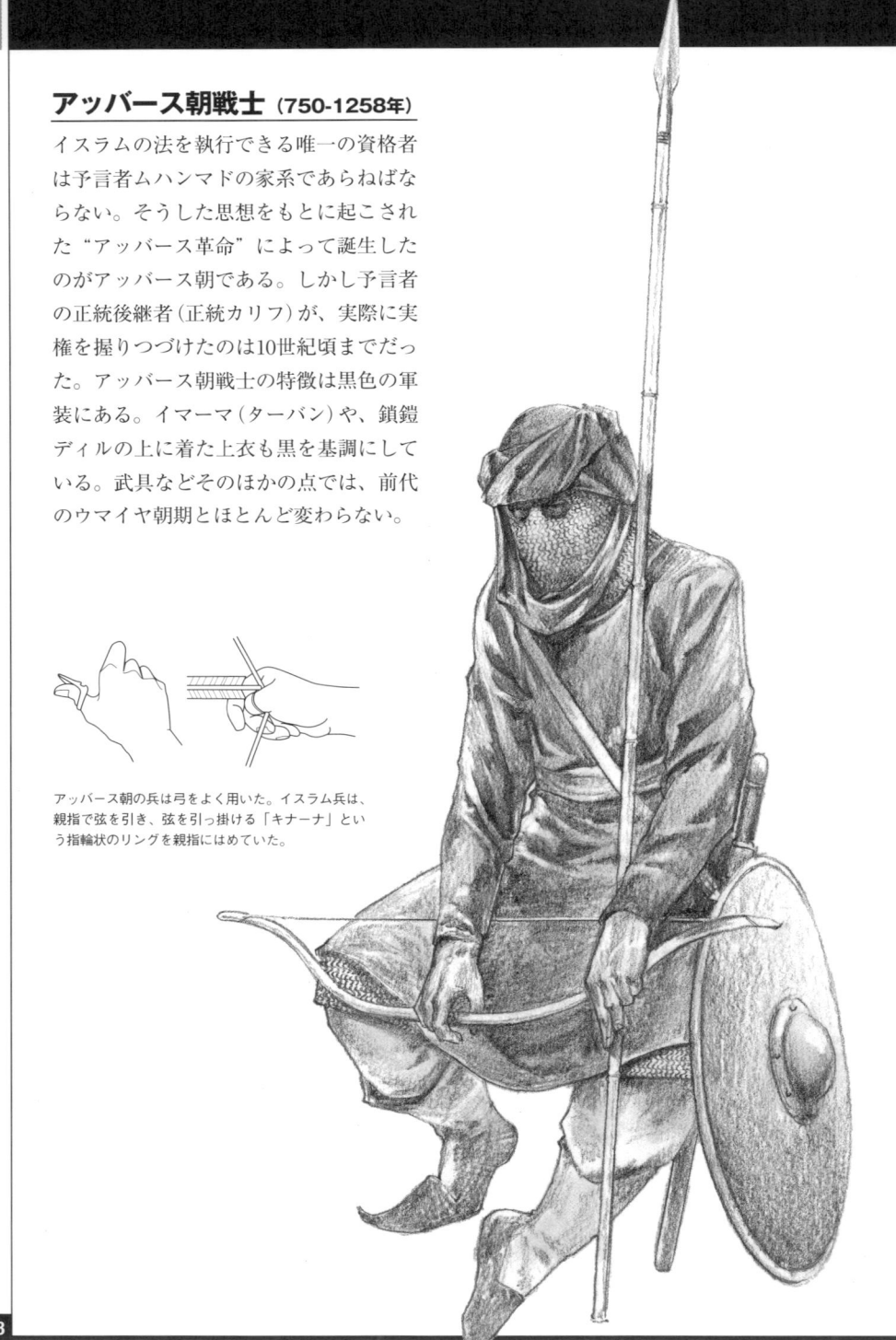

アッバース朝戦士 (750-1258年)

イスラムの法を執行できる唯一の資格者は予言者ムハンマドの家系であらねばならない。そうした思想をもとに起こされた"アッバース革命"によって誕生したのがアッバース朝である。しかし予言者の正統後継者(正統カリフ)が、実際に実権を握りつづけたのは10世紀頃までだった。アッバース朝戦士の特徴は黒色の軍装にある。イマーマ(ターバン)や、鎖鎧ディルの上に着た上衣も黒を基調にしている。武具などそのほかの点では、前代のウマイヤ朝期とほとんど変わらない。

アッバース朝の兵は弓をよく用いた。イスラム兵は、親指で弦を引き、弦を引っ掛ける「キナーナ」という指輪状のリングを親指にはめていた。

第Ⅱ章　中世の戦士
620-1500年　イスラム勢力

ファーティマ朝戦士 (909-1171年)

ファーティマ朝は、宗教勢力イスマーイール派の王朝で、属したシーア派のうちで最初に実効支配力をもった勢力でもあった。彼らは短期間で絶大な勢力を築きあげたが、それを可能としたのは北アフリカのベルベル人を対等に扱い支持を得たことによる。軍事上でベルベル人は大きく貢献している。ベルベル人は人種的には白人種（コーカソイド）に属し、南では黒人種との混血もある。彼らはマント状の衣類をからだに巻きつけ、ほぼ全身がそのなかに隠されている。武器は槍と剣を用いる。一方、アラブ人は頭にイマーマを巻き顔を出している。ともにメイル状の鎧とラメラー状の胴鎧を着用し、手にはラウンドまたはカイト・シールドを装備していた。

ベルベル人戦士
全身が布でおおわれ、ターバンもほとんど顔をおおっている

アラブ人戦士

毛皮の縁取りがある帽子。地位の高い貴族たちがかぶり、彼らの目印でもある

「ナーワク」。詳しくはわかっていないが、矢柄をぴたりと沿わせ飛翔方向を定めた一種のガイドだったと考えられている。放った矢は短い

セルジューク朝戦士 (1036-1194年)

セルジューク朝はトルコ人系の王朝で、アッバース朝のカリフから史上初めての"スルタン"(スンナ派イスラム王朝の君主称号)の名を得ている。小アジアを支配し、初期の十字軍と対決したのが彼らである。強力な合成弓は十字軍騎士を大いに苦しめ、さらに「ナーワク」または「マジュラ」という一種の射撃補助具を用いて矢の命中率を高めた。しかし、敵を壊滅させることができたのは、長槍やメイスを用いた騎兵突撃によってであった。彼らトルコ人の刀剣はアラブのイスラムと違って緩やかに湾曲した片刃の湾刀である。鎧はチェイン・メイルでその上からコートを羽織った。

第Ⅱ章　中世の戦士
620-1500年　イスラム勢力

フリュギア式の金属製兜。頭頂が前方向に尖っている

アイユーブ朝戦士 (1169-1250年)

アイユーブ朝は西洋でサラディンと呼ばれたサラーフ・アッディーン（1138-1193年）によって打ち立てられた王朝である。兵士の大多数は軽装で弓を装備し、これにより敵を素早く包囲して矢の雨を降らせた。ハッティーンの戦い（1187年）では包囲した十字軍を丘の上にまで追いつめている。しかしアルスーフではクロスボウの攻撃と重装騎兵（騎士）の突撃を受け、軽装であるゆえに惨敗している。その結果、彼らも少数ではあるが重装騎兵を編制するようになった。鎧はチェイン・メイルの上にラメラーの胸甲をつけ、手には西洋風のカイト・シールドをもった。武器は剣と槍である。

マムルーク朝戦士 (1250-1517年)

"マムルーク"とはトルコ、チェルケス、モンゴル、スラブ、ギリシア、クルドなどの白人系奴隷のことをいう。アッバース朝期にカリフの親衛隊として編制され、つづく代々の王朝が同じように自らの精鋭部隊として用いた。統治者側近くに仕えたことから、マムルークでありながら重要ポストに就くものもあらわれ、そのうちのトルコ系がクーデターによってマムルーク朝を興した。マムルークの重装騎兵は、政権奪取以前に対戦したモンゴル人の影響を強く受け、東方風の武装をしている。彼らの武術指南書には槍を両手で使うことが説かれており、その場合、盾はおそらく首から下げられることになっただろう。

マムルーク朝ではラメラー式の鎧とスパンゲンヘルムを用いている

マムルーク朝は絶えまないモンゴル軍の攻撃にさらされたが、ほかの多くの国が侵略を許したのに対し、初めてその侵略意図を挫いている。彼らが用いた対モンゴル戦法は、花火で武装（？）した騎兵を突入させ、敵陣を混乱させるというものだった。兵士と騎馬に爆竹のような花火を装着した防火服を着せ、さらに武器にも花火をつけて突撃した。図は写本の挿絵にある姿。

第Ⅱ章　中世の戦士
620-1500年　イスラム勢力

イスラムの馬術

剣による突撃

2刀を使っての攻撃

兜と盾に火をつけての突撃

2刀ならぬ2槍使い

イスラム騎兵は馬術（フルーシーヤー）に優れ、それを駆使して戦った。その技術が初めて本に記されたのはマムルーク朝時代のこと。図は1400年頃に活躍したムハンマド・ブン・アルアークサラーイー著『騎兵活動教授要綱』からの抜粋。両手で武具を扱う技術は同時代の西洋騎士にはほとんど見られない。

■イスラム勢力の刀剣

イスラム勢力の東方への拡大はアラビア人が湾刀を取り入れる切っ掛けとなった。11世紀にはセルジューク・トルコが湾刀を一部で使いだしているが、アラブのイスラム陣営では13世紀頃まで直身で（a）、湾曲部があったとしてもキョン（鍔）の先端が切先に向かって湾曲しているか、あるいは真っ直ぐのままで握りがわずかに湾曲しているものに限られる（b）。13世紀頃にセルジューク・トルコがモンゴル人の影響を受けて剣のほとんどを湾刀にすると、先端近くだけを両刃（「フォールス・エッジ」）にした刀剣が登場する（c）。両者は次第にイスラム圏に浸透し、14世紀までにイスラム世界の刀剣はすべて片刃の湾刀（d）か、先端近くに両刃を備えたものへと変わる。

a) 両刃で直身

b) 両刃。柄と鍔に湾曲が見られる

c) 先端近くが両刃

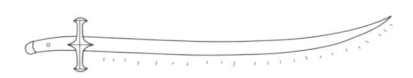

d) 片刃の湾刀

戦争の技術 6
イスラム世界の技術

暗黒時代から中世にかけて、西洋世界は技術を発展させる社会的、経済的な基盤をもつことができなかった。そのため軍事技術においても空白時期が長くつづいた。一方でイスラム世界は、ゆるりとした速度ながらも文明と文化を熟成させていった。

弩弓

イスラム世界では弩弓を"足弓"という意味の「カウス・アッリジュル」と呼んだ。この名は両足で弓部を踏みつけて弦を引く方法からきている。台座の先についた鐙（あぶみ）に片足を掛けて引くものは「ザンブラク」と呼ばれる。

台座の先に鐙がある「ザンブラク」。

写本の挿絵に描かれた弩弓「カウス・アッリジュル」。

投石機

西欧で用いられた巨大なカタパルト（投石機）「トレブシェット」はイスラムを起源とする。こうした釣合重り式の投石機は最大230kgの石弾を300mほど飛ばすことができた。人力を用いる牽引式は軽量の弾丸を投擲するもので50kgの石弾を50mほど飛ばした。投石兵器は攻城側が主に用いるが、城壁の塔に据えつけられて籠城側が用いることもあった。

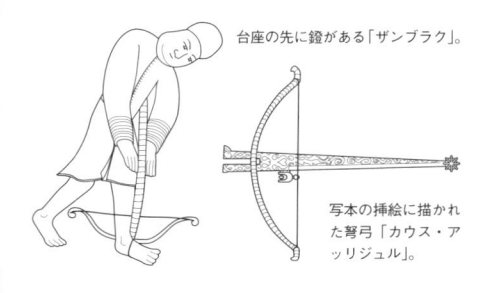

釣合重り式投石機。中央にある重りが重さで下がることによって腕木（アーム）を振る。

牽引式投石機。ひとがロープを下に牽くことで腕木を振る。

投矢機

架台に据えつけられた弩弓「カウス・アッリジャル」。手元側の左右にある円形の舵輪を回すことで歯車がまわり、噛み合わされている板状の歯竿がスライドして弦を引いた。また「シャルハーカマン」という投矢機は、複数の矢玉を同時に発射することができるもので、操作もひとりで足りたことから、攻城側に守備兵が多数いると思わせることができた。

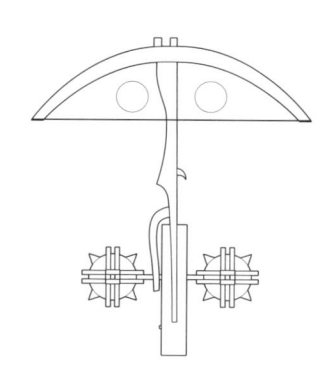

焼痍兵器

イスラム世界では古くから焼痍兵器が使用されていた。地理的に自然に湧き出てきた原油を使用することができたためであるが、化石燃料以外も原料にして、さまざまな焼痍兵器が開発された。焼痍兵器専用の部隊も編制されており、この部隊を「バファットゥム」と呼んだ。原料とされたのは自然に湧き出た液状の石油またはピッチ。主成分をこれらとしてほかに生石灰、樹脂、瀝青、硫黄を混合した。生石灰を混ぜたものは水で発火させることができる。できあがった混合物は陶器やガラスの容器に詰められて投擲された。また「ザッラーカ」と呼ばれる火炎噴射機もある。イスラム世界では蒸留技術が9世紀の写本にすでに登場しており、精製されたナフタをピストン式のポンプで噴射した。噴射口の先には「ワルダ」という点火器があって、およそ10m先にまで火炎の槍を吹き出したという。

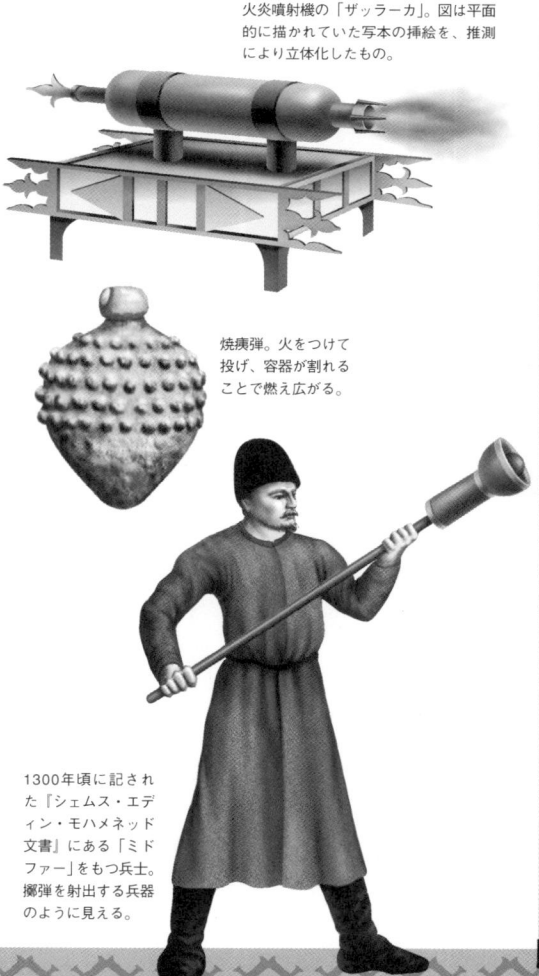

火炎噴射機の「ザッラーカ」。図は平面的に描かれていた写本の挿絵を、推測により立体化したもの。

焼痍弾。火をつけて投げ、容器が割れることで燃え広がる。

1300年頃に記された『シェムス・エディン・モハメネッド文書』にある「ミドファー」をもつ兵士。擲弾を射出する兵器のように見える。

1118-1461年

最後のローマ軍

ビザンツ帝国［後期］

ビザンツ帝国はひとつの自負をもちつづけていた。それは自国が"天上を治めるキリスト帝国の不完全な模造ながらも、地上に最後の審判が訪れるまでは、すべてのひとびとを統一しておくよう神から任ぜられた唯一の帝国"であるということだった。それゆえ彼らはイスラム勢力やほかのキリスト教国との対峙をつづけた。

ビザンツ重装歩兵

前時代の大盾スクトゥムではなく大型のカイト、またはアイロン形のヒーター・シールドを装備している。上半身にはチュニックの上からチェイン・メイル鎧を着、コイフをかぶった頭には水滴型の兜をかぶった。下半身にはメイル・ホウズをつけ、ブーツを履いている。武器は長槍。腰の刀剣は湾刀に変わっている。

ヴァラング人親衛隊（宮廷服姿）

図は14世紀中頃のヴァラング人親衛隊隊士。青いチュニックを着て、白地に金の縁取りをつけた変わった型の帽子（？）をかぶっている。隊のなかで一番屈強な戦士が太刀持ちとして皇帝のすぐ脇に控えた。ほかの兵士は風変わりな斧を装備して控えていた。

ヴァラング人が携帯した風変わりな斧（またはロムファイア）。

第Ⅱ章　中世の戦士
1118-1461年　ビザンツ帝国［後期］

ビザンツ重装騎兵

騎兵もまた歩兵と同型の新たな盾を装備するようになった。刀剣も湾刀に変わり、弓を装備している。写本の挿し絵を見ると、全員が共通の鎧を装備した様子はなく、頭部、顔面、首を保護するコイフまたはアヴァンテイル（首垂れ）の素材も革製、チェイン・メイルと一様ではない。また顔すべてをおおい、目だけを露出したコイフも見られる。馬の前面にカタフラクトゥスのような馬鎧をつけた姿もあり、おそらく前面に配された兵がより重装の鎧を身につけたと思われる。

ビザンツ騎兵（トルコ風騎馬弓兵）

15世紀頃のトルコ風の装備をつけたビザンツ騎兵。オスマン朝トルコに圧迫されていたビザンツがその影響を受けて部隊編制したもの。当時の写本には彼らの装備についての記述がある。それによると赤いチュニックの上に緑色のコートを着、白・赤・黒を配色した「カメラウキオン」という帽子をかぶった。足に履かれたのは黄色いブーツ。武器に片刃の湾刀と弓を用い、弓入れと矢筒は灰色をしていた。軍装は実戦的で戦いやすくもあったが、宮廷内では色合いが見栄えするといって喜ばれていた。

トルコ風の装備をした騎馬弓兵
帽子「カメラウキオン」。白色。つばのような部分には赤い彩色と黒の縁取りがある

ビザンツの重装騎兵

10-16世紀

インドのイスラム軍
中世インド／南アジア

8世紀までには、イスラム勢力の力がインド北部にまで及んでいる。以後、イスラム勢力によってこの地を支配する王朝が次々と建てられた。ここではそれらのイスラム王朝を扱い、16世紀にインド亜大陸を支配するムガール王朝以前の姿を紹介する。

ガズナ朝戦士 (977-1186年)

ガズナ朝は逃亡したトルコ人マムルークによって現アフガニスタンに興されたイスラム王朝である。軍の主力はトルコ人であったが装備はモンゴル人の影響を受けていた。騎乗して弓を用い、チェイン・メイル鎧の「ジリー」や、丈の長いラメラー鎧ジョシャンを身につけた。弓のほかには直身（すぐみ）の剣や手斧、メイスなどを用いた。歩兵部隊には南ペルシアのカスピ海沿岸に居住したデイラミ族を採用し、彼らは最大120cmの長楕円形盾「カーワー」をもった。また柄が長く穂先が二又になった「ズーピーン」という投槍、あるいは柄が短い槍「シリー」を用いた。シリーの穂先は鋭く、断面が四角形をしており、チェイン・メイルの連結したリングの隙間を広げて深く突き刺さることができた。レッグ・ガード（脚防具）として革帯をゲートル状に巻いて用いることがある。

騎兵

デイラミ族の歩兵
盾「カーワー」は木製。縁を金属で補強し表面を彩色している

第Ⅱ章　中世の戦士
10-16世紀　中世インド／南アジア

ゴール朝戦士 (1148-1215年)

ゴール朝はアフガニスタン東部のゴールを中心に興った王朝。ガズナ朝の衰退とともに勢力を拡大した。歩騎ともに綿布にキルティングをほどこした「バルグスタワン」というオーバーコート状の防具を着た。騎兵は下にチェイン・メイル製のジリーを着たが歩兵は着ない。胴にラメラー状の胴鎧ジョシャンをつけたのは歩騎ともに同じ。チェイン・メイルやスケイル・メイルは「ハザガンド」、または「ジリー・ハザール・マイハー」("千の爪")とも呼ばれる。ハザガンドは西洋に伝わって「ジャゼラント」となる。この鎧は布製の下地にメイル（金属環や板を連結して鎧とするもの）を縫いつけたシャツ状の鎧で、イラクのアラブ人によって初めてつくられたが、インド北部の王朝では刺繍などをほどこした布地を外側に縫いつけて使用した。武器は長槍で、腰には直身の剣を下げ、手には長方形の盾をもった。この盾はカーワーと呼ばれた盾のなかでも大型のものである。頭から爪先までを防護でき、騎兵の突撃を食い止めるのに使用された。兜は「ハウド」と呼ばれたもので半球形をしており、頭頂部に円錐状の突起がある。兜には金属製または革製のネック・ガード（首当）があるが、兜の下にかぶった革製のスカル・キャップ（頭蓋帽）が後ろに垂れていることも多い。

盾の本体には煮固めた革を用い、表と裏面に詰め物をした綿布をあてている。表面は飾り立てられている

兜には円錐形と、半球形をしたものがある

ハルジー朝／トゥグルク朝戦士

ハルジー朝（1290-1320年）はトルコ系のハルジー族がゴール朝に代わって打ち立てた王朝。トゥグルク朝（1320-1413年）はトゥグルク族がハルジー族に代わって興した王朝である。両者ともにインドでの領土拡大を企てる一方で、北から迫るモンゴルの圧力に抵抗した。そのため両王朝の軍装からはモンゴルの影響を如実にうかがうことができる。モンゴル風のラメラー「ガルタカ」、または革製のコート「バガルタカ」がその最たる例である。レッグ・ガードにはただの革製のものと、鱗状の鉄片で補強されたものがある。時代の特色として緩やかに湾曲した片刃の湾刀が用いられるようになっている。馬上ではほかに弓や長槍を使用した。

ラシード・ウッ・ディーンの『集史』にあるトゥグルク朝戦士。トゥグルクが使用した長槍には穂先が二又になった「バンディ・バラーム」が見られ、円形盾「シパー」を装備していた。彼らの馬の手綱は長く、弓を馬上で構えたときにも手にしておくことができた。

第Ⅱ章　中世の戦士
10-16世紀　中世インド／南アジア

兜はモンゴルが
使用したものに
似ている。

盾は葦や籐類を
編んでつくられ
ている。表面を
絹糸で飾り、中
央にある盾芯は
金属製。

サイイド朝戦士（1414-1451年）

サイイド朝は、ティムールと同盟していた北インドの豪族がトゥグルク朝滅亡後に興した王朝。騎兵は重装で騎手はモンゴル風のガルタカを着ている。兜には円形の耳当が見られるものもあった。前腕につけた籠手には、手の甲をおおう革の板が当てられており、長さはひじにまで達していた。レッグ・ガードは金属板をつなげだもので、ひざ部分には円盤の防護板がつく。馬は彩色された布製の馬鎧におおわれ、鞍からは直径30〜70cmの円盾「パーリ」を吊り下げた。

ローディー朝戦士（1451-1526年）

ローディー朝はサイイド朝に代わって北インドを支配したアフガン系の王朝。重装の騎兵が身につけた鎧はメイルを革製の胴衣に縫いつけた「ジリー」、またはチェインと金属板をつなぎ合わせた「ジリー・バハター」を着た。ネック・ガードはチェイン・メイル製である。武器は弓、湾刀を使用したが馬上での戦闘では接近戦に備えて「ピアジ」というフレイル（からざお状の武器）を装備することもある。

171

12-14世紀
タルタロスからの使者
モンゴル

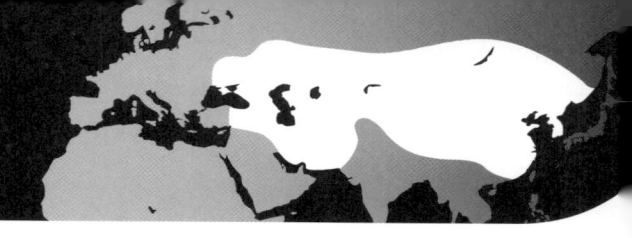

中世ヨーロッパでは東の果てにキリスト教を信じる国王がいると信じられていた。その王の名をプレスター・ジョンといい、やがてイスラム教徒の軍勢を倒すためにヨーロッパへと馳せ参じるはずだった。ところが東からやって来たのは恐ろしいモンゴル軍だった。13世紀初頭、モンゴルの大軍団は東ヨーロッパを席巻し、大殺戮を繰り返した。ヨーロッパ人は彼らをタルタロス（地獄）からの使者、"タルタル"（タタール）人と呼んで怖れた。

モンゴル騎馬弓兵

子どものころから馬術と弓術の訓練を積んできたモンゴル人は、弓術に優れた騎馬軍団を構成した。防具はいたって軽装である。富裕者は金属板を縫いつけた鎧を着もしたが、彼らの力の源は機動力であり、あえて軽装であることを好んだ。絹の下着、丈の長いフェルト製の上着、そして革製の胸甲といった装いである。絹の衣服は高価だが弾力性があり、傷を負ったときに圧迫して止血する効果がある。そのため重装な鎧よりも好まれた。

つばが広く毛皮で縁取られた帽子

モンゴルの弓はおよそ200mの殺傷範囲をもっていた。これによって矢の雨を降らせ敵軍を壊滅させた

小型の馬（モウコノウマ）。モンゴル軍の軍馬は雌馬が多かった。出征前に子を産ませておけば、散りぢりになっても馬の帰巣本能で本拠地に戻ることができたからである

第Ⅱ章　中世の戦士
12-14世紀　モンゴル

矢は60本携帯した

弓は予備を含め二張携帯している

マングダイ（特別攻撃隊）

「マングダイ」は軽装の騎兵である。彼らの任務は斥候部隊が発見した敵の主力を、周到に準備した自軍包囲陣のなかに誘い込むこと。いわばオトリとなることであった。敵と遭遇すると矢を放ってただちに後退した。その様は、わざと隊列を乱して逃げ帰るという念の入れようで、敵はこれを見るとたまらず追撃し、知らず知らずのうちにモンゴル軍本体が待つ包囲網へと飛び込んでいった。鐙は鞍から近いところに取りつけられている。これは現在の競走馬と同じで馬を走らせたときに乗り手の腰が浮くようにするためである。

モンゴル重装騎兵

モンゴルの重装騎兵は、弓矢の攻撃で混乱した敵にトドメを刺すために用いられる。4mほどの長さの騎槍をもち、ほかに片刃の湾刀、雑用に使用した小刀、そして彼らもまた弓を装備した。騎手と騎馬はラメラー式の鎧で全身を防護し、足には爪先の上がったブーツ「モンゴル・グトゥル」を履く。現在は英語で「モンゴリアン・ブーツ」と呼ばれているこのブーツには、日常用と戦闘用のものがあり、後者は内部に金属片が縫い込まれていた。

ケシクテン（親衛兵）

「ケシクテン」はモンゴル軍の最精鋭であり、全軍から選抜された最良の兵士だけがなり得た。最初に記録に登場する13世紀初頭の時点では1,500名だったが、チンギス・ハーンがモンゴルの支配者となったときには1万名に達していた。彼らの軍団組織は「ケシクティ」と呼ばれ、主な役割は大ハーンの警護にあったものの、士官を育てる幹部養成制度としても機能し、そちらのほうにより大きな意味がある。兵士は重装の鎧をつけており、選抜された優秀な兵というだけでなく、士官にふさわしい裕福な出身だったことを裏付けている。

モンゴル重装騎兵

◆ モンゴルの待ち伏せ戦術 ◆

モンゴル軍はその機動力を生かした待ち伏せ戦術を多用した。遠征に出た軍団は斥候となる分遣隊を派遣し、周囲に哨戒網を張り巡らすのを常とした。敵を発見した哨戒部隊「カラウル」は前衛部隊となって敵に対する一方で、本隊に敵発見の連絡をとる。連絡を受けた本隊はただちに、軽装騎兵を展開させ、敵を誘い込むべき想定戦場を包囲した（図①）。分遣隊はマングダイを使ってそこへと敵部隊を誘導する（②）。待ち構えていた本隊はおよそ200mの距離から一斉に矢を放った。敵兵に混乱が生じればただちに「ナカラ」（太鼓）の音が鳴り響き、重装騎兵が突撃した（③）。

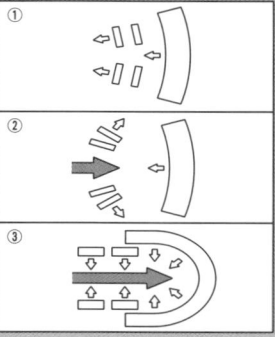

第Ⅱ章 中世の戦士
12-14世紀 モンゴル

兜の頭頂には馬の尾の飾りがある

ケシクテン

ラメラー式の鎧

矢筒にぶら下げられたチーターの尾。用途は不明。一説では矢の鏃（やじり）に付着した血糊をこれで拭ったとされる

■ アウルク（輜重隊）

モンゴル軍の強さは神出鬼没の機動力と、全軍を機械のように動かす命令伝達能力の高さにあった。こうした機動戦術を根底で支えたのが優れた輜重隊（しちょうたい）組織である。輜重隊は物資輸送を任務とし、モンゴルでは「アウルク」と呼ばれた。アウルクの移動は大規模な引っ越しに似ており、羊や山羊といった家畜を大量に引き連れ、移動式の大テント（ゲル）を牽いている。まさに前線で戦うモンゴルの騎馬軍団を支援する移動式の補給拠点といったもので、食料、水、武器を必要なだけ軍団兵に供給した。川が凍れば往来に好都合とふんで厳冬のロシアに攻め入るという愚行ともとれる作戦が、前代未聞の勝利に終わったのも、こうした兵站組織があってこそである。

「ナカラ」を積んだラクダと鼓手

戦争の技術 7
モンゴルの火薬と攻城兵器

ホラズム朝と戦いはじめた当初、モンゴル軍は惨敗を喫している。まともな攻城兵器をもたなかったからである。その後、ペルシアと中国から技術者を招き、そのおかげでホラズム朝、さらに中国を席巻することができた。モンゴル軍は攻城兵器を野戦にも使用した。弩砲からは硫黄の臭気を発する弾や、火薬を入れた炸裂弾「鉄火砲」を発射し、敵陣を混乱させることに用いた。

砲

「砲」(パオ)。砲は中国式の人力投石機。1本の腕木をもった天秤状の装置の一方に複数のロープを取りつけ、それを一斉に引っ張ることで反対側に取りつけられた石弾などを投擲する。

回回砲

「回回砲」(ホイホイパオ)。回回砲はペルシア式の天秤式投石機。一方に重りをつけ、それを落下させることで、もう一方にある石弾を投擲した。図にある水車のような車輪は、重りを持ちあげるためのもので、なかに人が入り、歩くことで車輪が回って重りを持ちあげた。この方式は古代ローマの建築用クレーンに採用されており、もともとはローマからペルシアを経由して伝わったものかも知れない。

弩砲

中国には「床弩」（チョワンヌー）と呼ばれる弩砲があった。これは弩弓を大型化したもので、弓木の復元力を利用した弩砲である。一方ペルシアでは"ねじれ"式の弩砲が用いられていた。これらは小型の弩砲で1kgの石弾をおよそ100m、大型のものでは10kgのものを150mの距離まで投擲できる。モンゴル軍はこれを改良して使用し、改良によって射程はおよそ350mにもなった。攻城戦のみならず野戦でも存分に用いている。

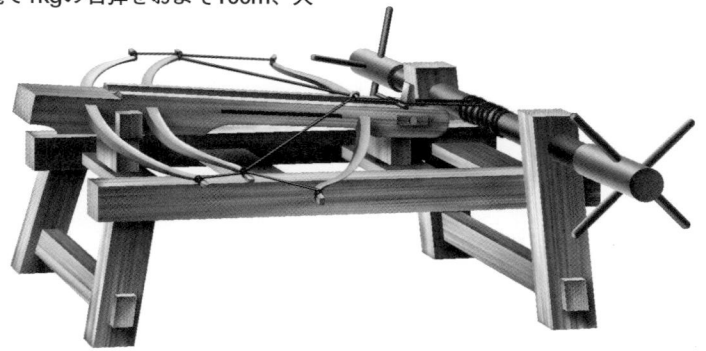

火薬の発明

火薬は中国で遅くとも10世紀末に発明されており、早くは7世紀頃の文献に火薬に関する記述が読みとれる。モンゴルは中国を攻略したことで火薬を手に入れた。日本を襲った元寇で使用された「鉄火砲」は、手榴弾のように敵陣に投擲して爆発させ、破片やなかに納められた細片で敵を傷つけるもの。西欧にはおそらく13世紀初～中頃にモンゴルと接した東欧から広まった。火薬（黒色火薬）は硝石（硝酸カリウム）、硫黄、木炭を一定範囲の成分配合比率で混合すれば精製できる。成分配合によって燃焼特製が変わるため用途に応じた配合が必要である。

黒色火薬の成分配合

	硝石	硫黄	木炭
成分配合の範囲	40-80%	3-30%	10-40%
10世紀末頃の中国	50%	25%	25%
1260年頃西欧	41%	29.5%	29.5%
1275-1300年頃西欧	67%	11%	22%
1400年頃西欧	71%	13%	16%

711-1300年
失地回復戦争（レコンキスタ）
中世スペイン

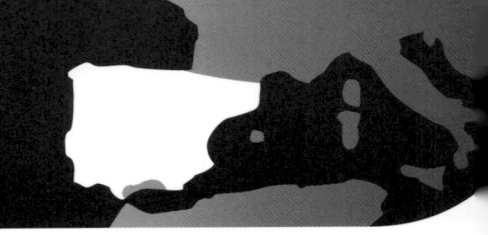

イベリア半島に侵入したイスラム勢力は、フランク王国への侵入に失敗したのちは北進をやめ、イベリア半島南部・中部（現スペイン）にとどまって繁栄の道をたどった。これに対し、イベリア半島に残存するキリスト教勢力は、半島をイスラムから解放するべく"失地回復戦争"（レコンキスタ）に乗り出す。最終的な国土の回復がなされたのは1492年のグラナダ陥落によってである。

中世スペインの騎兵 （11世紀）

エル・シッド（ロドリゴ・ディアス。1043頃-1099年）が活躍した11世紀、彼のような騎士階級はホウバーグを着たが、多くの騎兵は鎧を着ていなかった。せいぜいネイザルのあるノルマン・ヘルム型の兜をかぶり、カイト・シールドをもっただけである。剣は鞍型の柄頭をもったヴァイキング時代の剣に似ている。

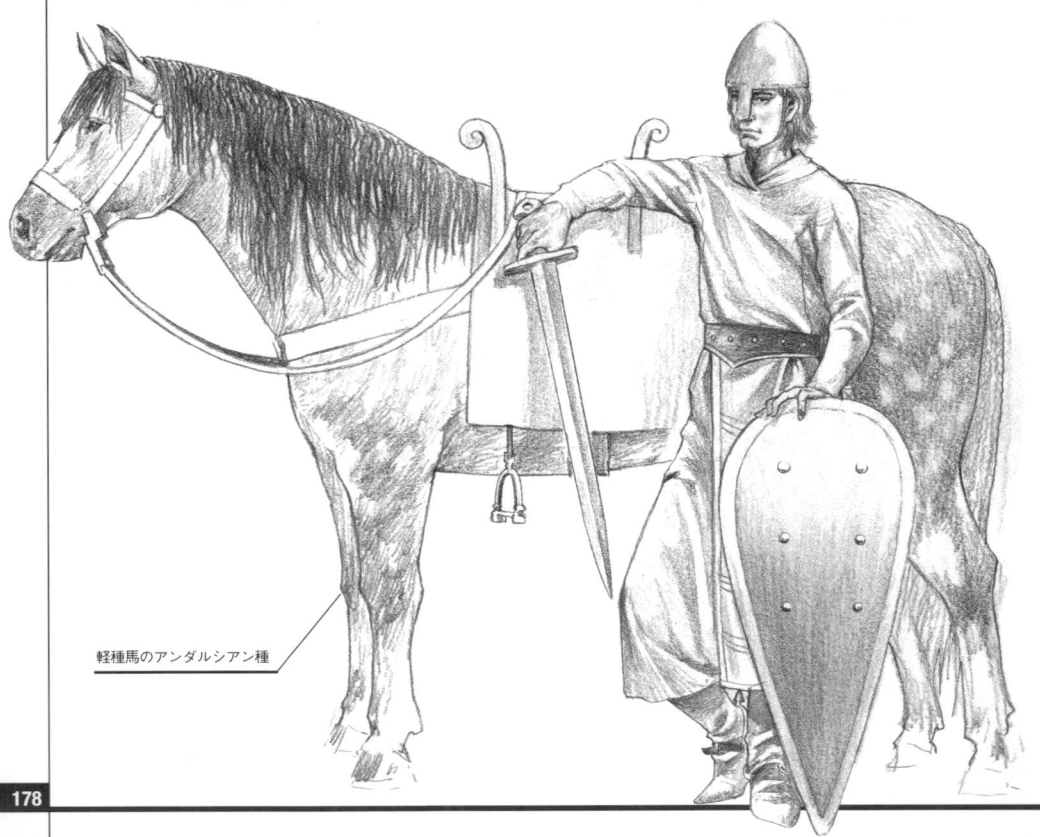

軽種馬のアンダルシアン種

第Ⅱ章　中世の戦士
711-1300年　中世スペイン

スペイン騎士 (12-13世紀初頭)

12世紀になると騎士たちの重装化が見られるようになる。固定式の面当がついた兜をかぶり、ホウバーグ（スペインでは「アウベルグ」と呼んだ）を着ている。これは当時の西欧に見られた騎士の王道をいく装備である。しかし、こうした装備はビザンツ帝国からアラブを経由して伝わったものらしく、カタフラクトゥスのように馬にも鎧を着せている。騎士はホウバーグの上に、鱗状の鉄片でつくったスケイル・アーマーや、ビロードの生地に鉄板を裏打ちした「コート・オブ・プレイツ」を着ることもある。そうした装備は、スペインで全盛したクロスボウに備えたものだったといわれている。

盾は西洋で一般的だったヒーターやカイト・シールドだけでなく、イスラム風のラウンド・シールドも使用した

鉄板を加工した
「ゴントレット」
(手甲)

鉄製の「グリー
ヴ」(すね当)

スペイン騎士 (13末-14世紀)

14世紀初めの高貴な騎士は贅を尽くした鎧を着た。図はドン・アルバロ・デ・カブレタ公の塑像をもとにしたもので、複数のブローチ状の飾りをつけた赤いサーコートをホウバーグの上に羽織っている。首の周りにある丈の高い詰襟のような防具は、首と肩を防護する「ゴージット」(首当)と思われる。しかし、後世のものとは違って大きくゆったりとしており、亀が甲羅に半ば首を入れたかのように見える。公の塑像はコイフだけをかぶっているが、兜もかぶったと思われる。

造りが簡単な半球状の兜

クロスボウ兵

イベリア半島ではクロスボウである「バリェスタ」が全盛した。カスティリャでは重装の鎧を着た「アルモガバル」という弩兵部隊が活躍している。彼らはホウバーグを着、その上に大きな鱗、または亀の甲羅模様に似た大きな六角形のスケイルでできた鎧を着た。馬に乗ったままでクロスボウを使用することもあり、騎士には恐ろしい天敵となった。

ヒネーテ

イスラム軍は、北アフリカから軽種馬「バルブ」を連れてきた。この馬は機動性に優れ、その点で十字軍が苦戦したアラブ種と並び称される。バルブがスパニッシュポニーと混血して生まれたのがスペイン屈指の名軽種馬「アンダルシアン」種である。スペインの騎士は早くからこうした軽種馬を取り入れ、機動力を重視して装備も軽装化した。重装化傾向にあったほかの西洋世界とはその点で異なる。戦場では戦列中央に重装の騎士が陣取っていたものの、両翼に「ヒネーテ」と呼ばれる軽装の騎兵が配された。手本とされたのは、敵であったイスラム騎兵である。ヒネーテの名も傭兵としたベルベル人の部族名セナタにちなんでいる。ハート形をした革製の盾「アダルガ」をもち、頭には金属製の簡易な兜をかぶっているが、本家本元であるベルベル人傭兵はターバンを巻いていた。長い投槍「アルケガイ」を2～3本装備し、これは突き槍としても用いられた。騎兵同士で突撃し合う場合には、敵の騎槍がとどく前に投擲して攻撃した。刀剣は"ヒネーテ剣"とも呼ばれる細身の剣である。

盾の持ち方
ハート形をした「アダルガ」盾。垂直にわたした2本の革帯を握ってもつ。

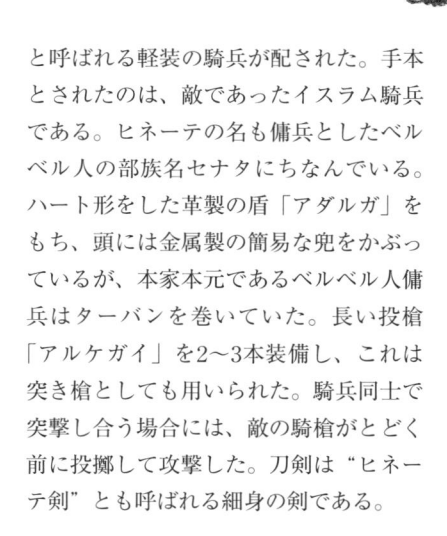

846-1329年

北方の荒武者
スコットランド／アイルランド

スコットランドとアイルランドは、ローマ帝国全盛の時代には、辺境の蛮族が住まう地として帝国の外に置かれたままであった。その結果、ヨーロッパ文明からは大きく立ち後れた。しかし、だからこそ独自の文化を綿々と受け継ぐことができ、固有の社会を形成していくことができたといえる。

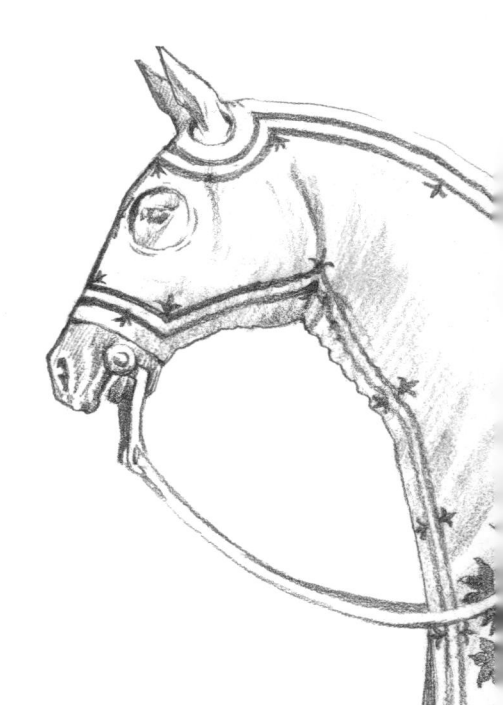

スコットランド騎士 (1300年前後)

スコットランドでは14世紀に入っても、イングランド騎士のような装備をした騎士の姿はわずかだった。それでいてバノックバーンの戦い（1314年）では、"突撃"したスコットランド軍の騎兵がイングランドの弓兵を追い散らして勝利に貢献している。ところが実際にはスコットランド騎兵のほとんどは下馬して戦い、騎乗していたのはごくわずかな偵察部隊だった。一説ではこのとき突撃したのは、当時、解散させられていたテンプル騎士団の一員ではないかといわれている。図は当時のレリーフをもとに再現したロバート・ブルース（ロバート1世。在位1306-1329年）。馬衣と楯に描かれた獅子はスコットランド国王の紋章。彼はバノックバーンの戦いの初日に、イングランド軍の前衛指揮官ヘンリー・ド・ボーアンに一騎打ちを挑み、騎槍で突撃する相手を戦斧で迎え撃って、柄が折れるほどに打ち据え勝利している。バノックバーンの戦場跡では同様の装備で戦斧を構えた騎馬像がかつての栄光を見下ろしている。

第Ⅱ章　中世の戦士
846-1329年　スコットランド／アイルランド

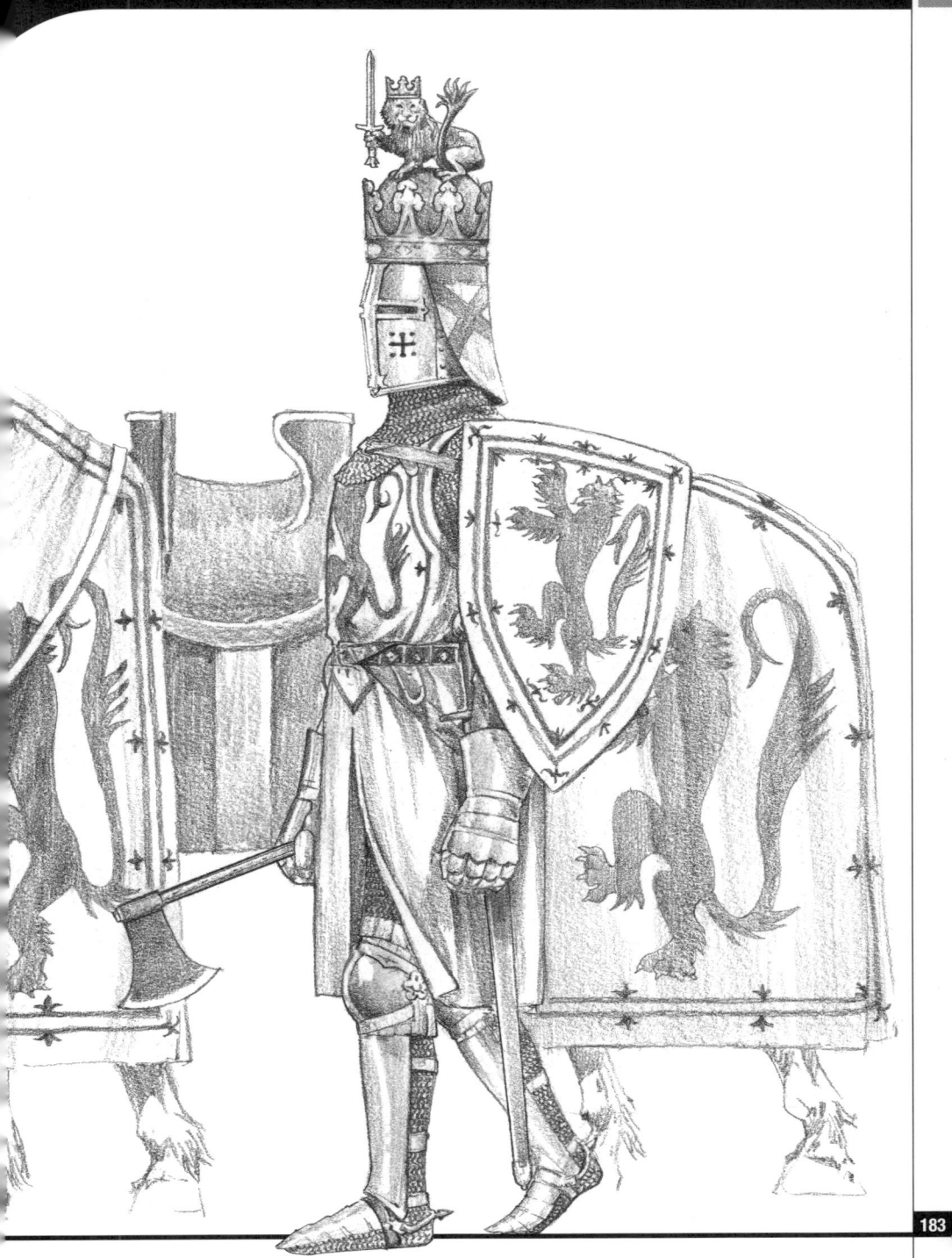

スコットランド長槍兵

華美な騎士がいる一方で、徒下の兵士は粗末な衣服のままで戦っている。12世紀末の年代記には、スコットランドの多くの兵が"裸同然"の装備で戦場に赴いていたことが記されている。彼らの多くは羊毛の長袖シャツに、一族に固有のタータン・チェック（格子縞模様。ゲール語ではブリーアン）のマントという出で立ちで、足もほとんど素足をさらけ出していた。ただひとつの防具とされたのが小型の丸盾である。この種の小型盾は一般に「ターゲット・シールド」と呼ばれる。武器は長さが4～5mもある長柄槍を装備し、兵士たちは肩が触れ合うほどに群がり、密集して戦った。この隊形を「シルトロン」と呼び、スコットランド固有の戦術となっている。13世紀末には長槍兵の装備も"裸同然"から脱している。

中世期の長柄槍は、ふつう騎兵に対するために用いられたが、防具が貧弱なスコットランドでは、できるだけ敵と離れて戦おうとしたものかも知れない

12世紀の長槍兵

盾の直径は30cmほど。盾芯のある木製盾で、表面を牛の革でおおっていた

13世紀末の長槍兵

第Ⅱ章　中世の戦士
846-1329年　スコットランド／アイルランド

「ファラング」と呼ばれる半円形のマント

アイルランド戦士 (12-13世紀)

12世紀末に記された『アイルランドの地誌』には、アイルランドの戦士が斧と弓で武装したことが伝えられている。彼らはヴィーキングの影響を大きく受けた武装をそのまま用いつづけたが、かといってヴィーキングほど裕福なものを使用することはできなかった。日常の服装がそのまま戦場での装いとなり、メイル状の鎧は14世紀末になるまでほとんど記録されていない。弓は短弓で金属の鎧にはあまり効果がない。それでも19世紀まで使用されつづけている。重装の敵にはスリング（投石ひも）による投石で対抗した。

911-1300年

ローマ帝国の後継者
ドイツ（神聖ローマ帝国）

シャルルマーニュが没すると、フランク王国は分割相続によって3つに分裂した。やがてそれらの王国は、フランス、ドイツとなって独自の歴史を歩んでゆく。ドイツを統治した東フランク王国では、911年にカロリング王家が断絶し、以後はいくつもの王家が立った。ザクセン家のオットー1世（在位936-973年）の代には、帝冠をローマ教皇から受けて西ローマ帝国皇帝（962年）となり、"神聖ローマ帝国"が誕生している。

ドイツ騎士（11世紀頃）

上半身にメイル・コート（長い鎖鎧）である「パンツェルヘムト」を着、下半身にショウス「アイゼンホーゼ」をつけている。メイル・コートの裾には脇に切れ目が入っている。ほかの多くの地域では、騎乗に都合がよいように前後に切れ目があるものを用いるようになっていたが、ドイツでは11世紀頃までこの旧型のものを用いた。兜はネイザルを一体化させたノルマン・ヘルム型。カイト・シールドもまたノルマン風だが中央に盾芯が見られる。盾芯は、ふつう取っ手を握る手を収めるためにつけられるが、ここではただの意匠である。ほかのカイト・シールド同様に、裏側の盤面に鋲留めされている革帯を握って盾を保持する。

ノルマン・ヘルム型の兜。ドイツでは頭頂部が前にせり出したものが好まれた

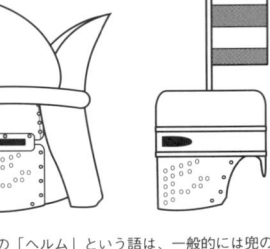

第Ⅱ章　中世の戦士
911-1300年　ドイツ（神聖ローマ帝国）

英語の「ヘルム」という語は、一般的には兜の総称として用いられる。しかし中世ヨーロッパでヘルムといえば、頭から顔までをおおう「大兜」を指す。フランス語の「オーム」、ドイツ語の「トップフヘルム」がこれにあたる。ドイツの騎士たちは、ヘルムの頭頂部に各自独特の兜飾りを競うようにして取りつけている。図は写本に見られる兜飾り。

ミニステリアーレ

ドイツには騎士身分に属さない「ミニステリアーレ」と呼ばれる騎乗戦士身分があった。"家士"などと訳される。封建制度下の騎士階級が軍事的な貢献と引き替えに主君から土地や報償を与えられていたのに対し、いわば雇用契約騎士といったもので、複数の主人に仕えることもあった。自慢すべきはどれだけ多くの主君（と呼べるかどうかはさておき）に仕えているかということである。しかし戦利品目当ての奉仕ではあっても、戦場でのはたらきはそれなりに期待できた。装備は騎士のそれとまったく異ならない。かぶっている「ヘルム」（大兜。ドイツ語で「トップフヘルム」）は、頭頂が平らになっており、ドイツではこの型が好まれた。兜の頂には、戦場でのはたらきを見せつけるために自らの紋章をあらわす旗や飾りがついている。

987-1328年

中世盛期の軍隊
中世フランス

シャルルマーニュの没後にフランスを継承したのが西フランク王国だった。しかしドイツ同様にカロリング王家は断絶し、新たにユーグ・カペー（在位987-996年）を祖とするカペー朝が開かれた。やがて王権の伸張とともに中央集権国家へと向かい、フランスはこの王朝の下で繁栄を迎える。

フランス戦士（10世紀頃）

図の戦士は10世紀末頃につくられた写本から再現したもの。ホウバーグを着込み、頭頂部が前にせり出したノルマン・ヘルムをかぶっている。兜の造りは部品を組み合わせてつくるスパンゲンヘルム型。手にしているラウンド・シールド（円形盾）はカロリング朝期によく見られたもので、表面には渦巻き模様と円錐形の盾芯がある。「ミレス」と呼ばれたこれらの戦士たちは、小規模な土地を保有する身分に過ぎなかったが、鎧や兜、盾に剣、そして騎槍までも装備することが義務づけられていた。そのためカロリング風の円盾に、水滴形の新型ヘルムといったアンバランスな組み合わせが大半を占めた。また、カイトではなくラウンド・シールドをもっているのは、当時まだ「ミリテス・ペディテス」と呼ばれた歩兵中心の歩騎混成部隊があったことも影響している。

第Ⅱ章　中世の戦士
987-1328年　中世フランス

フランス騎士 (11世紀頃)

ノルマン人の侵攻を受けたことで、フランク人は多かれ少なかれその影響を受けるようになる。特にノルマン・ヘルムと、馬上で脚部を防護できるカイト・シールドの普及があげられる。11世紀は、この2種の武具がヨーロッパに共通して普及していく時期でもある。騎士が着たホウバーグにはコイフ（頭巾。フランス語では「クワフ」）が一体化されていた。コイフの顎部分は開閉式の「アヴァンテイル」（垂れ）となっており、戦闘時以外にはぶらりと垂れ下げている。

アヴァンテイルがコイフから垂れた状態。端部にある革ひもをこめかみあたりに結わえつけることで顎をおおう。顎や首を守るチェイン・メイルの垂れを英語でアヴァンテイルという。フランス語では「ヴァンターユ」。

フランス騎士（12世紀頃）

12世紀になると面当のついた兜オーム（ヘルム）が登場する。鎧は丈の短いホウバーグを着るようになり、その結果下肢を防護する鎖鎧の「ショウス」（フランス語では「ショス」）をつけている。これは前面から包み込むようにして脚部をおおい、後ろ側の数カ所で結わえて留める。

フランス語で「シャペル・ド・フェル」（"鉄の礼拝堂"の意）と呼ばれる型の兜。ハット状に縁の全周につばがある。このつばはフランス南部の強い日差しを避けるためにつけられたといわれる。

脚部の鎖鎧「ショス」。爪先までもおおう

第Ⅱ章　中世の戦士
987-1328年　中世フランス

肩を保護するための板「エイレット」(フランス語では「エレット」)

13世紀になるとホウバーグの袖先が指先まで達して手袋状となる。これを英語で「マフラ」(フランス語では「ムウフル」)と呼ぶ

フランス騎士（13世紀頃）

13世紀になるとチェインの素材となる針金の製造技術が向上し、メイルの製造方法も格段に進歩した。馬にも鎖鎧を着せるようになり、ますます戦場では誰が誰だか判別できなくなった。そこで盾やサーコート（フランス語では「シュルコ」）に自身の紋章を描くようになった。脚部を包むショウスは、足に結びつける型から靴下のように履く型となる。これを吊り下げるようにして腰で留め、ずり落ちるのを防ぐためにひざ下などで革帯によって固定した。ひざ部分を補強するひざ当「ポウレイン」（フランス語では「ジュヌゥイエル」）も見られるようになる。

■ 長柄武器（ポール・アーム）

中世になるとヨーロッパ各地で「ポール・アーム」（長柄武器）が発達した。これは長い柄に、形状と機能が異なるさまざまな穂先を取りつけた武器をいう。ひと言でいうなら長いという特性を生かすものであったが、穂先の違いによってさまざまな方法で攻撃することができた。以下は当時のさまざまな絵画に描かれている11世紀末〜14世紀初めの穂先形状である。

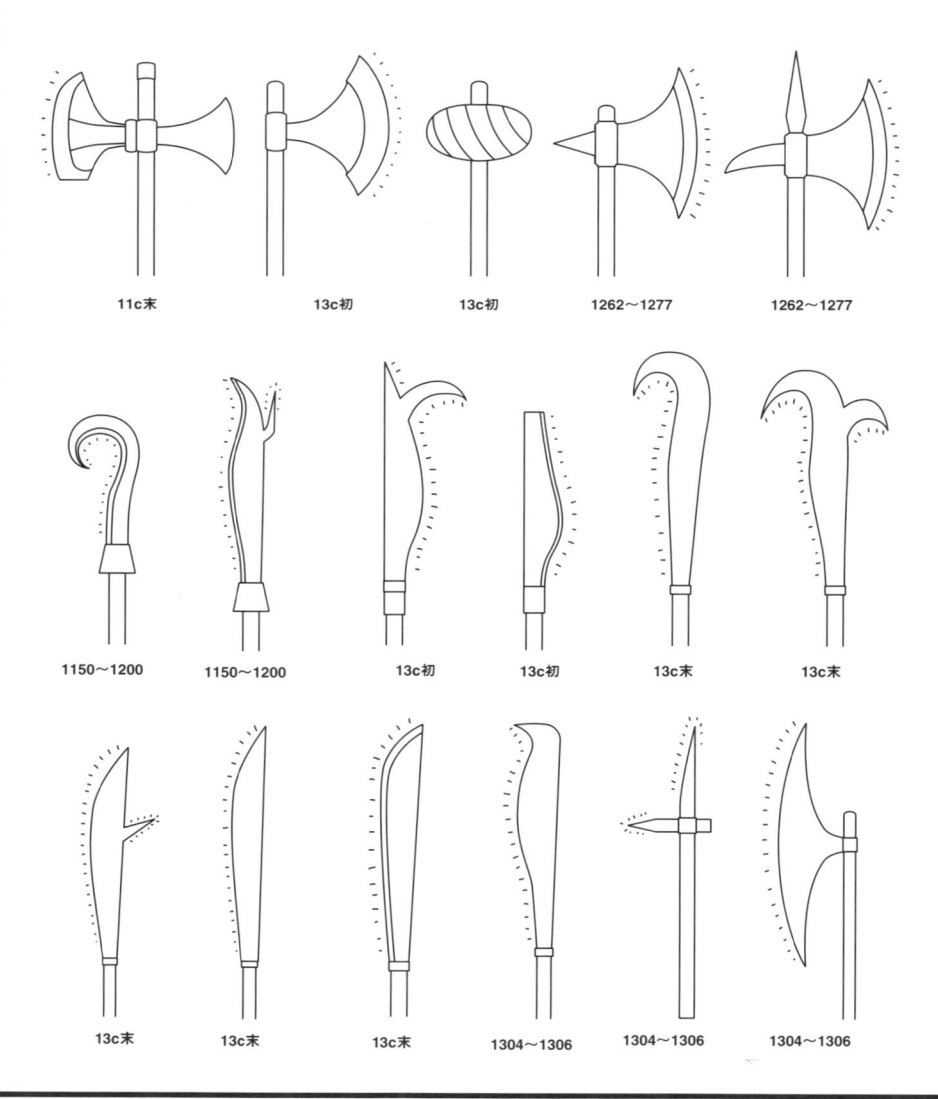

11c末　　　13c初　　　13c初　　　1262〜1277　　　1262〜1277

1150〜1200　　　1150〜1200　　　13c初　　　13c初　　　13c末　　　13c末

13c末　　　13c末　　　13c末　　　1304〜1306　　　1304〜1306　　　1304〜1306

第Ⅱ章　中世の戦士
987-1328年　中世フランス

■ ゴーデンダック

長柄武器は馬上にある騎士を地上から攻撃するのに威力を発揮した。騎士全盛の時代となる中世では、長柄武器のほかにも騎士に対抗するための武器が考え出されている。フランドルの反乱でフランス騎士を打ち負かした「ゴーデンダック」はその代表であろう。とはいえ実はこの武器がどのようなものであったかは定かではない。ガンのリューグメッテの壁画に描かれていた先端の尖った棍棒をゴーデンダックとする説がある一方、フィレンツェの商人ジョヴァンニ・ヴィッラーニの『年代記』には、「槍の握りのように鉄製の棘が生えた大きな頭を鉄の鎖で取りつけた棍棒」と記されている。図は再現したその2種をもつフランドル兵士。

1337-1453年

フランスvsイングランド

百年戦争

フランスの王位継承権を巡ってフランスとイングランドのあいだで行われたのが百年戦争である。イングランド王エドワード3世（在位1327-1377年）の母は、後継者を残さずに没したフランス王の妹にあたり、王家の直系にあった。一方フランス王の座に就いたフィリップ6世（在位1328-1350年）は傍系のヴァロワ家に属した。フランスでは女子の継承権が認められていなかったが、エドワードは直系による継承を求めフランスとの戦争をはじめた。この争いは当事者を変えながらも100年にわたってつづいていく。

百年戦争前期の騎士 (14世紀前半)

■ロング・ソード／ショート・ソード

剣身（ブレイド）の長さが80〜90cmの西洋刀剣を「ロング・ソード」、70〜80cmの長さに収まるものを「ショート・ソード」と呼ぶ。ロング・ソードは馬上で用いることを考慮し、直身で身幅が2〜3cmほど。ショート・ソードは接近戦で敵と斬り合うときに使い勝手のよい長さにしたもので、なかには身幅がより広いものもある。

百年戦争直前の14世紀初頭から、甲冑はホウバーグから鉄板を組み合わせた鎧へと変化しつつあった。胴鎧は布の裏に鉄もしくは革製の板を裏打ちしたものとなり、この型の胴鎧を「プレイト・メイル」と呼ぶ。この胴鎧の下にはホウバーグを着込み、さらにその下には「ガンビスン」（フランス語では「ガンベソン」）と呼ばれる鎧下を着ている。ホウバーグの丈は太股の中間くらいまでの長さになっている。またホウバーグと一体だった頭をおおうコイフ（頭巾）は分離されて、「バシネット」（フランス語では「バシネ」）と呼ばれる兜につけられた。裕福であればバシネットの上からヘルム型の兜をかぶることもあったが、そのままで戦うことのほうが多い。ひざを防護するポウレイン（ひざ当）に加えて「グリーヴ」（すね当）、足の甲に「ソラレット」（フランス語では「ソルレ」）がつけられた。指先から前腕までの防護には、ゴントレット（手甲。同「ゴントレ」）が用いられている。

ロング・ソード　　ショート・ソード

第Ⅱ章　中世の戦士
1337-1453年　百年戦争

円錐形をした兜「バシネット」。14世紀前半からは、この型の兜が中世騎士の標準的な装備となった。縁に脱着可能な鎖垂れ「カマイル」（フランス語では「カマーユ」）がつけられることもある。

カマイルにはネイザル（鼻当）つきのものもある。図は持ちあげたネイザルを兜の額部分にある留め具で固定するタイプ。

短剣には鎖が取りつけられ、手から落ちても回収しやすいよう胸元に留められた

取り外したゴントレットは、剣の鍔（キヨン）に引っ掛けた

サーコートは、ホウバーグが短くなったのに合わせてより丈が短くなった。イングランドでは後ろだけが長い「シクラス」も用いられた

甲冑各部の名称（14世紀前半）

- カマイル（鎖垂れ）
- バシネット
- ポールドロン（肩当）
- コート・オブ・プレイツまたはプレイト・メイル（胴鎧）
- リアブレイス（上腕甲）
- クーター（ひじ当）
- ヴァンブレイス（前腕甲）
- ゴントレット（手甲）
- ホウバーグ（鎖帷子）
- ポウレイン（ひざ当）
- クウィス（もも当）
- グリーヴ（すね当）
- ソラレット（鉄靴）
- スパー（拍車）
- グレイト・ヘルム

甲冑は細かい部品で構成されるようになり、それらをあらわす名称も数多くなる。姿形は変わるが名称の多くはその後のプレイト・アーマー（板金鎧）と共通する。

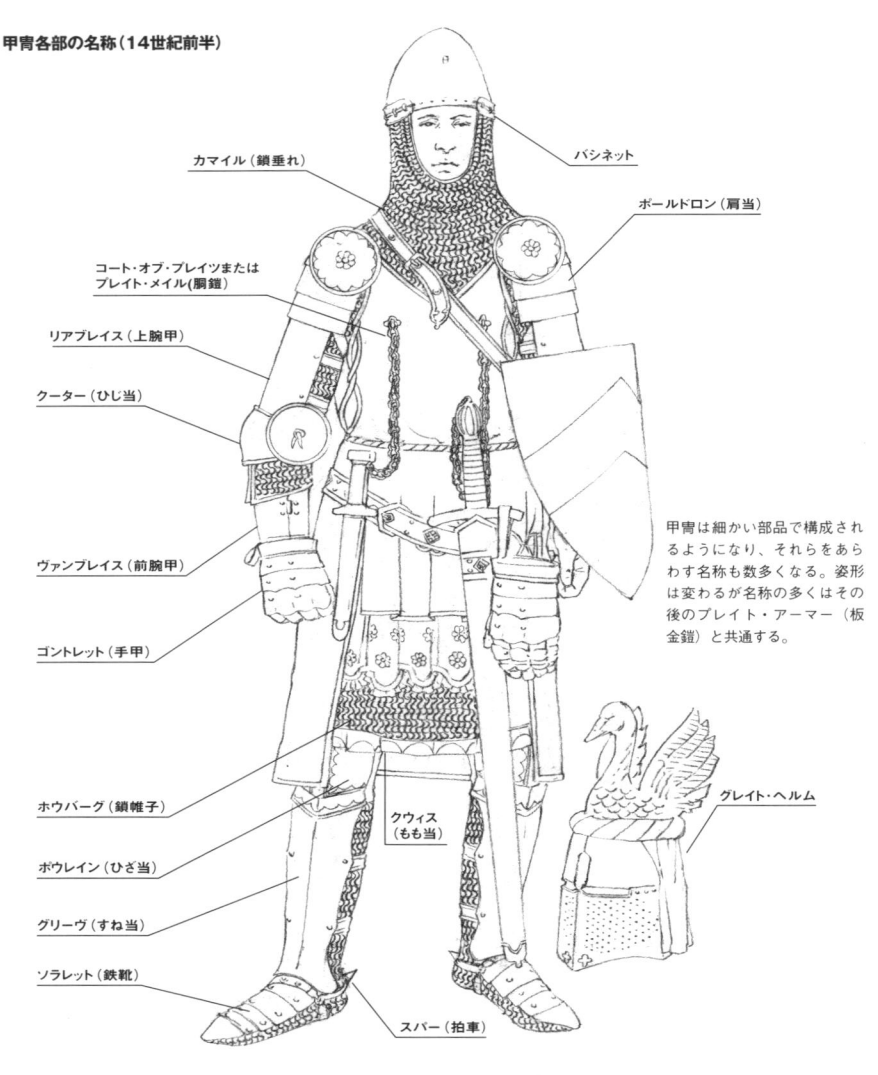

■ 拍車

拍車は騎手の踵（かかと）部分に固定される。鋭利な棘がついており、これを馬の横腹に突き立てることで馬の速度をコントロールする。初期のものはただ棘状をしており、「プリック・スパー」（拍刺）と呼ぶ。その後あらわれた車輪状になった棘のものを「ラウエル・スパー」と呼ぶ。ラウエル・スパーが普及したのは14世紀中頃からのことである。

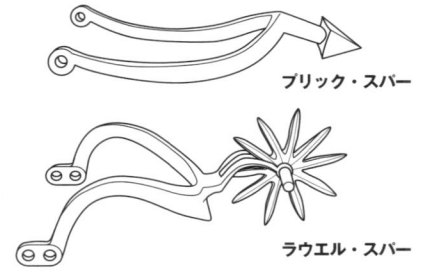

- プリック・スパー
- ラウエル・スパー

第Ⅱ章　中世の戦士
1337-1453年　百年戦争

"黒い甲冑"を着た
黒太子エドワード

■ 黒い甲冑

百年戦争期はチェイン・メイルからプレイト（板金）を多用した鎧へと変化する過渡期にあたる。プレイトとはいっても、この頃の鎧はのちの時代のようには表面が磨かれていない。そのため青黒い色をしており、"黒い甲冑"と呼ばれる。百年戦争初期に活躍したイングランドの皇太子エドワード（1330-1376年）には、"黒太子"（ブラック・プリンス）との別名があるが、これは登場したての"黒い甲冑"のプレイト・メイルを着用していたからだともいわれている。図は塑像をもとにした黒太子着用の鎧。四肢は金属の鎧でおおわれ、関節などの可動部分にはチェイン・メイルが用いられている。かぶっている兜は頭頂部分が尖った円錐形のバシネット。カマイルが付属している。左足のひざ下に巻かれたガーター・ベルト（靴下留め）は、エドワード3世が創設したガーター騎士団の構成員であることをあらわす最高勲位のガーター勲章。勲章には"思い邪なる者に災いあれ"（HONI SOIT QUI MAL Y PENSE）と記されている。黒い甲冑は英仏両軍で14世紀末まで使用された。

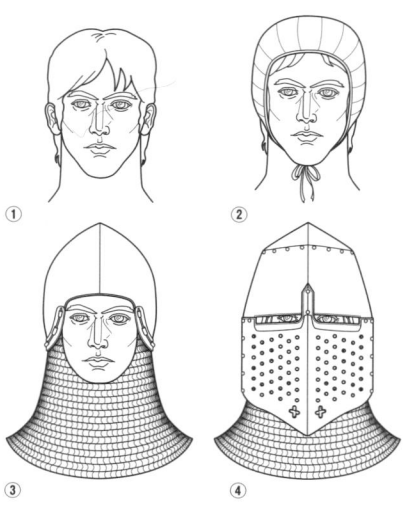

① ② ③ ④

図はグレイト・ヘルムをかぶるまで。①～②一番下にはキルティング加工した布製のコイフをかぶる。③カマイユつきのバシネット兜をかぶる。④グレイト・ヘルムをかぶる場合にはバシネット兜の上にそのままかぶる。

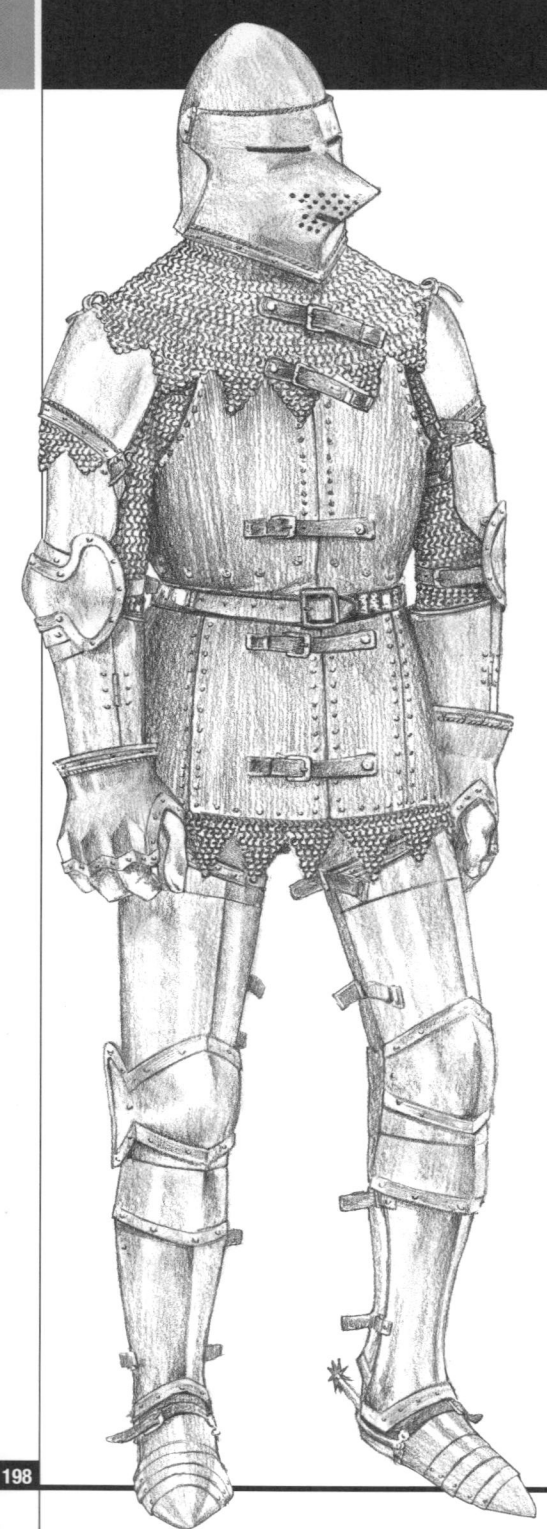

■ 白い甲冑

"白い甲冑"（アルノワ・ブラン）は表面を磨きあげた甲冑のことをいう。15世紀頃に登場した。一見、見た目を重視したようにも思えるが、滑らかな表面には剣撃を逸らす効果があった。また"黒い甲冑"が太陽光線を吸収して着るものをうだらせたのに対し、それを和らげることもできた。図は15世紀前半の"白い甲冑"で、板金製の「クウィラス」（胸甲）にビロードをかぶせたものを着用している。この頃には甲冑の大部分が板金で構成されている。チェイン・メイルは最早、鎧の下に着て関節部分を防護するものとなっている。

詰め物をした鎧下の「ジュポン」。胸甲の下に着る。下級兵士の場合はそのままの姿で戦うこともある。

バシネット兜には鼻先の尖った犬顔の面頬がつけられた。この面頬をその形状から「ハウンスカル」と呼ぶ。可動式になっていて上に持ちあげることができ、取り外しも可能。

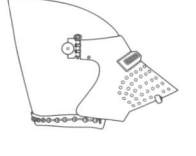

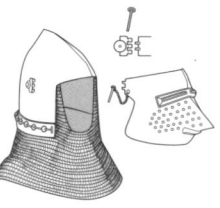

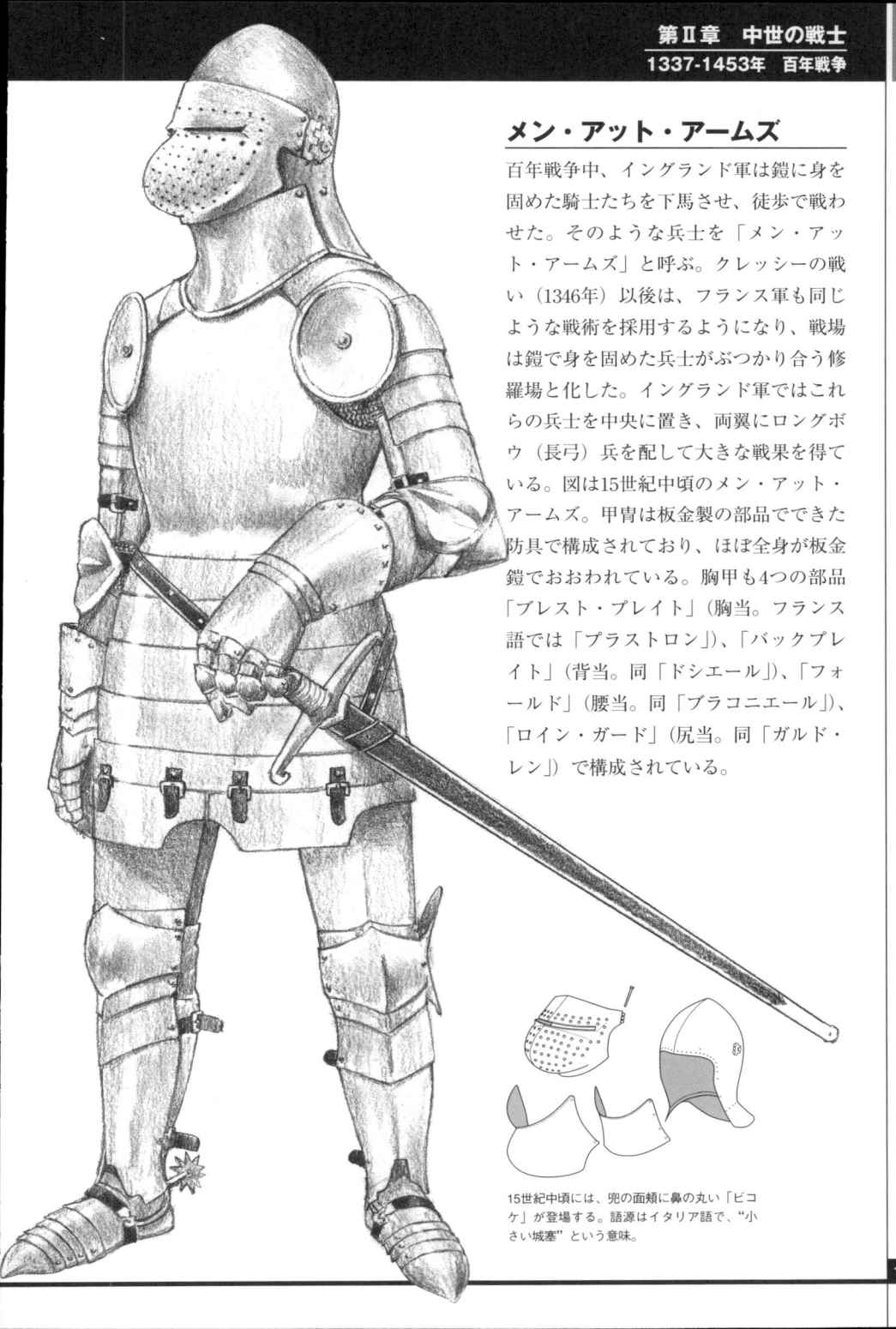

第Ⅱ章　中世の戦士
1337-1453年　百年戦争

メン・アット・アームズ

百年戦争中、イングランド軍は鎧に身を固めた騎士たちを下馬させ、徒歩で戦わせた。そのような兵士を「メン・アット・アームズ」と呼ぶ。クレッシーの戦い（1346年）以後は、フランス軍も同じような戦術を採用するようになり、戦場は鎧で身を固めた兵士がぶつかり合う修羅場と化した。イングランド軍ではこれらの兵士を中央に置き、両翼にロングボウ（長弓）兵を配して大きな戦果を得ている。図は15世紀中頃のメン・アット・アームズ。甲冑は板金製の部品でできた防具で構成されており、ほぼ全身が板金鎧でおおわれている。胸甲も4つの部品「ブレスト・プレイト」（胸当。フランス語では「プラストロン」）、「バックプレイト」（背当。同「ドシエール」）、「フォールド」（腰当。同「ブラコニエール」）、「ロイン・ガード」（尻当。同「ガルド・レン」）で構成されている。

15世紀中頃には、兜の面頬に鼻の丸い「ビコケ」が登場する。語源はイタリア語で、"小さい城塞"という意味。

◆ オルレアンの乙女と士気の効果 ◆

ロレーヌとシャンパーニュの境界に位置するドムレミ村に生まれた少女ジャンヌ（1412-1431年）は、神のお告げに導かれて、フランス王シャルル7世（在位1422-1461年）に謁見し、オルレアンを包囲するイングランド軍を撃退することに活躍した。この「乙女」（ラ・ピュセル）の話は幾度となく映画化され、戦場で剣を振るう凛々しい姿すら描かれてきた。しかし、実際には王に与えられた白い甲冑を着て、自らの所在を示す旗を掲げて味方を鼓舞したに過ぎないともいわれている。何の予備訓練も受けていない少女が甲冑を着て剣を振るえるほど中世の戦場は甘くはなかった。しかし、士気を鼓舞する存在があることは、ひとりの技量抜群の剣士がいることよりも、"軍隊"という組織には大きな影響を及ぼす。実際、オルレアンが解放されたのには彼女の存在が大きかった。しかし、彼女が男装し、旗を振るって士気を鼓舞したことは、のちの異端審判によって火刑に処せられる口実ともなった。彼女の旗が白を基調としていたため、彼女の死からフランス革命が起こるまでの350年間、フランスでは白色が国民の色となった。

ジャンヌ・ダルクの肖像。生前に描かれた唯一のもの。描かれた日付は1429年5月10日。オルレアンが解放されてから2日後である。

15世紀の細密画に描かれたジャンヌ。彼女の甲冑はシャルル7世から贈られたもので、当時としては最新のものであることは確かだが、左肩の襟状の突起（冠板。「ハウト・ピース」）はやや早い。

ジャンヌの紋章。1429年7月17日、ジャンヌの活躍によってフランス王となったシャルル7世は、彼女に爵位と紋章を与えた。

ジャンヌが用いた戦旗の再現。彼女は「私の剣よりも私の旗を愛する。四十倍も愛する」と述べている。異端審問での供述によれば「私の旗印は百合の花をあしらった旗地に両脇に天使がかしずく宇宙が描いてあります。この旗地はボッカサンという白い布でもとりわけ白いもので、その上に"IHS MARIA"（イエス、マリア）と書いてありました。縁の飾りは絹でした」とある。のちには「一輪の百合の花に祝福を与える神の姿とふたりの天使が描かれ、裏面にはフランスの紋章が描かれていました」とも述べている。ジャンヌを裁く審判官は、彼女が掲げた旗こそが魔法をもたらしたと考えた。

第Ⅱ章　中世の戦士
1337-1453年　百年戦争

イングランドのロングボウ兵

「ロングボウ」（長弓）はイングランドに特有の武器である。長さ2m弱の弓で、鋼（はがね）の鏃をつけた1mほどの矢を用いた。射程は300～350mほど。イチイの木を主材とし、牛の腱を巻いて弾性を高めている。弦は山羊の皮革をより合わせてつくられた。この弓を扱うには長い鍛錬と訓練を必要としたため、ロングボウを他国が導入しようとしても、部隊を編制するまでにはいたらなかった。遠くの敵には山なりの弾道で矢を放ち、近くの敵には従来の弓のように直線で矢を放つ。山なりの弾道で放たれた矢は頭上から雨のように降り注ぐ。敵は避ける間もなく串刺しにされた。この曲射が可能であることがクロスボウとロングボウの大きな違いである。曲射のできるロングボウでは、兵士の前後を空けさえすれば、前にいる兵士が邪魔になることはなく、縦深な隊形でも射撃することができる。そのため狭い戦場ではロングボウのほうが圧倒的に有利だった。またクロスボウよりもロングボウのほうが発射速度が速く、身軽に扱えた。

14世紀中頃のロングボウ兵

15世紀初め頃のロングボウ兵

15世紀中頃のロングボウ兵

フランスの歴史家フロワサール（1337頃-1410年頃）の『フランス年代記』に描かれたクレッシーの戦い（1346年）の挿し絵。それにはロングボウ兵とクロスボウ兵の戦いが描かれている。

201

ジェノヴァ人クロスボウ兵

フランス軍にはロングボウ兵がいなかったものの、射程武器を扱う部隊に、当時その名を馳せていたイタリアのジェノヴァ人クロスボウ（弩弓）兵を傭兵として抱えていた（その名声にはひとり歩きの感はある）。クロスボウは一定の位置にとどまって攻撃するには有効な兵器だが、矢の装填に時間がかかることから前進しながら敵に射掛けるといった武器ではない。また直線的な弾道であるため、前にひとがいると邪魔になり、クロスボウの威力を生かすためには部隊を広く展開させる必要がある。ずらりと横一列に並べるか、兵を入れ替えて射撃するといった工夫が必要なのである。

クロスボウは時代が進むにつれより張力の強いものとなり、特殊な道具を用いなければ弦を引くことができなくなる

ジェノヴァ人クロスボウ兵は、ふつう「パヴィス」という大きな楯を携行している。矢をつがえるときには地面に置くか、背負ってその背後に身を隠した。

第Ⅱ章 中世の戦士
1337-1453年 百年戦争

◆ クロスボウでの弦の引き方 ◆

クロスボウ（弩弓）には「ボルト」と呼ばれる短い太矢が用いられる。つがえてさえいれば狙いを正確に定めてこの太矢を発射することができる。しかし矢をつがえるには弓よりも時間をかけなければならない。より強力かつ遠くまで飛ばそうとすれば、弓の張力も当然と強力なものとなり、弦を引くにもますます大きな力が必要となる。以下はクロスボウにおける矢のつがえ方。強力な弓には特殊な道具が用いられ、その結果、発射速度はますます遅くなった。

a) 足掛け法
弩床の先に取りつけてある鐙に片足を掛け弦を引く。腹から鉤のついた短い綱や棒を下げ、弦に引っ掛けて腰を伸ばすようにして引く場合もある

b) ウィンドラス（滑車）式
14世紀後半に見られた引き方。滑車とロープを組み合わせた専用具を用いる。両手でハンドルをまわすと、弦に掛けた鉤が徐々に弦を引きあげた

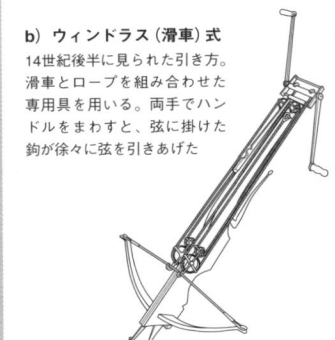

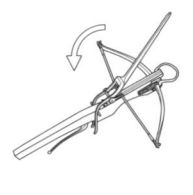

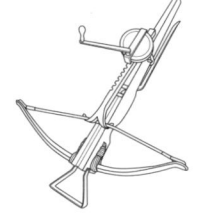

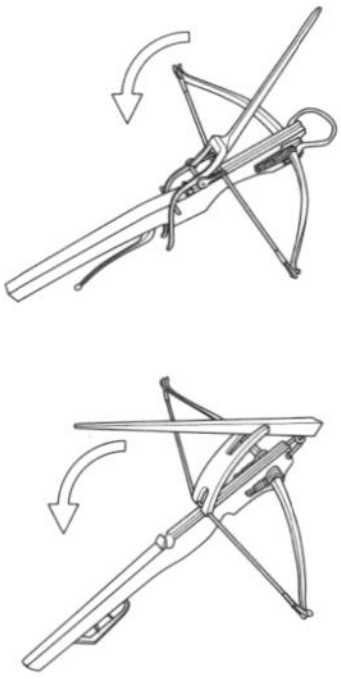

c) ガウツ・フット（梃子）式
15世紀。ヤギの足に似た梃子を用いる。弩床に設けられたピンを支点にする方法と先端のフックを用いる方法があり、いずれも梃子の原理によって弦を引く

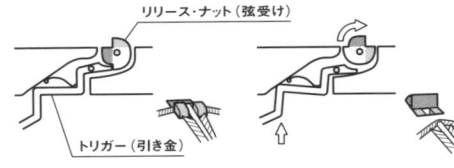

d) クラニキン（歯車）式
15世紀。ハンドルをまわすと用具内部の歯車が回転し、歯車に噛み合わせた長板状の歯竿が前後する。歯竿には鉤がついていて、それに弦を掛けて引く

リリース・ナット（弦受け）
トリガー（引き金）

発射の仕組み。円形をしたリリース・ナット（弦受け）は2個所に爪があり、弦を留め、かつトリガー（引き金）と連動するようになっている。弦を留める爪には切り欠きがあって、そこに太矢をはめ込む。動かないようにされていた弦受けが引き金を引くことで回転し、弦が放たれ矢を発射する。

13-15世紀
北の十字軍
東ヨーロッパ

聖地イェルサレムへの十字軍運動が大きな挫折に直面していた13世紀初頭、東ヨーロッパでは別の十字軍がはじまろうとしていた。ヨーロッパ辺境に暮らす異教徒の改宗を名目としたこの十字軍は、聖地での活躍の場を失ったドイツ騎士修道会（ドイツ騎士団）によって押し進められた。

ドイツ騎士団の騎士（13世紀）

ドイツ騎士修道会（ドイツ騎士団）の起源は、第3次十字軍の際にドイツ出身者が設けた病院団にある（1190年）。1199年には騎士修道会であることが教皇から正式に認められている。しかし折しも聖地における武力闘争はとん挫し、最早彼らに活動の場はなかった。彼らは聖地から東ヨーロッパへと活躍の場を求めた。13世紀のドイツ騎士修道会士（騎士団員）は、ホウバーグ（ドイツ語ではパンツェルヘムト）の上にサーコート（同「ヴァッフェンロック」）をまとい、兜はヘルム（同トップフヘルム）といったように世俗騎士と変わらない姿をしている。白地のサーコートに黒い十字が描かれていることが違いといえば違いである。ドイツ騎士団の作戦行動は川の凍る冬期に行われた。白いサーコートは雪原でのカモフラージュとなったかも知れないが、戦うときには輜重隊に預けていた。

第Ⅱ章　中世の戦士
13-15世紀　東ヨーロッパ

ロシア人騎士 (13世紀)

ドイツ騎士団はバルト海沿岸に沿ってプロイセンから東へと勢力を広げ、1237年には現ラトビア地方を傘下に置いた。これによりロシアのノブゴロド公国と境を接することになった。この頃のロシアはモンゴルの侵略を受けているただ中にあり、1240年にはモンゴル軍によってキエフが陥落していた。モンゴルとドイツ騎士団に挟撃される形となったノブゴロド公アレクサンドル・ヤロスラフスキー（1220-1263年）は、モンゴルに臣従し、西から迫るドイツ騎士団に対した。公はスウェーデン軍をネヴア河で撃退したことからアレクサンドル・"ネフスキー"の名で呼ばれていた。ドイツ騎士団もまたペイプス（チュード）湖の戦い（1242年）で彼に敗れ去り、ロシアへの野望が断たれている。当時のロシア人騎士の装備は、ヨーロッパではひと昔前のものといえるもので、ホウバーグは彼らの先祖であるヴァイキング（バルト諸族）が用いた丈の長いタイプを使用している。水滴型の兜にもネイザル（鼻当）がついている。一方、富裕層は東欧からもたらされたラメラーの鎧を使用し、それが次第に13世紀での主流となっていく。ヒーター型の盾は西欧の影響を受けたもの。革製のブーツは11世紀の初め頃から履かれており、赤、黄、緑のいずれかで着色されていた。

盾はヤナギ材を主材としており、2層構造をしていた。表面には絹または革をかぶせた

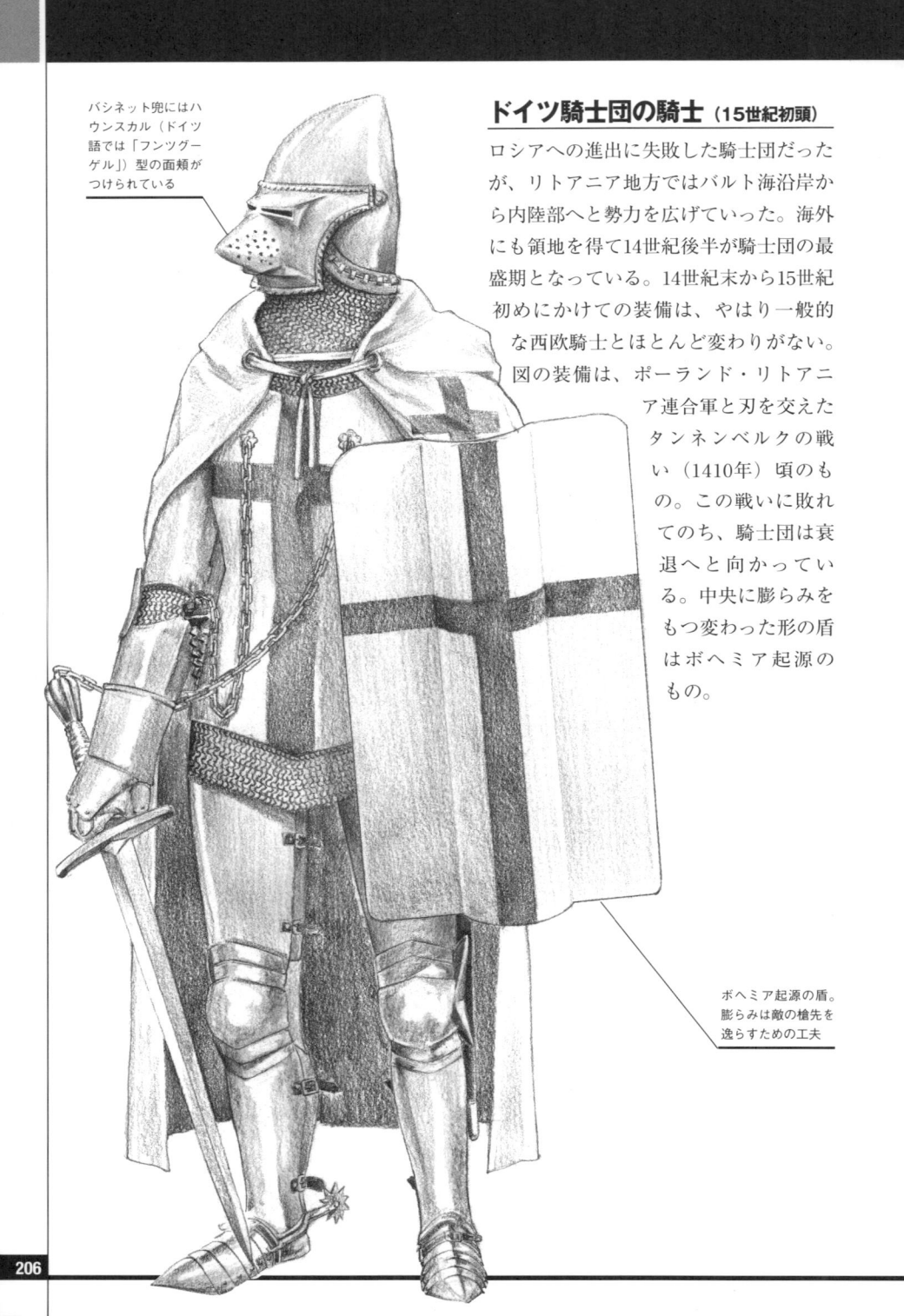

バシネット兜にはハウンスカル（ドイツ語では「フンツグーゲル」）型の面頬がつけられている

ドイツ騎士団の騎士 （15世紀初頭）

ロシアへの進出に失敗した騎士団だったが、リトアニア地方ではバルト海沿岸から内陸部へと勢力を広げていった。海外にも領地を得て14世紀後半が騎士団の最盛期となっている。14世紀末から15世紀初めにかけての装備は、やはり一般的な西欧騎士とほとんど変わりがない。図の装備は、ポーランド・リトアニア連合軍と刃を交えたタンネンベルクの戦い（1410年）頃のもの。この戦いに敗れてのち、騎士団は衰退へと向かっている。中央に膨らみをもつ変わった形の盾はボヘミア起源のもの。

ボヘミア起源の盾。膨らみは敵の槍先を逸らすための工夫

第Ⅱ章　中世の戦士
13-15世紀　東ヨーロッパ

リトアニア人騎士

リトアニア人騎士

図はポーランドと連合してドイツ騎士団を破ったリトアニア人騎士。装備は統一されておらず、さまざまな外国からの影響が見られる。周囲につばのある「カパリン」兜はビザンツ帝国の影響を受けたもの。ラメラー式の胸甲は東方を起源とし、脚部を守るショウスは西欧風装備である。

ポーランド人騎士

ポーランドは西欧の影響を強く受けていたため、装備にドイツ騎士団との差はさほどない。そのため敵味方を区別するためには何らかの印が必要となった。中世最大規模の騎士同士の会戦であったタンネンベルクでは、結び目をつけた布を上腕部に巻いていたという。一方、下級兵士の多くはスケイル・アーマーを用いた。武器には騎槍だけでなく長槍やクロスボウも用いた。クロスボウがポーランドで普及したのは14世紀頃のことで、それまでの射程武器といえば150cmもある大弓だった。14世紀の終わり頃には火薬を用いた「ハンド・カノン」（手砲）も使用されている。

ポーランド人騎士

■コート・オブ・プレイツ

複数の鉄板を布や革で挟み込んだ胴鎧をいう。14世紀に多用され、ゴトランド島のヴィスビの戦い（1361年）で戦った兵士が身につけていたものが発掘されている。ジュポンなどの胴衣の下に着られることもある。図は13世紀末から14世紀頃の装備と組み合わせて描いている。

■ケトルハット

ケトル・ハット（フランス語で「シャペル・ド・フェール」）は12世紀から17世紀末頃まで使用された兜。フランスで生まれ、十字軍の時代に風通しの悪いヘルムに代わってかぶられたことでヨーロッパに全盛した。山高帽のように兜の周囲につばがあるのが特徴で、上の人物図にあるような視孔が開けられたものもある。

第Ⅱ章　中世の戦士
13-15世紀　東ヨーロッパ

胸の上や肩の防護も考慮した型。西欧で見られる。

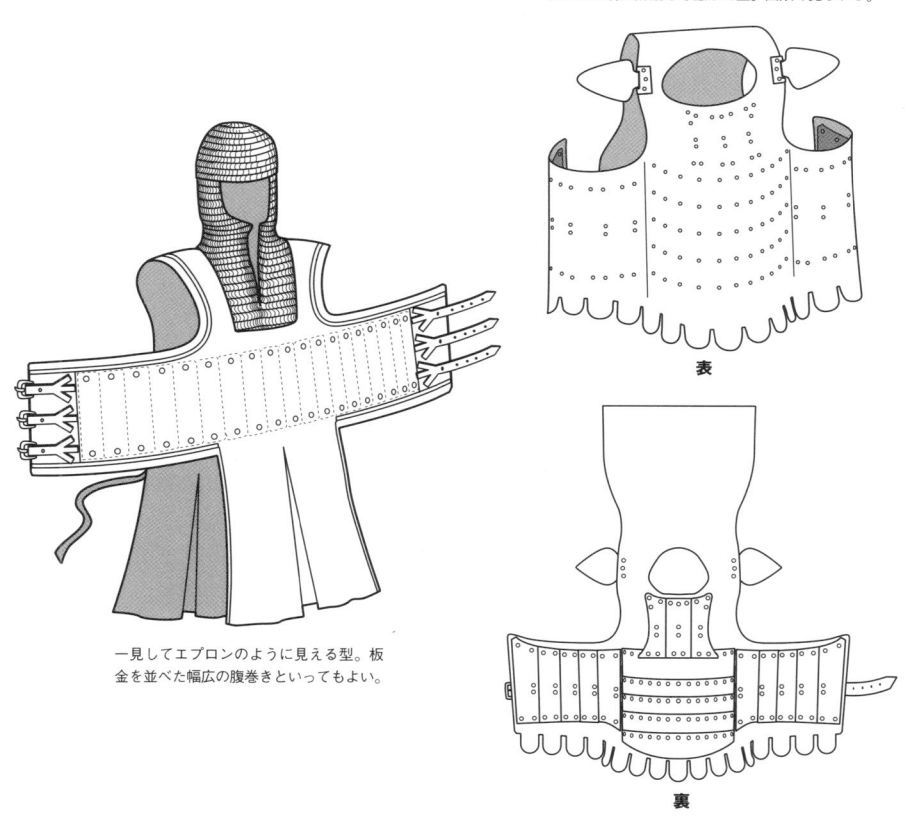

表

裏

一見してエプロンのように見える型。板金を並べた幅広の腹巻きといってもよい。

◆ ライザ（軍旅）◆

北の十字軍は、占領した土地にキリスト教徒を植民させ、神の国を広げながら戦いを進めていった。要衝には堅固な要塞を築いて防衛の拠点とし、また河川を軍船で行き来し、これを拠点にして近隣を攻撃する手段も用いた。より抵抗の強い地域では「ライザ」（軍旅）と呼ばれる方法が用いられ、抵抗の強かったリトアニアではまさにこれが用いられている。この軍事行動は夏と冬の2回に分けて行われる。夏の軍旅は通常の作戦行動と変わりなく、敵の要衝を攻略したり、自軍の要塞を築くことを目的とした。兵力も大規模に投入される。一方、冬の軍旅は敵を消耗させるために行われ、兵力は多くても2,000名ほどだった。敵地に侵入した部隊は仮の拠点を構築し、そこからバラバラに散って略奪と破壊の限りを尽くした。略奪品は集積され、作戦が終了すると速やかに撤退した。標的とされたのは無抵抗な一般住民である。騎士たちは行きは馬に秣草を背負わせ、帰りには略奪品を満載して帰還した。

戦争の技術 8
火薬の伝来と火器の登場

火薬とそれにつづく火器の登場は戦争の様相を大きく変える事件だった。火薬が西洋に伝わったのは13世紀と考えられ、14世紀前半には戦場で火器が使用されたことが確認されている。

ハンド・カノン／ハンドガン

ヨーロッパに火薬が伝来した当初、弾丸や太矢といった固形物を発射するか、轟音によって敵を驚かせるか、用途と効用の評価が錯綜していた。固形物を発射する兵器として確認できるのは『ミルメートの手写本』からのことで（1326年頃製作）、これに描かれたものを通称で"ミルメート・カノン"と呼んでいる。

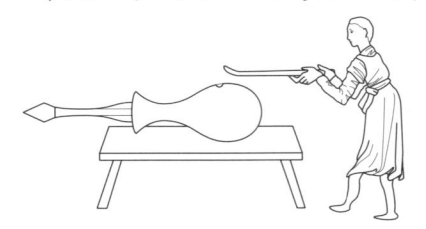

図は同写本に描かれた発砲の様子。轟音を発する兵器は1327年に"クラッキー・オブ・ウォー"と呼ばれて戦場で使用されている。初期の銃砲は木製の棒の先に銃砲身を取りつけたもので「ハンドガン」、または「ハンド・カノン」と呼ぶ。遅くとも14世紀中頃から普及し、イタリア半島では1364年に500丁のハンド・カノンが、1381年のアウグスブルクでは30丁が都市の防衛に用いられた。

タンネンベルク・カノン。現存する最古の銃。1399年に廃墟と化したタンネンベルク城の瓦礫の下から1849年に発見され、そのためその名がある。口径は11mm、銃身部分の長さは33cm。重さは1.24kgで、水平に構えても問題なく射撃できた。おそらくは対人用に使用されたものだろう。

● 発射の手順 ●

初期の銃砲は、弾丸と火薬（発射薬）を銃口から押し込んで用いた。この方式を前装式（先込め式）といい、現在のような後装式の銃が19世紀に実用化されるまでは一般的な方式だった。発射薬と着火薬には同組成の火薬を用いたが、前者が粒状なのに対し、後者は細かくすりつぶして燃焼速度を速めている。発火燃焼した火薬は53％の固形物（スス）と47％のガスになり、発生したガスの力（ガス圧）によって弾丸を飛ばす。

① 銃口から発射薬を注ぎ込む。つづいて弾丸を押し込み、棒状の道具（「さく杖」または「かるか」と呼ぶ）で突き固める
② 小孔（「火門」または「点火孔」）に着火薬である「口薬」（こうやく）を注ぎ込む
③ 火種によって着火薬に火をつける。火は着火薬を伝わって銃身内の発射薬にいたり、これを発火させ弾丸を発射する

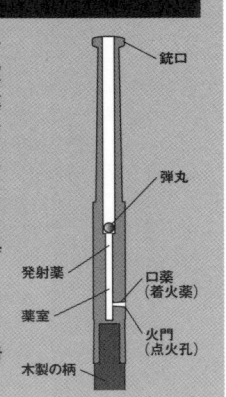

着火法

銃砲はより着火しやすく、狙いをさだめやすい形に変化していった。以下は初期の火器における着火方式、および本体形状の変化。

a）タッチ・ホール式
1405年に書かれた軍事論文に記されていたもの。着火するのに先端を熱したL字形の鉄棒を使用している。ほかに熱した石炭なども火種とされた。当初の銃砲はこのように手に火種をもって着火する方式で、これを「タッチ・ホール式」と呼ぶ。百年戦争中のルーアンでは（1435年）、イングランドの守備隊が「カルバリン」と呼ばれたこの種の銃砲を29丁装備していた。

b）鉤付銃（フック・ガン）
ブルゴーニュ公国で使用されたハンド・カノン。1470年頃の写本に見られるが、このタイプは少なくとも14世紀末には登場している。場合によっては、銃の持ち手と点火手（「ゴウガット」）のふたり一組となって使用された。銃身の下側に鉤のあるものもあり、これをドイツ語で「ハーケンビュクゼ」と呼ぶ。鉤付銃（フック・ガン）を意味し、この鉤（ハーケン）を胸壁に引っ掛けたりして狙いを定めやすくし、発射時の反動も吸収させる。

c）肩担ぎ型
現代のバズーカ砲のようにして肩に担ぐ方式。イングランドでのバラ戦争で雇われたブルゴーニュ傭兵が使用したという記録がある。イングランドにはロングボウという優れた射程武器があったが、それを扱えるのは特別な訓練を長年受けたものたちに限られた。火器を扱うにはそこまでの熟練度が必要でなく、その点で注目された。本体は筒状で全体が金属または煮固めた革製。発射時に爆発する恐れもあり、図のように鎧を着て使用した。

d）サーペンティン式
15世紀末になると、S字形をした金具の先に火種をつけて着火する方式があらわれた。このS字金具は中央部分で銃床に鋲留めされており、そこを支点にして回転するようになっている。取っ手側を手前に引けば反対側にある火種が下がり着火した。この金具を「サーペンティン」と呼ぶ。ブルゴーニュ公国がいち早く取り入れてハンド・カノンに取りつけている。公国ではこのような火器を"犬"とか"龍"と呼んだ。

e）銃床付きハンドガン
木製の台座（「銃床」）に銃身を固定している。これ以降、銃砲はハーケンビュクゼから「アークウィバス」と呼ばれるようになった。この台座はクロスボウなどから転用されたもので、最初は肩に当てるのではなく、担いで用いた。

f）銃床とサーペンティン式
現在の小銃のような形状になっている。銃床は肩に担ぐのではなく肩に当てるようになり、引き金となるサーペンティンが設けられている。

g）騎乗ハンドガンナー
1449年の写本にある姿。おそらく西洋において馬上で火器を使用した最古の例。ハンドガンは発射するのに両手を使うため、移動する馬上では安定せず射撃が難しい。騎兵用の火器が普及するのは、片手で使用できる小型のものが登場してからのことになる。

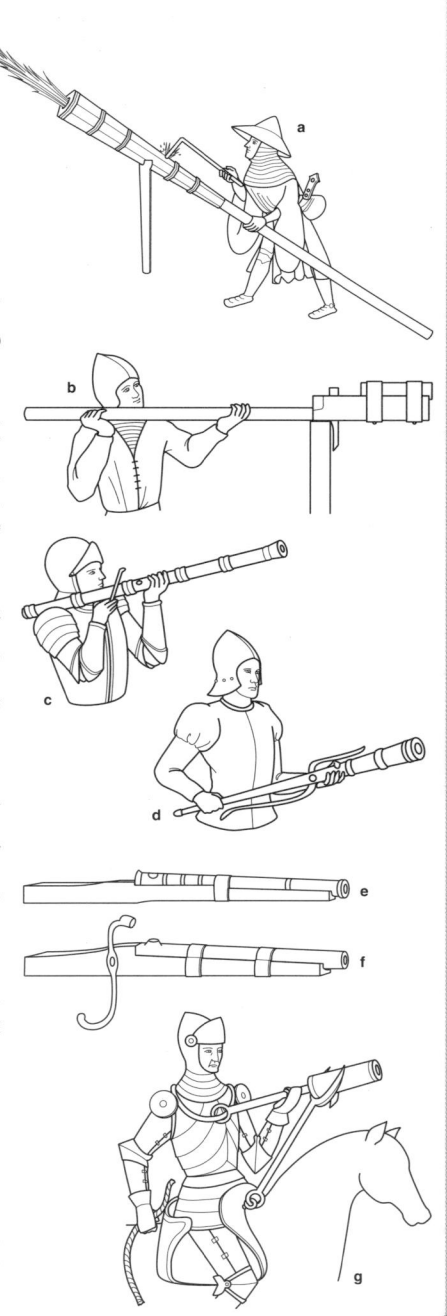

15世紀

火器と戦車の軍隊
フス戦争

15世紀の前半、東欧ボヘミアではフス教徒と神聖ローマ帝国皇帝との戦いがくり広げられていた。フス教徒とは、教会の世俗化を激しく非難したヤン・フス（1369頃-1415年）の教説を信奉したひとびとのことをいう。教会の圧迫に苦しむ人々の共感を得、民族意識ともつながって広まっていった。1415年にフスが火刑に処され、さらに彼の本拠であったプラハ市が教会から破門されると市民が蜂起。反乱はたちまち拡大し、1419年から36年までつづくフス戦争が勃発した。

フス教徒のセプニキ

フス教徒軍のなかにあって、戦争初期に活躍したのは農民たちだった。一種の人民軍だったといえる。武器は彼らが慣れ親しんだ農具を改造することで得ている。脱穀用の殻竿（からざお）はフレイルとなり、草刈り用の長柄の鎌、フォーク、薪を割る斧がそのままポール・アーム（長柄武器）となった。特に殻竿をもつ兵士は「セプニキ」と呼ばれてフス教徒のシンボル的な存在となった。フス教徒軍のように農民や一般市民からなる軍隊では、防具を着るにも高価で手持ちがなく、略奪するしかない。そのため盾が唯一の防具となっている。もっとも当時のボヘミア地方には甲冑師の数も少なく、金属の鎧自体わずかに普及していただけに過ぎない。鎧兜を望むこと自体に無理があった。

盾にある杯の絵はフス教徒のシンボルのひとつ

第Ⅱ章　中世の戦士
15世紀　フス戦争

ハンドガンを意味する「ピスタラ」の話は、イタリアに伝わって「ピストル」の語源になったともいわれている

フス教徒のハンドガン兵

1420年以降は、フス教徒軍に、皇帝（ボヘミア王でもある）側にいた貴族が指揮官（ヘトマン）として加わるようになった。これにより粗末な武装だった軍も、本格的な野戦軍の姿へと変貌していった。部隊には女性や子供も加わっており、寄せ集めの感はぬぐい去れなかったものの、下士官の多くに小貴族や能力のある一般民が就き、それぞれに部隊を整え、効率よく戦場で戦った。ハンドガンは「プスカ」とか「ピスタラ」と呼ばれ、フス教徒軍のなかで急速に広まった武器である。使用にあたっては、弾丸の装填、着火、射撃といった段階ごとに人員を割り振り、分業することで円滑に運用し、鎧を着た騎士軍に対する必殺の武器とした。多くの戦いでハンドガンが用いられ、戦いを勝利に導いている。

フス教徒の"戦車戦術"

フス教徒は荷物を運ぶワゴンを改造し、移動式の防壁戦車とした。ワゴンには銃眼を設けた防護板が取りつけられており、戦場では何台も連ねて円陣をつくった。そうして防御態勢を万全にしておき、強襲してくる敵軍を、接近段階では火器で、近接されれば長柄武器をもって撃退した。このような移動要塞ともいえる"戦車戦術"はフス教徒が発明したものではない。しかし彼らによって、その効果が初めて戦場で実証された戦法といってよいだろう。とりわけ騎乗突撃を得意とした騎士軍には効果的であった。敵がひるんで後退すると、ラッパや太鼓の音によって合図を送り、すかさず追撃して敵を討ちとった。

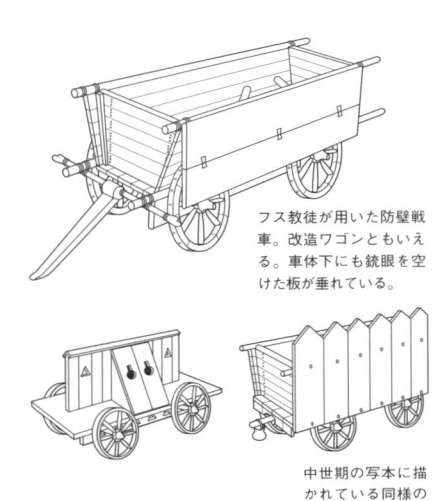

フス教徒が用いた防壁戦車。改造ワゴンともいえる。車体下にも銃眼を空けた板が垂れている。

中世期の写本に描かれている同様の戦車。左図のものは中央部分が引き戸になっている。

第Ⅱ章　中世の戦士
15世紀　フス戦争

盲目の将軍ヤン・ジシュカ。戦車と火器による戦闘方式を考案したといわれる。フス教徒のなかでも過激なターボル派の指揮官であった。敵は彼を"無敵"として恐れ、時には戦わずに逃げ出すこともあったという。後年、盲目となったが、部下に戦場の地形を聞き、部隊配置を指示して勝利を重ねた。死後には彼の皮膚によって太鼓がつくられ、死してのちも敵を悩ませつづけたという。図は現タボール市の広場にある立像と17世紀初頭の写本からイメージを得て、甲冑を着た姿で再現した。手にするウォー・ピックは15世紀の写本に描かれているもの。

第Ⅱ章　中世の戦士　総論

　第Ⅱ章では"暗黒"と"中世"の時代を扱い、やがて到来する「火器の時代」への道筋を辿った。

　古代世界に君臨したローマ帝国の滅亡はそれまで存在した秩序に崩壊をもたらし、その波動は国家のみならず、それまで築きあげてきた軍隊のあり方にまで及んだ。
　中世の戦場を支配したのは騎馬にまたがった戦士であるが、それは再び個人の技量が戦場でなによりも優先される事態へと逆戻りしたことを意味している。戦争の技術は後退し、騎士道や宗教を精神面での支えとすることで士気を高めた戦士たちが花形となった時代である。一方で武具はより強固なものへと発展をつづけていた。戦士たちは強固な防具を打ち破る強力な武器を必要とし、それが手に入れば、今度はその武器に耐えられるだけの防具を求めた。文字どおり「矛盾」の時代をくり返していたのである。やがてその開発競争は「火器」の登場で決着がつくことになる。

第Ⅲ章

RENAISSANCE
WARRIORS
近世の戦士

14-16世紀
再生と革新
ルネサンス・イタリア

14世紀のこと。停滞と閉塞感におおわれていた中世を脱し、新たな発展へ向かおうとする動きがイタリアではじまった。16世紀までつづくこの"ルネサンス"運動は、古典文化を手本として人間性の"再生"を図るというものだったが、古典の模倣に終わることなく、新たで自由な表現や技術が生み出されていった。革新の波は文化芸術のみならず甲冑製作の現場にも及び、百年戦争の敵同士、フランスとイングランド双方に最新の甲冑を供給したのも北イタリアの諸都市だった。

イタリア・ゴシック式甲冑(15世紀)

北イタリア諸都市のなかでも、とりわけミラノでは高水準の甲冑が大規模に製造され、バリーニ、モドローネ、メラーテなどの有名な武具師たちが店を連ねていた。なかでもミッサリア一族はミラノ公を始めとして各国貴族の支持を得ていた。この時代、甲冑は貴族であれば寸法を測っての注文品、一般兵士であれば出来合いの甲冑から寸法の合ったものを見つけ出した。図はミッサリア一族が開発した"イタリア・ゴシック式"甲冑の「カプ・ア・ピエ」。"全身をおおう甲冑"という意味がある。その名のとおり全身が板金製のパーツでおおわれ、チェイン・メイルはわずかに関節などを防護することに使われている。右胸にある突起物は、構えたときにランス(騎槍)を支える「ランス・レスト」(槍掛)。かぶっている兜は新たに登場した「バーバット」(イタリア語では「バルブータ」)。そのほか頭部すべてをおおう「アーメット」兜など、ルネサンス期のイタリアではさまざまな型の兜が考案されている。

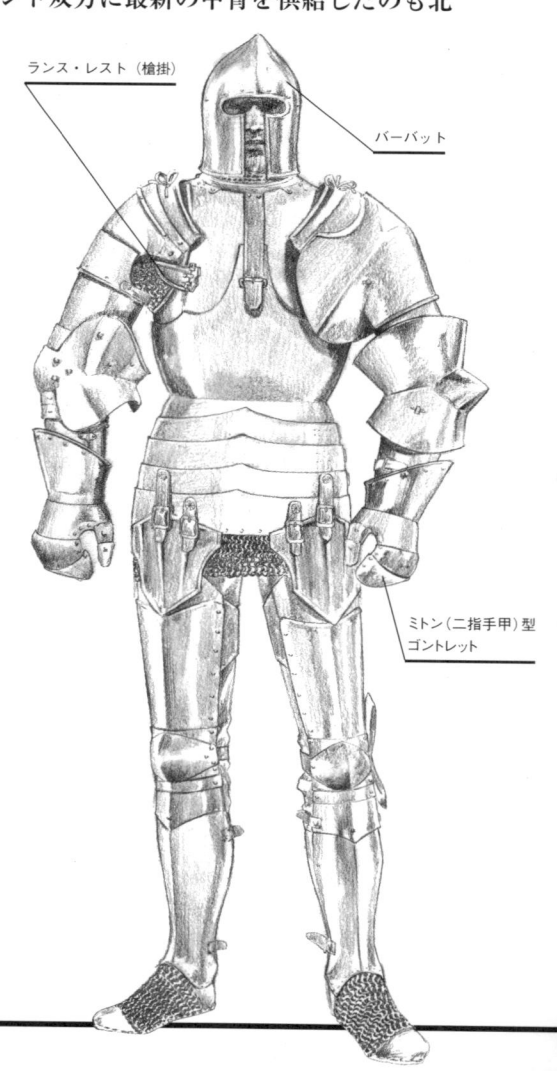

- ランス・レスト(槍掛)
- バーバット
- ミトン(二指手甲)型ゴントレット

第Ⅲ章　近世の戦士
14-16世紀　ルネサンス・イタリア

■ チェラータ

うなじを防護するためのパーツが追加された兜。
「サーリット」兜の原型ともいえる。

■ バーバット

古代ギリシアのコリント式兜を模した兜。時折見られる開口部の縁取りは、剣先が顔に滑り込まないようにした工夫。

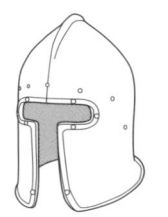

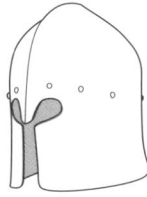

面当のついた
「チェラータ」

■ アーメット

アルメ（フランス語）。アルメット（ドイツ語）バケツ型兜とは異なり頭の形状に沿ってつくられている。複数のパーツを組み合わせており、一部を脱着・開閉可能とすることで頭にかぶれるようにしている。後頭部にある小円盤は「ロンデル」（フランス語ではロンデル）と呼ばれるもので、初期のアーメットの特徴。ただしその目的はわかっていない。一説では「ビーヴァー」（顎当）を結わえつける革ひもおよび留め金（バックル）を防護するためのものとされる。

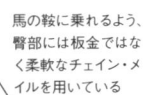

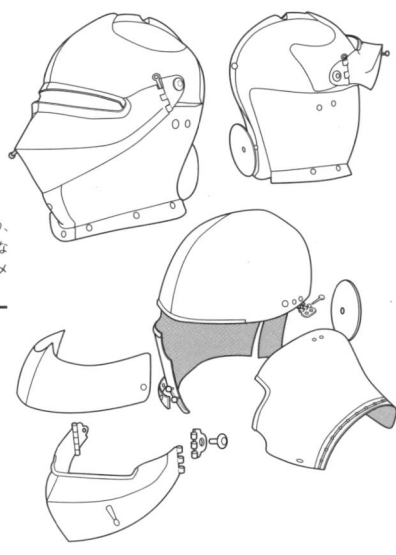

馬の鞍に乗れるよう、臀部には板金ではなく柔軟なチェイン・メイルを用いている

ルネサンス式甲冑（15末-16世紀）

ルネサンス初期（15世紀）のゴシック式甲冑は左右対称につくられていた。これに対し15世紀末頃から左半面を強化した左右非対称のものが登場する。これは左手に盾をもって戦った頃の名残といえるもので、全身を板金でおおうようになり盾をもつことがなくなっても左半面の防御が重視されたことによる。左肩の「ポールドロン」（肩当）は脇腹まで延長され、剣先や穂先を逸らすための襟状の突出部品「ハウト・ピース」（冠板）も登場した。また、胴鎧の中心に左右を分割するようにしてある折り目状の隆起は、火器を含めて矢弾を逸らすための工夫である。こうした機能上の改良が進む一方、16世紀になるとより装飾化された甲冑が登場してくる。この時代にミッサリア一族とともに脚光を浴びた、交差する2本の鍵を商標としたネグローニ一族の甲冑は、さまざまなレリーフをほどこし、機能よりも見た目の豪華さを強調していた。

ハウト・ピース（冠板）

ポールドロン（肩当）

第Ⅲ章　近世の戦士
14-16世紀　ルネサンス・イタリア

■ 甲冑各部の名称（板金甲冑）

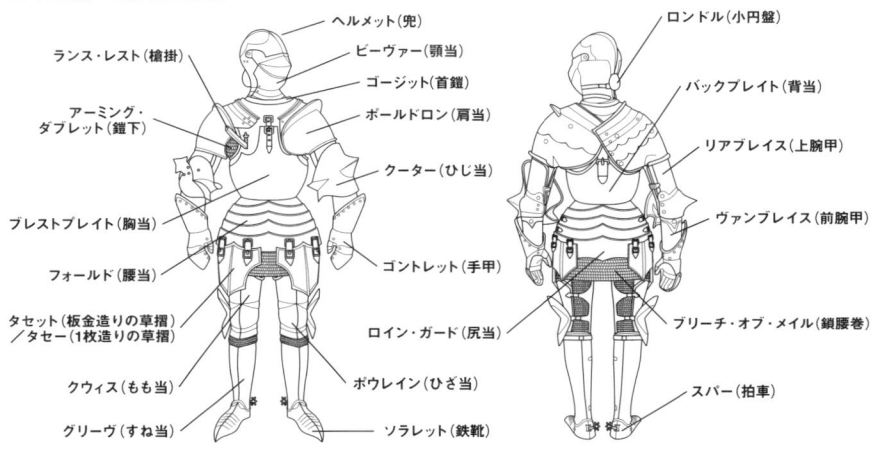

- ヘルメット（兜）
- ビーヴァー（顎当）
- ゴージット（首鎧）
- ランス・レスト（槍掛）
- アーミング・ダブレット（鎧下）
- ポールドロン（肩当）
- クーター（ひじ当）
- プレストプレイト（胸当）
- フォールド（腰当）
- ゴントレット（手甲）
- タセット（板金造りの草摺）／タセー（1枚造りの草摺）
- クウィス（もも当）
- ボウレイン（ひざ当）
- グリーヴ（すね当）
- ソラレット（鉄靴）
- ロンドル（小円盤）
- バックプレイト（背当）
- リアブレイス（上腕甲）
- ヴァンブレイス（前腕甲）
- ブリーチ・オブ・メイル（鎖腰巻）
- ロイン・ガード（尻当）
- スパー（拍車）

ストラディオット

軽装で機動力に勝るイスラム軍に対抗するために登場した騎兵が「ストラディオット」。その名はギリシア語で"戦士"を意味する"ストラデイオス"に由来する。1480年にヴェネティアで導入され、主にギリシア、クロアチア、ダルマティア、イストニア、アルバニア人などの傭兵からなった。図は15世紀初頭のストラディオットで東欧の装束をつけている。騎槍のような突撃戦用の武器は敬遠され、両端に穂先のある「アセガイ」という投槍を使用した。アセガイは白兵戦でも使用できるが、主に敵の周囲に群がって投擲するのが基本。ほかには湾刀とメイス、東方の合成弓などを装備した。切り欠きのある盾はボヘミアで誕生したもので、この切り欠きは騎槍を通すためと誤解されているが、実際には敵を覗き見るためのもの。鎧はのちにイタリア風の金属鎧が用いられるようになる。

ルネサンス期イタリア兵士

貴族などの限られた階級だけが着るものと見なされてきた甲冑も、イタリアに興った甲冑文化の広まりによって一般兵士が着てもよいものと考えられるまでになっていった。それでも貴族が着るようなきらびやかで重装甲な甲冑は依然として分不相応ともされ、一般の兵士はより身軽で実戦的な、そして当然のごとく安価な甲冑を好んだ。その代表が14世紀中頃にイタリアで登場した「ブリガンディーン」鎧である。これは袖のないジャケットに金属の小札を鋲で裏打ちした胴甲で、コート・オブ・プレイツよりも軽く（およそ9kg）、柔軟につくられている。15〜16世紀に全盛し、腰まで延長されたものや、首を防護する襟（えり）が設けられたもの、貴族用に豪華な装飾や切れ目を入れたものまでがつくられた。兜はバーバットや「サーリット」の原型となった「チェラータ」（イタリア語）。首のうなじを防護できるように後ろの裾部分が広がっているのがその特徴。ただし15世紀末には姿を消している。

チェラータ

ブリガンディーン

第Ⅲ章　近世の戦士
14-16世紀　ルネサンス・イタリア

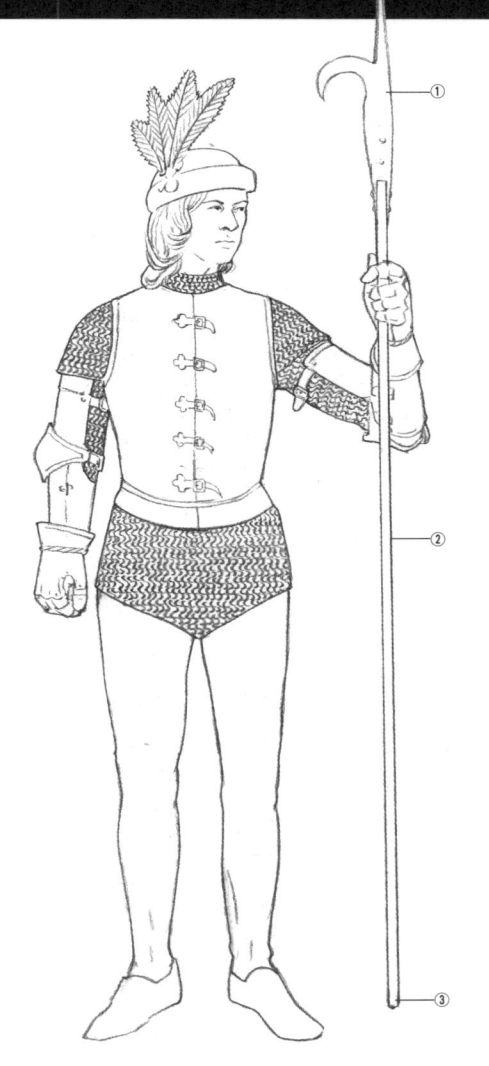

■ ビル

「ビル」は農具の"ビルホック"、あるいは"シックル"と呼ばれた円形の鎌から生まれた長柄武器。いつ頃から武器として使用されるようになったかは正確にはわからない。しかし13世紀頃には使用されており、武器として意識された呼び名はイタリアでの「ロンコ」または、「ロンコーネ」が初めとなる。当初は農具そのままにとてもシンプルな形をしており、形状と機能が複雑な「ハルベルド」（斧槍）と違い、扱い方も簡単であった。そうしたことから農村や市民共同体でつくられた比較的未熟な軍隊で多く使用されている。しかし時代とともに長柄武器が発達し用途も多様化すると、ほかの長柄武器からの影響を受け、単純な姿から複雑な形状へと次第に変化していった。そのため本来のビルがもっていた扱いやすさは失われ、武器としての特性をなくしてしまう。ビルのような長柄武器が第一線から姿を消すのは16世紀中頃。新しいタイプの軍隊、すなわち銃をもった歩兵が登場するまでのことで、それまでは一般歩兵の有効な武器でありつづけた。

■ ビル各部の名称

① スピアー・ヘッド　　　　　穂先
② ポール／シャフト（柄）
③ バット（石突）　　　　　　穂先の反対側の名称でカップ状の金具を取りつけたものもある
④ スパイク（刺先）　　　　　前方の相手を刺突する
⑤ フルーク（錨爪）　　　　　引っ掛けたり、引き倒したりする
⑥ ピーン（刺端）　　　　　　振りまわした際に突き刺す
⑦ アックス・ブレイド（斧刃）　斧状の刃。相手を切断する
⑧ ラング（突端）　　　　　　ピーンと同様の効果をもつ棘。または敵の攻撃を受け止める。別名「クロス・ガード」
⑨ ソケット（口金）　　　　　柄を差し込む
⑩ ランゲット（柄舌）　　　　鋲で穂先を柄に固定するための延長板。または柄を切断されないようにしたもの

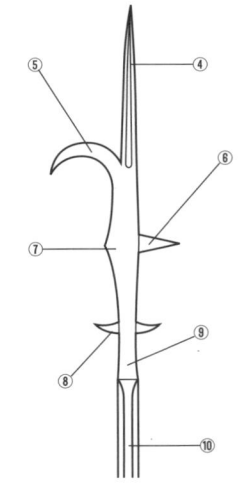

■ ビルの穂先形状（11～16世紀）

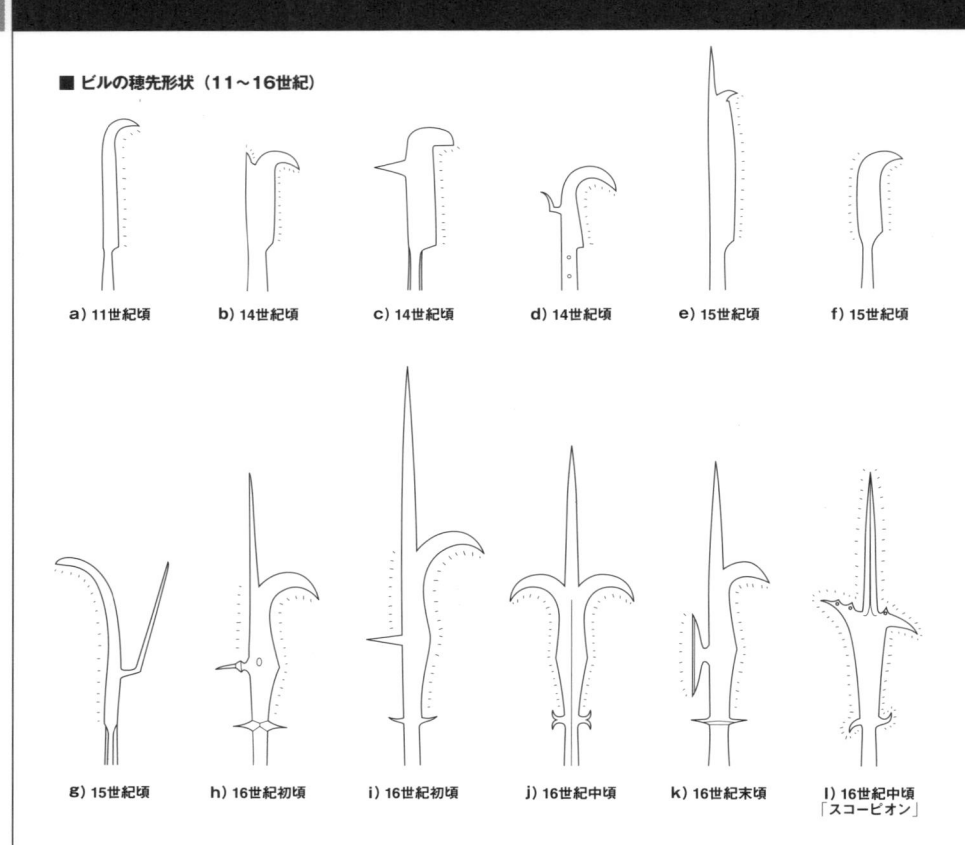

a）11世紀頃　b）14世紀頃　c）14世紀頃　d）14世紀頃　e）15世紀頃　f）15世紀頃

g）15世紀頃　h）16世紀初頃　i）16世紀初頃　j）16世紀中頃　k）16世紀末頃　l）16世紀中頃「スコーピオン」

■ ビルの形状の変遷

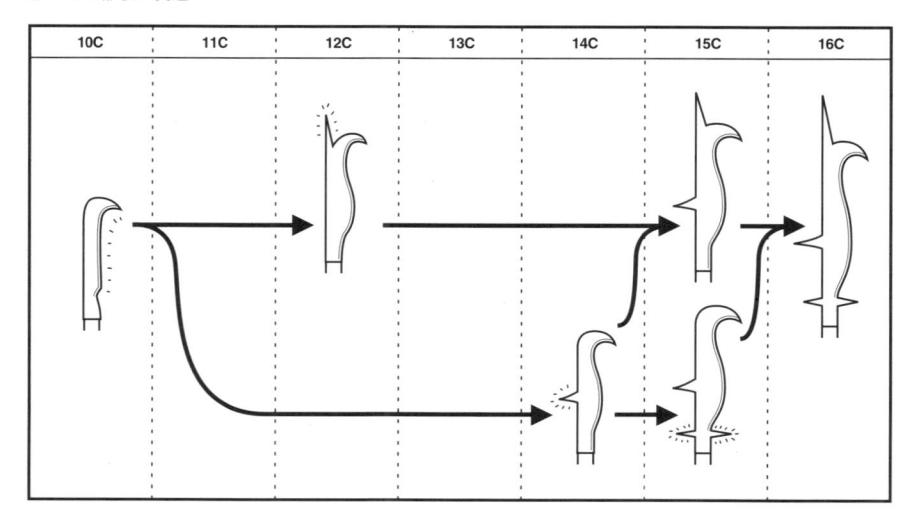

| 10C | 11C | 12C | 13C | 14C | 15C | 16C |

第Ⅲ章　近世の戦士
14-16世紀　ルネサンス・イタリア

	13C	14C	15C	16C	17C
グレイヴ					
フォチャード					
パルチザン					
ルンカ			ショウスリ		

■ グレイヴ／フォチャード

「グレイヴ」は円月刀のような刃をもつ長柄武器。古代ローマ軍の使っていた剣グラディウスを語源としている。しかし原形は農具である大鎌、または北欧民族が用いた片刃の刀剣ファルシオンに柄を取りつけたものといわれる。おおよそ13世紀頃から各国軍隊で使用された。15世紀頃になると刃の反対側に鉤爪がつけられるようになる。これは戦いの際に相手の武器を自分の武器で押さえられないことが問題となったための改良だった。この鉤爪付きグレイヴを「フォチャード」（フランス語では「フォシャール」）と呼ぶ。

■ パルチザン

「パルチザン」は根本側に幅広い両刃の穂先をもつ長柄武器。根本部分は次第に左右対称の小さな突起になっていく。15世紀の中頃に「ラングデベヴェ」（フランス語では「ラング・デ・ブフ」）という槍身の武器が発展して登場したとされている。パルチザンという名前は15世紀終わりにフランスやイタリアで体制に反対したゲリラ（つまりパルチザン）がこの武器を使用したことに由来している。

■ ルンカ

「ルンカ」はウィングド・スピアーから発展したもので、15世紀にイタリアで生まれ、17世紀の初めまで主にイタリアとフランスで使われた。前者は「コルセスカ」、後者は「コルセーク」と呼ばれた。さまざまな種類が存在し、特にウイングの形から「ショウスリ」（"コウモリ"の意）と呼ばれたものや、先端の刃が長く、2枚のウイングが外側に反り返った通称「フリウリ・スピアー」が有名である。フリウリ・スピアーはヴェネツィアやフリウリといった海洋都市国家で海軍が使用した。

■ バトル・フック

「バトル・フック」は、13～16世紀頃に盛んに起きた農民反乱のなかで用いられた鉤爪状の武器。騎乗した敵を引きずり落としたり、重装の敵を引き倒すためだけに用いられた。相手を引っ掛けることだけを考えてデザインされたシンプルさゆえに、農民などの未熟練兵士の使用に適していた。

15世紀頃

15世紀

神の軍隊
神聖ローマ帝国

神聖ローマ帝国に冠されている"神聖"とは、ローマ教皇から帝冠を授かることを意味し、観念的には、常備軍をもてない教皇のためのキリスト教徒を代表する軍隊であった。しかし、12世紀に教皇と皇帝が対立し、13世紀末以降は7人の選定侯によって皇帝が選出されるようになる。その結果、皇帝は各侯や自家の利害を優先させるような政策をとり、ヨーロッパを戦乱の渦へと巻き込んでいった。

ドイツ・ゴシック式甲冑(15世紀初期)

15世紀の初め、イタリア・ゴシック式の"全身をおおう甲冑"（カプ・ア・ピエ）がイタリアからドイツに伝わり、1430年頃にはドイツ騎士たちも使用するようになった。ここから図のような"ドイツ・ゴシック式甲冑"が生まれてくる。角張った形の胸甲は「カステンブルスト」と呼ばれるもので、1420年頃に登場し、同じ世紀の中頃まで一般的な様式として用いられている。右胸部分にはランス（騎槍）を支えるランス・レスト（ドイツ語では「リュスト・ハーケン」）が見られる。スカート状の「フォールド」(腰当)は1430～1440年初め頃に見られたが、馬に乗る場合には取り外され、代わりに鞍の形に合わせて前後をアーチ形に切り抜いた「タセット」(草摺)を装着した。兜はフランスで「ビコケ」と呼ばれたタイプ。ドイツでは1420頃から見られる。剣と短剣は腰に革帯で固定している。

ランス・レスト（槍掛）
ベサギュー（脇当）
フォールド（腰当）

第Ⅲ章　近世の戦士
15世紀　神聖ローマ帝国

ハイ・ゴシック式甲冑（15世紀中期）

ドイツで発達したゴシック式甲冑のうち、一般の甲冑に比べ手が込んでつくられているものを"ハイ・ゴシック式"と呼ぶ。胸甲は15世紀中頃になると、胸をおおう板と腹をおおう板の上下2枚つなぎとなり、顎を防護する「ビーヴァー」（顎当。ドイツ語では「バールト」）と連結されるようになった。長かったフォールド（腰当）は短くなっている。鎧の表面に見られる縞模様は鎧を軽くして強化するための工夫である。鎧の下にはチェイン・メイルを着て関節部分を防護した。兜はイタリアを起源とする「サーリット」（ドイツ語では「シャレル」）。極端に爪先の尖ったソラレット（鉄靴）は、ドイツ語で「シュナーベルシュー」と呼ばれ、鐙（あぶみ）から足を抜けにくくした工夫である。ゴントレットは「グラブ」（五指手甲）型（ドイツ語では「ハントシュー」）。

ハウプヴィジール（半面当）

ビーヴァー（顎当）

グラブ型のゴントレット

ソラレット（鉄靴）

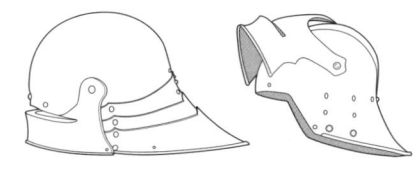

■ サーリット

イタリアを起源とする兜。うなじ部分を防護するために伸びた「ナッケンシルム」（錣。しころ）を備えている。当初は面頬（ドイツ語で「アウフシュレッヒティゲン・ヴィジール」）があったが、頭部の上半分が分離されるようになり、頬や顎などの下半分を防護する「バールト」と対になった。結果、兜部分だけを用いる兵が増え、広い範囲の形状を指す名称となった。鼻から上をおおう「ハルブヴィジール」（半面当）を備えたものや、より簡易な一体化したものなどがある。

軽量化ゴシック式甲冑（15世紀末期）

15世紀も末になると、甲冑をより軽量化しようとする動きがはじまる。図はドイツの芸術家アルブレヒト・デューラー(1471-1528年）の水彩画をもとにした再現図。全身をおおっていた板金のパーツが一部省かれ、軽量化への模索がはじまっていたことがわかる。前腕部を廃したり、すね当と顎当をなくしたりしている。また、鎧の下に着ていたチェイン・メイルは布の衣服となっている。腰には柄の長い剣を下げているが、これは馬上で使用するときに扱いやすいよう、剣身とのバランスを考慮して長くしたもので、「ハンド・アンド・ハーフ・ソード」と呼ばれる種類に属する。ランスの先には狐の毛皮をつけている。

第Ⅲ章　近世の戦士
15世紀　神聖ローマ帝国

マクシミリアン式甲冑

図は1480年頃に甲冑師ローレンツ・ヘルムシュートがマクシミリアン1世（1459-1519年）と彼の騎士が着ていた甲冑を描いた2枚の挿し絵をもとにした。馬の甲冑は普通は頭部と胴部分だけだがこの馬鎧は全身をおおっている。いわば究極の甲冑。騎士の鎧に見られる溝状の畝（うね）は鎧を軽量化し、なおかつ強度をもたせようとしたもので、この種の甲冑を「フルーティング・アーマー」（ドイツでは「リーフェル・ハルニッシュ」）と呼ぶ。また「マクシミリアン式甲冑」（フルーテッド・アーマー）とも呼ぶ。畝は鉄板の強度を増しはしたが、剣の切先が引っ掛かることもあり、衝撃力を受け流すことができないこともある。

■ **馬甲（バード）各部の名称**

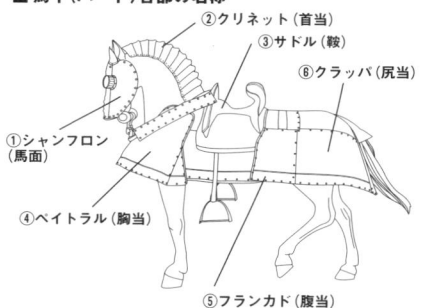

①シャンフロン（馬面）
②クリネット（首当）
③サドル（鞍）
④ペイトラル（胸当）
⑤フランカド（腹当）
⑥クラッパ（尻当）

■ 板金甲冑の着用手順

図は全身に板金鎧を着用する手順。板金甲冑の各パーツは「アーミング・ダブレット」と呼ばれる鎧下にひもで結わえつけていく。着用にあたっては従者などが介添えする。

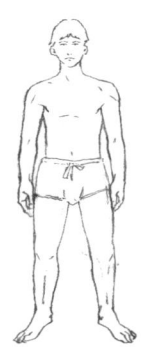

①下穿きを履く

②シャツを着る

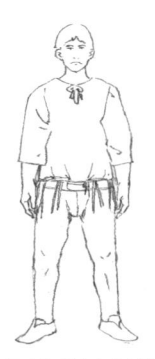

③ホウズ(タイツ)を履き、靴を履く

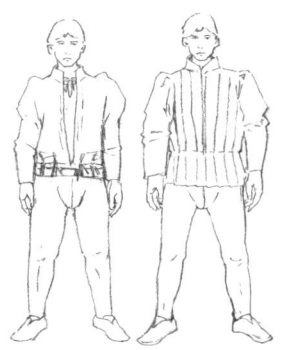

④-a 日常着では、③の上にダブレットを着、ホウズ(タイツ)をひもで結びつける。さらにジャックを着る

④-b 甲冑を着る場合には、③に「メイル・ショウズ」を履き、甲冑を結びつけるひもがついたアーミング・ダブレットを着る

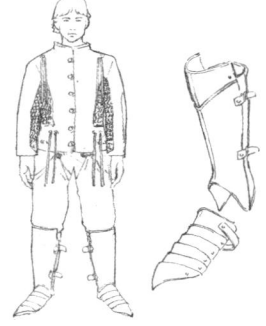

⑤グリーヴ(すね当)とソラレット(鉄靴)をつける

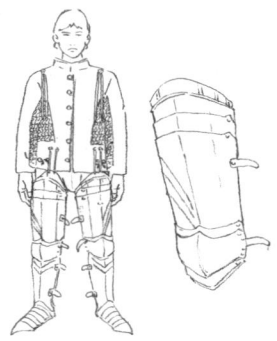

⑥ポウレイン(ひざ当)付きクウィス(もも当)をダブレットに結わえつける

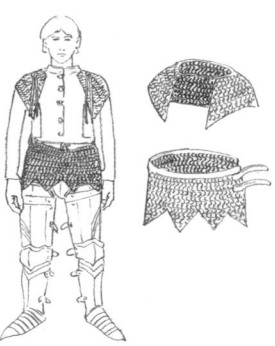

⑦ブリーチ・オブ・メイル(鎖腰巻)と「メイル・カラー」(鎖肩当)をつける

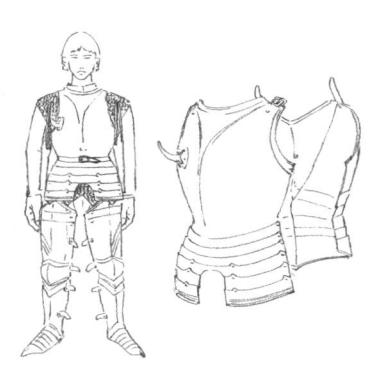

第Ⅲ章　近世の戦士
15世紀　神聖ローマ帝国

⑧ ブレストプレイト（胸当）と
バックプレイト（背当）をつける

⑨ ポールドロン（肩当）、リアブレイス（上腕甲）、
クーター（ひじ当）が一体になった腕甲を装着する

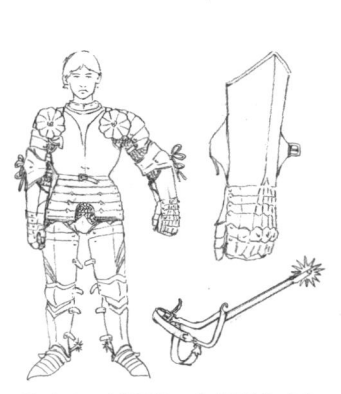

⑩ ゴントレット（手甲）とスパー（拍車）をつける

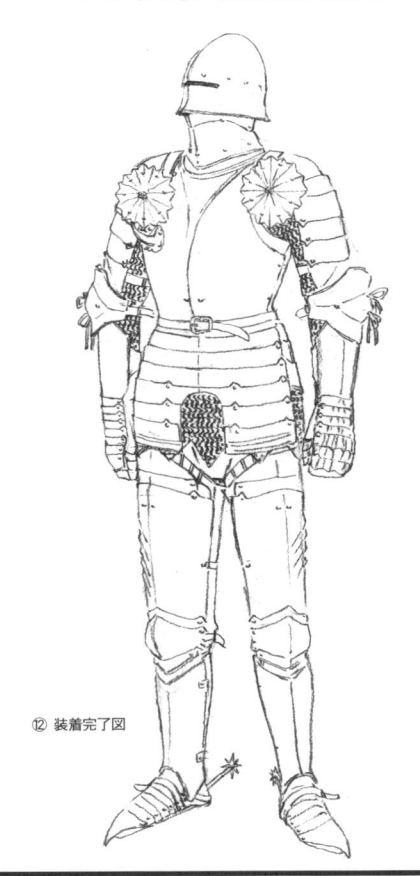

⑪ アーミング・キャップ（保護帽）をかぶり、
兜（ここではサーリット）、ビーヴァー（顎当）
をつける

⑫ 装着完了図

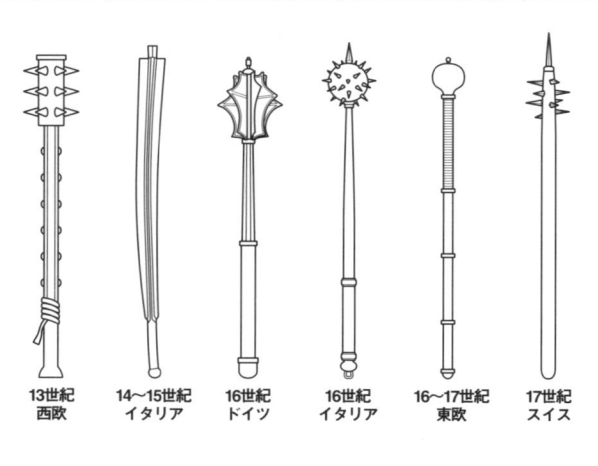

13世紀 西欧	14〜15世紀 イタリア	16世紀 ドイツ	16世紀 イタリア	16〜17世紀 東欧	17世紀 スイス

■ メイス

「メイス」は柄頭をもった複合型の棍棒の総称で、その種類は多い。代表的な型としては、先端が太く刺をもつ型、鉄片を放射線状に並べた出縁付きの型がある。星球をつけた「モルゲンシュテルネ」もよく知られている。金属板でおおわれた騎士に対しては、もっとも威力のある武器となる。

騎兵

図は15世紀末神聖ローマの軽装の一般騎兵。サーリット兜をかぶり、その下にはフード状のものをかぶってスカーフのように首に回して結んでいる。サーリット兜は、ドイツでは15世紀末頃まで珍しいものであった。1440〜1460年にイタリアからもたらされた頃には、研磨されていない見栄えの悪いものしか入手できず、"黒いサーリット"と呼ばれた。そのため表面を塗装したり、ガラの描かれた布をかぶせたものもある。防具としてダブレットや長袖の衣服を着用した。丈の長い乗馬靴は、黒色または暗褐色で、通常ひざ下で折り返していた。

歩兵

図は15世紀中頃の写本に登場する一般歩兵。防具としては「イヤーガード」(耳当)のついたサーリット兜をかぶり、手には革製のゴントレットと盾を装備することがある。

第Ⅲ章　近世の戦士
15世紀　神聖ローマ帝国

■ フレイル

「フレイル」もまたメイス同様に強烈な一撃を加えるための打撃武器。適当な長さの2本の棒をつなぎ合わせて一方をもち、振り回すことで先端部を加速させて打撃力を増す。連接部があるために先端部の動きが予測しにくく、また間合いが取りにくいことから、避けづらい攻撃を繰り出すことが可能。

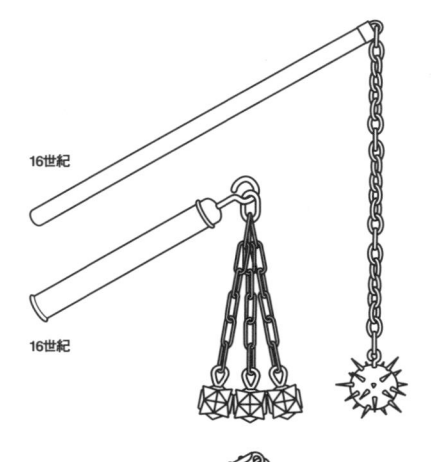

16世紀

16世紀

15〜16世紀

■ ランス（騎槍）

ランスは騎兵が用いた槍の総称。全体に三角錐のような形状をしており、場合によっては「ヴァンプレイト」と呼ばれる、握り手を保護する大きな笠状の鍔がある。騎士たちが1対1で行った「ジョスト」と呼ばれる馬上戦闘競技で用いたことでも知られる。戦場で使用したものは槍のように鋭い槍先をしているが、ジョストでは3本の爪をもった「コロネル」と呼ぶ王冠状の槍先などを用いた。ランスの長さは4m〜5m。

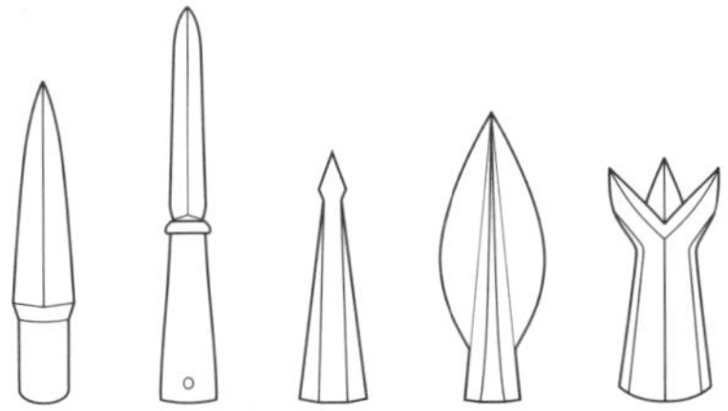

15世紀
イギリス

15世紀
フランス

15世紀
スペイン

17世紀
ドイツ

トーナメント（武芸試合）用の「コロネル」。15世紀ドイツ

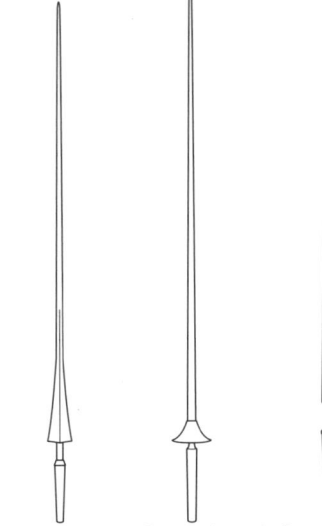

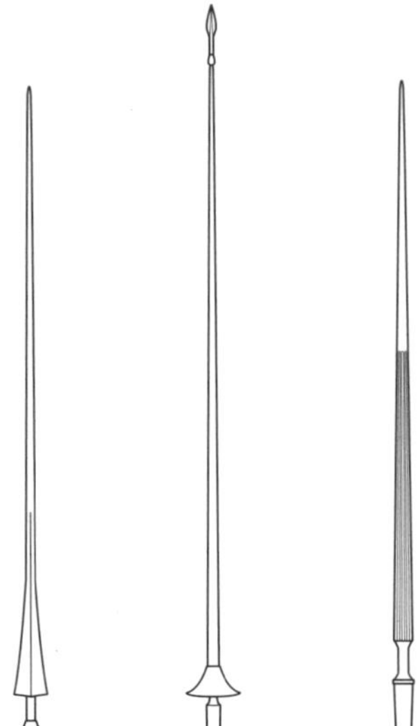

根本の断面形状が四角形のランス。16世紀フランス

「ヴァンプレイト」（大鍔）のついたランス。16世紀ドイツ

「フルーティング」という縦溝のついたランス「ブゥルドナス」。17世紀ドイツ

14-16世紀
民兵軍団の戦い
スイス

ヨーロッパのほぼ中央に位置するスイスでは、都市部や農村部の自治的共同体が結束して同盟を結んでいた。14～15世紀にかけてこの同盟団は、勢力拡大と、神聖ローマ帝国やブルゴーニュ公国との自治独立を賭けた戦いに明け暮れている。彼らは強力な軍隊に対抗するために徴兵的な民兵制度を導入し、民兵ならではの武器と戦法を用いて封建騎士軍を散々に苦しめた。当時もっとも戦闘的な集団のひとつだったスイスは、のちには優秀な傭兵の輸出国として諸国に兵士を送り出すことになる。

ハルベルド兵

「ハルベルド」は突き槍と斧を組み合わせた万能の長柄武器で、15世紀初頭までスイス人部隊の主要武器として使用された。柄の長さは2.5mほどである。兵士たちは甲冑をつけ、それらはドイツやイタリアでつくられていた。兜はサーリットや「ケトル・ハット」（鍋型の鉄帽）、「セルヴェリエール」（鉢状の鉄帽。イタリア語では「チェルヴェリエーラ」）などを用いたが、なかにはその上にターバンのような布きれを巻いたりかぶったりするものもいた。防具もろくにつけない兵も多く、雑然としており、服につけた白い十字だけがスイス兵の目印となる。

第Ⅲ章　近世の戦士
14-16世紀　スイス

◆ スイス戦術 ◆

スイスの戦闘隊形はかつて古代ギリシアに見られたファランクス同様に、長柄の武器をもった民兵による密集方陣を主体としていた。部隊は"フォーアフート"(前衛集団)、"ゲヴァルトフート"(中央集団)、"ナーハフート"(後衛集団)に別れて前後左右に距離をもつ梯団となり、たとえば前衛は30×30名、中央は50×50名、後衛は40×40名の方陣を組む。当初はハルベルド(斧槍)を主要な武器としたが、アルベドの戦い(1422年)以後は5～6mもの長さをもつパイク(長柄槍)の割合を増やしていく。各方陣の先頭にはクロスボウやのちにはハンドガンをもった兵士を配し、接敵するまで弾幕を張りながら前進し、一気に強襲した。

ハンドガン兵

接敵直前まで射撃を加えた散兵部隊は、"シュッツェンファーンライン"(狙撃隊)と呼ばれ、主にクロスボウを用いていた。しかし火薬の普及とともに徐々にハンドガンを装備するハンドガン兵の姿が多く見られるようになった。彼らの腰には、握りの長い「バスタード・ソード」が下げられており、散兵戦後に本隊が交戦する前段階で、これを振るって白兵戦を行った。握りが長いのは、敵の槍の穂先を柄から切り落とすためで、両手で力いっぱい振るえるようにしたもの。この剣はアルベドの戦いから使用されるようになったという記録がある。狙撃隊兵士は散兵戦を行うことから身軽な格好であり、図の兵士は円盤状の耳当がついた鉢状の兜セルヴェリエールだけを防具としている。この耳当には発砲音に対する防音効果もあった。

■ ハルベルド

ハルベルド（ドイツ語ではヘレバルデ）の起源は、北欧戦士が用いたスクラマサクスに長い柄をつけたことにはじまるといわれており、スイス人はこの即製の長柄武器を13世紀頃まで使用していたという。それがより強力なものに改良されていき、15世紀頃には「フルーク」（錨爪）が取りつけられてほぼ最終的なハルベルドの形状が完成している。ひとつで断ち切る、突く、引っ掛ける、叩くといった4機能をもっており、特に「アックス・ブレイド」（斧刃）は、装甲騎兵を相手にする歩兵の戦闘能力を飛躍的に向上させた。15～16世紀にかけてヨーロッパでこの種の武器を装備しなかった国はなく、原形が生まれた13世紀から数えると、火器が全盛する16世紀の終わりまで、実に300年間にわたってヨーロッパの花形兵器でありつづけた。

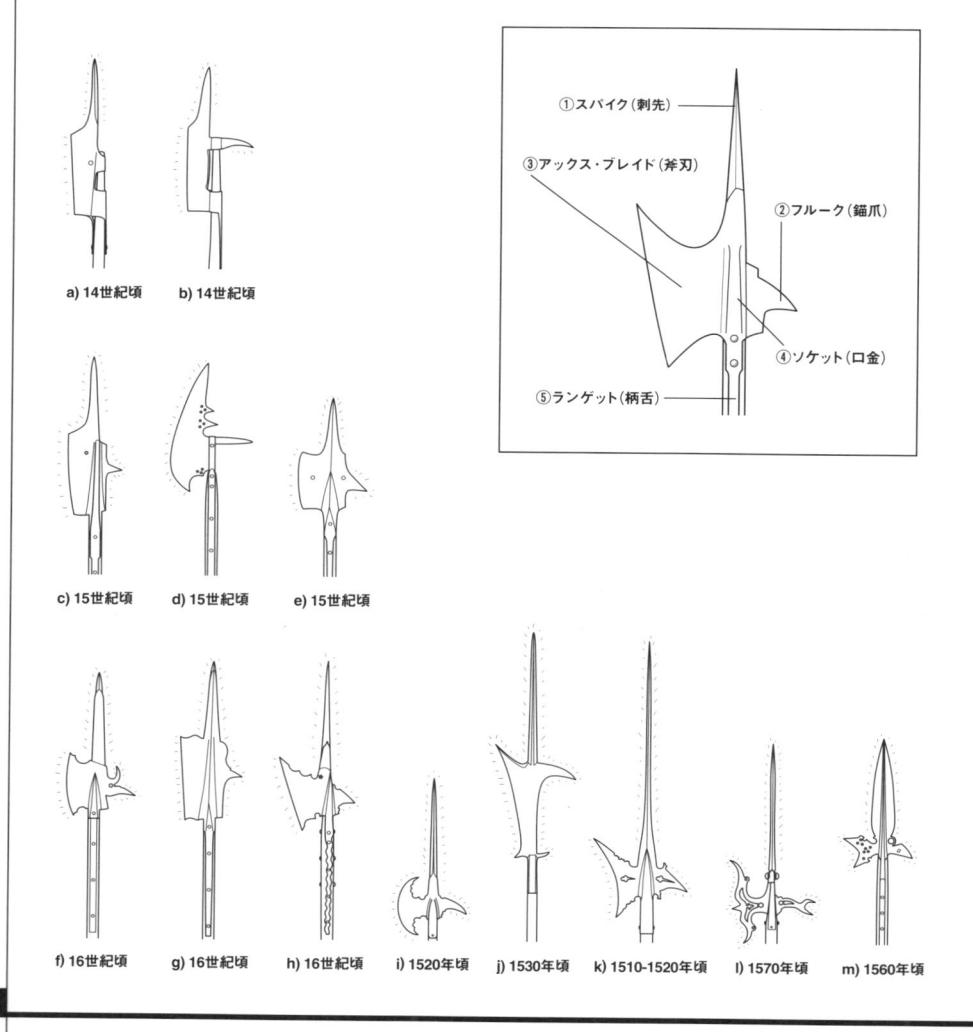

①スパイク（刺先）
③アックス・ブレイド（斧刃）
②フルーク（錨爪）
④ソケット（口金）
⑤ランゲット（柄舌）

a) 14世紀頃　　b) 14世紀頃

c) 15世紀頃　　d) 15世紀頃　　e) 15世紀頃

f) 16世紀頃　g) 16世紀頃　h) 16世紀頃　i) 1520年頃　j) 1530年頃　k) 1510-1520年頃　l) 1570年頃　m) 1560年頃

第Ⅲ章　近世の戦士
14-16世紀　スイス

パイク兵

1422年のアルベドの戦いで大敗したスイス軍はハルベルドに代わる武器としてパイクの重要性を痛感した。同盟会議は直ちにパイク兵の割合を増やすことを決め、その結果、方陣隊形の組み方も外縁に5列のパイク兵、中央内部にハルベルド兵を集めたものとなった。次ページにかけての図は14世紀末から16世紀のスイスのパイク兵。鎧でからだを完全におおうのは部隊長など、地位の高いものである。腰の短剣は"I"字型の柄が特徴の「バゼラード」（ドイツ語。英語で「ベイスラード」）。スイスのバーゼルで生まれた。

14世紀末頃

15世紀中頃

バゼラード

■ **パイク**

パイクの柄の長さは、5mほどのものから次第に長くなり、最終的には6mに達した。右下図は方陣におけるパイク兵の防御姿勢。方陣外縁で5列となったパイク兵は、4列目までが前方に槍先を突き出した。うち最前列兵士は腰をかがめて槍先を低く構え、2列目はパイクを斜めに構えた。3列目は腰の位置で水平にパイクをもち、4列目は頭の上に両手で掲げた。パイクは元来が騎兵に対する防御的な武器であったが、スイス兵は攻撃兵器としても使い、積極的に前進して圧力を加える戦い方をした。前進するときには胸の高さで水平に構え、槍先をやや下げて進んだ。

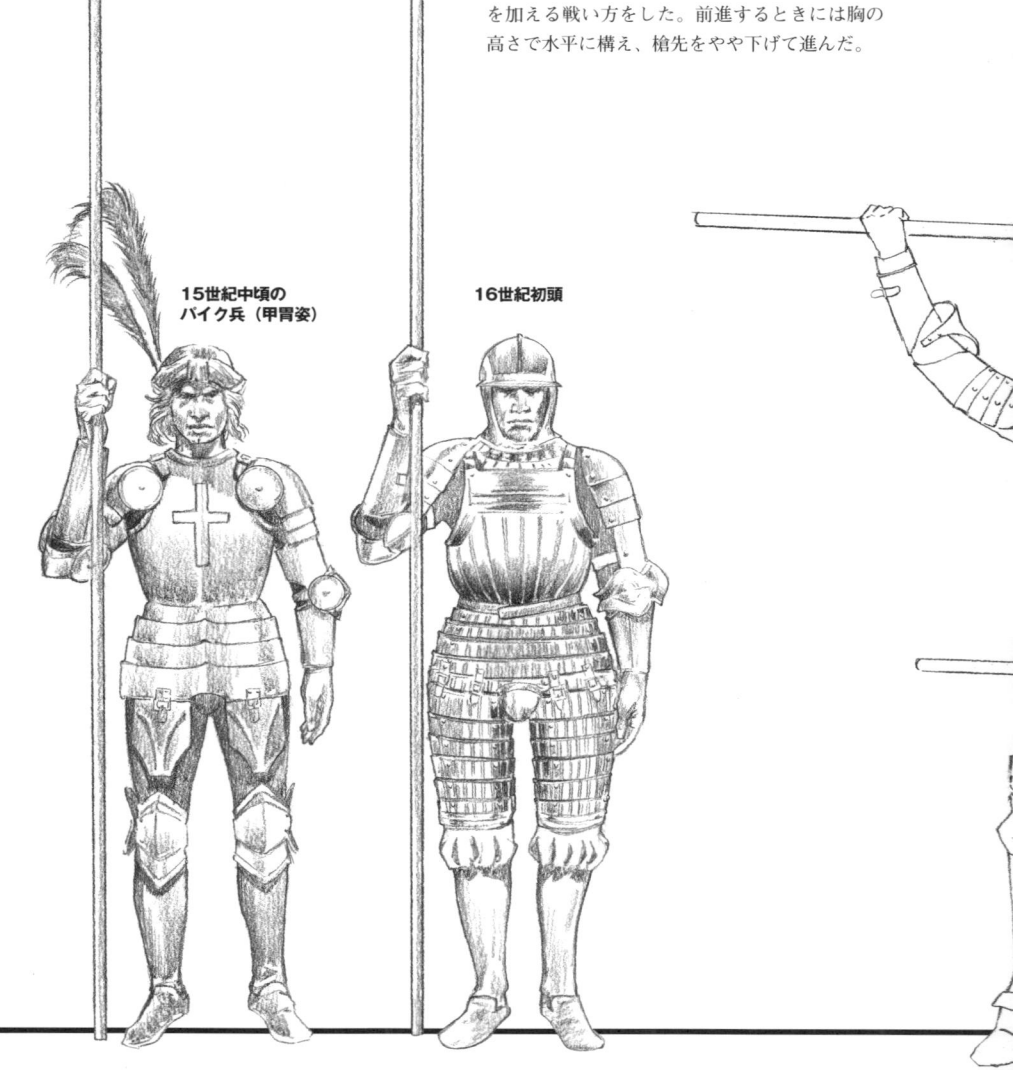

15世紀中頃の　パイク兵（甲冑姿）

16世紀初頭

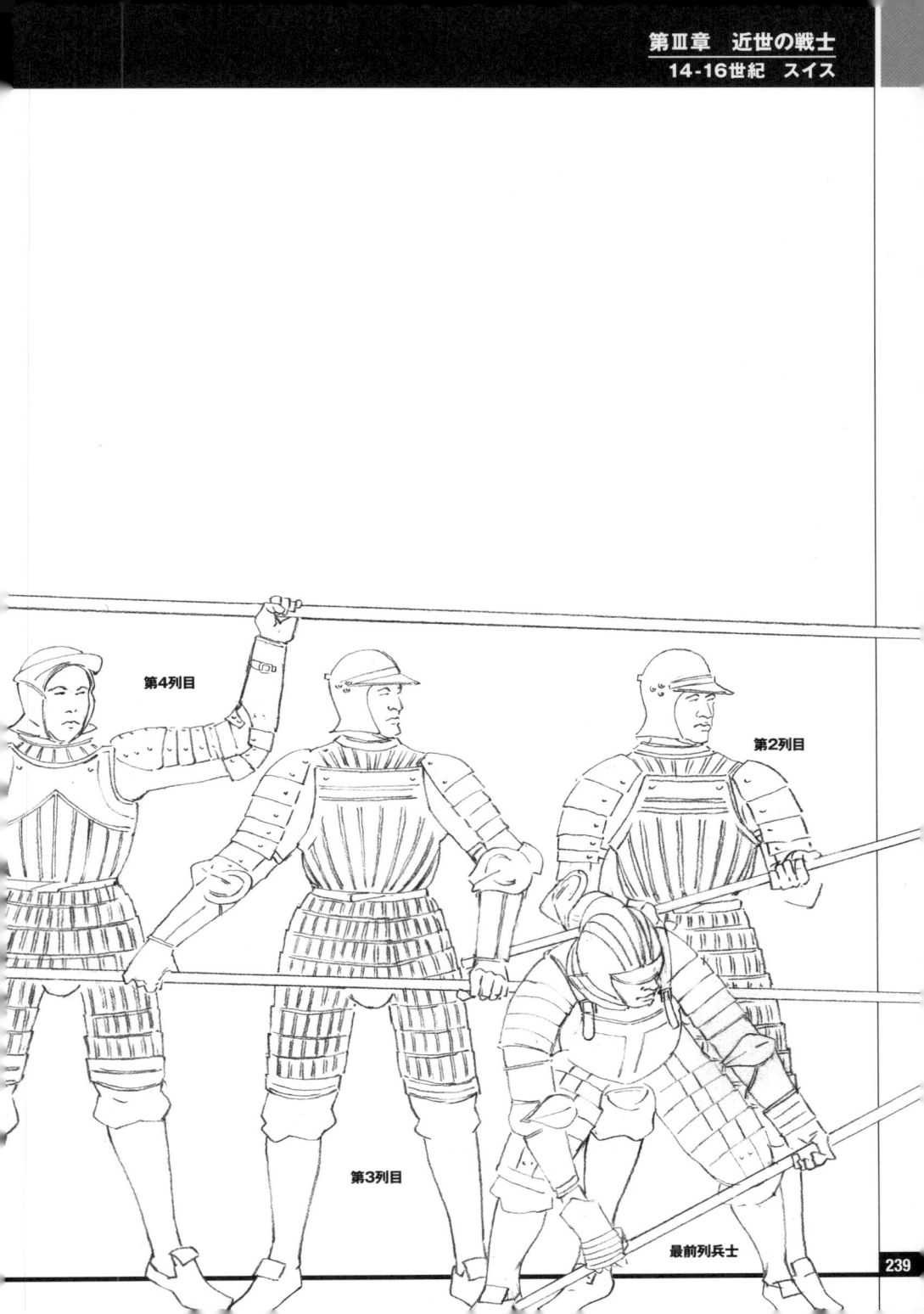

第Ⅲ章　近世の戦士
14-16世紀　スイス

第4列目

第2列目

第3列目

最前列兵士

1364-1477年
「日没する国」(ポナン)の大公の軍隊
ブルゴーニュ公国

ブルゴーニュ公国の歴史は9世紀にはじまる。フランス王国の東辺に位置し、フランス最大の封建諸侯として栄え、その領土はネーデルランドにまでおよび、偉大なる"日没する国"(ポナン)と呼ばれた。最後の当主となったシャルル・ル・テメレール(突進公。1433-1477年)はフランスから独立した王国の建設と領土の拡大を目指したが、戦いの最中に戦死。後継ぎのない公領はフランスなどに併合された。

ブルゴーニュ騎兵

図はブルゴーニュ公国の重装と軽装の両騎兵。重装騎兵はイタリア製のゴシック式甲冑を着ている。フランスの東辺にあった公国は、甲冑製作で知られたイタリア、ドイツと地理的に近く、両者の甲冑を手に入れることができた。しかしより優れた甲冑としてイタリア、とりわけミラノ製が好まれて着用されている。胴鎧には朱色で大きくビロード製の"X"印をつけているが、これは聖アンドリューを象徴する十字で、公国兵士の目印とされた。騎馬もまた板金製の甲冑でおおわれ、騎手の兜同様に馬面頭頂部に青と白の羽根飾りがある。ランス(騎槍)の先のペナン(槍旗)には公国の紋章がある。軽装騎兵はフランス語で「クゥスティラー」と呼ばれた。この語はもともとは"槍兵"を意味したが、公国では従者や中流階級によって編制された軽装の騎兵部隊を指す。図の兵士は頭頂部が螺旋状になったケトル・ハット(フランス語「シャペル・ド・フェル」)をかぶっている。投槍や剣、時には弩弓を用いて戦った。ブーツはももまで引きあげることもできるが、ふつうはひざ部分で折り返している。

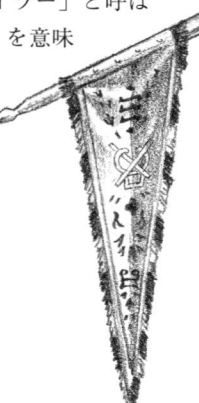

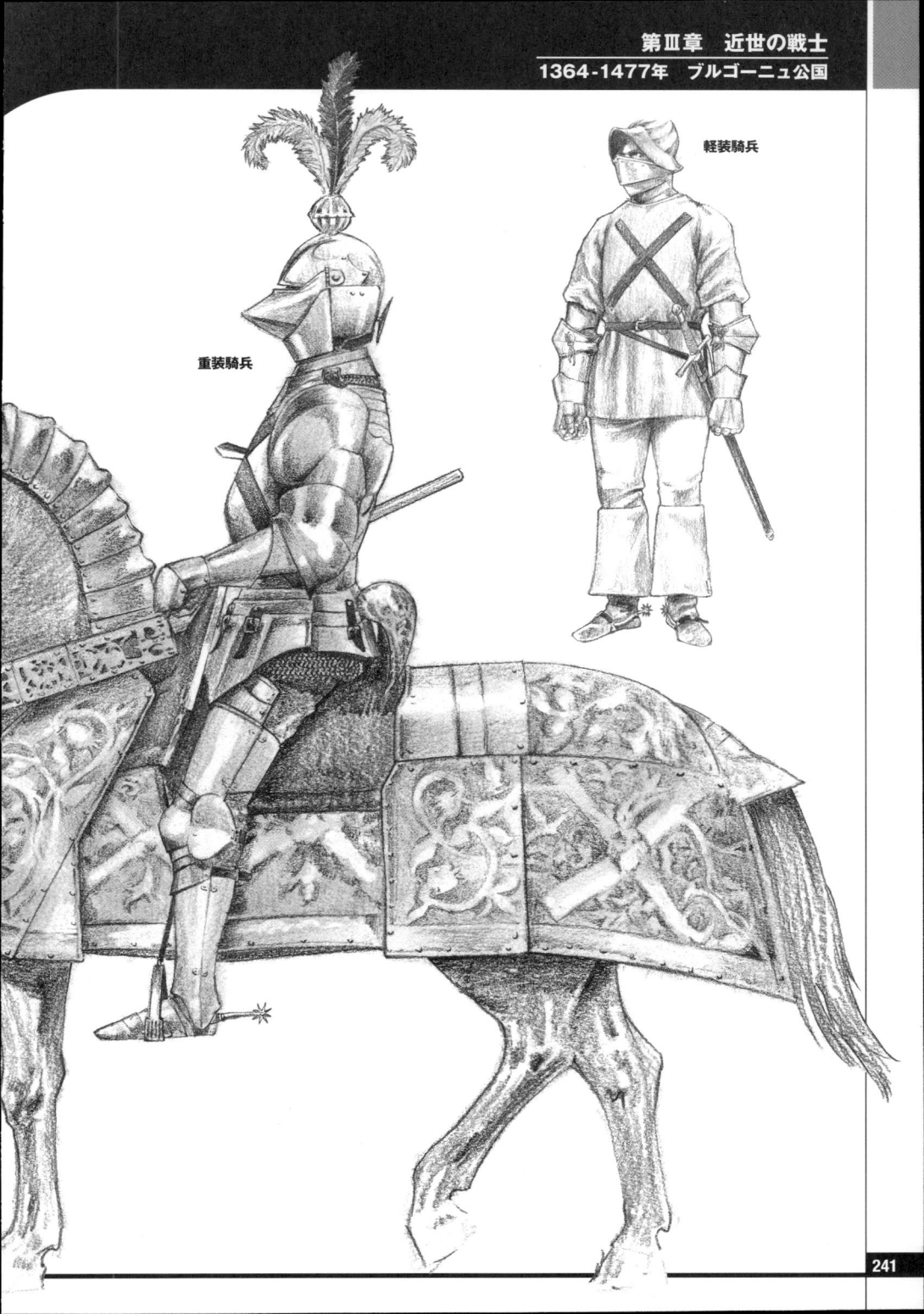

第Ⅲ章　近世の戦士
1364-1477年　ブルゴーニュ公国

軽装騎兵

重装騎兵

241

ハンドガン兵

公国ではフィリップ・ル・ボン（善公。1396-1467年）以後、火器を積極的に導入する方針がとられた。ハンドガンはサーペンティン（S字金具）を設けた筒状の形で、"犬"とか"龍"と呼ばれた。善公は公国の紋章として十字の上に金の王冠と火花をおこす燧石を採用したが、この時代の燧石はまだ銃の発射用ではなく火縄に火を着ける道具でしかなかった。

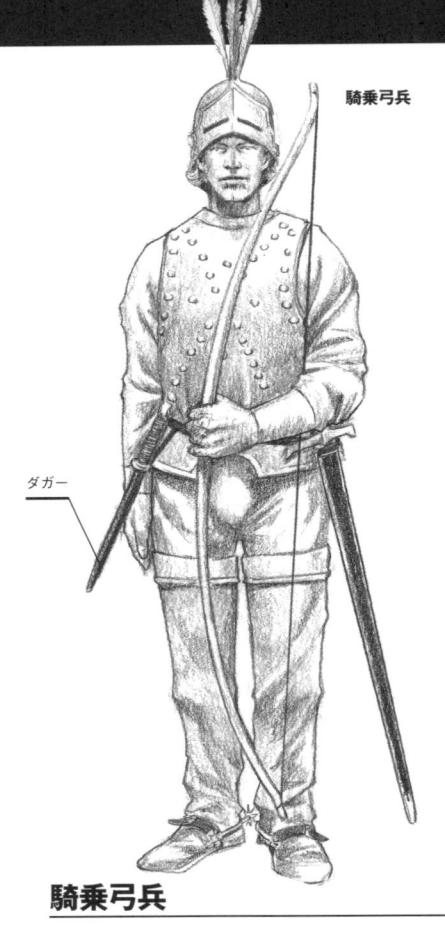

騎乗弓兵

ダガー

ハンドガン兵

騎乗弓兵

火器の導入に積極的な一方で、シャルル突進公はイングランドからロングボウ（長弓）兵を傭兵として雇い入れ、自身の護衛兵としていた。当時の版画からはブリガンディーン鎧のような防具をつけていたことが見て取れ、それにはわざわざ"X"字形に鋲を打ち並べている。騎乗して移動したことから、乗馬用のブーツを履き拍車をつけている。30本の矢を携帯し、長剣および短剣ももった。当時の記録ではイングランドの弓兵が大公の軍隊でも最良であるといわれている。15世紀末には左右に色分けした定服を着た。

第Ⅲ章　近世の戦士
1364-1477年　ブルゴーニュ公国

パイク兵

丈の短いフォールド(腰当)付き胸甲を着たパイク兵。軽量の革鎧「ジャック」(フランス語では「ジャク」)を着ることもある。1472年に定められた規則では、腕甲は右腕だけとし、左手には小型の丸盾をもつとされた。しかし、この盾は兵士のあいだでは不人気だったといわれている。兜はケトル・ハットやサーリット型のものが見られ、パイクの長さは3.5m前後。穂先は長く断面は三角形をしていた。公国のパイク兵は優秀だったらしく、当時の記録には"彼らは誰よりも槍の扱い方を知っていた"とある。

■ ダガー

ダガー(短剣)は全身を鎧でおおうようになってからは重要な意味をもった。格闘で使用するのはもとより、重傷のものにトドメを刺すのに使用した。鍔の独特な形状からボロック("こう丸"の意)・ナイフと呼ばれたものや、相手にトドメを刺す意味でキドニー("親切に"という意味)・ダガーと呼ばれたものが特に有名。

a) ラウンデル・ダガー。柄頭と鍔が円盤状になっている。16世紀初

b) ボロック・ナイフ。15世紀中頃

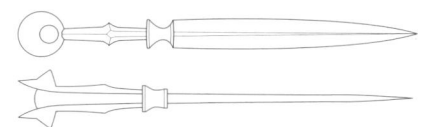

c) キドニー・ダガー。15世紀中頃

ケトル・ハット

1455-1487年

王権に群がるイングランド騎士
バラ戦争

15世紀後半に王位継承権を巡って争われたイングランドの内戦を"バラ戦争"と呼ぶ。この名は、王位を争ったランカスター家とヨーク家がそれぞれに赤と白のバラを記章としたことに由来する。戦争は二転三転。ロマンチックな名とは裏腹に血みどろの戦いをくり広げ、最終的にはランカスター家のヘンリー7世（在位1485-1509年）が王位に就いて終結している。

メン・アット・アームズ（バラ戦争初期）
左図はイタリア製ゴシック式甲冑に身を包んだバラ戦争初期のメン・アット・アームズ（装甲騎士）。バラ戦争ではランカスター、ヨーク双方の騎士・従騎士たちが、ともに全身板金甲冑姿のメン・ア

第Ⅲ章　近世の戦士
1455-1487年　バラ戦争

ット・アームズとなって戦っている。武器もまた同じようなものを使用し、そのため敵味方を見分けるには貴族たちのトレードマークである紋章や記章しかなかった。一般兵士もまたそれらを表した定服を着て帰属を明らかにしている。

イギリス・ゴシック式甲冑

バラ戦争での長引く戦乱は、イギリス国内の甲冑師たちの腕を磨くことにもなり、初期に見られたイタリア製ゴシック式甲冑が次第にイギリス流のものへと改良されていった。この"イギリス・ゴシック式"と今日呼ぶ様式は、ドイツ、イタリア双方のゴシック式甲冑の特徴をもつもので、甲冑後進国ならではのこだわりのなさと、混用による新たな様式の模索をあらわしているといえる。図はヨーク家の王リチャード3世（在位1483-1485年）が身につけた甲冑。異常に大きくとげとげしいひじ当が目立ち、喉当にはチェイン・メイルが用いられている。ひざ当から横に張り出している耳形の板はほかの様式よりも小さい。兜は別資料でリチャード・ネビル（"キング・メーカー"。1471年没）がかぶっていたサーリット式兜。

14-17世紀

ヨーロッパを震撼させたイスラム軍
オスマン・トルコ

オスマン・トルコ（1299-1922年）は建国されて以来、国境を接したビザンツ帝国を浸食してその領域を広めてきた。一時、ティムール軍に破れて滅亡を味わったが再起に成功。ビザンツ帝国を滅ぼし、最盛期にはヨーロッパへ深く侵攻しウィーンを包囲。このときにはキリスト教世界を心底震えあがらせた。

シパーヒー

「シパーヒー」はオスマン帝国の常備軍騎兵。彼らには帝国領土の徴税権が与えられ、それを給料代わりとして仕えた。装備は各人に与えられた徴税額がもとになったことからさまざま。基本的には軽装騎兵であったが、15世紀までには金属製の鎧を着込んだ重装の騎兵となった。図は15世紀頃のシパーヒー。アヴァンテイル（垂れ）が一体になった兜「ジルフ・キュラーフ」をかぶる。鉢の部分はイマーマ（ターバン）をかたどったものといわれる。前腕には金属の籠手をはめ、金属をかぶせた円形盾「カルカン」をもった。武器は弓「ヤイン」、刀剣「キリジ」、短剣、および長槍「ハルベ」。のちには騎槍「ミズラク」、メイス「キュリュンク」、戦斧「ナジャク」をもつ。

■ キリジ

トルコを起源とする湾刀。トルコ語の"剣"を意味する"キリク"を語源としている。「イェルマン」と呼ばれる長い疑似刃に特徴があり、その長さは刀身の4分の1から3分の1を占める。

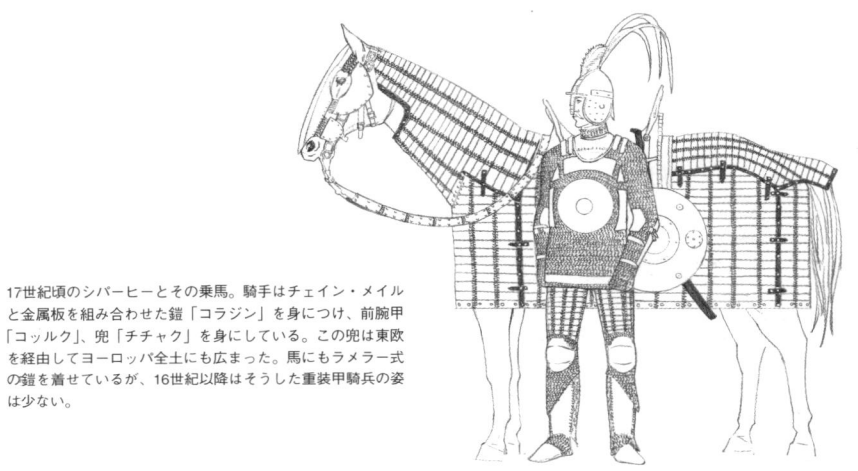

第Ⅲ章　近世の戦士
14-17世紀　オスマン・トルコ

17世紀頃のシパーヒーとその乗馬。騎手はチェイン・メイルと金属板を組み合わせた鎧「コラジン」を身につけ、前腕甲「コッルク」、兜「チチャク」を身にしている。この兜は東欧を経由してヨーロッパ全土にも広まった。馬にもラメラー式の鎧を着せているが、16世紀以降はそうした重装甲騎兵の姿は少ない。

アキンジ

「アキンジ」は騎馬民族国家のトルコに本来からあった軽騎兵部隊。敵地に放たれるや手当たり次第に家々や畑に火を放ちまわった。そのことから"走る放火人"とも呼ばれた。略奪した戦利品が彼らの報酬となる。言い換えるなら、給料の代わりに戦利品を得る資格をもつ騎兵がアキンジである。しかし見境のない略奪部隊は士気に不足し、戦闘では敗因をもたらすこともあった。そのため1595年に部隊は廃止されている。図はアルブレヒト・デューラーの木版画をもとにしたアキンジ。長衣の色は主に緑色。腕を脇の下から出し、その上に長衣の細い袖を垂らしている。帽子の頭頂部には飾りがあり、上からイマーマ（ターバン）を巻いた。脚には騎馬民族特有のひざまであるブーツを履いている。武器はキリジ、弓、投槍など。円形の盾カルカンももった。

247

パレードに見られるさまざまな飾りをつけたボルハ帽。宮殿の護衛や精鋭部隊の帽子前面には羽根飾りなどを差し込む筒が取りつけられており、図のように"オルタ"(連隊)ごとに定められたさまざまな帽子飾りを取りつけることにも利用された。16世紀以降のボルハには金色の縁取りがされている。

イエニチェリ

「イエニチェリ」は"新しい兵士"を意味するオスマン帝国の精鋭で一大軍団を編制した。軍団の創設年に定説はないが1360年のアドリアノープル征服直後のことらしい。初期には戦争捕虜、15世紀以降は帝国内のキリスト教徒から男童を徴用する"デウシメ制"によって軍団員を確保した。しかし帝国の精鋭部隊として前線で活躍したのは16世紀末までで、17世紀以後は軍務に怠慢となり、しばしば反乱や暴動を起こしている。最終的にはマフムト2世(在位1808-1839年)が進めた軍の西欧化に抗して反乱を起こし、軍団は廃止された(1826年)。彼らの装いは極めて独特で、後ろに布を垂らした白いフェルト製の帽子「ボルハ」をかぶり、緑や青、赤や黄などが色鮮やかに配色さ

第Ⅲ章　近世の戦士
14-17世紀　オスマン・トルコ

れたラシャの長衣「ドラマ」を着た。戦闘では幅広の帯を腰に巻き、挟み込んでドラマの裾を持ちあげた。鎧を着ないのは機動性を重視したことによるが、敵陣に突入する突撃部隊兵士であればチェインと鉄板を組み合わせた長衣（「ジルフ・ゴムレフ」）を着るものもいた。武器は片刃の刀剣「ヤタガン」またはキリジ。15世紀中頃からはこれに火器が加わり、16世紀末までには大半の兵士が「テュフェク」というマッチ・ロック式小銃（火縄銃）を装備した。この銃は高い完成度を誇り、ヨーロッパでは"ルーミー銃"と呼ばれていた。ほかに短剣と手斧を腰に差した。手斧は腰袋に入れられた棒状の鉛を切り分けて弾丸とすることにも用いられた。

イエニチェリの弓兵

イエニチェリは、火器が普及するまでは弓やクロスボウ、投石ひも、投槍といった飛び道具を用いた。とりわけ弓を多く用い、火器が導入されたのちも再装填時の援護のために若干の弓兵がはたらいている。トルコ軍での一般的な戦法は弓をもった騎兵が両翼から攻め立てることからはじまる。敵が応戦すると踵を返して矢を放って混乱させ、次いでイエニチェリの出番となって弓または小銃の一斉射を行った。最終的には銃兵、盾持ち、重装の歩兵からなる突撃部隊が、腰のキリジやヤタガンを抜いて"アラー・フー"と叫んで敵陣に突入した。図の兵士がかぶる丈の高い帽子「ウスクフ」はイエニチェリの士官の目印。また脇から腕を出すタイプのドラマを着ている。

■ **ヤタガン**

古代ギリシアの古刀「コピス」を起源とする片刃の刀剣。インドの刀剣ソースン・パタの影響も受けている。刀身が"く"の字形をしていることに特徴があり、刃は湾曲した内側にある。握りは細く、柄頭にはゴルフのドライバー・クラブのような形状をしたものと、それがふたつに分かれて耳のようになったものがある。

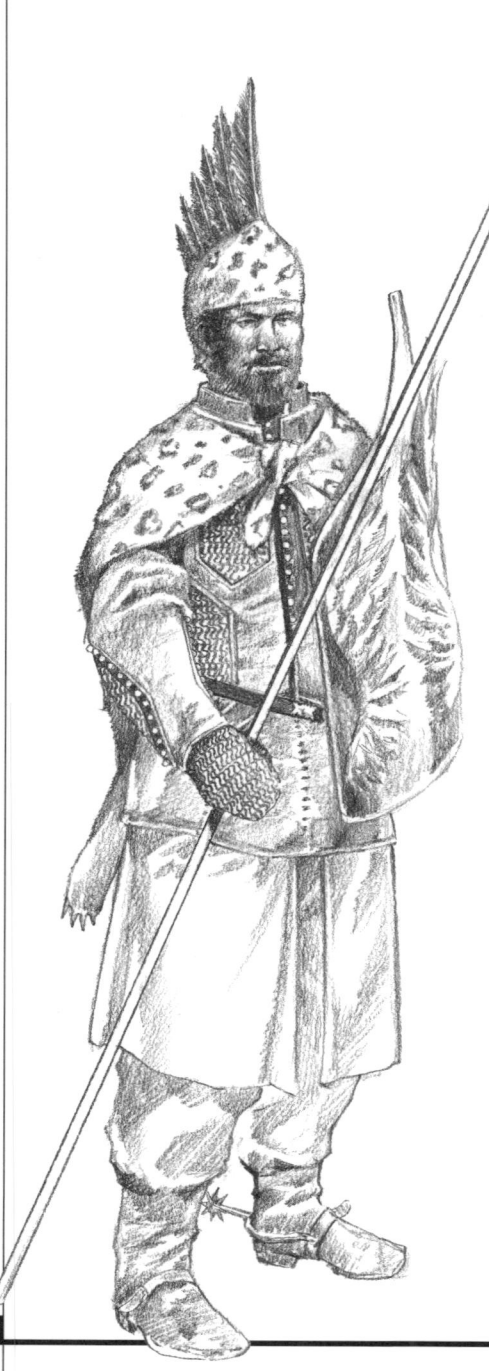

デリ

「デリ」はバルカン半島を出身地とする不正規の騎兵。主にクロアチアやセルビア人の志願兵からなる。兵士の多くが、イスラム神秘主義のデルウィーシュに属するか、あるいはキリスト教徒である。哨戒任務に就いたり、指揮官の護衛部隊を務めた。頭には鷲の翼の飾りをつけ、雪ヒョウの毛皮を巻いている。また、同じくヒョウの毛皮を外套のようにしてまとっている。盾は東欧で使用された型式。表面には鷹の羽根を描き、時には本物の羽根を釘付けすることもあった。ブーツの色は黄色。騎槍の穂先は小さくとも鋭く尖っていた。腰には直身の刀剣を差し、鞍に湾刀やメイスを下げた。ピストルを装備するものもいた。馬の鞍にはライオンの毛皮を敷くこともあり、見るからに勇壮な出で立ちをしていた。

アザプ

「アザプ」の語は13世紀末から14世紀初頭にかけて海兵の呼称として用いられてきたが、14世紀中頃から末にかけてはオスマン帝国の砦の守備隊に用いられるようになった。さらに15世紀には、拡大する戦争に応じて大量に必要とされた歩兵を意味するようになり、アンカラの戦い（1402年）では2万名を数えるまでになった。この数は50年後のコンスタンティノープル攻囲戦でも変わらない。主に小アジアのトルコ族からなり、戦時において20～30世帯にひとりの割合で徴用され、有給であった。アザプの服装は基本的に日常で着用した衣服と変わらず、装備は雑多。弓のほかに投槍や湾刀、盾を装備し、16世紀の終わり頃には火器も用いた。しかし多くのアザプが弓や剣をもたず、「バストン」と呼ばれる棒が支給されるだけだった。全体の半数がそうしたアザプだったという。戦場での役割も装備に応じたもので、本隊が隊列を整えているあいだ、敵が近づかないよう最善を尽くすことにあった。

1501-1736年

神秘主義教団の精強騎馬軍団
サファビー朝ペルシア

メザラク

サファビー朝ペルシアは、サファビー神秘主義教団の開祖サフィー・アッディーン（1252-1334年）の子孫であり教団長でもあったイスマーイール1世（1487-1524年）によって打ち立てられた。イラン民族の復興と独立を旗頭に、狂信的な武装集団を率いてオスマン・トルコの背後を脅かした。特にシャー・アッバース1世（在位1587-1629年）の治世に最盛期を迎え、首都イスファハーンは"世界の半分"といわれるまでに繁栄した。

キジルバーシュ

「キジルバーシュ」（トルコ語では「クズルバシュ」）は、イスマイール1世の父ハイダル（？-1488年）によって集められた騎馬戦士。アナトリアとシリアのトゥルクメン遊牧民によって編制された。教団長に絶対の忠誠を誓い、自らの身を挺して戦う狂信的な戦士である。サファビー朝の創設には彼らのはたらきが大きい。キジルバーシュとは"赤い頭"を意味し、もともとは彼らがかぶっていた赤

第Ⅲ章　近世の戦士
1501-1736年　サファビー朝ペルシア

い帽子に由来している。図は16世紀に活躍した重装のキジルバーシュ。鎧はチェイン・メイル「ゼレハ」に、胸と背、両脇腹を防護する鉄板状の胸甲「チャハラ・アーイネ」("四面の鏡"の意)を組み合わせたもの。ほかにチェイン・メイルと鉄板を組み合わせた一体構造の鎧「ジョシャン」がある。前腕部には金属の籠手「バズバンド」をつけ、左手には金属製の盾「シパー」をもつ。シパー表面にある4つの突起は、裏面で環状の金具と連結されており、その金具に盾の握りと肩掛け帯が取りつけられる。武器は湾刀「シャムシール」またはキリジ、弓「カマン」、メイス「シシパル」(または「ゴルズ」)、騎槍「ネザ」を装備した。穂先が二股または三股になった騎槍は「メザラク」と呼ばれた。

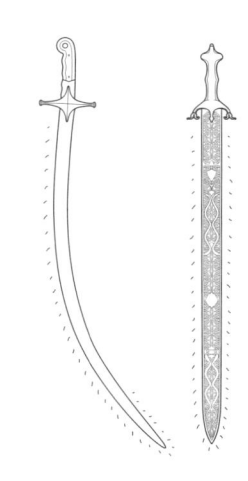

■ シャムシール

ペルシアの刀剣を総称して「シャムシール」と呼ぶ。語意は"ライオンの尻尾"であるが、湾曲タイプと直身タイプがあり、ペルシアでは必ずしも湾刀の名称とは限らない。湾刀タイプのシャムシールの柄は、刃のある側に緩やかに湾曲していき、先端部が丸まっている。この柄を"ライオンの頭"と呼ぶ。

剣身（ファリ）

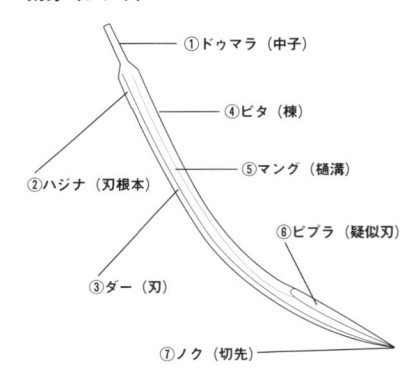

①ドゥマラ（中子）
④ビタ（棟）
②ハジナ（刃根本）
⑤マング（樋溝）
⑥ビブラ（疑似刃）
③ダー（刃）
⑦ノク（切先）

柄（カブザ）

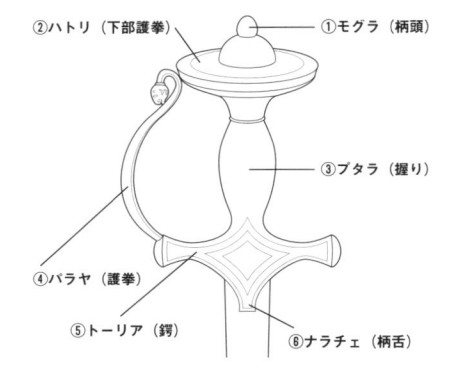

②ハトリ（下部護拳）
①モグラ（柄頭）
③ブタラ（握り）
④バラヤ（護拳）
⑤トーリア（鍔）
⑥ナラチェ（柄舌）

14-18世紀

大ハーンの後継者
ティムール／ムガル

モンゴル帝国の残影はそれにつづこうとする中央アジアの騎馬民族にとって確かな土台となった。その典型的な例がイランや南インドに興ったティムール朝（1370-1501年）とムガル朝（1526-1857年）である。

ティムール帝国

ティムール帝国はトルコモンゴル系のイスラム王朝で、現中央アジアとイラン、アフガニスタンの範囲を支配した。建国者のティムール（1336-1405年）はチンギス・ハーンの子孫であることを自負として版図を押し広げ、全盛期のオスマン・トルコを一時的にでも滅亡に追いやっている。しかし中国遠征途上で彼が没すると王朝は衰退に向かった。

第Ⅲ章　近世の戦士
14-18世紀　ティムール／ムガル

ティムール朝重装騎兵

建国者のティムールはかつてのモンゴル同様に騎馬弓兵と重装騎兵を駆使した戦術を用いた。図の重装騎兵は混乱した敵を打撃するための部隊であり、運用方法はモンゴル軍と同じ。しかしながら鎧兜は中央アジア風かつイスラム風で、双方の特徴を備えている。兜はターバン型でカマイル（首垂れ）があり、肩までをおおう。イラン風のネイザル（鼻当）を備えた兜もある。チェイン・メイルの裾丈の長さは長短の双方があり、袖丈は短かった。その上には鉄板を裏打ちした胴鎧と肩当、タセットが一体化された胸甲をつけていた。ももおよび臀部を防護するタセットは東方イスラムのラメラー鎧であるが、モンゴル風とも共通する。

ティムール朝の騎兵

多くの騎兵は弓を使う騎馬弓兵で、モンゴル風の絹の肌着を身につけ、丈の長いコートを着ていた。拍車を使用しないのも騎馬民族特有のこと。腰には湾刀や「ピアジ」と呼ばれるフレイルを装備し、馬上での接近戦に使用した。

ティムールおよびムガル両王朝では騎兵が軍の主力となった。図は彩色画や写本に見られるさまざまな騎槍の穂先。

第Ⅲ章　近世の戦士
14-18世紀　ティムール／ムガル

ムガル帝国

ムガル朝はティムールの子孫であるバーブル（1482-1530年）によって1526年にインド北部に興った。ムガルとはペルシア語で"モンゴル"を意味する。ティムール朝同様に一族支配によるイスラム王朝として興ったが、第3代のアクバル（在位1556-1605年）以降はひとりの統治者の絶対権力のもとで"帝国"としての道を歩み、最盛期にはインドのほぼ全土を支配した。

ムガル朝重装騎兵 (初期)

図は16世紀末頃のムガル朝重装騎兵。王朝初期の騎兵は、ティムールの後継者らしく同様のものとなっている。胴鎧においては一番上に、西洋のダブレット（上衣）に相当する「チヒリカド」を羽織っている。この上着は絹や羊毛を40層にも重ねてつくられており、胸には丸い鉄板の胸当がつけられた。その下には腰まであるチェイン・メイル「ジリー」を着用した。ジリーは15～18世紀にわたってインド・イスラム勢力の防具として使用されつづけた。太もも部分にはもも当を着用し、それにはひざを守る皿状の鉄板がついている。腰に帯びている刀剣は緩やかに湾曲した「タルワー」。

金属製の籠手「バズバンド」

兜（「クゥード」）はターバン型で、中央アジアの騎馬民族が使用していたもの

戦象が用いられていたインドでは、象に乗る敵を攻撃するために、馬が後ろ脚で立って移動したり飛び跳ねられるように訓練していた。

ムガル朝重装騎兵 (中期)

17世紀中頃のムガル朝重装騎兵。胴鎧では腹部に数枚の鉄板を組み合わせた「ジリー・バハター」が16世紀に登場し普及した。また兜には鉄板とチェイン・メイルを組み合わせ、錨型のネイザルをつけたものも登場している。メイルと鉄板を組み合わせたのは頭がうだらないための工夫だった。弓や長槍をもち、腰には矢筒と「タルワー」刀を下げている。左手にはトルコから伝わった金属をかぶせた盾「カルカン」をもつ。この盾は直径30〜75cmで18世紀以降は「パーリ」または「ダール」と呼ばれた。ブーツはモンゴル風に爪先が尖って上向きになっており、騎乗した際に鐙が外れにくいようになっている。

■ タルワー

「タルワー」は16世紀中頃に誕生した刀剣でムガル帝国からトルコ、ペルシア、中央アジアなどにも広まった。湾刀の祖形をなしたともいわれており、湾曲の度合が大きいものは「テグハ」と呼ばれた。インドとペルシアでは刀身に若干の差違があり、インドでは刃根元部分に刃をもたない。

第Ⅲ章　近世の戦士
14-18世紀　ティムール／ムガル

ムガル朝重装騎兵（末期）

18世紀になると鎧の軽量化が見られ、革やコットン、ベルベットなどを素材とした布製鎧の「コチー」が登場する。なかには金属で胸や腹、肩口や太ももなどを補強したり、鋲を打ったものもあり、生地部分には手の込んだ飾り模様が見られる。ショルダー・ガード（肩当）は木の葉状になっており、ひじ部分までに達している。そうしたコチーは「バカーリタカ」とも呼ばれた。モンゴルにあった同形式の「ハタングダヘル」鎧から発展した。また丈が短く上腕部分までしか肩当のないものは「サディキ」と呼ばれた。兜はスパンゲンヘルム型の金属製でチェイン・メイルの首垂れが取りつけられた。

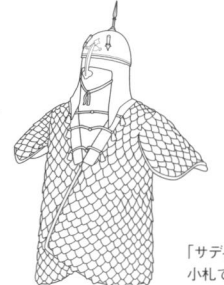

「サディキ」鎧。図は鱗状金属の小札でつくられた重装のもの。

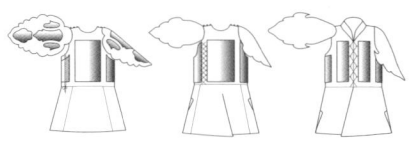

コチーに見られる補強金属板の配置には各種の形式がある。腹部や胸、太股などに当てる構造はペルシアからの影響。インドやモンゴルからも影響を受けてさまざまなパターンが登場しており、アクバル大帝時代に描かれたミニアチュール（細密画）には1,000を超える鎧の形式が見られる。

バンドゥクチー (ムガル銃兵)

インドに火薬が伝わったのは13世紀のこと。モンゴルとの接触によって伝来し、14世紀中頃までには兵器としての地位が固まった。15世紀末には大砲が野戦で使用されている。ムガル朝の歩兵の多くは武具の貧弱な市民兵であるが、そのなかにあって砲兵「トゥプ・ハーナ」と小銃をもった歩兵「バンドゥクチー」だけは特別扱いの地位にあった。用いた小銃は時代によって異なるが、早い時代順に、「ナーナル」(ハンド・カノン)、「トレダール」(マッチ・ロック式)、「バンドゥーク・イ・キャクマキ」(フリント・ロック式)の3種である。最も古い「ナーナル」はトリガー(引き金)とコック(撃鉄)こそ備えていなかったが、銃身が銃床に固定されており、のちの小銃に近い形をしていた。次に用いられた「トレダール」は火鋏をもち、レバー式の引き金が銃床側面にある。最後の「バンドゥーク・イ・キャクマキ」はヨーロッパ風の本格的な小銃である。しかしインドの湿気と埃はフリント・ロック式小銃の不発を多く招き、そのためマッチ・ロック式の小銃も並行して使用されていた。図の兵士が腰に差している奇妙な短剣はインド固有の短剣「ジャムザル」。

第Ⅲ章　近世の戦士
14-18世紀　ティムール／ムガル

ムガルでは銃身の長い小銃が多用され、それゆえに銃身を固定する銃架が必要とされた。銃口近くに設けられた二脚の銃架は、時には地面に据えられ、斜め上に向けられた銃口が突撃してくる敵を威嚇した。

■ ジャムザル

インド固有の短剣「ジャムザル」。ヨーロッパではしばしば「カタール」と呼ばれることもあるが、それは誤り。基本的にはヒンズー教徒の武器であったが、ムガル朝時代になると、皇帝を始めとして多くの人がこの短剣を携帯するようになった。非常に変わった形式をしており、2本の支柱が腕に沿うようにして伸び、グリップ（握り）はその支柱に渡された1〜2本の横棒となる。つまり握りが剣身に対して直角についており、使用する際には拳を突き出すようにしたり、上下に振るようにした。支柱は手および前腕部を防護するためにある。ジャムザルがいつ頃登場したかは定かではないが、少なくとも15世紀にはあったことが確認できている。

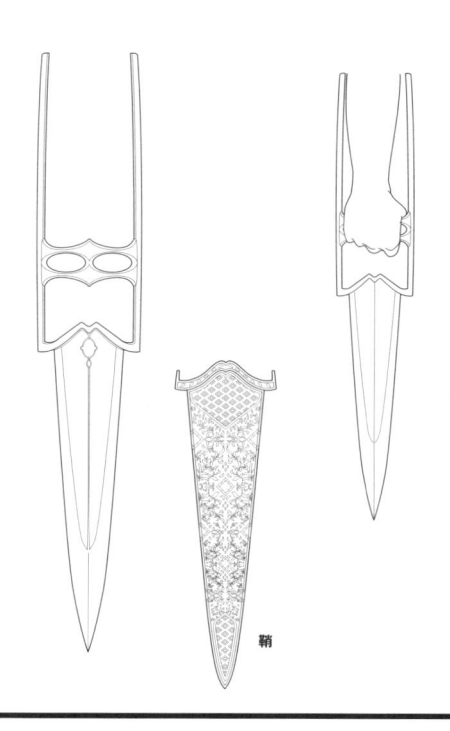

鞘

重装の戦象

戦象はムガル帝国に限らず、インドにおけるもっとも特徴的な部隊である。ムガルでは使役と戦闘の両方で使用され、大半はメスを用いた。重砲でも象でなら数頭で容易に牽引できたが、1頭の象を養うには15頭のラクダを養うのと同じだけの飼料が必要とされた。戦闘では背に載せた櫓から、あるいは直接にまたがった兵員が高所から敵を攻撃した。火器が発達すると兵士が携帯できない大口径の銃砲を背に載せるようになり、まさに移動砲台となって活躍しもした。このように使いごたえのある象ではあったが、一方で大きなからだは格好の標的ともなった。そのため全身に金属製の鎧を着せた戦象が登場している。図はプラッシーの戦い（1757年）で象が着ていた鎧。チェイン・メイルと小札を組み合わせている。

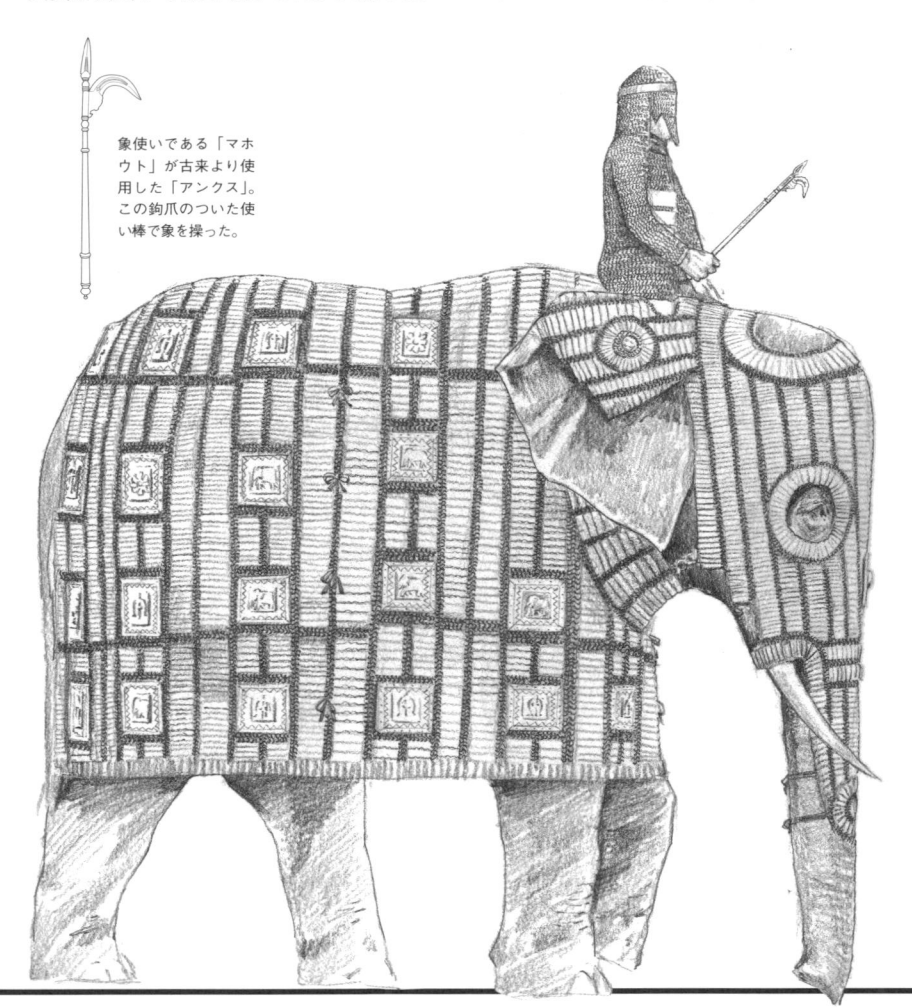

象使いである「マホウト」が古来より使用した「アンクス」。この鉤爪のついた使い棒で象を操った。

第Ⅲ章　近世の戦士
14-18世紀　ティムール/ムガル

アクバル帝の治世（1556-1605年）に記された『バーブル・ナーマ』の細密画から。敗走する敵を追撃する戦象。現物は極彩色で描かれている。まるで馬を操るように兵士がまたがり、数々の武器を使用している。

同じく『バーブル・ナーマ』の細密画から戦闘中の戦象。矢を撃ち尽くしたためか剣を抜いて戦っている。しかしながら背の上から剣先が届くとは思えない。

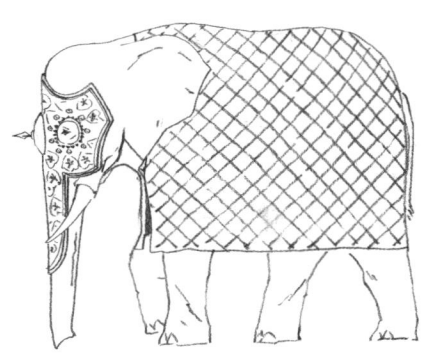

a）キルティング・アーマー（刺子鎧）型の「バルグスタワン」。11世紀

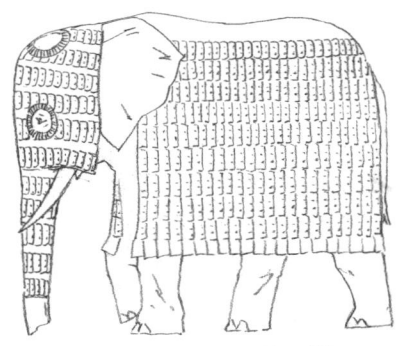

b）ラメラー・アーマー型。14世紀

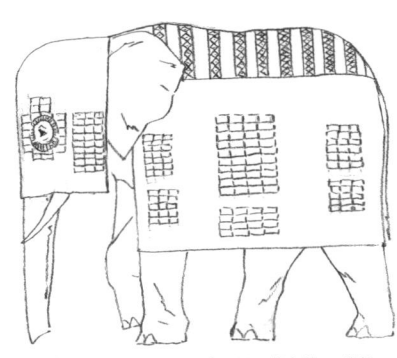

c）チェイン・メイルとプレイトの複合型。15世紀

d）パデット・アーマー（詰め物鎧）型の「バクハー」。16世紀

263

16-18世紀

ムガルの敵対勢力
ヒンズー教徒の軍隊

インドではヒンズー教徒が人口の多数を占める。そのような地でイスラム国家のムガル帝国が繁栄したのは異教徒に寛容な政策の賜であった。アクバル大帝が行ったこの政策は代々の皇帝に受け継がれていく。しかし、"祈る人"と呼ばれた第6代皇帝アウラングゼーブ（在位1658-1707年）の治世になると、一転して異教徒への圧制がはじまり、その結果、50年にわたる彼の治世のほとんどは戦いに費やされ、帝国は滅亡へと導かれていった。

シンディー族

中央アジアからの侵入者と地元住民が混血して生まれた民族がシンディー族。多くの部族集団に分かれ、勇猛かつ好戦的なことで知られる。戦いで追いつめられると集団自殺（ジャウハル）まで決行した。しかし部族が大同団結することがなく、皇帝は特に勇猛だったラージプート族を代々にわたって懐柔し、自軍の精鋭部隊とした。狂信的なアウラングゼーブが皇帝になると両者の関係に亀裂が入り、帝国の最精鋭が最大の敵に変わった。

ラージプート族の重装騎兵

鉄板とメイルを組み合わせたジリー・バハター鎧を着ている。図の鎧は上・下半身の防具が一体化されており、着ぐるみのようにして胸の部分から着込む。上下が分かれ別々にして着込む型もある。手にしているのはシンディー族特有の戦斧「ブージ」。

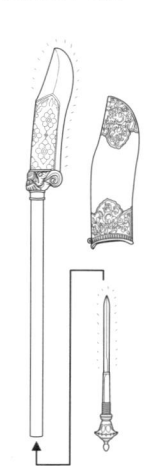

■ブージ

もともとはインド西北部のグジャラート地方固有の武器。インド北部とシンディー族に使用され、彼らの一般的な武器となった。長柄の戦斧であるが突き刺すこともできる。馬上用の武器として使用された。現存する品では、柄の末端にナイフが仕込まれているものもある。刃の根本に象のレリーフがほどこされているものがあり、ヨーロッパでは「エレファント・ナイフ」の呼称もある。

第Ⅲ章　近世の戦士
16-18世紀　ヒンズー教徒の軍隊

面当と首垂れのついた兜はシンディー族特有の兜。

上半身と下半身に分かれたジリー・バハター鎧。すっぽりと頭をおおった鎖頭巾の前面には"V"字形の切れ込みがある。この切れ込みは「ジルム」または「チルマン」と呼ばれ、言い伝えによれば神が開けたものであるらしい。

マラータ族

マラータ族はボンベイ東部から東南部にわたる山岳地帯に居住したヒンズー教徒の戦士集団。複数の部族に分かれているが、インドのさまざまな王朝に傭兵として仕える際には一時的に同盟を結ぶこともあった。そのため、マラータ同盟と呼ばれることもある。

マラータ族の騎兵

マラータ族は騎馬軍団とゲリラ戦術で帝国を苦しめた。騎手は全身をチェイン・メイルで防護し、ペルシア風の胸甲「チャハラ・アーイネ」を着ている。鞍には全金属製の投槍「バーチィー」を2本ずつ左右に差し、腰には湾刀、肩からは金属をかぶせた盾を下げた。

右はマラータ王国の創始者シヴァジー・ボンスラ(1627-1680年)。ムガルからは"山鼠"とあだ名され、帝国に敵対する国家造りに尽力した。それまで統一のなかったマラータの王として1674年に即位し、オレンジ色の旗を掲げて帝国を苦しめた。

第Ⅲ章　近世の戦士
16-18世紀　ヒンズー教徒の軍隊

■ パター

マラータ族に固有の刀剣「パター」（図a）。籠手状の柄を有し、一風変わった姿をしている。ジャムザル短剣から発展したと考えられる。手が収まる籠手部分のなかには、ジャムザル同様に剣身と垂直に取りつけた横棒があって、それを握って剣を振るった。

■ キシト・ネザ／サング／バーチィー

全金属製の投槍（図b）。長さは75～90cm、穂先部分は17cm。騎兵が鞍の左右に2本ずつ携帯した。ダイラミ族の短い投槍「シリー」から騎兵用の武器として生まれた。「キシト」はペルシア語の"煉瓦"。「サング」は"石"を意味し、城壁から投げつけられた煉瓦や石のように重く威力があることから名付けられた。ラージプート族では「バーチィー」と呼んだ。

■ ハンダ

「ハンダ」（図c）はムガル帝国やラージプート族、マラータ族によって使用された刀剣。ただし帝国では正式の剣ではなかった。中央アジアから10世紀頃にインドにもたらされ、18世紀まで使用された。切先に向かって身幅が広がっているものもある。またタング（中子）が柄を貫通して伸びていること。全長は1～1.2mで身幅は40～65mmほどある。握り部分の形状は、ヒンズー勢力が篭状、イスラム勢力がインド風のものを使用した。

■ サインティ

「サインティ」（図d）は防御用の武器で、およそ60cmの金属棒の中間に、取っ手と前面に向けた短い刃がついている。また、これに小型の丸盾を追加した「マル」と呼ぶ武器もある。スペインのイスラム勢力が使用した「アダカ」を起源とし、おそらく8世紀にアラビア人によって海路を通じてインドに持ち込まれた。海路とされるのは中央アジアやアフガニスタンにこの種の武具が見られないため。

■ バグ・ナーク／ビチャウ・バグ・ナーク

マラータ族が使用した隠し武器。1657年にシヴァジーが敵将をだまし討ちにしたときにも使用された。「バグ・ナーク」（図e）は"虎の爪"の意。金属製とガラス製のものがある。マラータ族の暗殺団が特に用いており、爪には毒が塗られていた。短剣と組み合わせた「ビチャウ・バグ・ナーク」（図f）もある。

■ バンク

「バンク」（図g）はヒンズー語で"湾曲"あるいは"曲がったもの"を意味する。鎌状の刃をもつ短剣でインド中部のラジャワール族が用い、ムガル帝国に広まった。

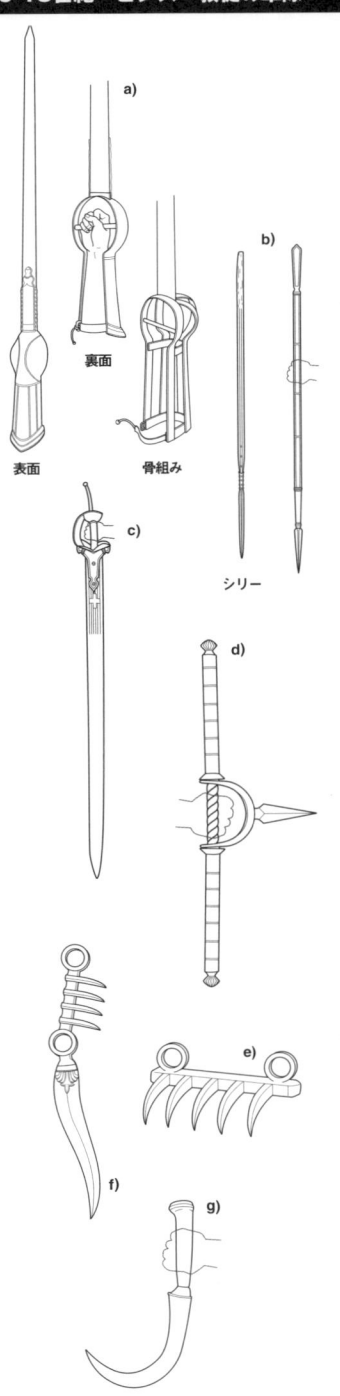

1462-1598年
「軛(くびき)」からの開放と雷帝の時代

ロシア

13世紀の中頃から"タタールの軛"と呼ばれるモンゴル支配を受けていたロシアは、モンゴルの衰退とビザンツ帝国の滅亡によって自立した。イワン3世（大帝。在位1462-1505年）によるモスクワ大公国（リューリク朝）は栄え、イワン4世（雷帝。在位1533-1584年）の時代になると、いよいよ大帝国への道を歩みはじめる。

ロシア騎兵（15世紀末-16世紀）

装備は東方の騎馬民族に影響された面が多く、15世紀末から16世紀にかけてはチェイン・メイルと鉄板を組み合わせた柔軟性のある鎧を採用していた。貴族は象眼や宝石で飾り、銀でつくられたメイルなどを着たが、乗馬に適した服装を好んだ。腕には金属の籠手をつけたが、突撃戦に重要なひざ部分の防護手段がなくなっていき、突撃戦に弱くなっていく。結果として回避し、不意打ちや、距離をおいたまま包囲して矢を放つことを常套手段とした。これには軍馬の多くが体高130cmと小型だったことにもよる。主要な武器は合成弓だが、騎槍、投槍、湾刀、鎚矛「ブラワ」（ロシア語で「ブラヴァ」）、16世紀後半にはピストルを装備した。

ロシア重装騎兵（15世紀末）
頭頂部が尖った東方風の兜。面当ても見られた

ロシア騎兵（16世紀末）
鎧は次第に軽量化されていき、16世紀中頃からはすべてではないが金属製鎧をやめて矢を防護するためだけの詰め物をしたコートを着るものもいた。

第Ⅲ章　近世の戦士
1462-1598年　ロシア

ロシア重装騎兵（16世紀）

コサック兵

コサック

「コサック」または「カザーク」（ロシア語）の語は、"自由人"とか"剛勇者"を意味するトルコ語を起源にするといわれる。彼らは15～17世紀にかけて公国から逃亡した農奴や貧民から発生した自由人で、タタールと接し、ステップに居住するようになったことで騎兵としての技を磨いた。さまざまな武具に習熟した戦士として18世紀以降には土地と特権を与えられ、その代償として軍役に就く義務を負うようになった。それ以前は傭兵としてポーランドやモスクワ側に付いて戦っている。独特の扮装は広く知られており、図に見られる半月状の細長い斧刃をもつ長柄の戦斧は、「ベルジーシュ」（ロシア語）と呼ばれ、15～17世紀によく使用された。この斧は白兵戦用の武器として使用するだけでなく、火器が全盛してからは銃を支える叉杖の代用にもされた。

◆ モスクワ大公国の騎兵部隊編制 ◆

15世紀末のロシアでは軍事力を大貴族に頼っていた。彼らは希望された出兵数をおいそれとはロシア大公に提供しようとはしなかった。これに対しイワン3世は従臣に土地を貸し与え、モスクワ周辺に1,000を超える小貴族をつくり出し、兵力の確保とともに大公権力の強化に尽力させた。その後1547年に全ロシアの皇帝を称したイワン雷帝は、410エーカーにつき1騎の完全武装の騎兵を出兵させる法令を発布し（1556年）、兵役の義務の公平化と同時に、大貴族からの出兵数を確保した。またほかにも近衛隊であるストレリツィ（銃兵隊）を編制し、自らの軍事力を強化している。こうした経緯を経て、大小貴族からなる騎兵戦力は、16世紀末には約2万5,000を数えるようになり、戦時には4～5万の兵力を招集するまでになった。部隊は100名を最小単位で編制され、1,000名の部隊が6個集まって"ポルカ"を編制した。

戦争の技術 9
中世を終わらせた兵器

中世ヨーロッパを通じて活躍したクロスボウ、カタパルトといった兵器は、やがて銃や大砲といった火器にその座を奪われる。火器の記録は1326年、イタリア・フィレンツェの公文書に初めてあらわれ、これらの記録から1300年代初めには使用がはじまっていたと考えられている。鎧姿の騎士や古くからの城塞は火器によって打ち砕かれ、それは"中世の戦い"が終わることを意味した。

■大型火器（大砲）

ヨーロッパ中世最大の投石機「トレブシェット」（フランス語では「トレビシュ」）。巨大なアーム（腕木）の一端に重りを設けた釣合重り式投石機。重力によって重りが下がることでアームが旋回し投石する。14世紀までは十分に威力があったが、築城技術の向上によって投石による城壁破壊が次第に難しくなっていき、その役割を大砲が担うようになる。

ボンバート

ヨーロッパで最初に大砲が使われた戦争は百年戦争だといわれる。クレシーの戦い（1346年）では、イングランド軍が「ボンバート」と呼ぶ数門の砲を、昔ながらの弩砲とともに使用している。ボンバートの砲身は鉄片を張り合わせたものに鉄輪を巻きつけて強化したもので、鉄輪の代わりに革帯を巻きつけたものもあった。地面に据えつけた箱型の枠に固定し石弾を発射した。また1347年のカレー、1429年のオルレアンの攻囲戦では同じくイングランド軍が臼砲を使用している。臼砲とは読んで字のごとく"うす"状をした砲身をもつ大砲のことをいい、弾道が山なりで遮蔽物に隠れた敵を攻撃できる。ただしその弾道を予測することが難しく狙いはつけにくい。

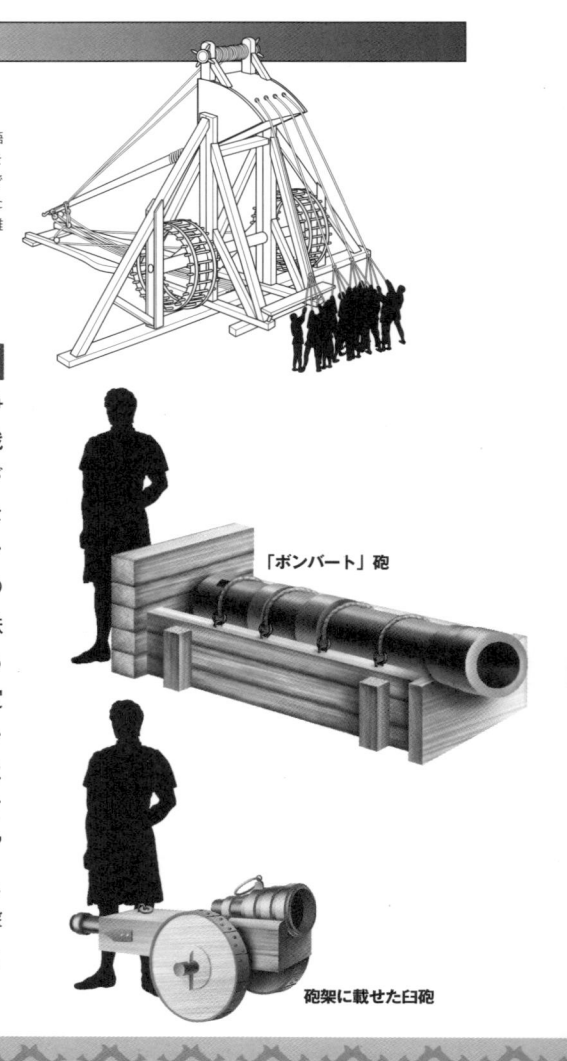

「ボンバート」砲

砲架に載せた臼砲

ペリエール

「ペリエール」（フランス語）は14〜15世紀に使用された石射砲。いわゆる臼砲で山なりの弾道をもち攻城戦で使用された。薬室が口径より小さいため、砲尾に向かって細くなっている。

ブリーチ・ローディング・カノン

砲弾を砲尾から込める方式（後装方式）を最初に採用した大砲であり、1460〜70年代に登場した。火薬と弾丸を詰める部分が取り外しできるようになっている。砲弾の装填が簡便な一方で、発射時のガス漏れによって威力は半減した。初期にはボンバートのように型枠に固定したが、15世紀末には車輪付きの砲架に載せたものも登場している。

射角可変砲（砲尾持ちあげ方式）

15世紀末になると、砲身の射撃角度を変えて射程を調整する方法が考案されている。当初主流となった方式は、砲身を砲台に載せ、さらにその砲台を砲架に載せて砲口側だけで連結させたもの。砲尾側で砲台を持ちあげることで、大砲を据えつけたあとでも砲身の上下角を変えられる。砲台を持ちあげる方式はさまざまで、砲台と砲架のあいだに楔を打ち込んだり、手の込んだものではネジ式や、段階的な穴を空けた板にピンを差し込む方式が登場している。

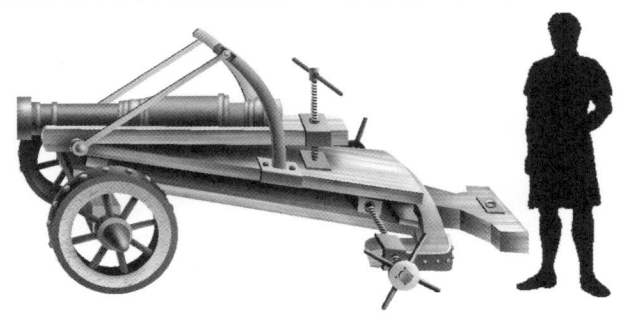

射角可変砲（トラニヨン付き砲）

「トラニヨン」（砲耳）は砲身の左右に突き出た棒のことをいう。この部分で砲身を砲架に載せ、ここを支点にして砲身を傾けることで射撃角度を変える。15世紀中頃に登場した。この方式によって砲台なしに砲身を砲架に直接載せられるようになった。

カルヴァリン

「カルヴァリン」は15～17世紀に使用された口径38～152mmほどの砲。その名はラテン語で"蛇"を意味する。野戦で使用するために重量を抑え、射程を伸ばすために砲身を長くしている。図はブルゴーニュ公が使用した1460年代のカルヴァリン砲。

カノン

16世紀に登場した砲耳付き鋳造砲。「カノン」という語は現在用いられているような広義のものではなく、当時はきわめて限られた、大砲の一種類をあらわした。フランス軍の「カノン」は砲身が3mを超える3,500kg以上のもので、牽引するのに21頭の馬を必用とする大型砲であった。

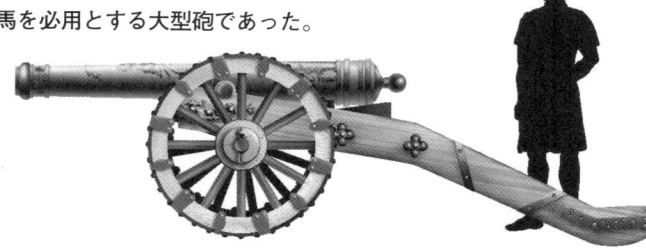

レザー・カノン

1630年頃にスウェーデン軍が発案した軽量砲。歩兵部隊に随行させることを目的として軽くされており、軽量化するために砲身は複雑な造りとなっている。まず薄い鉄製の本体に銅線を巻きつけ、さらに木枠で囲みその上から鉄線とロープを巻きつけて補強する。砲口、中間、砲尾には木製の綛（かせ）をはめ、最終的には革をかぶせて釘打ちした。そこまでしても火薬の分量を間違えると砲身が破裂する危険があった。しかし歩兵を支援するための兵器とし大砲を使用すること自体は画期的な試みで、以後、砲兵という兵種が登場する切っ掛けをつくった。

巨大砲

中世期の大砲は、攻城戦での使用を目的としていたこともあって、より大きな弾丸を発射できるように口径を大きくすることがまず先行して行われた。遂にはとてつもなく大きな巨大砲もつくられている。巨大砲はそれをつくった国家の武威を示すものでもあった。

ウルバン

メフメット2世（在位1451-1481年）がコンスタンティノープル攻略のために製造させた巨大砲「ウルバン」。青銅製の鋳造砲。運搬と装填を考慮して砲身と薬室を分割式にしているが、それでも運搬には30輌の4輪車と牡牛60頭、人員200名を必要とした。さらに別に250名の兵士が先行し、道路や橋の補修を行った。そのため1日の行程はわずかに4km。装填にも時間と手間がかかり、1日で発射できる弾丸は7発が限度であったという。図は1464年に製造され、1867年にスルタンであるアブドゥ・アジス（在位1861-1876年）からイギリスのビクトリア女王に贈られた巨大砲。ダーダネルス海峡に据えつけてあったものだが、形式がウルバンに近いといわれている。この砲の薬室部分は8,941kg、砲身は8,128kg、口径は63.5cmある。

モンス・メグ

ブルゴーニュ公フィリップ（善良公。1396-1467年）の命でつくられた錬鉄砲「モンス・メグ」。製作者であった鍛冶屋、トレイブのギャロウェイの妻モーランス・メグの名をとってそう呼ばれた。1449年6月に完成し、口径は48cm、全長は404cm。砲身重量は5,080kg。砲架と合わせると6トンを超える。発射する弾丸は150kgの石弾。1457年にスコットランドに贈与され、「マグナ・ボンバーダ」と呼ばれた。姉妹砲には「ダリュー・グリエット」と「バーゼル・ボンバート」があり、前者は口径64cm、後者は34cm。ダリュー・グリエットは356kgの石弾を発射することができた。

■ 小型火器

アルクビューズ・ア・クロ（銃架式火縄銃）

「アルクビューズ・ア・クロ」はフランス語で"銃架式火縄銃"を意味する。英語では「ダブル・ヘイク」と呼び、意訳するなら"二脚銃"となる。ふたりあるいは3名で操作し、発射時の反動を吸収するために二脚の銃架に載せて発射した。"小銃"の初期の形式といえるが、銃身長は1.8〜2.4m、重さは30kgを超える。約230gの弾丸をおよそ3分に1発の割で発射できた。

小銃各種

●ハークィバス（火縄銃）

「ハークィバス」（英語）は16世紀の初頭に登場したマッチ・ロック式の小銃。国によって「アルクビューズ」（フランス語）、「ハントビュークセ」（ドイツ語）、「アルカビュス」（スペイン語）、「アルキブーゾ」（イタリア語）などと呼ばれた。銃身長は1m。銃床を含めた全長は1.4mほどで重量は4.5〜5kgだった。弾丸の重さはおよそ30g。訓練を受ければおよそ90秒間隔で射撃できた。最大射程は270m前後。有効射程は150〜200m。しかし経験のある射手なら敵が50mほどに迫ってから射撃したという。

●マスケット（大型火縄銃）

「マスケット」（英語）は大口径のハークィバスを指す。1530年頃にイタリアで「モスケット」と呼ばれた銃が原型で、名の語源は"隼"を意味するイタリア語。この銃が1530年頃に「モスケテ」（スペイン語）と呼ばれるようになり、1567年にスペインのアルバ公（1507-1582年）が大規模に戦場で使用してヨーロッパ諸国に広まった。射程は550m近くに達し、270mで敵を確実に倒した。当時は360〜430mの距離で一斉射撃を行えば必ず敵を粉砕するといわれた。金属の鎧なら200mほどで何らかの効果を発揮し、100m以内なら完全に打ち抜いた。ただし、その分、反動が強く、胸ではなく肩に当てて射撃し、叉杖を必要とした。この叉杖を使用する方法を「スペイン式」と呼び、マスケットに限らずさまざまな小銃でも使用されている。イギリスでは

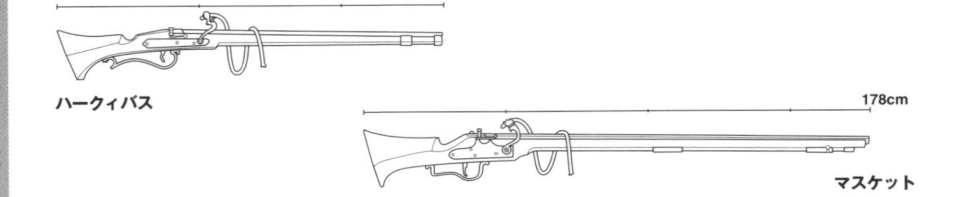

136cm

ハークィバス

178cm

マスケット

カービン 90cm

ペトロネル 90cm

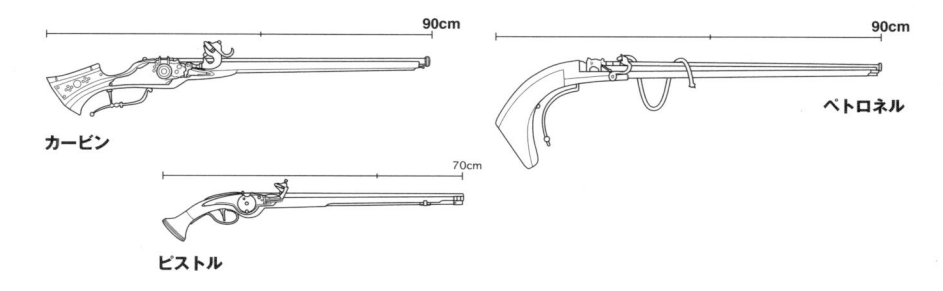

ピストル 70cm

小型のマスケットが用いられ、それは「キャリヴァー」と呼ばれた。外見は変わらず叉杖も必要だが扱いやすかった。

● **カービン**
騎兵が使用したハークィバス。キャリヴァーよりも銃身が短く口径も小さい軽い小銃で、1559年にフランスの文献に初めて登場する。以後、騎兵用の小銃を「カービン」と呼ぶようになる。

● **ペトロネル**
カービンと同じく騎兵が使用したハークィバス。"胸当て銃"と訳され、その名のとおり曲がった銃床を胸に当てて固定し射撃した。曲がった床尾を胸に当てて射撃するこうした方法を「フランス式」と呼んだ。おそらく小銃とピストルの中間に位置する銃。

● **ピストル**
片手で用いることを前提とした小型の銃で16世紀初めに登場した。1521年にイギリスで「ピストル」と呼ばれるようになり現在にいたっている。語源はフス教徒が用いたハンドガン「プスカ」にある。短いゆえに弾丸が方向性をもつことなく発射されるため、確実に命中するのは3m前後の距離だったという。着火方式はほとんどがホイール・ロック式。初期にあったマッチ・ロック式ピストルは「ダグ」とも呼ばれた。

● **初期の後装銃**
弾丸を銃尾側から込める「後装式」のアイデアは、大砲同様に小銃にも適用されて1540年頃には後装式の小銃が登場している。ただしこの"後装式"は脱着式の薬室に弾丸と火薬を詰めて再装着し、火縄で着火して射撃するというものだった。こうした薬室交換方式では、弾丸を押し出すガスが隙間から漏れやすく、同型の小銃に比べて威力が劣った。そのためこの銃が広まることはなかった。しかし連発銃をつくる試みに採用されている。

● **コンビネーション・ウェポン**
初期の小銃は気温や天候によって不発となる場合が多かった。そうした不測の事態に備えてほかの武器と合成したものがつくられている。この動きはホイール・ロック式の登場によって加速され、斧や短剣、メイスなどと組み合わされたものが知られている。

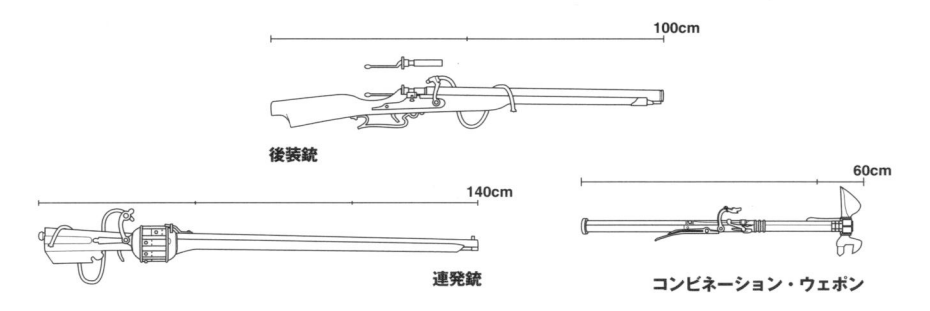

後装銃 100cm

連発銃 140cm

コンビネーション・ウェポン 60cm

1492-1600年

大航海時代
コンキスタドール

イスラムから羅針盤の技術を得ると、ヨーロッパ人にも推測航法が可能となり、大航海時代が訪れとなった。1492年10月12日、コロンブス（1446頃-1506年）が新大陸（実際には西インド諸島）を発見。これを皮切りに新大陸を目指す冒険の機運が高まっていった。

剣士

新大陸に向かった冒険者たちは"コンキスタドール"（征服者）と呼ばれた。彼らには伝道師の同行が義務づけられており、新大陸に居住する異教徒たちを改宗するという目的ももっていた。初期の遠征隊の装備はほとんど自前で、費用は私財を売り払って工面した。図はそうした冒険者のうち、剣と金属製円盾（「ローデラ」）を装備する剣士。装備品のなかには中世で用いられた旧式の武具もあるが、鉄をもたない先住民相手には十分過ぎるほど有効だった。こうした装備はコルテス（1485-1548年）が遠征した時代になっても概ね変わらないものの、気候に合わせて金属製鎧から布製の防具へと代わっていく。ピサロ（1478-1541年）の部隊は目印として帽子や兜に羽毛の飾りをつけたが、遠征時を通して用いつづけたかは不明。

1540-1565年頃の軽装剣士

1520-1550年頃の重装剣士

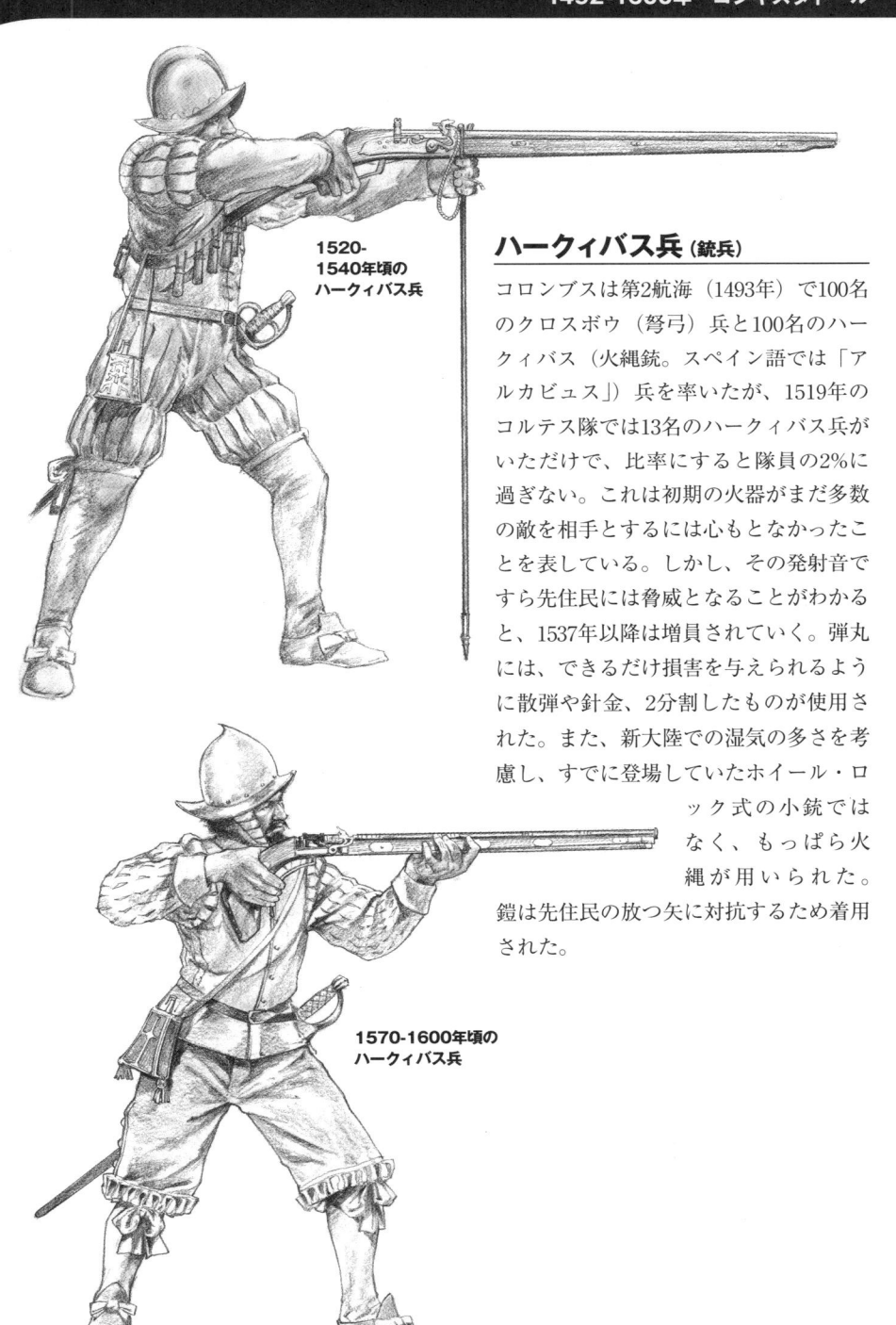

第Ⅲ章　近世の戦士
1492-1600年　コンキスタドール

1520-1540年頃の
ハークィバス兵

ハークィバス兵（銃兵）

コロンブスは第2航海（1493年）で100名のクロスボウ（弩弓）兵と100名のハークィバス（火縄銃。スペイン語では「アルカビュス」）兵を率いたが、1519年のコルテス隊では13名のハークィバス兵がいただけで、比率にすると隊員の2%に過ぎない。これは初期の火器がまだ多数の敵を相手とするには心もとなかったことを表している。しかし、その発射音ですら先住民には脅威となることがわかると、1537年以降は増員されていく。弾丸には、できるだけ損害を与えられるように散弾や針金、2分割したものが使用された。また、新大陸での湿気の多さを考慮し、すでに登場していたホイール・ロック式の小銃ではなく、もっぱら火縄が用いられた。鎧は先住民の放つ矢に対抗するため着用された。

1570-1600年頃の
ハークィバス兵

277

騎兵

1519年2月10日に出航したコルテスの遠征隊は11隻からなる船団で、積載されていたのは580名の兵士、110名の水夫、32丁のクロスボウ、13丁のハークィバス、4門のファルコーネ砲、10門の大砲、16頭の馬、そして多数の犬であった。アステカ帝国はこのわずかな兵力によって滅び去ったが、とりわけ騎兵の効果は大きく、6頭の馬によって滅ぼされたとさえいわれている。馬を初めて目にしたアステカ人は、"屋根ほどの高さのある鹿"と呼び、最初は半人半馬の怪物と考えて恐れた。またインカ人も巨大なバクとと らえ、パニックに陥っている。馬と騎手は、投擲物から身を守るために全身をおおう鎧をつけていた。鹿革を二重にして縫い合わせ、あいだに綿を詰め込んだ鎧を人馬ともに着ることもある。この鎧は非常に厚かったことから騎馬を巨大に見せることにもなった。ただし、兵や馬をうだらせるため、戦いが行われる直前になってから着用した。武器は騎槍が用いられたが、3mほどの軽いものが好まれた。騎槍を水平に構えて突撃することもあったが逆手にもって突き刺すことが多かった。

■ 戦闘犬

コンキスタドールは馬とともに多数の犬を連れて新大陸に上陸した。これらの犬はウルフハウンド種、ディアハウンド種およびマスチフ種を交配させた雑種で、肩高は75cm、体重は40kgを超えた。犬はたいてい裸のまま戦場に放たれ、先住民にけしかけられた。首を押さえつけられないようにスパイクのついた首輪や、投擲物から身を守るキルティングの綿鎧を着せた。

馬を船で運ぶ際には暴れられないよう脚を縛り、胴体に布を巻きつけて吊りあげて運んだ。馬がいなかった南北アメリカにもこうして馬が持ち込まれ、やがて野生化して繁殖するようになった。

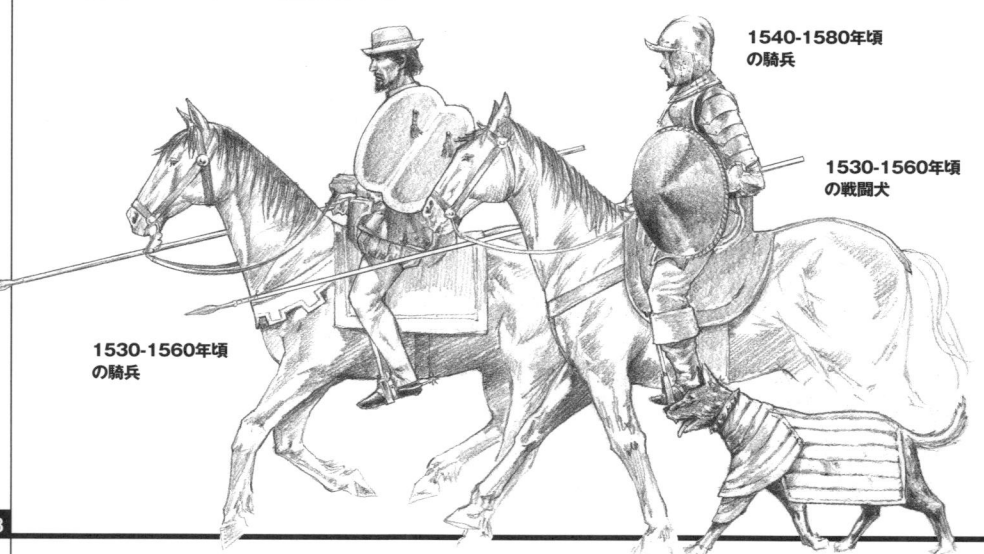

1540-1580年頃の騎兵

1530-1560年頃の戦闘犬

1530-1560年頃の騎兵

第Ⅲ章　近世の戦士
1492-1600年　コンキスタドール

■ ファルコーネ

「ファルコーネ」は機動性を重視した小型の野戦砲。十分な積載能力をもっていなかった当時の艦船が、未知の大海に乗りだす際に装備したものである。コルテスは4門を遠征隊の支援火器として使用している。砲身は青銅製で、車輪のある砲架に載せられていた。火薬の量などを調整すればさまざまな砲弾を用いることができ、最大1.3kgまでの砲弾を発射した。大きな威力ではないが、火薬すら知らない先住民を相手とするには十分な効果をもち、400名からの襲撃を2門のファルコネットで撃退したという記録もある。1541年までに新大陸でも鋳造されるようになり、その数は増していく。

1570-1585年頃の騎兵

1535-1555年頃の騎兵

15-17世紀

新大陸の戦士
南北アメリカ大陸

コロンブスが新大陸を発見した1492年10月12日は、ヨーロッパ人にとっては記念すべき祝日となったが、南北アメリカの先住民にとっては災いのはじまった日となった。先住民たちは武具においては立ち後れていたが、我が身をかえりみない勇猛果敢さによって戦う術を心得ていた。

アステカ

アステカ族の名は伝説上の発祥地"アストラン"に由来し、メシカ族ともいわれた。13世紀末に現在のメキシコに到達し、14世紀中頃にはテノチティトラン（現在のメキシコ・シティー）と呼ばれる巨大都市を築いて繁栄した。

アステカ戦士

アステカ族に従属したオトミ族の戦士。唇と耳に大きな金の飾りをつけ、頭頂部に赤いリボンで結ばれた髷（まげ）を結っている。全身に赤い襟首と緑色の羽毛でおおわれた戦闘用の防具（衣装?）を着ており、赤い靴ひもの白いサンダルを履いている。手には投槍と、それを投擲するための補助具（「スピア・スローワー」）、そしてけばけばしい配色の盾をもっている。投槍は長さが120cmほどで、盾の取っ手に数本（おそらく5本）を差して携帯した。槍の穂先には銅、黒曜石、燧石、魚の骨が使用された。

第Ⅲ章　近世の戦士
15-17世紀　南北アメリカ大陸

■ スピア・スローワー

アステカ人は投槍を投擲する際に、今日「スピア・スローワー」と呼んでいる補助具を使用した。これは引っ掛かりのある棒状器具で、そこに槍の端部を引っ掛けて投擲した。アステカ人のスピア・スローワーは60cmほどの長さで木製。象眼がほどこされていた。根本から20cmくらいのところには、人差し指と中指を通す一対の穴が空いた耳がつけられている。およそ45m投擲できた。

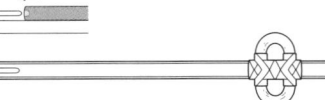

ジャガーウォリアー／イーグルウォリアー

優れたアステカの戦士は、最高位階級である2つの戦士団に属した。テスカトリポカ神に仕える「ジャガーウォリアー」("豹戦士"。アステカ語で「オセロメー」)と、太陽神に仕える「イーグルウォリアー」("鷲戦士"。同「クゥアクゥアウーティン」)である。それぞれ豹と鷲を象った「ツラフィスツリィ」という兜と、「オセロトテク」という戦争用の衣装を着た。ジャガーウォリアー用には毛皮を使うものと、羽毛でつくられたものがあり、全体が青や赤、白色の場合がある。足首部分と袖口部分は指まで細工したものとしないものがある。衣装の下には綿を詰めてキルティングをした「イチュカウィピリ」という胴衣を着た。腰に腰布「マシュトラトル」を巻き、オセロトテクの腹部に孔を空けてその結び目を出し、帯の先を垂らした。

イーグルウォリアー
「クゥアクゥアウーティン」

ジャガーウォリアー
「オセロメー」

武勇を誇るための
旗印「トキココリー」

第Ⅲ章　近世の戦士
15-17世紀　南北アメリカ大陸

■ マクアフィテル／テポストピリー

アステカ人の剣は「マクアフィテル」、槍は「テポストピリー」という。鉄を知らなかった彼らは、刃に黒曜石を用い、細片を木製の本体にはめ込んで剣や槍としていた。剣は全長が1.0～1.5mほどで身幅は5～10cm。槍は1.8～2.4mの長さ。剣の握りには手から落とさないようにひもが結ばれていた。

アステカの長槍兵

手にしている長柄の槍は、最長6.4mにも及ぶ。マクアフィテル剣そのものが穂先となることから、穂先の長さは1.5mを超える。防具は主に矢を防ぐためのもので、「イチュカウィピリ」という胴衣を着ることもある。

マヤ

マヤ文明は現在のメキシコ中南部のユカタン半島とベリーズ、メキシコのチアパス州からグァテマラ、そしてホンデュラスに至るマヤ高地に栄えていた。ひとつの王朝ではなく大小さまざまな王国からなっていた。アステカ王国を滅ぼしたスペイン人がマヤの王朝に目を向けたときにはカクチケル、キチェ、ツツィルなどが栄えていた。彼らのスペイン人への抵抗は1697年までつづいた。

マヤ戦士

右図はケツアルクアトル神の衣装を着たマヤ人の族長。木製か骨製の穂先をつけた投槍か長槍をもつ。投槍は長さ1.5m。長槍は2.6～3.2m。中央の戦士は15～16世紀頃の戦士。投槍とスピア・スローワーをもつ。すねには革帯をゲートルのように巻いており、丸盾をもっている。出陣する際には赤、黒、白、青などの顔料を顔に塗った。右端はトルコ石の仮面をつけ、ワニの革でつくった円板をつけた高位の戦士。手にする盾は亀の甲羅を材料にしている。チェチェン・イツァの遺跡のレリーフをもとにした。

マヤの族長

第Ⅲ章 近世の戦士
15-17世紀 南北アメリカ大陸

インカ

インカは南米アンデス山脈を南北に貫く5,000kmに及ぶ領域を支配した帝国。クスコ地方のインカ族が14世紀中頃から急速に領域を広げていった。どのようにしてそのような巨大帝国を建設できたかは今なお不明となっている。"インカ"とは彼らの言葉で"王"や"王族"を意味し、国自体は"タワンティン・ユース"と呼んだ。アステカを滅ぼしたスペインと対したときには20万に及ぶ兵力をもっていた。

インカ戦士

インカ帝国のほとんどの戦士が、Vネックで袖のない、丈がひざ頭まであるシャツ「ウンチュ」を着ていた。帯をすることはないが、時折羊毛のマント「ヤチョーラ」を胸の部分に巻くことがある。履き物はサンダルか北米先住民特有の革靴モカシン。武器は槍や投槍、棍棒、メイス(「チャンピー」)、弓、投石ひも(「フアラカ」)を使用した。メイスには、放射線状に出縁のついたものや星形のものがある。鎧はつけず日常服のまま戦場に向かうが、手には布を垂らした四角形の盾「ポルカンカ」をもった。この盾の垂れた布は矢や投石の威力を弱めることができる。兜は竹を編んで布をかぶせ、羽根飾りをつけたもの。

チャンピー

ポルカンカ

第Ⅲ章　近世の戦士
15-17世紀　南北アメリカ大陸

そのほかの中南米地域

イホナ戦士

イギリスの冒険家にして海軍提督でもあったドレイク（1545頃-1596年）の手記に登場する中南米のイホナの戦士。ドレイクが「イホナ」と呼んだ部族が具体的にはどこに居住していたかは不明。ただし、腰巻きの形状から現ベネズエラ辺りと推定されている。手には木製の長い棍棒「マカナ」をもっている。このような棍棒は椰子の木でつくられ、長さは1.3m程度。握り部分の太さは2.5cm程度で先端部分は10cmほどに達している。

アラワク族戦士

アラワク族はカリブ海諸島と南アメリカに居住した住民集団の総称。図はコロンブス時代の西インド諸島の像と、1529年にスペインへ連れてこられたインディオのイラストをもとに再現している。手には投槍とスピア・スローワーをもち、木製の棍棒をもっている。

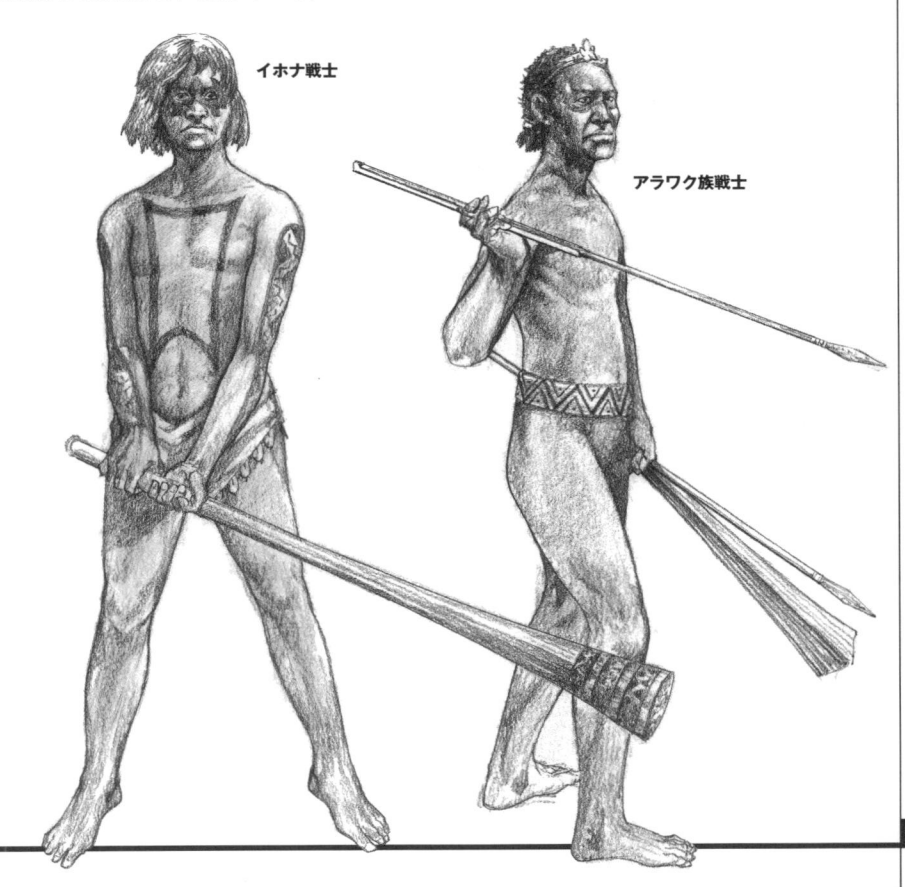

イホナ戦士

アラワク族戦士

北米大陸

フロリダ半島の戦士

1539年に現在のフロリダ半島に上陸し、北アメリカの征服を目指したデ・ソート（1500頃-1542年）が遭遇したアメリカ先住民は、主にタスカローラ（ヒューロン）族であった。図はその目撃証言をもとに、18世紀初頭に見られた鎧やトリンギット族（現東南アラスカに居住する先住民）が19世紀頃に用いた同種の胸甲を参考にして描いている。細長い木片によってつくられた鎧が頭部を含めて全身をおおっている。移動の自由が損ねられるものの、弓を使う戦闘では絶大な効果をもつ。しかしヨーロッパ人の到来とともに火器が広まると急速に廃れていった。

フロリダ半島の戦士

第Ⅲ章　近世の戦士
15-17世紀　南北アメリカ大陸

ミズーリ川周辺の戦士

デ・ソートが遭遇したミズーリ川周辺居住部族の戦士。アメリカ先住民の遺跡に描かれていた戦士像をもとにしている。こうした鎧が13～16世紀頃には使用されていたと考えられており、デ・ソートの記録には牛の革でつくられていたという。

ロアノック島の戦士

イギリス人の軍人で探検家であるローリ（1552頃-1618年）が最初にアメリカ先住民と遭遇したのは1585年のこと。図はその記録をもとに描いたノース・カロライナ沿岸のロアノック島の戦士。全身に入れ墨をほどこし、身の丈ほどの弓を装備している。弓は16世紀になってから投槍に代わって全盛した武器である。

オッタワ族の戦士

17世紀初頭に記されたフランスの探検家シャンプラン（1567-1635年）の紀行本に登場するオッタワ族戦士。動物の革でつくった直径1mの盾を装備し、手には小舟の櫂にもなる棍棒をもっている。

ヴァージニアの戦士

1585年に北米最初のイギリス植民地を築いたローリは、生涯未婚だったエリザベス女王（1世。1533-1603年）に因んで、その地をヴァージニアと名付けた。図はヴァージニアに居住した原住民の族長といわれるもの。弓と木製の棍棒をもっている。この棍棒は独特の形状からのちに英語で「ガンストック・ウォークラブ」と呼ばれるようになる。

オッタワ族の戦士

ロアノック島の戦士

ミズーリ川周辺の戦士

ヴァージニアの戦士

戦争の技術 10
ボーディング —船上の戦い—

新大陸で命を賭けて財宝を得たコンキスタドールたちの帰路を待ち受けていたものは必ずしも輝かしい未来だけではなかった。海上では不法海賊（パイレーツ）、敵対国家を襲う合法海賊、私掠船（プライヴァティア）らが、彼らを獲物とすべく待ち構えていた。"ボーディング"とは船への攻撃と拿捕を目的として敵船に乗り込む戦闘行為をいう。

ファイヤー・ランス

「ファイヤー・ランス」はボーディングの際に用いられた目つぶし用の花火で、「ボンバ」とも呼ばれた。60cmほどの本体部に数回分の火薬が詰めてあり、数度にわたって発射できる。図でこれを携帯している人物は、エリザベス女王（1世。在位1558-1603年）公認の"シー・ドッグ"と呼ばれた海賊。女王は対スペイン戦略として海賊を奨励し、"私の海賊"と呼んだドレイク（1545頃-1596年）は異例の昇進を遂げた。1588年にスペインの大艦隊（アルマダ）を撃退したときにシー・ドッグがファイヤー・ランスを使用している。

ボーディング・アックス

斧はヴィーキングの時代からの、船乗りの定番武器であり、同時に道具としても船上でのさまざまな作業に用いられてきた。この時代、特に斧刃にＶ字の切れ込みを入れたものを「ボーディング・アックス」と呼んだ。切れ込みがある以外は、ふつうの斧と何ら変わらないが、敵船に乗り込むときには舷側に引っ掛けてよじ登ることに用いられる。銃を柄としたものはボーディング専用の特別な品。

カットラス／ハンガー

刀剣は時代が進むにつれて身幅が狭くなったが、船上での使用に適した刀剣は、剣身が短いだけでなく、激しい斬り合いにも耐え得る身幅の広いものとされた。「カットラス」や「ハンガー」がそれで、中世の剣と比べると決して幅広とはいえないが、同時代的には広い身幅をもつ。なかには疑似刃を備えたものもあった。「カットラス」はまさに船乗り用に生まれた剣で、15世紀頃にその原型が見られる。ラテン語でナイフに当たる“クルテル”が語源となっている。一方、ハンガーは狩猟に用いられていたもので、アラビア語でナイフにあたる“ハンジャル”を語源としている。

カットラス

ハンガー

ピストル

ピストルは狭い船上では取り扱いに便利な武器ではある。ただし銃身が短く当時は滑腔式のため、弾道が一定ではなく目標に命中させることが容易ではなかった。そのため照星も設けていないが腰に差して抜くにはそのほうが返って都合がよかった。発射後には棍棒代わりとされる。図は“黒髭”（ブラック・ビアード）の名で知られた大海賊（アーチ・パイレーツ）エドワード・ティーチ（?-1718年）。腰に3丁（または3対で都合6丁）のピストルを下げ、不発に備えて帽子や編みあげた髪からは火縄を垂らしていた。

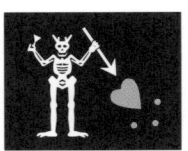

“黒髭”の海賊旗。骸骨は死を意味する印として18世紀初頭にカリブの海賊たちに使用された。

ボーディング・パイク

「ボーディング・パイク」は船上という限られた空間で使用するために、ふつうのパイクよりも柄を短くした槍。ボーディングで乗り込んでくる敵を撃退するために用いた。長さは1.5mから長くても2.5mの範囲。アメリカ独立戦争のときにイギリス軍によって考案され、それからヨーロッパに広まった比較的新しい武器。

デッキ・スペイド

「デッキ・スペイド」は穂先の形状から"クジラの尾"（フルーキング）とも呼ばれ、本来は捕鯨道具のひとつとして骨などを切断することに用いたことから「ボーン・スペイド」の名もある。フジツボを削ぎ落とすことにも使用された船具であったが、ボーディングの際には武器として使用された。長さは1.2～2.5mほど。平たい切先は突き出すだけで目標を切断することができる。

ボーディング・ナイフ

「ボーディング・ナイフ」は帆船時代を迎えた19世紀のアメリカで生まれたもので、非常に残忍な武器として知られた。元々は捕鯨船で用いられたクジラ解体用のナイフ。鋭利な刃先があり、簡単に人間の腕を切り落とせたという。両手で構えて突進したり、振り回したりした。柄の末端にある横棒は横殴りに振り回した際の滑り止め。

ボーディング・パイク　デッキ・スペイド

ボーディング・ナイフ

ボーディング・パイクを構える船員

ボーディング・ランス

「ボーディング・ランス」は捕鯨用の銛（もり）をボーディングに用いたもの。長さは1.5～2.0mで長い口金を備えており、敵に深々と突き刺さるようになっている。しかし銛とは違って容易に引き抜けるように穂先には掛かり矢尻がなく、木の葉状に丸まっている。柄には縄が結びつけられており投擲後にたぐり寄せることもできた。

ビレーピン

「ビレーピン」は武器ではない。帆を留めるための金属または木製の棒である。直径が2.5cm、長さは45cmほどで、その姿から船上では手近な棍棒として使用された。重さは7kgほどもあり、マストの上から投げつけて命中すれば致命傷を負わせることもできた。

スラング・ショット

「スラング・ショット」は18～19世紀にかけて船上で用いられた投擲武器。小石を革で包んだ重りをひもに結びつけ、一方に持ち手となる輪がつくってある。投擲する際には振り回し、遠心力によって破壊力と飛距離を増した。狭い船上では必ずしも有効ではないが、ただ投げるよりは数段威力があり、音もなく敵を攻撃することができた。手放さずに相手を殴打することも可能。

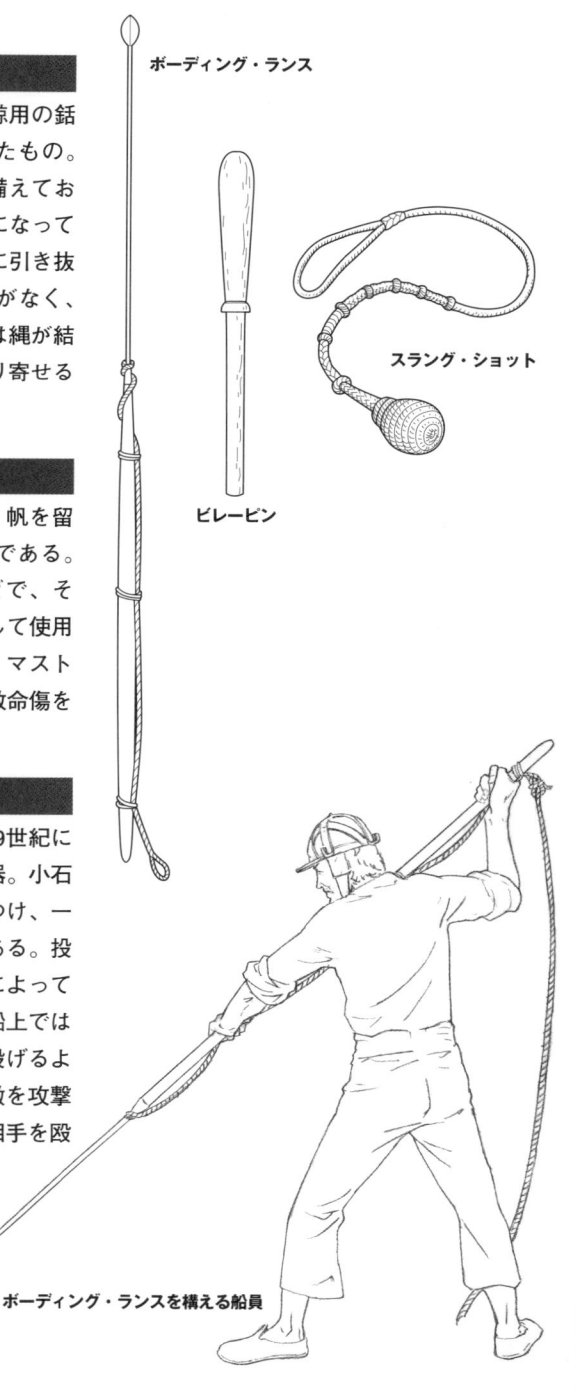

ボーディング・ランス

ビレーピン

スラング・ショット

ボーディング・ランスを構える船員

15-17世紀

絶対王権を確立した軍隊
フランス

百年戦争に勝利したシャルル7世（在位1422-1461年）は、軍を強化し揺るぎない王権を確立し、次代のルイ11世（在位1461-1483年）はブルゴーニュ公に勝利して国内での絶対的な支配の基礎を固めた。さらにシャルル8世（在位1483-1498年）の代にはビザンツ帝国の再興を掲げてイタリアに進出した。このように1328年から1589年までフランスを支配したヴァロワ朝は、軍事力によって王権を固め、つづくブルボン朝の絶対主義への道を開いていった。

重装騎兵「ジャンダルム」

ソラレット（鉄靴）（フランス語では「ソルレ」）は爪先が少し広がったものとなり、英語では「サバトン」と呼ばれるようになった。この変化はシャルル8世の足の形がいびつだったことにはじまり、それが流行したことによる。

第Ⅲ章　近世の戦士
15-17世紀　フランス

ジャンダルム

シャルル7世は1445年に軍の中核となる騎兵部隊"コンパニ・ド・オルドナンス"を創設した。この部隊は有給で、いわば常備軍に近い存在だった。図は部隊の主力となった重装騎兵「ジャンダルム」の15世紀末頃の姿。騎手のみならず、馬まで鎧でおおわれていた。王の前では兜の面当を上げて顔を見せ、その仕草が敬礼の起源ともいわれる。貴族などの身分が高い者たちによって構成されており、戦闘では構成員に優劣をつけないために一列横隊になって突撃を行った。

アルシェ

「アルシェ」（英語では「アーチャー」）はジャンダルムよりも軽装の騎兵。ジャンダルムをサポートする役割を担った。主な武器はランス（騎槍）で、ジャンダルムが突撃するときには、それにつづく形で参加した。また、その名のとおりに弓やクロスボウを装備することもあった。兜は16世紀末にブルゴーニュ地方で生まれた「バーガネット」（フランス語では「ブゥルギニョット」）。鎧は主に上半身をおおうだけ。

軽装騎兵「アルシェ」

近衛兵 (ガルド)

フランスにおける近衛兵の歴史はシャルル7世の治世にはじまる。1423年または28年に創設されたスコットランド人部隊を皮切りにスイス人部隊などの外国人がその任に就いた。フランス人の近衛部隊が編制されたのはルイ11世の時代のことで、フランソワ1世（在位1515-1547年）の時代には、近衛隊は各1,000名からなる4個中隊を擁した。図は1630年代の近衛兵。胸にはギリシア神話の英雄ヘラクレスの格言"ERIT HAEC QUOQUE COGNITA MONSTRIS"（"この棍棒は怪物よりも知られている"）と書かれている。創設時には独特の穂先形状をもつ長柄武器「ベク・ド・コルビン」を携え、のちには斧刃と、嘴（つるはし）に似た鉤爪をもつ「ベク・ド・フォコン」を携えた。17世紀以降にはこの部隊から宮廷内の門衛が選抜された。

近衛兵

銃士隊（ムゥスクテル）

第Ⅲ章　近世の戦士
15-17世紀　フランス

銃士隊（ムゥスクテル）

「ムゥスクテル」は"マスケット銃兵"を意味する。"銃士隊"と和訳されるこの近衛部隊は、ブルボン朝の初代アンリ4世（在位1589-1610年）が創設した火縄銃装備の近衛部隊に、ガンマニアだったルイ13世（在位1610-1643年）がマスケット銃をもたせたことにはじまる。彼らは騎兵でも歩兵でもなく、両方の隊旗をもって戦場に立つことが許された特別な精鋭部隊であり、隊旗には"QUO RUIT ET LETHUM"（"落ちたが最後、お命ちょうだい"）という標句が掲げられていた。銃士隊の形式上の隊長は国王で、ゆえに本来の隊長は"代理"の肩書きをもつ。しかし階級はほかのどの部隊よりも上であった。普段は王の側近くに仕えたが要人の警護や、逮捕の命を受けて連行する役目も果たした。

銃兵（アルクビューズィエ）

フランスは銃器の採用がもっとも遅かった西欧国家であった。パヴィアの戦い（1524年）では、最重装のジェンダムリの鎧をマスケット銃で容易く撃ち抜かれていたにも関わらず、当時の国王フランソワ1世は依然として自軍にクロスボウを使用させつづけていた。彼の考えが変わるのは1534年のこと。治世中に全軍の20%が「アルクビューズ」（火縄銃。英語「ハークィバス」）を装備するようになった。つづくアンリ2世（在位1547-1559年）の時代になると比率は30%に増し、シャルル9世（在位1560-1574年）の代にはマスケット銃が採用されている。

◆ レジオン ◆

レジオン（フランス語）はフランソワ1世が1531年に創設した本格的な歩兵部隊。古代ローマの軍組織にちなんで命名された。1レジオンは6個の千人隊（バンド）からなり、各千人隊は300名の銃兵、600名のパイク兵、100名のハルベルド兵からなった。

■ レイピア

「レイピア」の名はフランス語の"刺突剣"を意味する「エペ・ラピエル」に由来する。15世紀中頃にフランスで生まれ、スペインで発展し、イタリアを経由して17世紀に再びフランスに戻って全盛した。火器の発達によって重装の甲冑が廃れ、剣によっての攻撃と防御を行う技術（フェンシング）が開花したことが全盛の大きな要因となった。使用する際には「パリーイング・ダガー」と呼ばれる短剣を合わせて用いる。下図はレイピアとパリーイング・ダガーを鞘から抜く動作の一例。

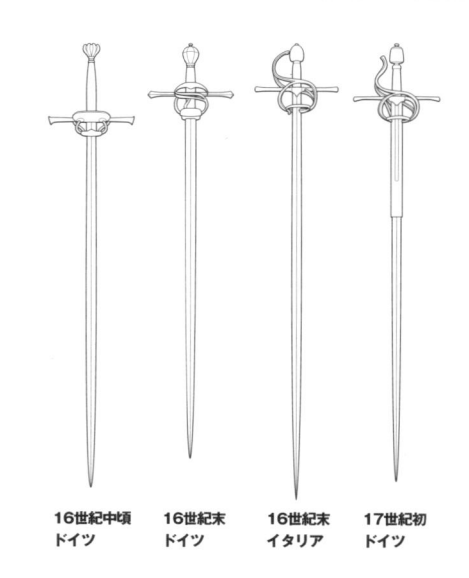

16世紀中頃 ドイツ　**16世紀末 ドイツ**　**16世紀末 イタリア**　**17世紀初 ドイツ**

第Ⅲ章　近世の戦士
15-17世紀　フランス

■ レイピアのヒルト各部の名称

レイピアに見られるような複雑な柄を「スウェプト・ヒルト」と呼ぶ。

① ボタン（止メネジ）　　　　　柄頭を留めるネジ
② ポメル（柄頭）　　　　　　　刀剣のバランスを保つ重り
③ フェリュール（責金）　　　　グリップの補強部分
④ グリップ（握り）　　　　　　手でもつ部分
⑤ キヨン・ブロック（棒状鍔）　鍔となる部分
⑥ キヨン（鍔）　　　　　　　　キヨン・ブロックの本質的な部分
⑦ ナックル・ガード（護拳）　　斬撃の際に手指を守る部分
⑧ カウンター・ガード（補助護拳）鍔迫り合いのときに手指を守る
⑨ アームズ・オブ・ザ・ヒルト（護指拳）剣をもつ手指を守る環状部分の総称
⑩ サイド・リング（側環）　　　人差指と中指で刃の根本を挟んで
　　　　　　　　　　　　　　　もつときに手指を守る
⑪ リカッソ（羽根元）　　　　　剣身の根本で刃先がない部分
⑫ ブレイド（剣身／刀身）

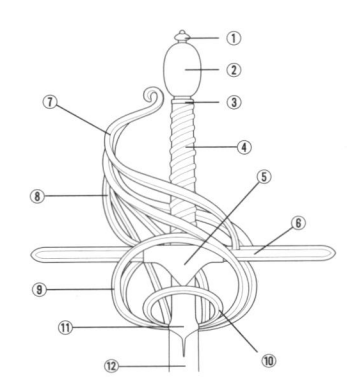

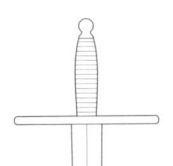

a) 1470年
手を守るのはキヨン・ブロックのみ

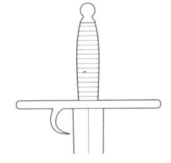

b) 1340-1500年
キヨン・ブロックに指を掛けるサム・リング（護指環）を加えたもの

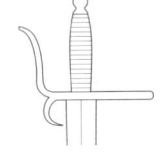

c) 1500年
ナックル・ガードが登場する

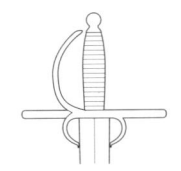

d) 1515年
サイド・リングが加わったもの

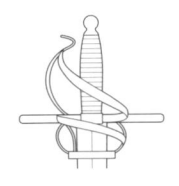

e) 1540-1560年
手元側にカウンター・ガードがある

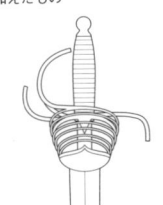

f) 1560-1640年
小さな"シェル"と呼ばれる貝殻状の鍔（貝鍔）が見られる

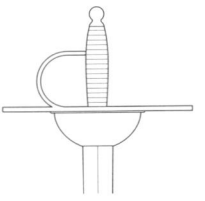

g) 1625-1700年
大きなカップとキヨン・ブロックとナックル・ガードだけとなっている

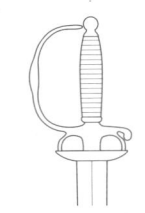

h) 1700年-1830年
シェルが小型化し、サム・リングがつく。通称「スモール・ソード」

■ パリーイング・ダガー

「パリーイング・ダガー」は英語の呼称。レイピアとともに用いられて敵の一撃を受け流す（パリーする）短剣を指す。スペインやイタリアのフェンシング流派で用いられ、剣術の流行とともにヨーロッパ世界に全盛した。腰に吊される場合には刀剣とは反対側に吊され、もつときには左手に構える。そのためフランス語では"左手用"という意味の「マン・ゴシュ」の名で呼ばれた。敵の剣先を受けるために切先が3つ又に分かれるものもある。

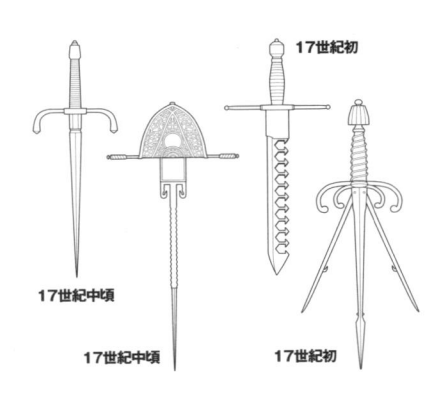

17世紀初
17世紀中頃
17世紀中頃
17世紀初

16-17世紀

太陽の沈まない王国
スペイン

スペイン王国が成立したのは1479年のこと。まもなくイベリア半島からイスラム勢力を駆逐し、新大陸では早くから広大な植民地を獲得していった。カルロス1世（カルル5世。在位1516-1556年）は1519年にドイツ皇帝ともなりヨーロッパでの領地を拡大。フェリペ2世（在位1556-1598年）の代には"太陽の沈まない王国"とまで呼ばれた。しかし、16世紀末に海戦でイングランド、陸戦でオランダに敗れ、経済基盤に打撃を受けると国威は急速に失われていった。

ヒネーテ

装備は先の時代よりも重装になったが、投槍を用いて敵を攻撃する戦法や、アダルガ盾を装備していることは変わっていない。この盾は構えたときに視界を確保できるようハート形になっている。図の兜は視界を広げるために庇を切り欠いているが周囲につばのあるケトル・ハット兜。ほかに「モーリオン」（スペイン語では「モリオン」）等も使用した。胴鎧にはブリガンディーン、脚には板金製のもも当（「キホーテ」）、ひざ当（「グアルダ」）、すね当（「グレーバ」）をつけている。

ヘンダルメ

「ヘンダルメ」（スペイン語）は重装騎兵である。その役割はより軽装のヒネーテを支援すること。これはスペインにおける騎兵がヒネーテを中心に発達し、重装騎兵が不足していたため。図は16世紀中頃のヘンダルメで特徴的なロブスター型の胸甲をつけている。これはスペイン貴族の肖像画や、カルル5世とフェリペ2世の甲冑をもとにして再

ヒネーテ

第Ⅲ章　近世の戦士
16-17世紀　スペイン

現したもの。スペインでは鎖鎧地のサバトン（鉄靴。スペイン語では「エスカルペ」）が多かったが、カルル5世以降、鉄板でつくられるものが採用された。馬はクリネット(馬鎧の首当。同「クエッロ」)が首と喉の全体を防護し、「シャンフロン」(馬面。同「テステーラ」)は目の部分を除いて頭部全体にわたっている。15世紀から17世紀の中頃まで、こうした何らかの馬鎧が防弾のために用いられた。しかし、図ほどもある重装の馬鎧は1540年代以降、火器に抵抗できないことから需要をなくし、機動力が重視されていく。手綱は歩兵の長柄武器によって切断されることが多く、鎖を手綱にすることもある。

ヘンダルメ

エレーリュエロ（騎乗銃兵）

ラーンサ（騎槍兵）に変わって次第に登場するのが「エレーリュエロ」（騎乗銃兵）である。ラーンサと同じような出で立ちではあったが武器が銃器に持ち替えられている。当初は小銃を装備し、ピストルで武装した騎兵部隊は「カバロッス・リゲロス」（スペイン語で"軽騎兵"の意）と呼ばれて16世紀中頃になってから導入された。しかしおそらくは半数以上が歩兵の銃兵が騎乗したもので、加えてピストルを装備していたと思われる。図の兵士はホイール・ロック式の小銃を備えている。この部隊はイタリアのストラディオットを手本にしたといわれる。武器となる小銃は左肩から革帯で右側にぶら下げられた。赤いX字形の十字や赤いサッシュ（飾り帯）、スカーフ、あるいは羽根飾り（「プマーヘ」）をつけることが16世紀スペイン軍における敵味方の識別方法である。

エレーリュエロ（騎乗銃兵）

第Ⅲ章　近世の戦士
16-17世紀　スペイン

ラーンサ（騎槍兵）

フェリペ3世（在位1598-1621年）は軍の近代化に向けてランス（騎槍）の破棄を公式に命じたが実際には17世紀中頃まで使用されつづけた。騎槍をもった騎兵部隊は軽装騎兵種に数えられたが、大半は上半身をおおう「ハーフ・アーマー」（半甲冑。「コースリット」スペイン語では「コセレーテ」）を着用していた。"ハーフ"（半分）の語は、それまでのフル・アーマー（全身装甲鎧）に比べて、甲冑量が半分程度であることから用いられる。このように重装とも軽装ともとれる騎兵ではあったが、スペインでは重装騎兵と区別して「ラーンサ・ド・アルマス」と呼ばれた。騎槍には細身のものと太身のものがあり、前者を「ラーンサ」、後者を「ランゾン」と呼んだ。長さはともにおよそ5.4mあった。腰には広刃の剣、鞍にはピストルを携帯している。歩兵部隊と異なり定められた色のカソックと呼ばれる上着を着用した。たとえば1590年には深紅色のカソックを身につけていた記録がある。

ラーンサ（騎槍兵）

ローデレロ（剣盾兵）

スペインの名将ゴンサロ・デ・コルドバ（1443-1515年）はハークィバス兵とパイク兵に加えて、盾と剣を装備して白兵戦を行う「ローデレロ」（剣盾兵あるいは剣士）を編制した。これらはパイク兵を補助するための兵種として戦場に投入された。直径60cmほどの金属製円盾（「ローデラ」）を吊し帯（「ブラセーラ」）で肩から下げ、左手で構えた。兜はモーリオンや「キャバセット」（スペイン語では「カバセーテ」）。胸甲をつけることもあった。

◆ ローデレロの運用法 ◆

ローデレロ（剣盾兵）は戦列の後列に控えており、先頭の部隊が接敵し白兵戦を開始すると、両脇から前進して敵の側面や後面に回り込んだ。

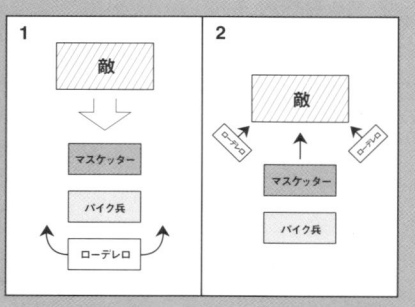

第Ⅲ章　近世の戦士
16-17世紀　スペイン

モスケテロとアルカビュセロ

名将デ・コルドバは16世紀初頭に登場した「アルカビュス」（スペイン語で"火縄銃"を意味する）の威力に着目し、軍の半数にこれを装備させた。1513年には大口径の火縄銃「エスピンガルダ」を採用し、この銃は1530年頃になると「モスケテ」（スペイン語で大口径火縄銃の"マスケット銃"を意味する）と呼ばれるようになり、1567年にオランダ独立戦争で威力を発揮してからは諸国にまで広まっていった。モスケテは重く、発射時の反動も大きいため、1.2mの長さの叉杖で銃身を支えて射撃した。火薬は装填しやすいように1発分だけを筒に入れ、それを右肩から掛けた負帯にいくつもぶら下げていた。当時の兵士は赤、黄、緑といった明るい色の服を着た。青は不人気で茶色は田舎者にこそふさわしいと考えられていた。図の「モスケテロ」（マスケット銃兵）はスペイン風のキャバセット兜（カバセーテ）をかぶり、「アルカビュセロ」（アルカビュス銃兵）はモーリオン兜をかぶっている。

モスケテロ
（マスケット銃兵）

アルカビュセロ
（アルカビュス銃兵）

305

パイク兵

デ・コルドバは、銃兵にアルカビュスを装備させるとともに、騎兵の突撃に対して弱点をもつ銃兵を防護するために同数のパイク兵を採用した。この先見性がのちに無敵と呼ばれた方陣隊形"テルシオ"を生むことになる。スペイン人はパイクを"武器の支配者で女王"と呼んだ。標準的なスペインのパイクの長さは約は4.2～5.2mで、イングランドのそれよりは短かった。鎧をつけたパイク兵を「コルセレテス」、鎧をつけないパイク兵を「パイカ・セカ」または「ピクエロ・セコ」と呼んだ。記録では、16世紀末から17世紀初頭までの装甲・非装甲の割合は半々と記されているが、鎧をつけた兵の割合が次第に増えていった。ただし、鎧は主に上半身をおおうもので、ハーフ・アーマー（コセレーテ）。図の兵士の兜は"スペイン風のモーリオン兜"と呼ばれるもので、キャバセットとモーリオンの特徴を兼ね備えている。

◆ テルシオ ◆

スペインで生み出された戦闘隊形。敵に対して横長の長方形となり、四隅に小さな方陣を配している。本体の敵に対する正面幅は100列、縦深は12～15列。外縁2列をマスケット銃兵とし、中央にパイク兵を集めて本体を形づくった。四隅に加えた小方陣は横5列縦6列のマスケット銃兵で構成される。1個のテルシオはおよそ3,000名の方陣となり、これを複数配して布陣する。全周に射界を設けた無敵の隊形だが、一方向からの敵に対しては火力が半減する。また隊形を組むのにも時間がかかり、機動力も劣る。

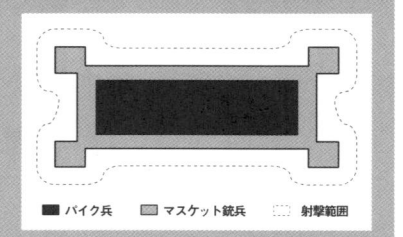

■ パイク兵　■ マスケット銃兵　░ 射撃範囲

第Ⅲ章　近世の戦士
16-17世紀　スペイン

アルバニア騎兵

1507年以来スペイン軍には、イタリアのナポリを仲介としてアルバニア人傭兵が雇用されていた。図は16世紀中頃から末のアルバニア人騎兵。同時代の木版画をもとに再現している。彼らはオランダ独立戦争にも従軍して活躍している。基本的に鎧はつけず、軽装で民族色のある衣類を着た。主たる武器にはおよそ3.6mの細身の騎槍や投槍を使用した。副次的武器には湾刀や棍棒（スペイン語では「マサ」）を用い、16世紀末にはピストルを装備していたという記録がある。

16-17世紀
ヘンリーとエリザベスの時代
イングランド/スコットランド/アイルランド

バラ戦争が終わりテューダー朝が成立すると、初代ヘンリー7世（在位1485-1509年）は国内政治の基盤を固めていった。次代のヘンリー8世（在位1509-1547年）からエリザベス1世（在位1558-1603年）までのおよそ100年は、内乱期に置き去りにされていた国際政治への再進出時期となり、海軍力も増強されて大英帝国へと向かう基礎が形づくられていった。

イングランド

ヘンリー8世は神聖ローマ皇帝マクシミリアン1世と並び称されるほどに甲冑の製作に力を注いだが、海軍力を増強するなど軍事面でも活躍した。それはエリザベス女王の時代にスペインを海戦で破る華々しい結果をもたらした。

パイク兵

パイク兵は上半身を防護するハーフ・アーマー（半甲冑）か「パイクマンズ・アーマー」と呼ばれる鎧を着ていた。兜はモーリオンで鶏冠が大きかった。しかし、16世紀末のスペイン侵攻に備えた教練を描いた挿し絵には"ビーバー"という丈の高いフェルト製の帽子をかぶっている。パイクの長さは、16世紀末まで5.1〜5.4mが最適とされていたが、17世紀からイギリス市民戦争（清教徒革命）が勃発する頃までに4.5〜5.4mとなった。

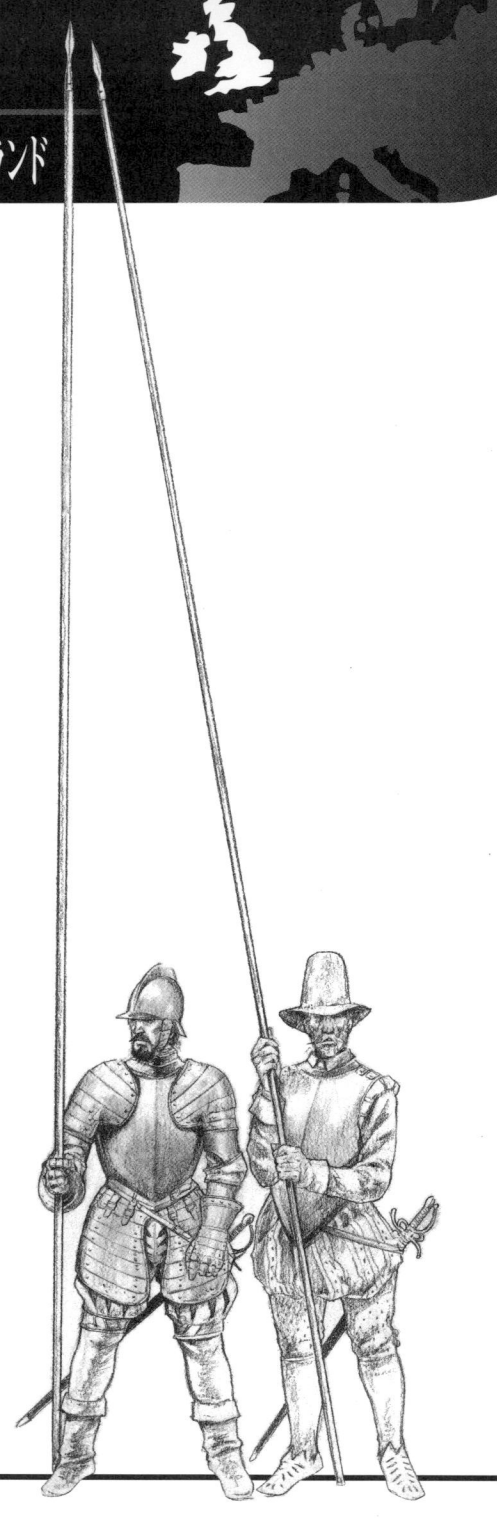

第Ⅲ章　近世の戦士
16-17世紀　イングランド/スコットランド/アイルランド

ランサー

ヘンリー8世はグリニッジに甲冑工房を設けていた。そこで生まれた甲冑を「グリニッジ式」甲冑と呼ぶ。図はヘンリー8世の馬上姿の挿し絵と、同時代にグリニッジでつくられた現存する甲冑をもとにしている。イングランドはスペインと同じほど重装騎兵に恵まれていない。貴族が没落していったためだが、ヘンリー8世の時代になると、代わって支配階級としての地位を確立しつつあった中産階級上層部のジェントルマン層が、輸入鎧を着ての重装騎兵となった。腰にはロング・ソードや柄の長い「ハンド・アンド・ハーフ・ソード」を差した。これは長い剣身の剣のバランスを考慮して握りを長くした騎乗用の刀剣。図の騎兵は胸にイングランドの守護聖人である聖ジョージの十字を描いている。

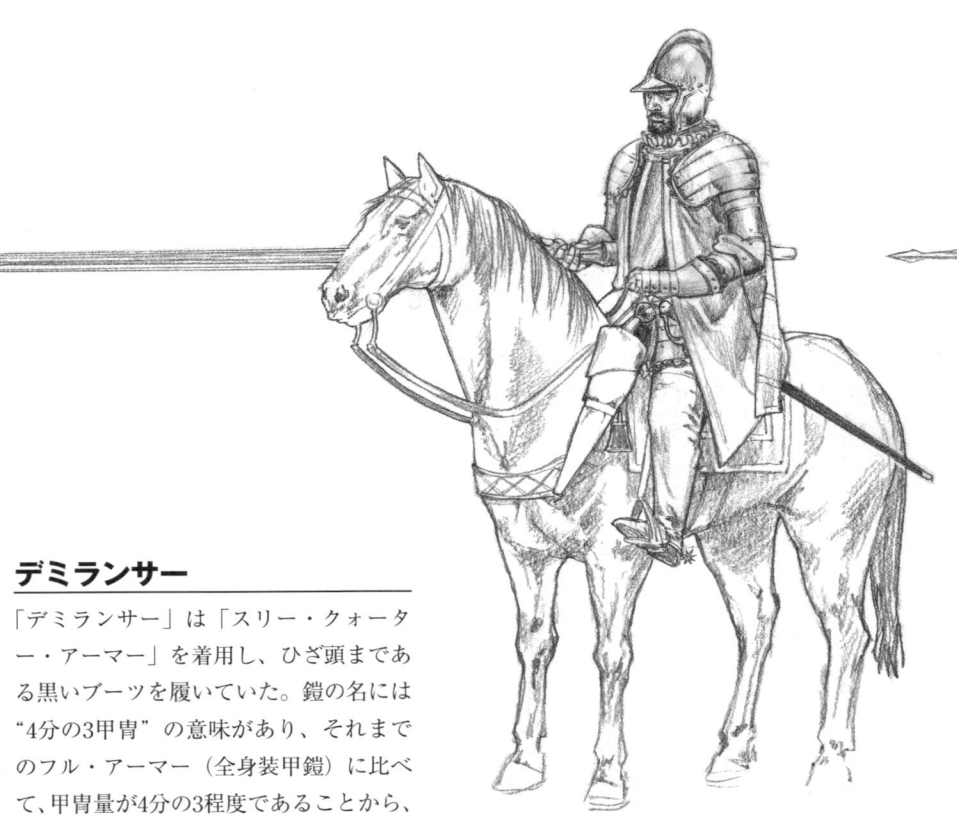

デミランサー

「デミランサー」は「スリー・クォーター・アーマー」を着用し、ひざ頭まである黒いブーツを履いていた。鎧の名には"4分の3甲冑"の意味があり、それまでのフル・アーマー（全身装甲鎧）に比べて、甲冑量が4分の3程度であることから、その種の板金鎧を指すのに用いている。当初は重装で堅固な鎧を着用したが、火器の発達にともない視界を優先した装備が好まれ、彼らが重要ではないと考えた鎧部分が省かれた。タセット（草摺）には「ピカディル」と呼ばれる縁飾が見られ、タセットの裏に当てものがあることを示している。これは1570年頃から見られる特徴。兜はバーガネットが一般的だったがビーヴァー（顎当）をつけたり、少数だがクローズ・ヘルム（密閉型兜）をかぶるものもいた。武器はランス（騎槍）と剣と短剣、1580年代からはピストルを装備した。騎槍の長さは3.6〜5.4mでトネリコ製。携帯するときは革帯で右肩からぶらさげた。剣はレイピアや船乗りの刀剣として発生した「カットラス」。"クルテル・アクス"（"曲がった斧"の意）を語源とする片刃の湾刀。首には16世紀に全盛した車輪型の襞襟（ひだえり）"ラフ"をつけている。海外に出兵したデミランサーは、時折、隊旗と同色のカソックを着て自身の所属を明らかにしていた。1560年頃からのちは重い騎槍を使用しなくなり、さらに、16世紀末までにデミランサーはピストルを装備した部隊へと改編された。

第Ⅲ章　近世の戦士
16-17世紀　イングランド／スコットランド／アイルランド

ライト・ホース

図は1581年に記されたジョン・デレックの本『アイルランドのイメージ』をもとにしたライト・ホース。チェイン・メイルを着込み円盤型の胸当をつけており、胸当にはイングランドをあらわす聖ジョージの十字が描かれている。これは戦場で敵味方を識別するためのものでイングランドという国単位で兵の識別標を用いた最初の例といってもよい。武器には3.6～3.9mの細身のランスを装備し、この騎槍は"北方の杖""軽騎兵の杖"あるいは「ギャド」（家畜を追うための棒）と呼ばれた。腰には剣と短剣を下げている。

キャリヴァー銃兵

イングランドでは重いマスケット銃よりも、同じメカニズムながらより軽量の「キャリヴァー」銃が使用された。比較して口径が小さく、弾丸重量にしてキャリヴァー銃の20発分がマスケット銃12発分の重量に相当した。軽量化されても叉杖は使用した。エリザベス女王の治世にはモーリオン兜をかぶり、ジャックまたはブリガンディーンを着たが、パイク兵同様にビーバー帽（山高帽）をかぶって鎧をつけない兵もいた。16世紀中頃は「パウダー・フラスコ」（発射薬入れ）から直接、火薬を銃口に注ぎ込んだが、16世紀末には1発分を最初から小分けにした火薬ケースが登場している。

第Ⅲ章　近世の戦士
16-17世紀　イングランド／スコットランド／アイルランド

ヨーマン衛兵

ヨーマンは本来、軍事の奉仕に就く封建的な家臣を意味したが、イングランドの封建制度が崩壊した15世紀頃には独立自営農民もしくはその階級をあらわすようになった。ジェントルマンと零細農民の中間に位置する。そのヨーマンからなる衛兵部隊が初めて組織されたのはバラ戦争が終結したときのことで、ヘンリー7世がイングランドに戻った1485年に、王に従う忠実な追随者から編制された。その時の正式名称は"我らの主君であり王である御身を守るヨーマン"。略して「ヨーマン・ガード」と呼ばれた。また王を護衛する一団は1419年以来の伝統から「ヨーマン・オブ・ザ・クラウン」とも呼ばれていた。ヘンリー8世の時代には宮廷護衛部隊として40～100名を数え、ロンドン塔の警護にも当たった。400名に増員されて戦場にも就き、騎乗してロングボウ（長弓）をもったが、火器の導入とともに火縄銃との割合が半々となった。一方、宮廷ではポール・アックス（長柄斧）を装備していた。エリベス女王のもとでは屈強で背の高い200名が隊員に選ばれている。胸には王冠とテューダー朝の紋章である白バラが描かれていた。

スコットランド

スコットランドはイングランド人にとって容易く征服できる国と思われていたが、そこで育まれた独自性を、遠く離れたロンドンから支配することは難しかった。しかし1603年、エリザベス女王が没するとスコットランド王ジェームズ6世（在位1567-1625年）がジェームズ1世となってイングランド王位に就き（在位1603-1625年）、長年抗争をくり広げてきた両国は同君連合により事実上の統一国家となった。

スコットランド戦士

パイクを用いた特有の隊形「シルトロン」を用いていたスコットランドでは、当時全盛のパイク戦術を容易に導入でき、スイスやドイツの傭兵にならって訓練し直されて優秀な部隊が編制された。イングランド軍よりも1m以上長いパイクを巧みに操り、整然と隊形を整える様子はイングランド側の目撃者でさえ称えた。その一方でイングランドのロングボウを集中させる戦法への対処は怠っており、最前列の兵に鎧を着せる程度で火器の時代が到来すると格好の標的となった。スコットランドに火器が導入される16世紀末まで、敵の火器に立ち向かったのはハイランダーの弓兵だった。これら歩兵の移動速度は、しばしばイングランド軍を驚愕せしめたが、要するに鎧が不足していたためだという指摘もある。白兵戦では斧とクレイモアと呼ばれる長剣を巧みに使用して圧倒的な破壊力で敵戦列を切り崩した。騎兵は少なく、ほとんどは軽装で主にパイク兵の側面を固めたが、伝統的にほとんどが下馬して徒歩で戦う傾向にあった。騎槍を構えての突撃は得意ではなく、装備も万全ではなかった。騎兵は主に襲撃や追撃を得意とし、国境付近での小規模な掠奪戦争に従事していた。

スコットランドの銃兵。貴族が編制した銃兵部隊では大陸風にお洒落な格好をしていた。スコットランド兵は興奮すると上半身裸になる傾向があり、銃兵とて例外ではなかった。

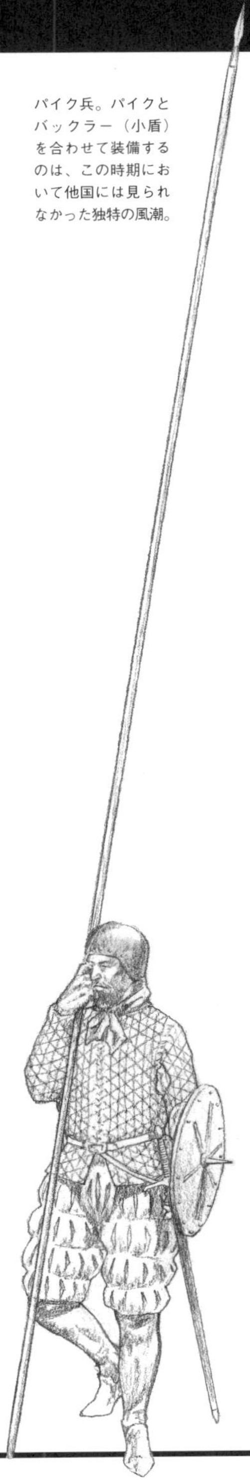

第Ⅲ章　近世の戦士
16-17世紀　イングランド／スコットランド／アイルランド

パイク兵。パイクとバックラー（小盾）を合わせて装備するのは、この時期において他国には見られなかった独特の風潮。

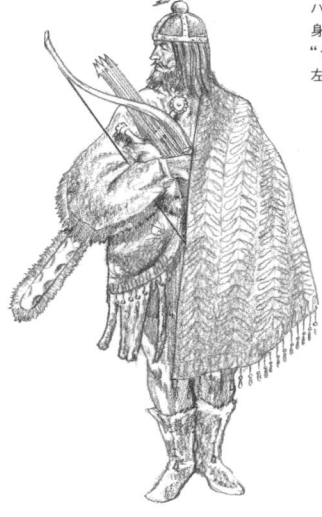

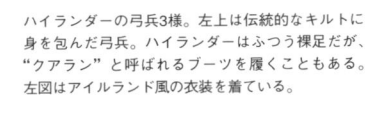

ハイランダーの弓兵3様。左上は伝統的なキルトに身を包んだ弓兵。ハイランダーはふつう裸足だが、"クアラン"と呼ばれるブーツを履くこともある。左図はアイルランド風の衣装を着ている。

■ クレイモア

メイル・アーマーを着て長剣「クレイモア」をもったハイランダー貴族。クレイモアはゲール語の"巨大な剣"を意味する"クラゼヴォ・モル"を語源とし、両手剣の一種と見なされている。大きさに決まりはなく、1～2mのあいだでさまざまな種類がある。共通する特徴は切っ先に向かって緩やかに傾斜した鍔と、鍔の先端についた複数の輪飾り。

アイルランド

アイルランドは貧しく、軍事的にも立ち後れた時代がつづいていた。1567年にイングランドから帰郷したテイロン伯オニール（1540頃-1616年）は、各地の豪族を糾合し一大勢力を築くと、軍の近代化に励んだ。そしてスペインの支援を受けてイングランドに反乱を起こした。

カーン

「カーン」は軽装の歩兵部隊。振り袖に似た袖のある服"レイネ"を着て、その上から羊毛のジャケットを羽織る。図の兵士は左手に金属の籠手（「ラムフィン」）をはめているが、おそらくはイングランドとの戦いで奪ったもので、盾代わりとしている。剣の柄は独特の形状をしており、イングランド人からは「フラチェト」と呼ばれた。この名称はドイツ語の"いびつな物"を意味する言葉をもとにしている。

アイルランドの首長

1581年に記された『アイルランドのイメージ』をもとにしたアイルランドの首長。スパンゲンヘルム型の兜「カテブハー」をかぶり、ブリガンディーンを着用している。12世紀末に"ファラング"と呼ばれていた"アイルランドのマント"は、16世紀の記録では"バート"と呼ばれているが基本的な形状は変わっていない。族長級の裕福なものはイングランド風の衣類を着るようになっていた。

カーン

第Ⅲ章　近世の戦士
16-17世紀　イングランド／スコットランド／アイルランド

ガローグラス

「ガローグラス」は、アイルランドの首長に臣従の義務を負っていた家臣や兵士を指す。カーンに比べて重装の装いをしていた。もともとはスコットランドからの傭兵で、"ガロー"には"外国人"の意味もある。彼らは大きく威力のある武器を特に使用し、1.8mもの大剣や、柄の長い斧「スパーテ」を装備していたと記されている。図はアルブレヒト・デューラーの木版画をもとにしたガローグラス。剣の柄はアイルランド特有の形をしている。

アイルランドの首長

ガローグラス

16-17世紀

帝国最後の時
神聖ローマ帝国

1437年以後、神聖ローマ帝国の皇帝位はハプスブルク家の手に握られていく。しかし勢威を誇った帝国も、帝国内の領邦が主権を確立していくなか次第に形骸化していった。"最後の騎士"と呼ばれたマクシミリアン1世（在位1493-1519年）の治世末にはじまった宗教改革運動（1517年）は、やがてドイツを荒廃させる大戦争（三十年戦争。1618-1648年）を引き起こした。

レイター（ピストル騎兵）

「レイター」（ドイツ語）は射程15～45mほどのホイール・ロック式ピストルを主要武器とした騎兵。16世紀中頃に登場し、射撃能力をもつ機敏な部隊として活躍した。鎧は一定ではなく、単なるメイル・シャツから黒地に白帯のハーフ・アーマー（半甲冑。ドイツ語「ハルプハルニッシュ」）などさまざまだが、手綱を握る左手にはゴントレットをつけていた。

第Ⅲ章　近世の戦士
16-17世紀　神聖ローマ帝国

◆ カラコール騎兵戦術 ◆

横30～50列、縦深8～10列の方陣をレイターが組み、速歩で前進しながら敵との距離20m前後のところで前列が射撃を行い、撃ち終わったあとは後ろに回って再装填する。次列以降が次々と同じように射撃と再装填を繰り返すことで敵に絶え間ない銃弾を浴びせた。

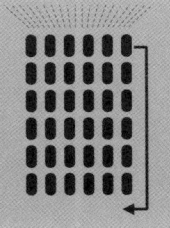

■ 騎馬
┊ 射撃

キュラシール（胸甲騎兵）

16世紀末になると、騎槍だけでなくピストルやハークィバス銃を装備した胸甲騎兵が登場する。ピストルはグリップ部分が球状になっており、逆手にもってメイスのように敵を殴打することができる。図の「キュラシール」は三十年戦争でも活躍した。鎧はひざまであるタセットを備えた「トラープハルニッシュ」、兜は見た目の印象から「トーテンコップ」（"骸骨"）と呼ばれた。

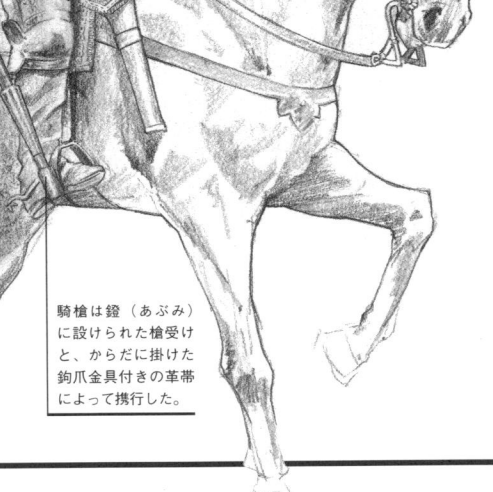

騎槍は鐙（あぶみ）に設けられた槍受けと、からだに掛けた鉤爪金具付きの革帯によって携行した。

カービン銃の銃床にはスゥイヴェル・バー（取っ手のような棒状の金具）が取りつけられ、これに負帯の鉤爪を引っ掛けて左肩から斜めに下げた。鉤爪が棒状金具をスライドすることから馬上で使用しても窮屈を感じない

ホイール・ロックのバネ巻き

カラビニエー（騎馬銃兵）

「カラビニエー」は騎馬弓兵や騎馬弩弓兵と発想を同じくした兵種で、敵に素速く接近して攻撃し、素速く逃げ去ることを目的としている。そのためできる限り身軽な装備とし、必要最小限の防具だけをつけた。16〜17世紀のあいだには兜だけを残して鎧が省かれていき、もみ革の上着「バフ・コート」を着るようになった。あるいは金属製の胸当だけをつけるようになった。兜はモーリオンやキャバセット。武器はハークィバス銃を短くして軽量化した「カービン」銃を装備した。着火方式にホイール・ロック式が登場すると、すぐに取り入れている。腰には護身用のために直身の剣を装備した。

第Ⅲ章　近世の戦士
16-17世紀　神聖ローマ帝国

ドラグーン（竜騎兵）

「ドラグーン」は戦場までの移動を騎馬に頼る一種の機動歩兵部隊である。16世紀中頃にフランス軍で最初の例が見られ、17世紀に入ると各国でこの方式を採用する部隊が登場した。名称の起源はフランス軍が最初にこの部隊を編制したときに竜の旗を用いたため、あるいは"ドラゴン"という短銃身マスケット銃をもたせたことによるといわれている。神聖ローマ帝国最初の竜騎兵連隊は三十年戦争で使用され、もみ革の上着バフ・コートを着た点だけが異なるだけで、ほかの装備は歩兵と何ら変わりがなかった。小銃ではなくパイクをもったドラグーンもいた。ピストルは指揮官だけが鞍に装備していた。軍用の馬（戦馬）ではなく小型の常用馬を用い、そのため後世のドラグーンのように騎兵部隊として運用することはできなかった。ただしオランダ軍とスウェーデンの竜騎兵は例外で、騎乗したまま戦闘に参加している。

外国人軽騎兵

16世紀の終わりになって、オスマン・トルコの脅威がヨーロッパから次第に去りはじめると、東欧やバルカン半島に居住した騎馬部隊が、ヨーロッパ列強の傭兵部隊として戦場に顔を出すようになる。帝国軍ではクロアチア、ハンガリー、セルビア人といった騎乗に習熟した兵を傭兵として雇い入れ、主に軽騎兵部隊として偵察や敵の追撃に用いた。特にクロアチア人は三十年戦争で活躍し、襲撃、待ち伏せ、略奪といった行為でその名を轟かせている。

ハンガリー人は独特な出で立ちと「フザール」という軽騎兵部隊で知られ、のちのヨーロッパでは彼らを模した部隊がたくさん編制されるようになった。「フザール」の語源は"20"を意味するハンガリー語の"フース"（husz）に由来する。これは軍を招集されたときに、農奴20名につき1名の兵士を従軍させる義務があったことからきている。神聖ローマ帝国ではハンガリーの騎兵を招集したときにそのシステムを用い、それがそのまま名称となった。

セルビア人軽騎兵

ハンガリー人軽騎兵

クロアチア人軽騎兵

第Ⅲ章　近世の戦士
16-17世紀　神聖ローマ帝国

ムースケティーア (マスケット銃兵)

マスケット銃は大口径の火縄銃のこと。ドイツ語では「ムスケーテ」といい、それを携帯した銃兵を「ムースケティーア」と呼んだ。弾丸は最大300mまで到達したが相手に命中させようとすれば射程は100mを切った。銃が重いため、負担とならないよう鎧の代わりにバフ・コートを着た。兜をかぶることもあったが、多くはハットをかぶった。帝国軍をあらわすため、からだに赤い布を巻きつけることもある。太ももの部分が膨らんだズボンはこの時代の特色。

ピケニール (パイク兵)

「ピケニール」(ドイツ語)はパイク兵のこと。5～6mのパイク(同「ピーケ」)を備え、太もも部分をおおうタセットのついた胸甲を着ている。この鎧を英語でパイクマンズ・アーマー、兜を「パイクマンズ・ポット」と呼ぶ。図では騎兵の突撃に備える姿勢を取っており、左手でパイクをもち右足を引いて槍を抑え、斜めに構えている。また白兵戦に備えて腰の剣に手を添えている。

ランツクネヒト

「ランツクネヒト」は1486年にマクシミリアン1世によって初めて編制された歩兵部隊。歩兵戦術で先輩格に当たるスイス傭兵の手ほどきを受けて戦術や戦い方を学び、次第にその名を高めていった。しかしその過程で、常に特別待遇を受けていたスイス傭兵と犬猿の仲になり、両者は常に敵対する関係となった。戦場で敵のスイス傭兵に出くわすと、捕虜を一切取らない死闘をくり広げ、"悪しき戦い"とまで呼ばれた。ランツクネヒトの特徴はその派手な衣装にある。この時代の兵士は一般に派手な衣装で戦ったが、彼らのそれは同時代の人たちが見ても眉をひそめるものであった。しかし、その装束は"身を危険にさらす彼らの少しばかりの楽しみ"として帝国議会で承認されている。彼らは基本的にはパイクとハルベルド、ハークィバス銃などで戦った。腰には白兵専用の剣「カッツバルゲル」を帯びている。また、敵のパイクを叩き切るために、「ツゥ・ハンデッド・ソード」（両手剣。ドイツ語では「ツバイヘンデル」）を好んで用いた。もともと、両手剣の起源はドイツにあって、だいたい13世紀頃に登場し、15世紀中頃から16世紀末にかけて全盛した。ランツクネヒトが使用した両手剣はひときわ柄が長く、長いリカッソ（刃根元）を備えていた。これは戦場まで運搬する際に、兵士が背負ったり、革ひもをくくりつけたり、肩で担いだりできるように、わざと長くされていた。柄は長い剣身とのバランスをとるために、長くつくられている。

ランツクネヒトの部隊長のなかには穂先が大きな葉状をした「ボア・スピアー」をもつものもいた

チェイン・メイル製の肩掛けはドイツ語で「パンツェルクラーゲン」と呼ばれた

第Ⅲ章　近世の戦士
16-17世紀　神聖ローマ帝国

■ **カッツバルゲル**

「カッツバルゲル」は喧嘩用といった意味をもつ広刃の剣。真上から見て"S"字形をしている鍔が特徴。

両手剣。刃先が波を打っている剣身は「フランベルジュ」と呼ばれる。これには装飾の意味もあるが、この刃先で切られると肉片が飛び散って傷が治りにくい

325

16-17世紀
東欧の精鋭騎兵
ポーランド

ポーランドという国名には"平原の国"という意味がある（ポーランド語では"ポルスカ"）。9世紀頃に西スラヴ人の一派ポラニェ族が台頭し、そこから生まれたピャスト王朝を中心にしてポーランド公国が誕生したのが国の始まりである。ミェシコ1世（在位963頃-992年）は966年にキリスト教に改宗し、以後、ポーランドはローマ・カトリックの国家として南方のオスマン・トルコや東方のロシア、北方のスウェーデンと争いつづけた。

■ カラセナ

17世紀末につくられたスケイル・アーマー「カラセナ」（ポーランド語では「カラセノワ」）。革製の上着に鱗状の金属片が鋲打ちされている。

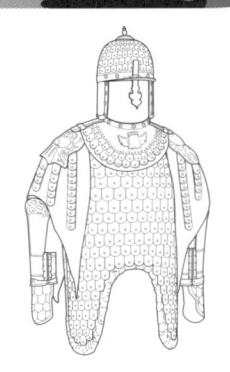

■ ツィシェッゲ

騎兵用の兜「ツィシェッゲ」（ポーランド語では「ツィサザク」）。後頭部に垂れた錣（しころ）がエビの尾に似ている。そのためこうした形式の兜を英語で「ロブスター・テイル・ポッド」と呼ぶ。図は羽根のあるポーランド式兜。18世紀のもの。

コムラーデ（ウィングド・フザール）

「コムラーデ」は背中の"翼"のような旗印が特徴で、英語では「ウィングド・フザール」と呼ばれる。1683年のウィーン会戦でその姿を目撃したものは、"異教徒のトルコ人を罰するために天から下された天使"とか"この世界で最も美しい乗り手"と記した。翼の装飾はアジアからの風習で、これをつけると"鳥のような速度を与えられる"と考えられた。しかし、本来の目的は投げ縄で騎手を捕らえようとすることへの備え。胸甲は厚く15mほどの距離から撃ったマスケット銃の弾丸にも耐えた。胸当ての左には聖母マリア、右には十字の装飾がほどこされ、熊やヒョウ、虎の毛皮で鎧をおおった。武器はペナン（槍旗）のついた長さ5mで丸い鍔を有する騎槍。腰には湾刀「カラベラ」、鞍には2丁のピストルと長さ170cmもある直身剣「タック」（ポーランド語では「コンツェルス」）を携帯した。騎士は最低でもふたりの従者を連れて、これら装備の手入れに万全を期した。

第Ⅲ章　近世の戦士
16-17世紀　ポーランド

17世紀初頭のコムラーデ。この頃はまだ翼が1本しかない。

翼は白鳥、鷲、ガチョウの羽根でつくられていた。突撃の際には羽根が空を切って羽音を奏で、より多くの騎兵の来襲を敵に想像させた。背甲と腰部分にある専用のホルダーで取りつけられる。

ハンガリー式ツィシェッゲ。18世紀。

17世紀末のコムラーデ

パンセルニ (騎兵)

「パンセルニ」は"鉄を着るもの"の意でメイル・アーマーを着用する騎兵として軍の半数を占めた。彼らは社会的には貴族とはいえない中流階級に属したが、1部隊100名程度で重騎兵として用いられている。装備した武器は3mの槍「ロハトニャ」、サーベルである「ツァベラ」またはカラベラ、ウォーハンマー「ナズィアキ」、メイス「ブジュガン」、柄の長い戦斧「オブツェク」。鞍には長さ170cmの直身剣コンツェルスと円盾カルカン、そして合成弓を装備した。ウィーンで戦った一部のパンセルニは、鞍に2丁のピストルを装備していたという。

ハンガリー人重装（貴族）騎兵

ハンガリー人フザール

ハンガリー人のフザール

「フザール」は15世紀末に登場したハンガリー軽騎兵。16世紀になると東欧諸国にその名称が広まり、精鋭騎兵の呼称となった。肩から上着を羽織る姿は彼らのトレードマークであり、その名を継ぐものたちは皆、同じような格好をした。東方アヴァール民族の影響を受けた高い鞍と長い騎槍、ウォーハンマー、湾刀、そして合成弓を装備していた。左手には羽根型の盾をもった。服装はルネサンス期のイタリアからもたらされたもので、帽子にクジャクの羽根飾りをつけるものもいた。一方で貴族は西欧風に鎧を身につけた。ただし兜には同様に羽根飾りをつけた。

第Ⅲ章　近世の戦士
16-17世紀　ポーランド

ワラキア人のカラーシ

ワラキアもしくはバラキアは現ルーマニアの一部を指す。トルコの占領下においてトルコの騎兵戦術を会得したワラキア人は、1595年にトルコ軍に勝利してからというもの騎兵を中心とした軍隊となり、「カラーシ」と呼ばれる騎兵部隊を編制した。カラーシは軽騎兵である。ワラキア人の装備はハンガリー人やロシア人に似ていたが、頭部に羽根飾りをつけ顎髭を生やした。16世紀の終わり頃から傭兵となって、ポーランドを始めとしてハンガリー、ロシア、そしてオスマン・トルコに従軍した。彼らはトルコ騎兵と同じく火器を使用せず、槍と湾刀、そして合成弓で戦った。

銃兵

騎兵を主体としたポーランド軍では銃兵をドイツ人傭兵に頼っていた。ポーランド人独自に部隊を編制するのは17世紀になってから。叉杖として戦斧を使用するのはごく当たり前のことで、ポーランド人はロシア人やコサックの影響を受けて採用した。ロシア風の戦斧「バルディッシュ」は17世紀中頃に普及。それまでは柄の長い小型の斧を用いた。図は17世紀末の銃兵。東方風の丈の長いコートを着ている。肩からは弾薬帯を下げ、銃を扱うために必要な道具類を納めた雑嚢も下げた。

16-17世紀

独立を獲得した革新的な軍隊

オランダ

正規のオランダ軍はスペインからの独立を目指した戦いを開始した1568年に生まれた。小国のオランダが大国スペインに勝利し得たのは、軍事上の優れた改革者マウリッツ公（1567-1625年）を得たことによる。

騎兵

16世紀末オランダ軍での槍騎兵の割合は、全騎兵部隊中の3割に及ばず、そのうち鎧をつけた重装騎兵も1割弱だった。1590年までにピストルを1丁装備したが、主要な武器はランス（騎槍）で、火器の時代には有効性がなくなり、マウリッツは1597年に騎兵の騎槍を廃して、代わりにハークィバス銃をもった騎乗銃兵を編制した。その一方で公は、突撃しての白兵戦自体は基本的に重視していた。図は1580年代のオラニエ公ウィレムの護衛部隊槍騎兵。

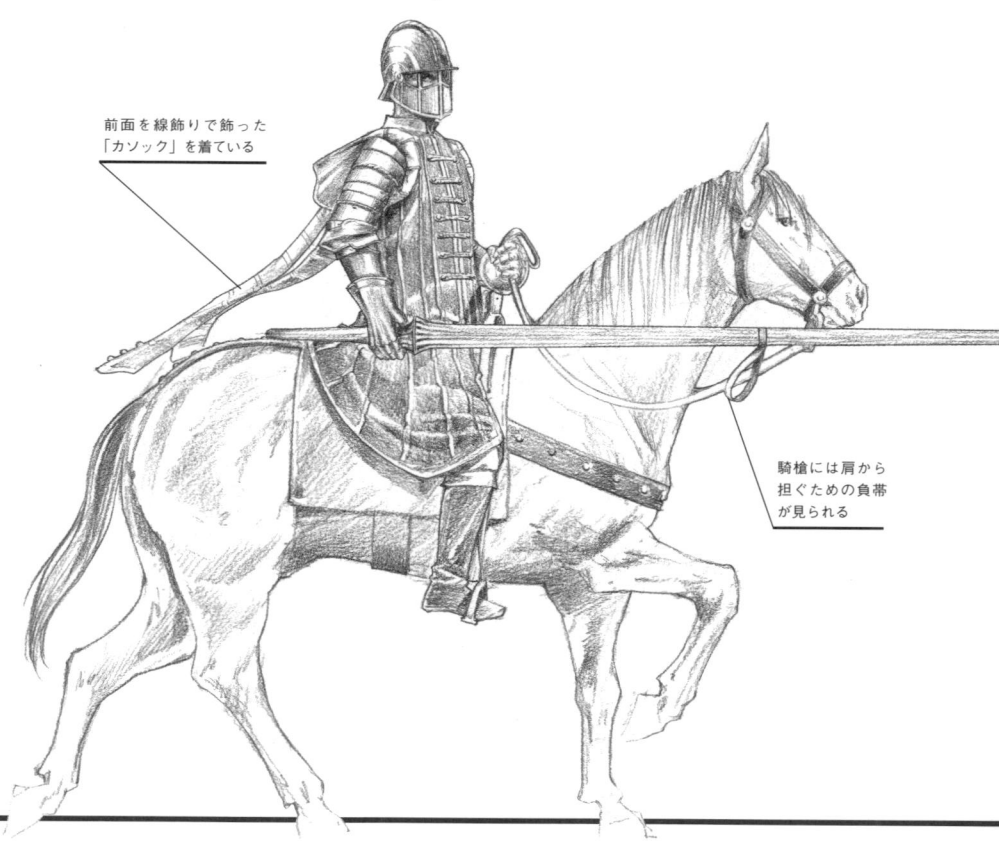

前面を線飾りで飾った「カソック」を着ている

騎槍には肩から担ぐための負帯が見られる

第Ⅲ章　近世の戦士
16-17世紀　オランダ

ハークィバス兵

マウリッツ公は火器が戦局に大きな影響を与えることに注目し、絶え間ない射撃を行う「カウンター・マーチ」（反転行進射撃）を考案した。これは前進しながら前列の兵が射撃し、彼らが立ち止まって装填しているあいだに後列の兵が前に出て射撃するといった動作をくり返すもの。図は16世紀末から17世紀にかけて使用された歩兵操典に描かれたハークィバス兵。ハークィバス銃は叉杖を必要としないためマスケット銃よりも扱いやすかった。ただし、威力はその半分でしかなく、1600年以降は次第にマスケット銃へと転換された。騎兵同様にカソックを着用している。

穂先に着けられたペノン（槍旗）はオレンジ、白、青の3色旗

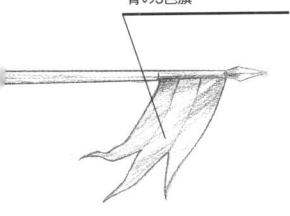

◆ マウリッツ方式の戦闘隊形 ◆

テルシオの欠点を克服するべく考え出された隊形。両翼の銃兵は翼端にハークィバス兵が横10列、中央寄りにマスケット銃兵が横5列で並ぶ。中央のパイク兵は横25列で並び、中央・翼ともに縦深10列で布陣した。両翼の銃兵は騎兵の突撃と対するときにはパイク兵の外周に整列した。

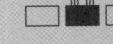

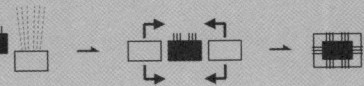

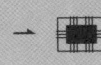

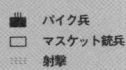

■ パイク兵
□ マスケット銃兵
▒ 射撃

17-18世紀
"北方の獅子"とその軍隊
スウェーデン

スウェーデン軍は17世紀に巻き起こった宗教戦争に新教国の立場で介入し、神聖ローマ帝国と相対した。"北方の獅子"と呼ばれた国王グスタヴ（2世）・アドルフ（在位1611-1632年）は、軍の改革に取り組み、スウェーデンを新教勢力の精鋭軍とすることに成功している。王は軽量の砲を大量に配備し、前進する歩兵と騎兵の援護をこれで行い、歩兵、騎兵、砲兵からなる三兵戦術を完成させた。

胸甲騎兵

グスタヴ王は、騎兵とパイク兵の積極的な突撃戦を取り入れ、マスケット銃による一斉射撃後に両者を突撃させた。騎兵は傭兵を除いてほとんどが志願兵であった。そのため士気が高く、突撃では密集せずに横に広がった隊形をとることができた。突撃すると"敵の白目が識別できる距離"まで迫ってから、先頭もしくは2列目までがピストルを発射し、後ろの兵士は抜刀して白兵戦に突入した。この突撃方式をスウェーデン式の騎兵突撃と呼ぶ。この方式では胸甲と背甲をつけるのは前列の騎兵だけで、胸甲の下にはバフ・コートを着るものもいた。しかしほとんどは通常の衣類のままかバフ・コートだけであることが多い。また、金属製のポーランド式兜をかぶるものもいたが、多くがふつうのハットをかぶっており、全体としては軽装だった。

第Ⅲ章　近世の戦士
17-18世紀　スウェーデン

護衛兵

王の身辺を警護する騎兵。特別に重装の格好をしており、リヴォニア人からなった。兵士は皆、クローズ・ヘルムをかぶり、鎧も太ももまでをおおうスリー・クォーター型。武器としてランス（騎槍）やピストルを装備した。

17世紀重騎兵の定番鎧となったスリー・クォーター型鎧。長さがひざまであるタセットを備えている。

マスケッター

スウェーデンにマスケット銃がもたらされたのは16世紀末のこと。グスタヴ王は当時一般的だった重量6〜8kgのマスケット銃を4kg程度に軽量化し、それによって玉込めなどの操作がしやすくなり、銃の発射速度も速まることになった。軽量化することで叉杖を廃したともいわれているが、それは伝説に過ぎず、グスタヴ王の死後も叉杖の支給が行われている。しかし、その利用が徐々に減っていったことは確かで、ストックホルムの武器庫は1655年までには在庫をやめている。同様に王が弾薬帯を廃したといわれていることにも確たる証拠はなく、実際には1670年まで支給されている。図の兵士はそうした状況を踏まえつつ、1615年に書かれた兵法書の挿し絵をもとにして再現している。小銃はグスタヴ時代の軽量化されたもの。兵が着ている外套は"カザーク"、あるいは"コサッケン"とも呼ばれる。マスケット銃兵はこうした外套を着ることで、火薬を湿気らせないようにしていたが、次第に廃されていく。

銃を撃つことだけがマスケッターの戦い方ではない。接近戦ともなればあらゆる手段で戦った。

①剣で戦う　②銃で殴る　③兜で殴る　④叉杖で殴る　⑤弾帯で殴る　⑥素手で勝負する

第Ⅲ章　近世の戦士
17-18世紀　スウェーデン

◆ スウェーデン方式の戦闘隊形 ◆

マウリッツ方式の戦闘隊形を発展させたもの。両翼に銃兵を配する点は変わらないが、中央のパイク兵の後ろにさらに銃兵を配して、正面と斜めからの射撃を行えるようにしている。

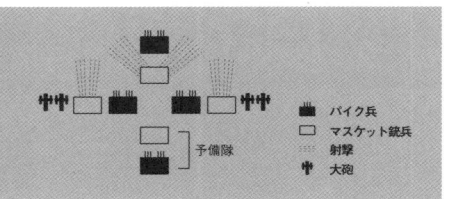

イングランド人傭兵

スコットランド人とアイルランド人の傭兵は外国では皆イングランド人に含まれたが、アイルランド人だけはアイルランダーとも呼ばれ、ほかのイングランド人ともども部隊を編制した。母国は武器の輸出を禁止しており、そのため武器が現地で支給されるまでは有り合わせのものが多く、時には弓を武器とした。

パイク兵

グスタヴ王の時代、パイク兵は突撃戦に備えてできる限り甲冑が支給された。標準的な防具はバフ・コート、胸当、背当、草摺、そして兜だった。しかし王の死後、パイク兵は徐々にマスケット銃兵へと改編された。新教国では部隊に色の名をつけることが流行し、黄、赤、青、緑、黒といった部隊が編制され兵士もその名に応じた色の服を着た。

スウェーデン軍のパイクの長さについては諸説あり、現存するものは5m前後と長い。一方で、グスタヴは3〜4mのパイクを使用し機動力を高めることに尽力したともいわれている。

17世紀
王党派(ロイヤリスト) 対 議会派(パーラメント)
イギリス市民戦争

イギリス市民戦争は1642年から51年までつづけられたイギリスの内乱。内乱の要因はイギリス王チャールズ1世(在位1625-1649年)の11年にも及ぶ議会を無視した重税政策と、王権神授説を奉じて国教主義を強化し清教徒(ピューリタン)を抑圧したことなどによる。

王党派の重装騎兵

王党派(ロイヤリスト)は騎士党(キャヴァリアーズ)とも呼ばれており、封建制度における貴族階級に属したものたちが軍隊の主力となっていた。騎兵は皆、貴族の子弟からなり、それを指揮したのが王の甥で、三十年戦争に従軍したこともあるルーパート王子(1619-1682年)であった。スウェーデン軍への従軍経験をもつ王子は、スウェーデン式の騎兵突撃と、騎槍をもった騎兵を用い、騎兵の衝撃力と白兵戦力を有効に組み合わせて戦争初期に成功を収めた。騎兵の甲冑はスリー・クォーター型。現存するこの型の甲冑の重量は40kgにも及ぶ。図のような騎兵は銃器の発達によって次第に軽装化され、部隊指揮官は兜を省くようになり、一般兵士にいたっては一切着用しなくなる。

■ アイロン・ハット

鉄の骨組をもつハット状兜の骨組。フェルトをかぶせたあとの見た目は優雅なハットだが、その実は兜というもの。

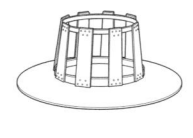

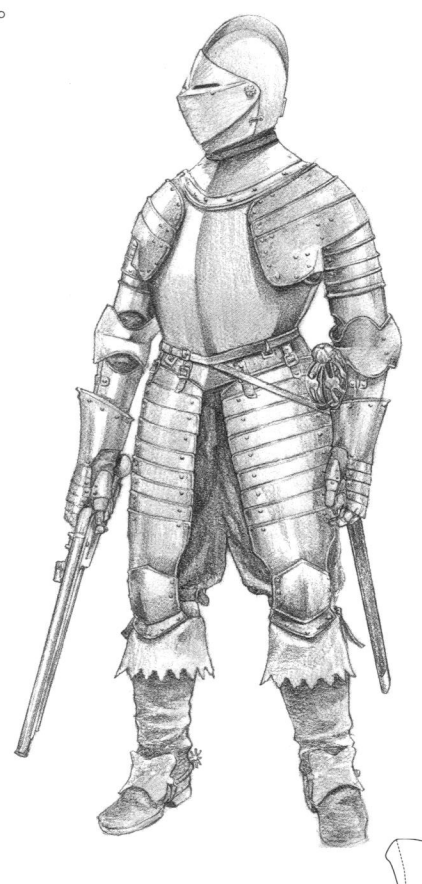

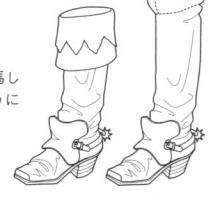

乗馬用のブーツは、下馬した際には歩きやすいようにひざ部分で折り返した。

第Ⅲ章　近世の戦士
17世紀　イギリス市民戦争

王党派の騎兵

騎兵はバフ・コートを着込み、クウィラス（胸甲）をつけ、手綱を握る左腕にゴントレット（籠手）を装着した。兜は「テリ・バー」と呼ばれる鼻筋に沿った金属棒を装着した布製ハットや、全体が金属製、または鉄板を仕込んだ「アイロン・ハット」をかぶった。サドル（鞍）前部のホルスターにはピストルが2丁収められた。着火方式にはホイール・ロックや新式のフリント・ロックを用いた。王党派の騎兵は、味方を識別するために腰に赤かローズ色の飾り帯を締めた。

ハークビューザー

王党派に対した側を議会派、または円頭（"ラウンドヘッド"）党と呼ぶ。「ハークビューザー」は新型のフリント・ロック式にした「ハークィバス」銃か「カービン」銃を装備した議会派の騎兵をいう。

■ ロブスター・テイル

「ロブスター・テイル」（"エビの尾"）型の兜。うなじ部分を守る錏（しころ）の形状からそう呼ばれる。バイザー(可動式面頬)は簡略化されて鼻筋に沿った金属棒とその両側にある棒を結合しただけの面当となっている。

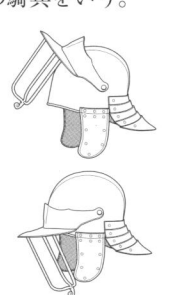

マスケット銃兵とパイク兵

イギリス市民戦争における部隊編制と装備は、大陸でのそれとほとんど変わらない。騎兵は胸甲騎兵と竜騎兵、歩兵はマスケット銃兵とパイク兵を主体としていた。歩兵部隊が戦闘隊形を組むときには中央にパイク兵、両翼にマスケット銃兵を配した。マスケット銃兵は一斉射撃ではなく、オランダ式の反転行進射撃を行った。騎兵の攻撃に対してはパイク兵が対抗し、歩兵同士の白兵戦になると剣を抜いた。パイク兵は彼ら専用のパイクマンズ・アーマーを身につけ、兜はモーリオン、または「ピークド・モリオン」と呼ばれるつば付きのハット状のものをかぶった。パイクの長さはおよそ5m。

下士官兵士

下士官はポール・アックスやコルセスカといった前時代的な長柄武器を装備していた。これは、白兵戦ともなれば武器としても使用されたが、戦闘後に下士官が掲げた本数を部隊指揮官が数え、おおよその兵力を概算するのに役立てられた。

第Ⅲ章　近世の戦士
17世紀　イギリス市民戦争

■ **マスケット銃兵の射撃手順**

マスケット銃兵の射撃手順。1607年にヤコブ・デ・ゲインによって記された『武具教本』から抜粋したもの。

① マスケット銃を肩に担ぎ、火縄の両端に火をつけて前進

② 射撃位置で銃を降ろし、火薬カートリッジの蓋を開ける

③ 火薬（発射薬）を注ぎ、弾を「込め矢」（かるか）で押し込み突き固める

④ 火門に息を吹きかけ燃えかすなどを取り除く

⑤ 着火薬を「パン」（火皿）に注ぎ、「パンカバー」（火蓋）を閉じる

⑥ 銃を叉杖に固定し、その状態で右手を自由に動かせる体勢をとるのが重要。

⑦ 火蓋を開け発射態勢を整える（ここから「戦いの火蓋を切る」という語句が生まれた）

⑧ 火鋏（ひばさみ）に火縄を取りつけ、引き金を引けば発射！

戦争の技術 11
小銃の仕組みと変遷

初期の小銃性能は主に着火方式、銃身構造、そして弾丸そのものに依存した。ここではそれらについて時代を追って概観している。

小銃各部の名称

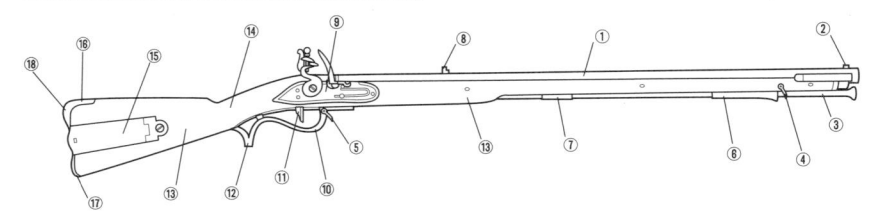

①バレル（銃身）
②フォアサイト（照星）
③ラマー／ラムロッド（込め矢、かるか）
④⑤スリング・スウィヴェル（負帯環）
⑥⑦ラマー・パイプ（込め矢筒）
⑧バックサイト（照門）
⑨ロック（着火装置）
⑩トリガー・ガード（用心鉄）
⑪トリガー（引き金）
⑫グリップ（握り）
⑬ストック（銃床）
⑭スモール・オブ・ザ・ストック（銃床握り）
⑮パッチボックス／バットボックス（床尾箱）
⑯バットプレイト・タング（床尾板補強板）
⑰バットプレイト（床尾板）
⑱バット（床尾）

ピストル各部の名称

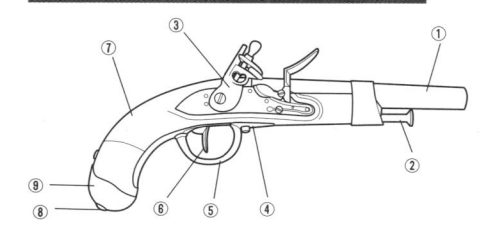

①バレル（銃身）
②ラマー（込め矢）
③ロック（着火装置）
④トリガー・ガード・フィニアル（用心鉄装飾金具）
⑤トリガー・ガード（用心鉄）
⑥トリガー（引き金）
⑦バット／グリップ（床尾）
⑧バット・キャップ（床尾蓋）
⑨ラニヤード・リング（銃環）

銃身構造

●滑腔式

初期の小銃の銃身は、内部に溝のない、ただのパイプ状をしていた。そのため弾丸を筒先から込める前装式の場合では弾丸の装填が容易。しかし発射をつづけると銃身の膨張により命中精度が落ちる。

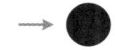

●施条式

「ライフル」（施条）と呼ばれる螺旋状の溝を筒内に刻んだ銃身。この溝により弾丸に回転が与えられ弾道が安定する。ただし、弾丸は口径に密着していなければならず、前装式では装填に不便である。

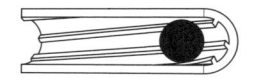

火薬筒と弾丸

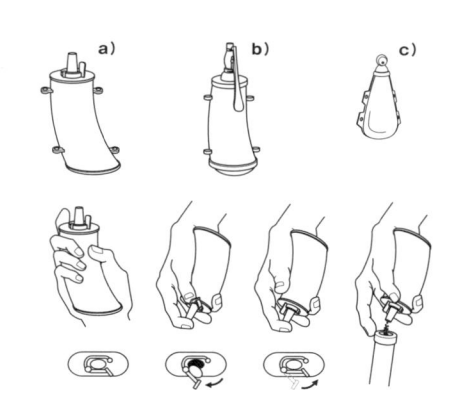

●フラスコ
弾丸と発射薬が別々になっていた時代は、それぞれに装填・装薬する必要があった。(a)は発射薬を収納するのに用いた容器「パウダー・フラスコ」(火薬筒)。図のように逆さにしてレバーで蓋を開閉すると1発分の火薬が口金に溜まる仕組み。(b)は逆さにしてレバーを握るだけで1発分が注ぎこめた。(c)は着火薬を収納する「プライミング・フラスコ」。発射薬よりも少量で済むことから容器もパウダー・フラスコより小さい。

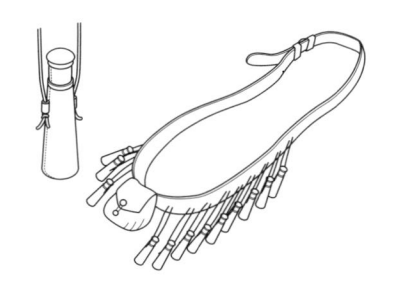

●ウッデン・カートリッジ
1発分の発射薬だけを詰めた木製筒。負帯に複数ぶら下げて携帯した。フランス軍は12個ぶら下げたことから"十二使徒"と呼んだ。

●ペーパー・カートリッジ
紙の筒に1発分の火薬と弾丸を一緒に収めたもの。込めるときには前歯でかみ切って火薬を入れ、紙もろとも弾丸を詰めた。これが登場すると、徴兵条件に"前歯があること"が加わる。

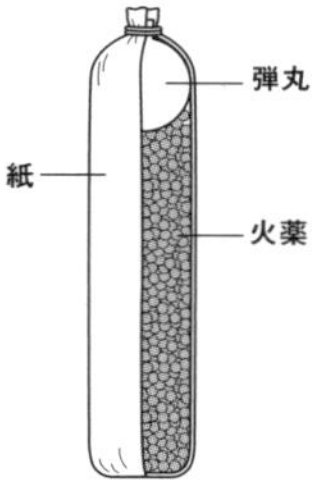

●ドライゼ式実包
1848年に採用された薬莢付き弾丸。薬莢は紙製。内部に発射薬と雷管が詰まっており、撃針で雷管を突いて着火し、弾丸を発射する。この弾丸によって後込め（もとごめ）が可能になる。

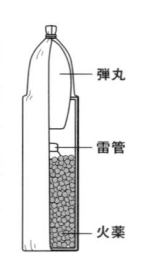

●ミニエ式弾丸
1844年にフランスのミニエ大尉が前装式小銃用に考案した弾丸で、後尾にキャップが収められている。外形を銃腔より小さくしてあり、発射時のガス圧でキャップが押し込まれて弾丸尾部が広がり銃腔と密着する。密着した弾丸は施条によって回転し弾道を安定させることができる。これによって、施条銃身が小銃の主流となった。

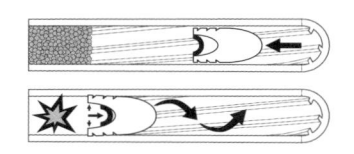

着火方式

●マッチ・ロック

1475年に最初に文献に登場している方式。一般に火縄銃と呼ばれる銃の着火方式。おそらくは15世紀中頃に発案された。引き金を引くと火鋏に挟んだ火縄がパンに押しつけられ、着火薬に点火される。

<マッチ・ロック> 外面
内面
① ロックプレイト（着火装置）
② パン（火皿）
③ パン・カバー（火蓋）
④ サーペンタイン（火鋏）
⑤ マッチ（火縄）

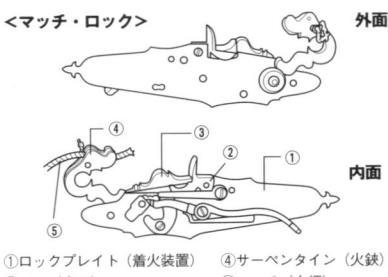

●ホイール・ロック

15世紀末に北イタリアで登場し、17世紀初頭にかけて全盛した方式。歯車をバネの力で回転させて黄鉄鉱を擦り、起こった火花で発射薬を発火させる。歯車はゼンマイ式で発射の度に専用の巻き具で巻かれた。一度装填すればいつでも発射態勢をとることができるが、不発も多かった。そのため初期のホイール・ロック式小銃には戦斧や剣と組み合わせたものが見られる。構造は複雑で、また高価でもあった。

<ホイール・ロック> 外面
内面
① パン（火皿）
② パン・カバー（火蓋）
③ アイアン・パイレティース（黄鉄鉱）
④ コック／ドッグ・ヘッド（撃鉄）
⑤ ホイール（歯輪）
⑥ ホイール・アーバー／スピンドル（歯輪軸）
⑦ コック・スプリング（コック用スプリング）
⑧ パン・カバー・リリース（火蓋緩め）

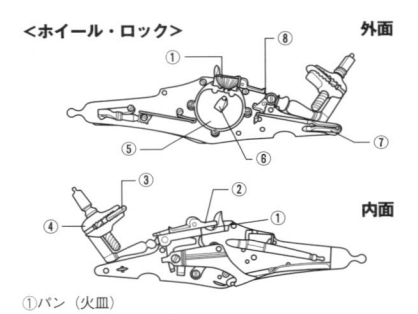

●スナップハンス・ロック

オランダでつくられた方式で、フリント・ロックの前身となる。1530～1540年頃に全盛し、北海沿岸でこれを改良したバルチック・ロックが16世紀中頃に登場する。燧石を当り金に打ちつけて、起きた火花でパンの着火薬に点火する。スナップハンスには"鶏撃ち"の意がある。夜中に目につく火縄を用いない着火方式として鶏泥棒が発明したという逸話がある。

<スナップハンス・ロック> 外面
内面
① シアー（逆鉤）
② コック（撃鉄）
③ フリント（燧石）
④ ヴァッファー（緩衝金具）
⑤ パン（火皿）
⑥ スティール（当り金）
⑦ パン・カバー（火蓋）
⑧ スティール・スプリング（当り金用スプリング）

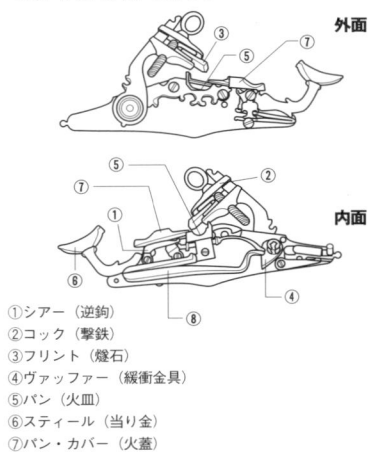

●ミュクレット・ロック
スナップハンス・ロックを改良したもの。16世紀末に登場した。スナップハンスは発射のときにパン・カバーとコックを起こさなければならなかったが、ミュクレットではパン・カバーとスティールが一体化されており、パン・カバーを起こす必要がなくなっている。

●フリント・ロック
17世紀前半から19世紀にかけて全盛した方式。火打ち石式または燧石式と和訳される。有名なガン・マニアであったルイ13世（1600〜1643年）が尽力し、17世紀前半になってからフランスで発明された。ミュクレット・ロックと同じ仕組みではあるが、部品点数が減り構造が単純化されている。

●パーカッション・ロック
雷管式と呼ばれる。1820年代に登場。着火薬を雷管（パーカッション・キャップ）と呼ばれるキャップ状の形にして火門にかぶせ、これを叩くことで発火させ、発射薬に着火する方式。

●センター・ファイヤー
撃針方式。現代の着火方式。1848年代にヨハン・ニコラウス・フォン・ドライゼによって発明され、プロイセン軍が使用。この方式を採用した小銃を「ドライゼ式撃針銃」（ドライゼ・ツントナデール）または「ニードル銃」と呼んだ。撃針で発射薬の中央に埋め込まれた雷管を突いて着火させた。ただし弾丸と発射薬、雷管が一体化された実包が必要。それが今日の薬莢式の弾丸へと発展した。

＜ミュクレット・ロック＞

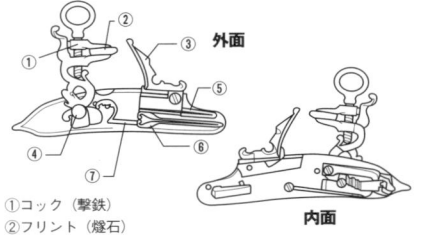

①コック（撃鉄）
②フリント（燧石）
③バッテリィー／スティール（打ち金）
④コック・ブライドル（撃鉄用添え金）
⑤ハーフ＝コック・シアー（半起用逆鉤）
⑥フル＝コック・シアー（全起用逆鉤）
⑦メインスプリング（主スプリング）

＜フリント・ロック＞

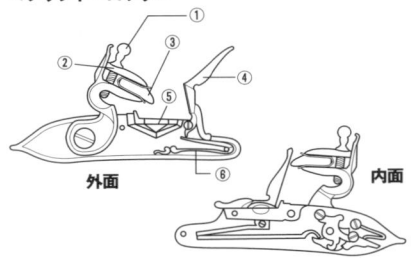

①トップ＝ジョオ・スクリュー（つめねじ）
②コック（撃鉄）　③フリント（燧石）
④スティール（打ち金）　⑤パン（火皿）
⑥スティール・スプリング（当り金用スプリング）

＜パーカッション・ロック＞

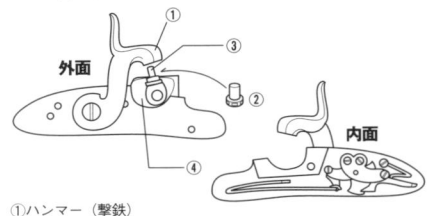

①ハンマー（撃鉄）
②パーカッション・キャップ（雷管）
③ニップル（火門座）
④ニップル・ランプ／ボウルスター（火門座受け）

＜センター・ファイヤー＞

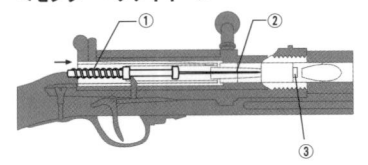

①スプリング　②ニードル　③雷管

343

第Ⅲ章 近世の戦士 総論

　第Ⅲ章では、登場するやただちに終焉へと向かわなければならなかった金属製全身甲冑と、その原因となった火器とのしのぎあいの時代を扱った。

　中世から引きつづいた華麗な姿をした騎士の時代は火器の登場によって、次第に陰りが差していった。皮肉なことに、甲冑開発の頂点は火器の発達とほぼ同時代に訪れたのである。
　「軍隊」は、再び個人から集団の力をもちいるものへと変わっていく。火器と長槍を主体にした名もなき歩兵たちは、それまで戦場をわが物顔で駆けまわっていた騎士たちを地べたに引きずり降ろした。もはや無鉄砲に、ただがむしゃらに槍を構えて突撃する騎士の時代は終焉を迎えた。だからといって騎乗戦士の機動戦力としての価値が失われたわけではない。「騎士」には幅広い任務をこなすことが求められ、軍隊のなかの「騎兵」として軽装な装備を選択していく。西欧に比して東欧は、軍事的に立ち後れ、地域色を残した発展をつづけていたが、彼らの騎兵戦力には西欧の範となる点も多々見受けられ、やがて両者は結合し次の時代へと進むことになる。

第Ⅳ章

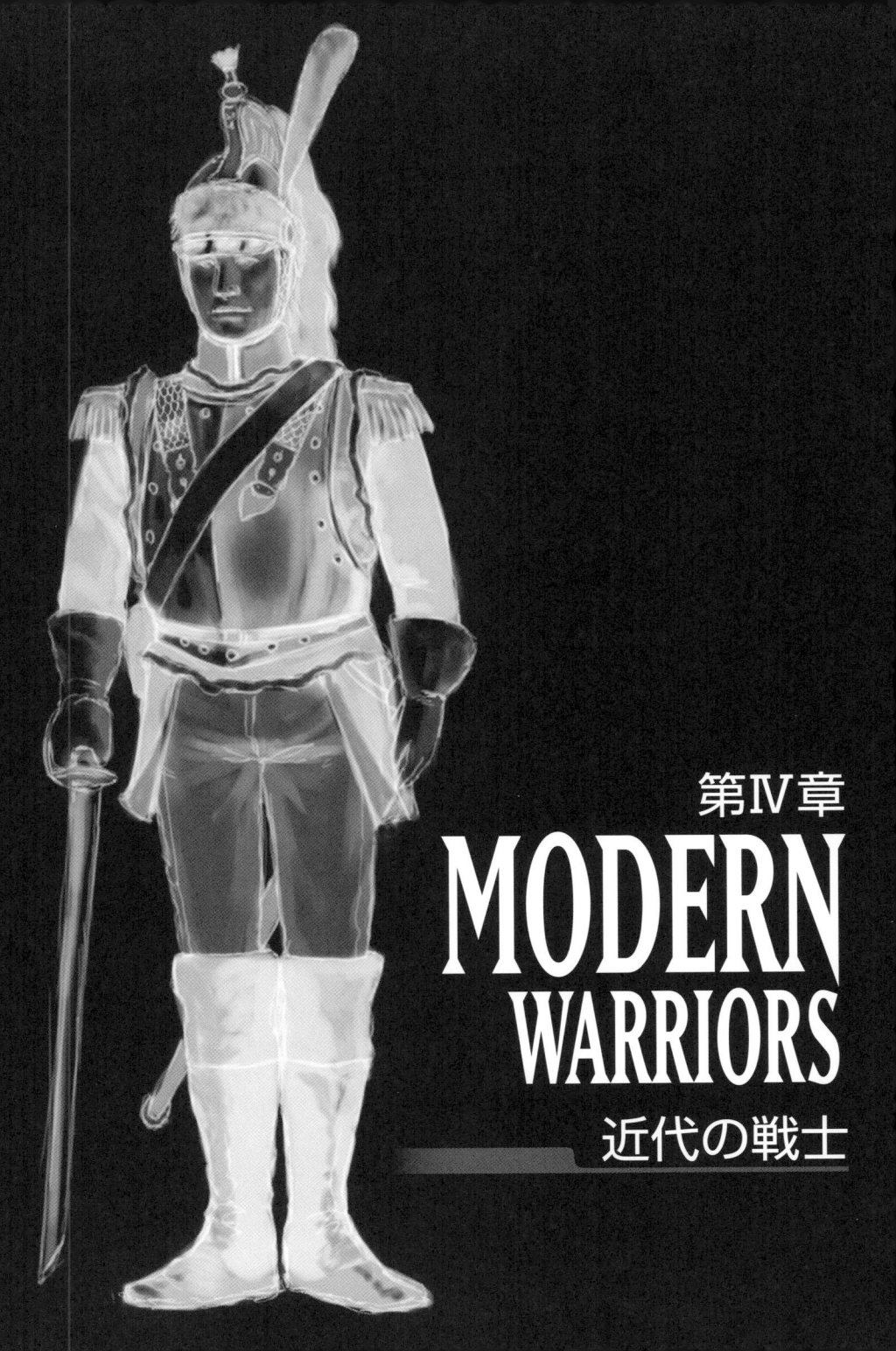

MODERN WARRIORS

近代の戦士

17世紀後半-18世紀前半

燧石式小銃と銃剣
フランス／イングランド

宗教改革を巡る戦争が終息すると、ヨーロッパは王権を絶対とする絶対主義の時代をむかえる。絶対君主の代表がフランスの太陽王ルイ14世（在位1643-1715年）である。ルイは領土拡張政策を推し進めて英仏関係に新たな対立軸を持ち込んだ。中央集権と国内整備が進んだこの時代には、近代軍の萌芽が見られ、軍装もより整備されて規格化されたものへと変わっていった。

フュージリア（フュージル銃兵）

「フュージル」（フランス語ではフュズィ）銃を装備した兵士を「フュージリア」（同「フュズィリエ」）と呼ぶ。マスケット銃が火縄で着火する大口径の大型銃だったのに対し、フュージル銃は「フリント・ロック式」（火打石式または燧石式）を用い、口径が小さく、威力に劣るものの軽量小型で叉杖も必要としない。フランスでフュージル銃を装備した正規部隊が創設されたのは1671年。砲兵隊の護衛部隊として登場した。当初はフュージル銃の威力不足と、発射時にコックがスティールを打ちつける衝撃で照準がぶれることから兵器としての信頼性を問われ、前線部隊に配備されることはなかった。一方で後方では扱いやすさが受けて普及した。その後の10年間でマスケット銃も軽量化されて叉杖が不要となり、逆にフュージル銃の口径は大きくなって、両者の溝は埋まっていく。1699年にはフランスで正式に火縄式の小銃が廃止され、銃剣の改良と合わさって、以後、ヨーロッパにおける歩兵部隊の主要武器は燧石式の小銃と銃剣となった。

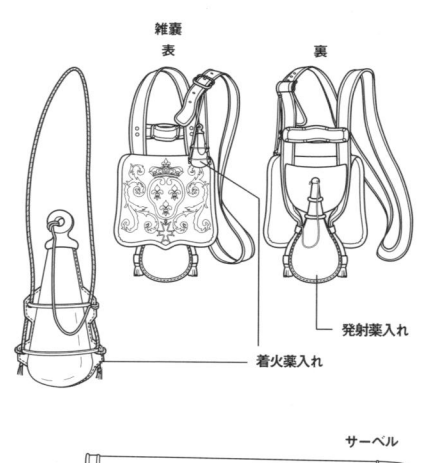

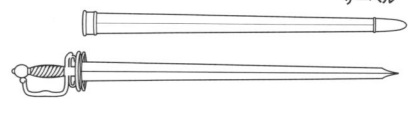

雑嚢 表　裏

発射薬入れ

着火薬入れ

サーベル

■ フュージル銃兵の装備

フュージリアの装備。装備も先の時代と変化し、肩から交差させていた「十二使徒」に変わって、1683年には腰のベルトに弾薬ポーチをつけるようになった。ポーチのなかには小さな孔がいくつも空いた木枠が収められており、10発ほどの弾丸を収納した。ベルトの左側には銃剣を収めるケース「フロッグ」が取りつけられ、弾薬ポーチはベルト右側に吊された。1690年代には弾薬ポーチが腹部中央につけられていた。

第Ⅳ章　近代の戦士
17世紀後半-18世紀前半　フランス／イングランド

ハットのつばを三方で折り、3つの角をもたせた帽子「トライコルン」(三角帽)。フランス語では「トリコルヌ」)。小銃を担いだときに邪魔にならないようにしたもの

燧石(火打ち石)で着火する「フュージル」銃。fusilには"火打石"の意味がある。火打ち石は日頃から磨いておかないと不発の原因になる

フランスのフュージリア。1671年のフュージリア部隊創設時にはプラグ式銃剣を携帯した。

イングランドのフュージリア。イングランドでは1678年にフュージリア兵部隊が創設された。輜重部隊を護衛する後方部隊としてやはり登場している。

347

■ バイオネット（銃剣）

当時単発銃をもっていた銃兵は、頻繁に弾薬を装填しなければならず、敵の接近を容易に許した。「バイオネット」（銃剣。フランス語では「バイオネト」）は、そうした銃兵が銃をパイク同様に用いて、自らの護身と防御をするために考案された。最初の生産地がフランスのバイヨンヌであったことからその名があるといわれる。当初の銃剣は、銃口に直接差し込む方式で（「プラグ式」）、銃剣を抜かない限り弾丸の再装填をすることができなかった。またゆるくて抜け落ちたり、逆に抜けなくなるといった問題も発生した。これを解決したのが「ソケット式」と呼ばれる装着方式である。フランスのヴォーバン将軍（1633-1707年）が考案し、これにより一挙に列強軍隊に銃剣が広まっていった。17世紀中頃のヨーロッパでは歩兵の40%がパイク兵だったが、最早パイク兵は不要な兵種となってフランスでは1703年にパイクが完全に廃止されている。

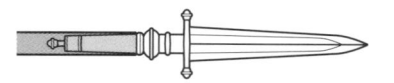

プラグ式。銃口に差し込む

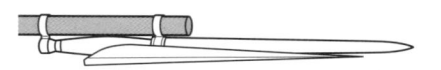

リング式。銃剣にリングをつけて装着

ソケット式。銃口が塞がれず発射と装填が可能

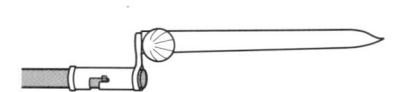

ソケット式（クランク型）。
L字形にして剣身をより銃口から離している

銃剣による防御姿勢。構え方自体はパイクと同様。

第IV章　近代の戦士
17世紀後半-18世紀前半　フランス／イングランド

グレネイダー（擲弾兵）

17世紀後半には新たな歩兵種「グレネイダー」（擲弾（てきだん）兵。フランス語では「グルナディエ」）が登場している。図はフランス軍の擲弾兵。その名のとおり擲弾（手榴弾）を投擲する役割を担う。擲弾は17世紀中頃に登場した兵器だが、これを専門に扱う部隊の創設は、1670年にフランス軍が初めて擲弾兵中隊を編制したことにはじまる。その後、各国の列強が相次いでこれを採用するようになった。のちにはエリート歩兵部隊の名称として用いられるようになるが、七年戦争（1756-1763年）までは実際に擲弾を投擲し、野戦よりも攻城戦で威力を発揮していた。擲弾を投げるために銃を背負えるよう革帯「ガン・スリング」（負帯）が銃に取りつけられていた。こうした銃の負帯はフランス軍によって初めて世に登場したものである。フランス軍では1687年からマスケット銃（口径18.6mm）の軽量化が進められ、特に擲弾兵が口径16mmの燧石式マスケット銃を採用すると、それが全軍へと広まり、次第にマスケット銃とフュージル銃の区別がなくなっていった。

当時の擲弾は直径64mm。重量がおよそ1.3kgで導火線（擲弾ヒューズ）がついていた。導火線の長さ分だけ爆発するのに間がある。第2次大戦当時の手榴弾も、手で火こそつけないものの導火線式。

擲弾ヒューズ（導火線）
火薬

◆ 擲弾の投擲手順 ◆

① 左手に火縄をもつ

② 銃の負帯を伸ばして三角形に広げる

③ 腕を交差させるようにして小銃を肩から斜めにかける

④ 火種から火縄に着火

⑤ 擲弾を取り出し、蓋を口で外して内部の擲弾ヒューズ部分をさらけ出す

⑥ 火縄に息を吹きかけて火勢を強めるとともに火がついているかを確認

⑦ からだを反らして投擲姿勢に入る。このとき擲弾に火縄を押し込み着火する

⑧ 擲弾を投擲

第IV章　近代の戦士
17世紀後半-18世紀前半　フランス／イングランド

擲弾騎兵

図は17世紀フランス軍の近衛部隊である擲弾騎兵。一般的な騎兵の装備とともに擲弾を装備している。17世紀中頃になると、ヨーロッパでの騎兵は鎧を廃し、着用しても胸甲だけという出で立ちになっている。これは、銃器が発達してもまだ命中精度や発射速度に難があったため、重装甲よりも身軽であるほうがより安全だとの判断による。バフ（もみ革）製のコートと半ズボン、フェルトの帽子をかぶった。武器は鞍の前部に収納したピストルと、肩から下げた銃身の短い騎兵銃「カービン」。腰には突撃用としてサーベルを下げた。擲弾騎兵は近衛隊に属す兵士で、擲弾兵のなかから優秀なものを選抜して編制されている。ほかの騎兵と違って丈の長いブーツではなくゲートルを履いている。また口ひげを生やすことが義務づけられていた点もほかの騎兵と異なる。

1680年当時の擲弾騎兵

擲弾兵が用いたマッチ・ケース（火種入れ）。通常は肩から掛けた雑嚢の負帯胸部分に縫いつけていた。火が消えないようにいくつもの通気孔が空けられており、これに火種を差し込んでおいた。

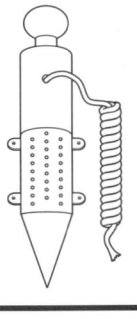

ドラグーン（竜騎兵）

火器が普及すると、敵味方の銃弾が戦場を飛び交うようになり、勝者といえども大きな損害を被った。そのため各国の君主は貴重な財産（兵士たち）を、正面からぶつけることを回避するようになる。すでに17世紀から見られたこの傾向は、18世紀になると野戦に対する考え方そのものの変化へとつながっていった。それまでの野戦は相対して雌雄を決するといったものだったが、決戦を避けつつ有利な展開になるよう戦略的な目標を奪取する、より持久型の戦いとなっていった。そのため部隊の機動力が重要となり、歩兵を馬に乗せて戦場を駆けまわらせるようにもなった。これが「ドラグーン」（竜騎兵。フランス語では「ドラゴン」）である。17世紀中頃から急速に広まり、戦闘時では馬から下りて銃を撃った。また通常の騎兵としても使用された。図は17世紀末フランス軍の竜騎兵。

竜騎兵はほかの騎兵と違い、カービン銃ではなくマスケット銃を装備した。

第Ⅳ章　近代の戦士
17世紀後半-18世紀前半　フランス／イングランド

銃士（18世紀前半）

フランスの銃士隊は1646年に一旦は解散させられていたが、ルイ14世によって1657年に再興されていた。王は軍隊に初めて制服を取り入れ、銃士には"青い"カソック・コートを与え、前後左右に十字を描いてその存在を誇示した。この制服は全部隊の憧れの的となった。図は18世紀前半頃の銃士。戦場では前後に十字をあしらった袖なしの上着を着た。首にはクラバット（飾り布）を巻くのがこの時代から（1660年頃から）の戦士たちの流儀である。起源はローマ軍団兵にあるといわれるが、今日のネクタイの始まりでもある。

銃士の胸甲。1675年以降、フランス軍では戦場で胸甲をつけることを騎兵に義務づけた。銃士隊も同様に胸甲をつけたが、その表面には隊の紋章である十字が描かれた。

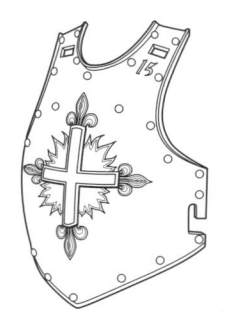

カソック・コート

18世紀

ロシア／スウェーデン

大北方戦争

西ヨーロッパでフランスとイングランドが対決していたとき、東ヨーロッパではカルル12世（在位1697-1718年）を君主とするスウェーデンと、ピョートル大帝（在位1692-1725年）を戴くロシアのあいだで一大戦争がくり広げられていた。これを今日では大北方戦争と呼ぶ。

ロシア軍

ナルヴァ（フィンランド湾近郊）の戦い（1700年）に敗れたピョートル大帝は、軍の改革を決意し、練兵と砲兵育成に励んだ。彼が完成させた、防御陣と火力を有効に用いる対機動戦術は、のちの帝政ロシア軍に大きな影響を与えている。

近衛擲弾兵

図は精鋭部隊であるプレオブラジェンスキー近衛擲弾兵連隊の軍装。連隊名はロシア郊外の離宮のある町名に由来する。ピョートル大帝が子供のころに創設した部隊を始まりとし、真の忠節を尽くす部下を養成する部隊とされた。皇帝は貴族の子弟にこの連隊に所属することを求め、優秀な成績を修めたものは行政や軍事を司るものとして要職に就いた。帽子の羽根飾りは、同じ近衛のセミョノフスキー連隊とともにつけた独特なもの。一般の擲弾兵は羽根飾りのない司教冠帽をかぶる。図では擲弾を発射する「グレネイド・ガン」を携帯している。1670年頃に登場し、ピョートル大帝の時代に導入された。鉾槍を叉杖代わりに使用し、攻城戦での使用を主目的とする。

「グレネイド・ガン」。口径は49mm

司教冠（マイター）型の擲弾帽。一般にどの国の擲弾兵も側面につばのない"擲弾帽"をかぶった。擲弾を振りかぶって投げるのに邪魔とならない。

第Ⅳ章　近代の戦士
18世紀　大北方戦争

フュージリア

ロシアのフュージリア兵（ロシア語で「フュージリョル」）は、三角帽をかぶったが、冬期には防寒具にもなる耳当付きの帽子をかぶることもあった（右上図）。帽子は「カルツース」と呼ばれる。使用するマスケット銃はフリント・ロック式で、17世紀中頃にイギリスで生まれた「ドッグ・ロック」と呼ばれるタイプをコピーしたもの。燧石を挟むコックと、火花を起こす当たり金用のシアー（逆鉤）が別のパーツになっており、コック用の金具が特殊な形をしている。

耳当（イヤー・フラップ）付き軍帽。折り返すことができ、防寒を必要としないときには上に折り返してボタンで留められていた。

主に市民兵がかぶった毛皮付き帽子。市民兵の多くは装備も軍服も旧式であり、帽子のような副装品は自前であることが多かった。

スウェーデン軍

スウェーデン王カルル12世は機動戦による各個撃破を得意とし、大北方戦争の初戦もこれにより勝利している。機動戦術では、自兵力が劣勢だったとしても敵を翻弄することができる。一方で高い士気が必要とされたが、王は自ら先頭に立つことでそれを成し遂げた。

グレネイダー（擲弾兵）

スウェーデン語で「グレナドジャエール」。一般的な司教冠型の帽子をかぶった。左腰には長さ90cmのサーベルと70cmの銃剣を下げ、右腰には肩から掛けた擲弾袋がくる。同時期のヨーロッパ軍隊では擲弾兵をひとまとめにして大隊としたが、スウェーデン軍ではマスケット銃兵の側面に配置し、銃兵の先導役とした。

コート（上着）

ブリーチ（半ズボン）

スウェーデン軍の軍服上下。青と黄を基調としている。色は異なるがこうした軍服は17世紀後半から18世紀にかけてヨーロッパで全盛した「ジュストコル」と呼ばれる上衣をもとにしている。フランス語の"juste au corps"（"胴にぴったりした"という意）を語源とする。冬に着用したカソック・コートが活動に不向きだったため、ボタン留めできるようにし、袖を折り返して短くしている。1670年頃にオランダで登場し、これによりそれまで線飾りなどで過剰装飾されていた貴族服から、実用的な市民服タイプへの転換が軍服においてもなされることになった。

グレネイダー

第Ⅳ章　近代の戦士
18世紀　大北方戦争

マスケッター

スウェーデン語で「ムスケター」。初期には三角帽をかぶったが、次第にロシア軍同様に防寒機能をもった帽子をかぶるようになる。この帽子は「カープス」と呼ばれるもので、形がやや丸みを帯び、折り返し部分が羊毛でおおわれていた。1708年までに多くの連隊で三角帽に代わって使用されるようになった。

パイク兵

銃剣の登場によって、列強がパイク兵を廃止していくなか、スウェーデン軍とロシア軍ではパイク兵を維持しつづけた。スウェーデンのパイクは4.5～5mほどの長さで、当時の標準に比べると1mほど短い。扱いやすさと機動を重視したためである。金属製胸甲も廃され、兵士は代わってバフ（もみ革）製のコートを上着の下に着込んだ。弾丸を防ぐには心許ないが、当時の記録によれば17発命中して無傷だったという例もある。

マスケッター

パイク兵

スウェーデン軍の銃剣は70cmと他国のものよりも長い。当時の平均身長は165～170cmだったといわれるが、140cmのマスケット銃に装着すれば2mを超える長さとなる。この長さをもって突撃のときの衝撃力を高めたと考えられる。

1715,1745年

スコットランド／イングランド
ジャコバイトの乱

王政復古（1660年）がなされていたイングランドでは、カトリックに重きをおいた国王ジェームズ2世（在位1685-1688年）が"名誉革命"によって退位を余儀なくされた（1688年）。これに対し、カトリックの国王とその血統を指示する一派が長く反乱を企てつづけた。彼らをジェームズ派（JamesのラテN名JACOBUSから"ジャコバイト"）と呼ぶ。その大半はスコットランドの高地人（ハイランダー）で、1695年には国王ウィリアム3世（在位1689-1702）の暗殺未遂事件を起こし、1715年と1745年には大規模な反乱を起こしている。

ジャコバイトの民兵

スコットランドは"クラン"と呼ばれるたくさんの氏族によって支配されていた。ジャコバイトの多くはスコットランド高地に暮らすハイランド・クランだった。氏族長級は貴族に相当するが、軍隊は民兵に頼らなければならず、そのため装備も時代遅れといえた。得意とするのは蛮勇を頼りとしての剣や斧による突撃戦である。図はスコットランド特有の「ロッホバー・アックス」をもつハイランド民兵。この長柄武器には鉤爪があって、敵を引き倒すことに使われた。普段の生活では装飾のない青い「ボンネット」（縁なし帽子）をかぶったが、反乱ではジャコバイトをあらわす白い花形の帽章をつけた。

ロッホバー・アックス

ボンネット帽

■ ダーク

ハイランダー特有の短剣「ダーク」。一生涯身につけて離さないものとされ、日常での使用と、とっさのときの武器に用いられる。刀身の背に装飾的な刻み目がつけられることもあり、ノコギリ刃のように使用できる。

第Ⅳ章　近代の戦士
1715,1745年　ジャコバイトの乱

◆ キルトの着方 ◆

スコットランド人の装いであるキルトの着方。

① タータン（格子縞のある布）を広げ、規則的に畳んでプリーツ（ひだ）をとる。その上に仰向けに寝ころび、布の両端をもつ

② 右側が下になるよう巻きつけ、左側を巻きつけたあと、ベルトで腰を縛る。立ち上がって余っている上側の布を下に垂らす

③ 垂れている布の端を、背の後ろをまわして左肩部分までもってくる。それをブローチやピンで留めて完了

ハイランド・パイプ

バッグパイパー（楽兵）

バッグパイプはリード楽器の一種で袋のなかに空気を吹き込み、それを吐き出させて音を奏でる。スコットランドで用いられたものは"ハイランド・パイプ"とも呼ばれる。戦場では士気を高める軍楽隊として前線に立ち、兵を先導した。戦死した兵士を弔う際に葬送曲を奏でることもある。

スコットランド正規兵

ハイランドの裕福な貴族兵は豪華な剣と小銃を装備した。剣はハイランダーのステータス・シンボルであり、もっとも尊重されていたが、実際には銃剣付きのマスケット銃を用いたもののほうが多い。記録などから判断するとおよそ80％以上の兵士が小銃で武装し、刀剣をもっていたのは20％に過ぎない。しかし、剣をもつ兵は、その数に比して見事なはたらきを示している。彼らは敵の射程内に飛び込み、一斉射撃を受けて自らも銃で応戦し、敵が弾丸の装填をはじめるや剣を抜き果敢に突撃するのである。敵が銃剣やパイクで迎え撃っても盾で切先を受け止め、手にした剣を振り下ろした。懐に飛び込めば、盾をもつ左手に握った短剣「ダーク」で喉を突いた。図のひとりがもつのはスコットランドに特有の剣「クレイモア」。16世紀以降使用しつづけている。

クレイモア

■ スキアヴォーナ

「スキアヴォーナ」は篭状ヒルトをもつ刀剣。またはヒルト（柄）の形式名称。15世紀にスラヴ地方で用いられた刀剣を起源にしており、16世紀初めにヴェネツィア共和国のスラヴ人部隊が使用したことから西ヨーロッパに広まり、各地で独自の発展をたどった。図のb）とc）はスコットランドで使用されていたもの。

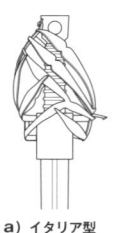

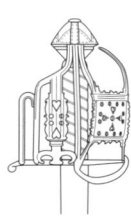

a) イタリア型　　b) スターリング型　　c) グラスゴー型

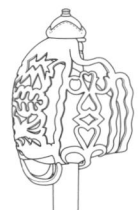

第Ⅳ章　近代の戦士
1715,1745年　ジャコバイトの乱

イングランド兵

ジャコバイトが帽子の飾りに白色を用いたのに対し、イングランド兵は黒色を用いて目印とした。イングランド兵は18世紀中頃までには、燧石式小銃と刃渡り41cmの銃剣という最新の装備をするようになっていた。スコットランド兵相手であれば優位に立てる実力は十分だったといえる。ところが、反乱の初戦で惨敗し、士気が下がって敗走をつづけた。イングランドに侵攻してきたジャコバイト軍に対し差し向けられたのがカンバーランド公ウィリアム（1721-1765年）である。ヨーロッパで経験を積んだ優れた軍人であった公はさっそく敵の戦闘方法を分析した。得た結論は剣士とは正面切って斬り結ぶのではなく、敵が刀剣を振り上げたときに、がら空きとなる脇腹を銃剣で突くというものだった。

カンバーランド公ウィリアムは、厳しい教練によって士気の挫けた軍を立て直した。公は教練中に銃剣の着剣を最初に取り入れたことでも知られている。

1756-1763年

プロイセン／オーストリア／ロシア／フランス

七年戦争

　七年戦争の発端は、オーストリア継承戦争によってシュレジェン地方をプロイセンに割譲したオーストリアが、これを奪還すべくプロイセンに圧力をかけたことにある。フランス、ロシア等の列強と結んだオーストリアに対し、プロイセン国王フリードリッヒ2世（在位1740-1786年）は連合軍相手に善戦、苦境に立ちつつもシュレジェン地方を守りきることに成功した。これによって彼は"大王"と呼ばれることになる。

ドラマー（鼓手）

　軍隊における楽士（鼓手や吹手）は戦場で各部隊に命令を伝達する簡単な手段として古代から用いられてきた。近代には、鼓手が部隊の機動を整然と行うための手段として重要な役割を果たした。一般の兵士は"戦列兵"と呼ばれるように、戦場で横一列に並んだ。鼓手は戦列兵が列を乱すことなく同じ歩調で前進するためのリズムを刻む。リズムには状況に合わせてさまざまなものがあった。下士官とともに戦列のすぐ後ろに配され、下士官は部隊を指揮し、同時に兵の逃亡を見張る。鼓手は太鼓を鳴らして兵士を急き立てた。

第Ⅳ章　近代の戦士
1756-1763年　七年戦争

巨人連隊 (プロイセン軍)

当時は背の高い男がすなわち屈強な兵士だと考えられていた。165cmであれば徴募係の気を引かないが、172cmを超えれば間違いなく軍隊に連れていかれた。プロイセン国王フリードリッヒ・ヴィルヘルム1世（在位1713-1740年）は、とりわけ大きな男たちを欲し、ヨーロッパ中から、時には誘拐までして大男を掻き集め、"巨人連隊"なる近衛部隊をつくった。入隊基準は身長180cm以上の健康男子。知的障害があっても問題とはされない。ただし若くないものや顔が醜いとされたものは除外された。連隊中もっとも"巨人"だったのはノルウェー人のヨナス・エーリクソンで、その身長は268cmだった。彼ら巨人連隊は閲兵式の花となったが、それを維持するには、特別あつらえの軍服・装備品代、そして隊に留め置くための給料・報奨金など、少なくとも同じ規模の部隊の4倍以上の費用を要した。そうしたこともあって後継のフリードリッヒ2世（大王）が即位すると、見せ物として1個大隊だけを残して解隊させられた。

歩兵 （18世紀中頃）

図は七年戦争当時の主な歩兵種とその軍装。プロイセンと、それと戦ったオーストリア、ロシア、フランスのものを並べている。軍服を意味する「ウニフォルム」（ドイツ語。英語ではユニフォーム）はフリードリッヒ大王の時代に初めて用いられた。図を見ればわかるように、この時点でヨーロッパ列強の兵種ごとの軍装はどこの国でもさほど変わらないものとなっている。この時代の軍服は中世にあった従僕関係の延長ではなく、合理的な思想にもとづいている。すなわち自軍を認識し、他国の部隊と識別するためのもの。さらに、兵士に団結心をもたせ、軍隊の規律を保たせることである。大王にして「軍服なくして、規律なし」と言わしめたほどである。

プロイセン軍

マスケッター　　グレネイダー

オーストリア軍

マスケッター 　　グレネイダー（ドイツ人連隊） 　　グレネイダー（ハンガリー人連隊）

第Ⅳ章　近代の戦士
1756-1763年　七年戦争

ロシア軍

マスケッター　　　グレネイダー

◆プロイセン軍の戦術◆

プロイセンは徴兵（カントン）区制度によってヨーロッパ随一の軍事力を築いた。軍隊には教育と厳しい教練を課し、当時のヨーロッパの兵士が1分間に2発の弾丸を発射したのに対し、プロイセン軍は5発も撃つことができた。これには金属製の込め矢を採用したことも寄与している。こうした軍を率いたプロイセン軍は、四面楚歌の状態となった七年戦争で劣勢ながらも勝利を重ねることができた。また大王は実戦さながらの訓練を重ねて世に知られる"斜行戦術"を完成させた。これは部隊を敵前に展開させる段階で、敵翼の側面と正面に兵力を集中する戦法である。さらに戦場で展開する歩兵や騎兵部隊に随行して火力支援を行う"騎馬砲兵"を軍事史に初めて登場させている。これは小型の大砲を装備し、砲手や弾薬手などが騎乗して移動する部隊である。

フランス軍

マスケッター 　　　グレネイダー

騎兵 （18世紀中頃）

七年戦争における主要4ヵ国の主な騎兵とその軍装。この時代に一般化した騎兵種に「フザール」がある。ハンガリーを起源とし、突撃戦の破壊力と高い機動力をもった優れた騎兵部隊で、その独特の出で立ちで知られた。大王はこのような騎兵の衝撃力に着目し、余分な装備を廃して素速く移動し抜刀して突撃を行う部隊を編制した。さらに徹底した訓練を課して、突撃後に散りぢりとなった4,500騎の騎兵がたった4分で隊列を組み直すことができるまでに育てあげた。

プロイセン軍

胸甲騎兵（キュラッサー）
背当は着用しない

竜騎兵（ドラグーン）

フザール

第Ⅳ章　近代の戦士
1756-1763年　七年戦争

オーストリア軍

胸甲騎兵
胸当、背当ともに着用

竜騎兵（ドラグーン）

フザール

ロシア軍

胸甲騎兵
背当は着用しない

竜騎兵

フザール

フランス軍

胸甲騎兵

竜騎兵

フザール

1775-1781年

散兵戦とゲリラ戦
アメリカ独立戦争

アメリカ独立戦争は、もともとはイギリス本国政府の対植民地経済政策に反対する抵抗運動であった。それが武力抗争に発展し、たちまち独立を目指しての13植民地（独立13州）こぞっての戦争となった。当初はイギリス軍が優勢だったが、サラトガでの敗北（1777年）を契機にして戦況は一変する。大陸軍（植民地軍）と同盟したフランス軍の到来もあって、イギリス派遣軍は追いつめられて降伏した（1781年）。この戦争で大陸軍が用いた散兵戦とゲリラ戦は、新たな戦術と戦略を世に知らしめることとなった。

植民地軍民兵

狩猟のみならず、先住民との問題解決に小銃を用いていた植民地では、小銃が成人男子に必須の道具とされていた。そのため自らの小銃をもって参加するだけで、そのまま民兵となった。入隊しても訓練することなく正確に射撃することができ、なかには武装して"数分"で戦場に駆けつけ、そのまま実戦に耐え得たことから"ミニットマン"（即時応召兵。直訳するなら"分"兵士）と呼ばれた民兵部隊もある。ただし正規兵と違い戦列歩兵としての訓練が不十分で銃剣も装備していなかった。もっぱら銃を手にして遮蔽物に隠れ、各自が勝手に目標を射撃する散兵戦を行った。この戦法は神出鬼没なゲリラ戦に適しており、イギリス軍を苦しめることになった。士官を優先して狙撃するやり方はヨーロッパでは野蛮とされたが、それは先住民との容赦ない殺戮戦争で身につけられたものだった。こののち、散兵戦術は海を渡ってヨーロッパに取り入れられていく。

ライフル兵（ペンシルヴァニア州ライフル連隊所属兵士）

第Ⅳ章　近代の戦士
1775-1781年　アメリカ独立戦争

独立13州

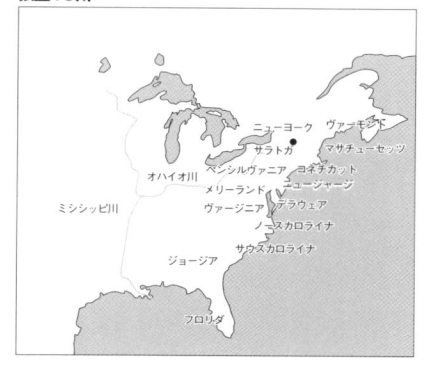

軽歩兵（第38歩兵連隊所属兵士）

■ペンシルヴァニア・ライフル

植民地軍民兵が手にした小銃は「ペンシルヴァニア・ライフル」と呼ばれた長銃身ライフル銃で、アメリカ独立戦争はライフル銃を実戦で使用した最初の戦争となった。ドイツの狩猟用のヤーゲル・ライフルをもとにし、大陸のペンシルヴァニア地方で生まれたことからその名がある。また西部開拓時代のケンタッキー地方に広まり多く使用されたことから、今日では「ケンタッキー・ライフル」と呼ばれることが多く、そちらの名のほうが有名となっている。特徴として口径が小さく（13.2mm）、その分銃身が長い（1,016〜1,143mm）。銃身が長いと弾丸が銃身内を走る距離（送弾距離）と発射ガスの影響時間が長くなり弾道が安定する。また照星と照門の距離も離れるので照準の精度が増す。口径が小さいということは弾丸が小さいことを意味するが、一方で小さいゆえに弾速が増すことにつながり、威力はそれほど損なわれない。欠点は旋条と銃身の長さから弾丸の装填に時間がかかること、銃自体が長大で扱いにくいということである。装填については油に浸した紙や獣皮に弾丸をくるめ、通りをよくすることで解決したといわれる。

大陸軍正規兵

植民地軍総司令官ジョージ・ワシントン（のちにアメリカ初代大統領）は、ヨーロッパ式の軍隊を組織し、"コンチネンタル・アーミー"（大陸軍）と呼んだ。1776年9月に承認されたこの軍隊が大陸議会正規軍となる。彼らには、各植民地（州）が定めた軍装が支給された。共通して三角帽をかぶり、同じデザインの軍服を着たが、色が州ごとに異なる。たとえばペンシルヴァニア、メリーランド、ヴァージニア、デラウェアでは赤を基調にした。装備はヨーロッパ式の軍隊と変わりがなく、小銃には俗に「ブラウン・ベス」と呼ばれたイギリス製滑腔式マスケット銃を用いた。訓練と戦術もヨーロッパ式だったが、会戦では一日の長があるイギリス軍に歯が立たないこと度々であった。

大陸軍軽竜騎兵

1777年初めに、ワシントン将軍のかねてからの要望であった騎兵が大陸軍に初めて登場した。編制されたのは「軽竜騎兵」（「ライト・ドラグーン」）と呼ばれる騎兵種である。小銃を片手に馬上での射撃戦を主とし、サーベルを抜いての突撃戦は得意ではなかった。当初、3,000騎が招集されたが、正規軍として実際に戦争で使用できたのは1,000騎を超えることがなかった。市民軍と志願兵からなり、装備はイギリス軍とあまり変わらない。独特の庇付きの兜をかぶり、カービン銃（騎兵銃）をもつ。しかし同年の末頃まではカービン銃が不足し、サーベルとピストルだけ、あるいは歩兵用マスケット銃。なかには騎槍を装備するものもいた。

ズボンは革製。ブーツの丈は長い

第Ⅳ章　近代の戦士
1775-1781年　アメリカ独立戦争

イギリス軍兵士 (米独立戦争時)

イギリス軍は軍服の色から"レッド・コート"（赤服）と呼ばれた。1645年に全陸軍が統一してこの色を用いることが決定されていた。イギリス軍の規律と訓練が行き届いている点は、大陸軍など足下にも及ばない。横隊隊形で肩が触れあうほどに密集して前進し、50mほどにまで接近すると一斉射撃を行った。当時の小銃性能ではそれ以上離れていると命中精度が落ち、"敵の白目が見えてから発砲しろ"というのが常識だった。しかし大陸軍は敵が射程内に入るとすぐに発砲し、彼らから射撃をはじめることが多かった。イギリス軍はこれに耐えながら距離をつめた。だいたい相互に2回ずつ撃ち合うとその後は銃剣をつけての白兵戦となった。イギリス軍の戦いぶりはまさに戦争機械といってよく、銃剣突撃となればたいてい勝利した。大陸軍は銃剣が不足していたこともあって、白兵戦にはめっぽう弱かったのである。

イギリス軍一般兵

革の帯が巻かれている兜。鶏冠には馬の尻尾の毛が取りつけられている

イギリス軍軽竜騎兵

1792-1815年

フランス／イギリス／ロシア／オーストリア／プロイセン

ナポレオン戦争

絶対王政に終止符を打ったかに見えたフランス革命（1789-1799年）だったが、ナポレオン・ボナパルト（1769-1821年）の台頭によってフランスの行く末は再びひとりの人間に委ねられた。トゥーロンの攻城戦で頭角をあらわしたナポレオンは、1815年まで"人食い鬼"としてヨーロッパに君臨する。今日ではナポレオン戦争と通称されるこの時代の戦争は、最高司令官自身が前線で指揮したことから、戦場で味方を一目で判別できるように軍服に派手派手しい色が使われている。

フランス軍歩兵

フランス軍の軍服には国旗の色をあしらった青、白、赤を取り入れている。歩兵種の違いはプルム（帽子の羽根飾り）の色や帽子の形、服色の違いで種別される（他国も同様）。

1805年までかぶられていた二角帽

1812年当時

フュージリア（戦列歩兵種）

フランス語では「フュージリエ」。フランス軍の主要戦列歩兵。1805年までは二角帽（バイコルン）だったがそれ以降は筒型軍帽の「シャコ」をかぶる。上着が青で、下半分のズボンなどは白。軽歩兵部隊は「シャスール」（猟師の意味）と呼ばれ、下半分が上着と同じ色になる。

シャスールのシャコには、軽歩兵を表すラッパの記章がつけられている。

第Ⅳ章　近代の戦士
1792-1815年　ナポレオン戦争

ヴォルティジュール （軽歩兵種）

戦列歩兵と軽歩兵部隊における選抜軽歩兵。「ヴォルティジュール」はフランス語で"軽業師"を意味する言葉。戦列歩兵部隊では擲弾兵に次ぐエリート兵。散兵戦や斥候に精通した小柄で身軽、射撃の名手がなった。図は軽歩兵大隊のもの。戦列歩兵部隊では同じ服装で白ズボン。プルムの色などでも種別される。軽歩兵種にはほかに斥候兵である「ティリィウル」（フランス語で狙撃兵といった意味）もある。

カラビニエ （軽歩兵種）

「カラビニエ」（フランス語）は軽歩兵部隊における選抜された最精鋭。戦列歩兵部隊のグルナディエ（擲弾兵）に相当する。カラビニエの語は装備ではなく名誉呼称として冠されている。屈強で大柄であることが選抜条件。

カラビニエのエリート中隊では熊毛帽をかぶった。

1804年当時

1806年当時

グレネイダー（擲弾兵）

フランス語では「グルナディエ」。この時代には擲弾を投擲する専門部隊としての"擲弾兵"が姿を消しており、その名は最精鋭部隊を指す名誉呼称となっていた。フランス軍の歩兵大隊は擲弾兵、戦列歩兵、軽歩兵の中隊で構成されており、戦闘になると連隊の各大隊から擲弾兵中隊が引き抜かれて後方に集められ、連隊の予備兵力とされてここぞというときに投入された。擲弾兵は危険な任務も多く、そのため給料も高い。身長が約173cm以上でなければなれない。

1813年当時

■歩兵装備

ナポレオン戦争時代の歩兵は、背に装備一式を背負ったまま戦った。背にした装備の総重量は30kg前後になることもあるが、これはどの国でも同様であった。ナップサック（背負い）型の雑嚢（ざつのう）、すなわち背嚢（はいのう）の負帯には胸に渡すベルトの付いたものもあるが、呼吸が困難になるともいわれフランス軍では採用されていない。背嚢には外套であるグランド・コートや、毛布を縛りつけている。行軍時にはグランド・コートを着て、シャコには防水カバーをつけたが、状況や天候によってはそのままの姿で戦闘となることもある。

シャコ（筒帽）

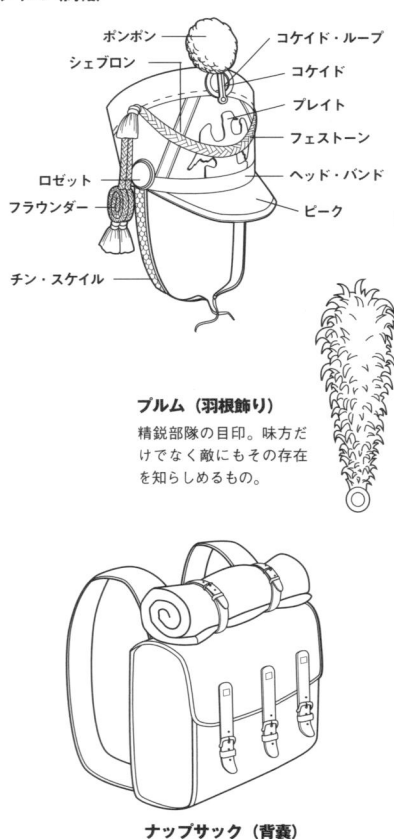

- ポンポン
- シェブロン
- ロゼット
- フラウンダー
- チン・スケイル
- コケイド・ループ
- コケイド
- プレイト
- フェストーン
- ヘッド・バンド
- ピーク

プルム（羽根飾り）

精鋭部隊の目印。味方だけでなく敵にもその存在を知らしめるもの。

ナップサック（背嚢）

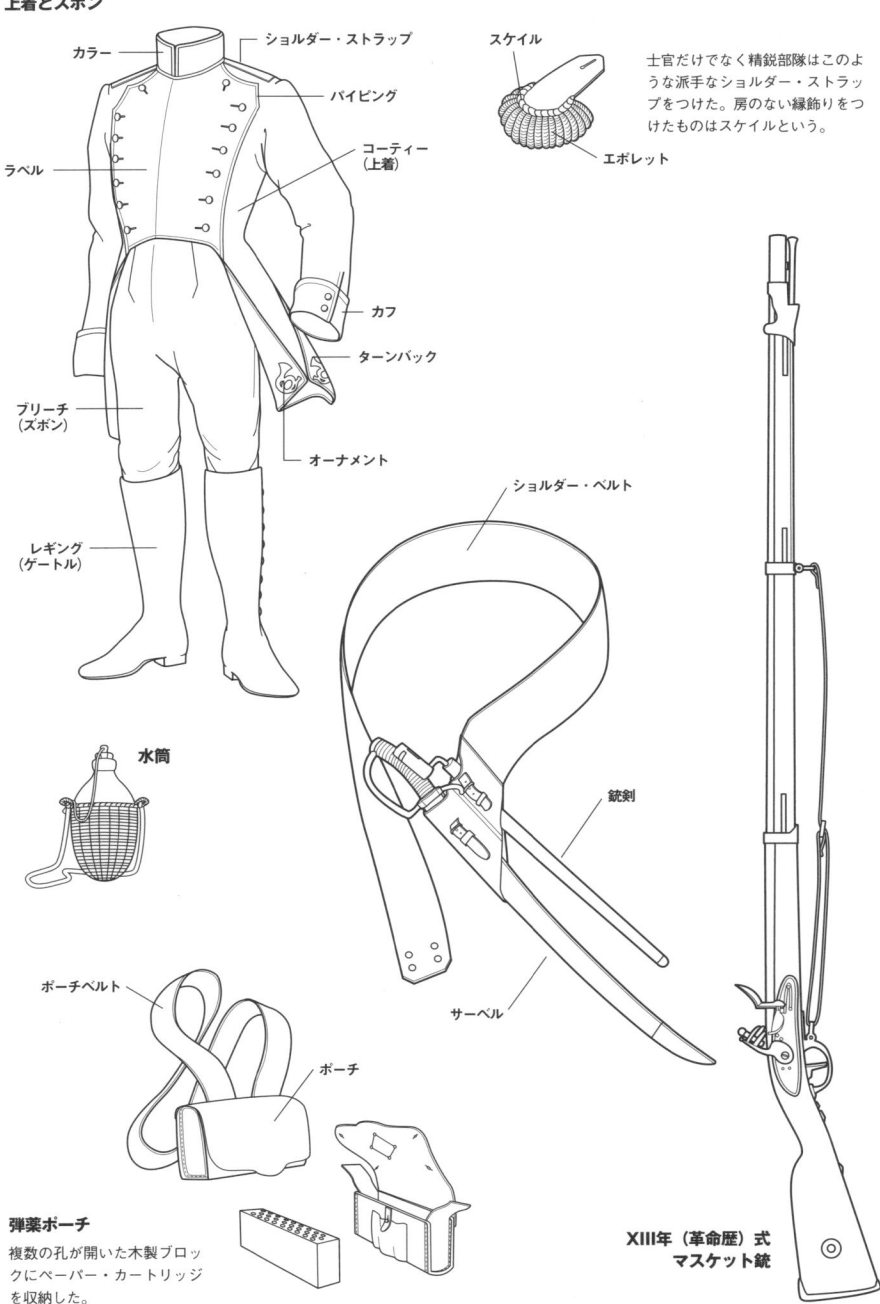

第Ⅳ章　近代の戦士
1792-1815年　ナポレオン戦争

上着とズボン

- カラー
- ショルダー・ストラップ
- パイピング
- ラベル
- コーティー（上着）
- カフ
- ターンバック
- ブリーチ（ズボン）
- オーナメント
- レギング（ゲートル）

スケイル

士官だけでなく精鋭部隊はこのような派手なショルダー・ストラップをつけた。房のない縁飾りをつけたものはスケイルという。

- エポレット

- ショルダー・ベルト
- 銃剣
- サーベル

水筒

弾薬ポーチ

複数の孔が開いた木製ブロックにペーパー・カートリッジを収納した。

- ポーチベルト
- ポーチ

XIII年（革命歴）式マスケット銃

イギリス軍歩兵

ナポレオン戦争期における最良の軍。しかし本国から大陸へと輸送することから近衛部隊を除き定員に満たない部隊も多く、頼りない同盟軍とともに戦うことが弱点となった。ナショナル・カラーは赤。この色はスチュアート家のリバリー・コート（定服）、あるいはクロムウェルのニュー・モデル・アーミーの軍服色から取り入れたといわれている。

ライン（戦列歩兵種）

一般兵である戦列歩兵。横隊を組んでの一斉射撃はイギリス軍のお家芸といえるもので、乱れのない発砲音を聞けばそれがイギリス軍だとわかった。イギリス軍の戦列歩兵部隊は"ライン"と呼ばれ、3個連隊だけが昔ながらのフュージリアを呼称とした。

■イギリス軍歩兵装備

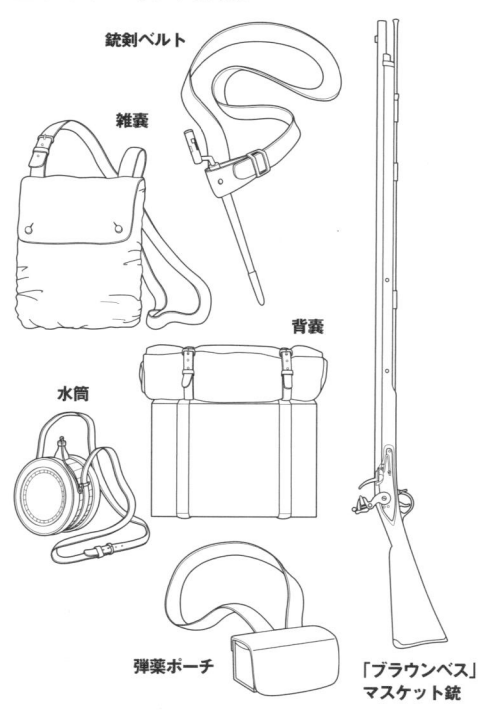

銃剣ベルト
雑嚢
背嚢
水筒
弾薬ポーチ
「ブラウンベス」マスケット銃

1815年当時

第Ⅳ章　近代の戦士
1792-1815年　ナポレオン戦争

プルムの配色
イギリス軍の歩兵種はプルムの色で簡単に見分けることができる。

白 / 赤 — ライン
緑 — ライト／ライフル
白 — 擲弾兵

ライト（軽歩兵種）

本隊の前面で散兵戦を行う軽歩兵は、アメリカ独立戦争を機に他国と同様イギリスでも採用されている。ワーテルローの会戦（1815年）では伏せ撃ち攻撃によってフランス軍を随分と苦しめている。

ライフル（軽歩兵種）

最初のライフル兵は1797年に実験的に編制された。その後、1800年1月に14個のライン連隊から各30名が選抜され、採用されたばかりの国産「ベイカー・ライフル」銃の訓練を受けている。彼らは同年3月に正式に2個連隊に編制され、ライフル軍団としてスペイン戦線に投入された。上下ともに暗緑色の軍服を着用した。

1812年当時

1811年当時

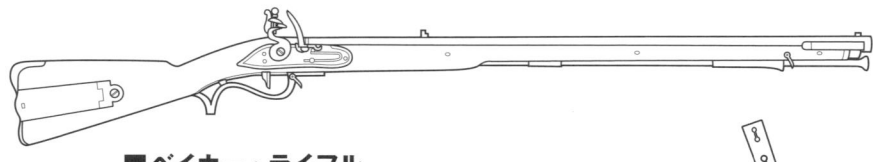

■ベイカー・ライフル

アメリカ独立戦争での教訓を得て、イギリス軍が初めて実戦用に採用したライフル銃。1800〜1840年にかけて広く使われた。

銃の掃除具。火門を掃除するためのもの。発砲カスで塞がった孔を針でほじり、ハケでカスを掃き落とす。

グレネイダー（擲弾兵）

イギリス軍の歩兵大隊は8個の戦列歩兵と各1個の軽歩兵および擲弾兵中隊からなる。横隊戦術を用いたイギリス軍では弱点となる翼端を擲弾兵が受けもった。

ハイランダー（ハイランド兵）

スコットランド人部隊。イギリス軍精鋭部隊でもある。タータンを腰に巻き、ガチョウの羽根飾りをつけた軍帽をかぶる。

1800年当時

1815年当時

第Ⅳ章　近代の戦士
1792-1815年　ナポレオン戦争

■イギリス軍独特のシャコ

頭頂部に向かって細くなっている。シルエットからひとめでそれとわかり、味方の誤射を避けることもできた。ウェリントン公はそれこそがこの軍帽の長所であるとしている。

1800年頃　　1812年。折り返して畳んでおける首当がついている　　1815年

◆ ナポレオン戦争時代の歩兵隊形 ◆

① 横隊隊形

縦数列の兵士を横に長く配列する攻撃隊形。射撃重視の隊形。圧倒的な火力で敵を寄せつけなければ、絶対的な威力を発揮する。しかし接近と突破を許すと部隊の崩壊を招くことになる。戦列を維持しつづけることが重要となるため、移動速度は落ちる。

② 縦隊隊形

白兵戦での威力を増すために縦深を増やした攻撃隊形。行軍時の縦隊よりも正面幅は狭い。移動速度は横隊よりもあり敵陣を突破する衝撃力をもつ。その反面、射撃力が激減し、横隊隊形を組んだ敵に側面攻撃を許すことにもなる。

③ 散兵隊形

隊形のない隊形。ふつう味方主力部隊の前面に散りぢりになって展開するもの。士官の指揮下になくても逃亡を企てない士気の高い兵士でなければ行えない。フランス軍は、革命によって愛国心を奮い立たせた国民軍であったため、広く用いることができた。

④ オーダー・ミックス（複合隊形）

横隊、縦隊、散兵の隊形を組み合わせたもの。散兵で敵を混乱させ、横隊の火力で味方の前進を援護し、最終的に両翼の縦隊が敵を突破する。基本隊形は横隊1個、縦隊2個の3個大隊からなる。この隊形はフランスの軍人で軍事理論家でもあるギベール（1743-1790年）によって1772年に考案され（『戦術一般論』）ナポレオンが得意としたことでその名を高めた。

⑤ 方陣隊形

全周囲防御隊形。視界が悪いときや騎兵突撃に対抗するために用いる。横隊を組んだ兵が"ロ"の字の隊形を組むもので、全周に射界を設け、敵を射撃できる。イギリス軍では前列兵士がひざを突き、銃剣をつけた小銃を斜めに構えて馬を威嚇する。これに守られた後列の兵士が小銃で絶え間なく射撃した。防御に万全である一方、大砲の格好の標的となる。これに騎兵突撃するときには砲兵の支援が欠かせない。

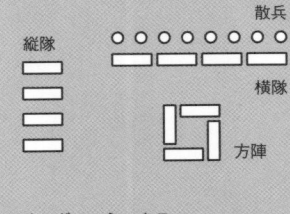

ロシア軍歩兵

ロシア軍の力の源は広大な領土から得られる無限の動員能力にある。ロシア人は銃剣での戦いが上手であったが、その背景には小銃性能があまり頼りにならず、規格も整っていなかったことから、弾丸補給がままならなかったことがある。ナショナル・カラーは緑。

■ロシア軍歩兵の軍帽の変遷

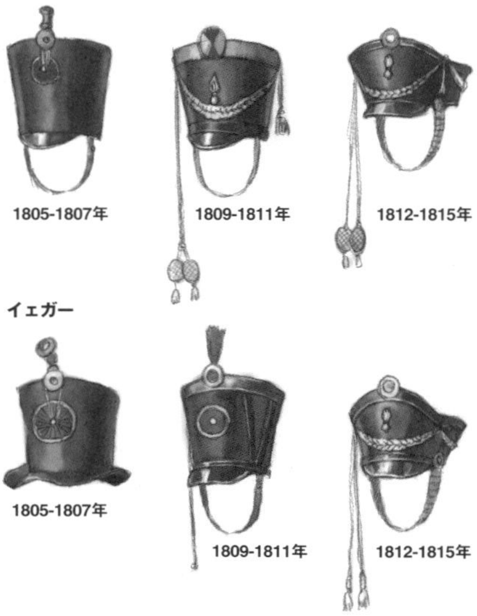

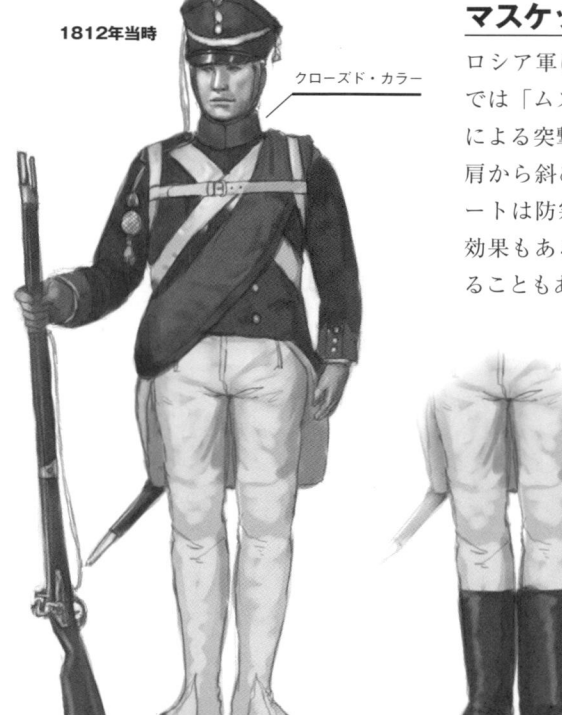

マスケッター

1805-1807年 / 1809-1811年 / 1812-1815年

イェガー

1805-1807年 / 1809-1811年 / 1812-1815年

マスケッター（戦列歩兵種）

ロシア軍における戦列歩兵。ロシア語では「ムスケトル」。射撃戦よりも銃剣による突撃戦でフランス軍を苦しめた。肩から斜めに掛けているグランド・コートは防寒を兼ねて厚く、若干の防刃効果もあることから、まとって突撃することもあった。

1812年当時

クローズド・カラー

冬期には黒色のゲートルをつけた。

第Ⅳ章　近代の戦士
1792-1815年　ナポレオン戦争

イェガー（軽歩兵種）

軽歩兵。ロシア語では「エゲラー」。プロイセン軍の歩兵種をロシア軍が取り入れたもの。当初、戦列歩兵のなかに組み入れられ、若干のライフル銃を装備していた。1811年からは連隊規模で編制されるようになり、以後、ロシア軍1個師団は2個の軽歩兵（イェガー）連隊と4個の戦列歩兵（マスケッター）連隊からなった。ただし、軽歩兵といってもライフル銃をほとんど装備しておらず、まともな軽歩兵訓練を受けていないものもいた。

グレネイダー（擲弾兵）

ロシア語では「グレナデール」。軍帽に背の高いプルムをつけたことですぐにそれとわかる。これにより敵味方両方に精鋭である自分たちの存在を知らしめた。プルムの形は年代によって異なり、次第に細くなっていく。

1805-1807年

1812-1815年

オープン・フロンテッド・カラー

1805-1807年

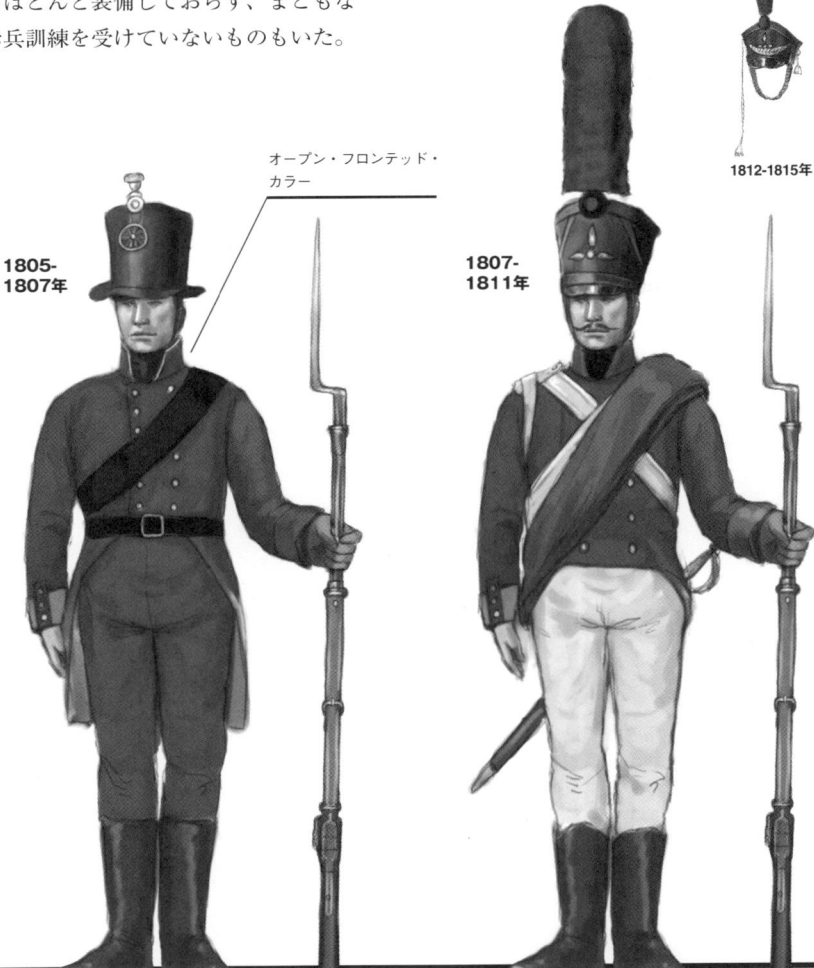

1807-1811年

オーストリア軍歩兵

オーストリア軍は、ロシアとともにフランス軍と単独で対等に戦える兵力をもつ数少ない国家だった。しかし、優秀な指揮官に恵まれず、輜重隊を多く引き連れたことから行軍速度が遅かった。兵士も訓練不足を露呈することが度々あった。それでもカール大公（1771-1847年）のもとで徐々にその力を発揮するようになる。ナショナル・カラーは白。

フュージリア（戦列歩兵種）

多民族国家であったオーストリア軍にはドイツ系（72%）を筆頭にハンガリー系（19%）、ワルーン系（8%）、イタリア系（1%）の連隊があった。図の「フュズィリール」（ドイツ語）はハンガリー系とドイツ系それぞれの装いをしている。ハンガリー系ではひも飾りのついたズボンを履く。1809年頃まで鶏冠のある兜をかぶっていたが部隊の再編とともに、シャコに変わった連隊もある。

ハンガリー系フュージリア 1801年当時

ドイツ系フュージリア 1809年当時

第Ⅳ章　近代の戦士
1792-1815年　ナポレオン戦争

イェガー（軽歩兵種）

上下に暗灰色の軍服を身につけた。1809年以降は鶏冠のついた軍帽に代わって一部がベルーチ・ハットを採用した。これは行軍時に小銃を肩に担ぐときの邪魔にならないように配慮したもので、射撃が得意な山岳地方の兵（チロル地方等）にもこの帽子が使用されている。

ベルーチ・ハットは17世紀半ばに登場した。射撃するときには折り目を正面に向けて照準を遮らないようにし、行軍時には邪魔にならないように横にした。

グレネイダー（擲弾兵）

擲弾が用いられなくなっても、胸には擲弾用のマッチ・ケース（火種入れ）が取りつけられていた。1811年以降になると擲弾が火を噴いた姿の擲弾バッジに変わる。

マッチ・ケース　　擲弾バッジ

1800年当時

1811年当時

プロイセン軍歩兵

ナポレオン戦争の初期、プロイセン軍を彩ったフリードリッヒ大王時代の栄光は過去のものとなっていた。部隊が縦隊から横隊に隊形を変更するのにも、フランス軍の倍の4分がかかったといわれており、訓練不足が著しかった。しかし1806年に大敗したのち新たな軍隊へと再編され、1808年以降はフランス軍に匹敵する力量をもった部隊へと徐々に生まれかわっていった。ナショナル・カラーは青（プロシアン・ブルー）。

マスケッター（戦列歩兵種）

ドイツ語では「ムースケティーア」。プロイセン軍はフリードリッヒ大王時代の横隊による射撃戦を絶対と考え、軽歩兵を軽視していた。主力はあくまでもマスケット銃兵であり、それが軽歩兵を有するフランス軍に大敗を喫する原因ともなった。また兵力の4割は、ラントヴェールと呼ばれる民兵であったといわれる。

1806年当時

1809-1815年

第Ⅳ章　近代の戦士
1792-1815年　ナポレオン戦争

フュージリア（軽歩兵種）

ドイツ語では「フュズィリール」。または「シュッツエン」とも呼ばれる。プロイセン軍ではフランス軍と異なり、フュージリアが散兵戦術を行う軽歩兵種であった。一般に規律の整った士気の高い精鋭部隊と考えられていたが、哨戒任務中に略奪行為をはたらくこともあった。ライフル銃を装備したが銃剣による白兵戦を挑むこともある。

グレネイダー（擲弾兵）

ドイツ語では「グレナディール」。フリードリッヒ大王時代と同様に戦列歩兵の側面に位置し、部隊を先導する役割をもつ。ナポレオン戦争では連隊に配属されていた2個中隊を集めて合同擲弾兵大隊とし、各連隊の予備軍となった。

擲弾兵は司教冠帽だけでなく、背の高いプルムをつけたシャコもかぶる。

1814年当時

1806年当時

◆歩兵の射撃姿勢◆

歩兵部隊の射撃姿勢にはさまざまなものがある。「立ち撃ち」（a）と「ひざ撃ち」（b）は戦列歩兵の基本射撃姿勢。「伏せ撃ち」（c）や「寝撃ち」（d,e）は軽歩兵がさまざまな経験から生み出したもの。「伏せ撃ち」ではシャコを銃身を支える銃架代わりにすることもある。「寝撃ち」では足を交差させて銃の負帯（スリング）を引っ掛けるなど工夫が見られる。

a）立ち撃ち

b）ひざ撃ち

c）伏せ撃ち

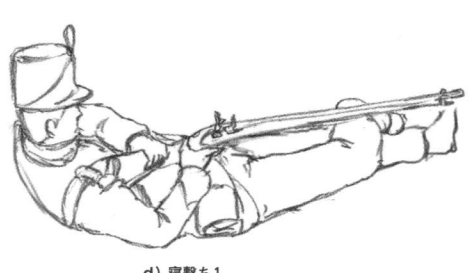

d）寝撃ち1

e）寝撃ち2

第Ⅳ章　近代の戦士
1792-1815年　ナポレオン戦争

各国の騎兵種

胸甲騎兵（キュラッサー）

キュイラス（胸甲）を着用した重騎兵（フランス語では「キュイラスィエ」）。胸甲は胸当と背当からなるが、国によっては胸当だけ（オーストリア）、またはまったく胸甲を装着していない（プロイセン）。これは18世紀になると胸甲をつけた騎兵が重用視されなくなったためで、名称だけが名誉呼称として残された結果である。しかしフランス軍は突撃戦における胸甲の重要性を認識し、文字どおり胸甲をつけた騎兵を採用している。本書ではナポレオン戦争期のこの胸甲騎兵を"重"騎兵とし、古代や中世の重装備の"重装"騎兵とは区別している。ただし、彼らの任務が騎乗突撃戦であるという点では同じ。軽装であっても密集した隊形を組めば同様の突撃効果を得られた。武器は鞍の前部に備えた2丁のピストルと腰からぶら下げた直身のサーベル。ほかに小銃（1811年にはカービン銃、フランス語で「ムスクトン」）を装備した。

フランス軍胸甲騎兵

突撃の際は直身のサーベルを前に突き出し、相手を突き刺すような姿勢をとった。

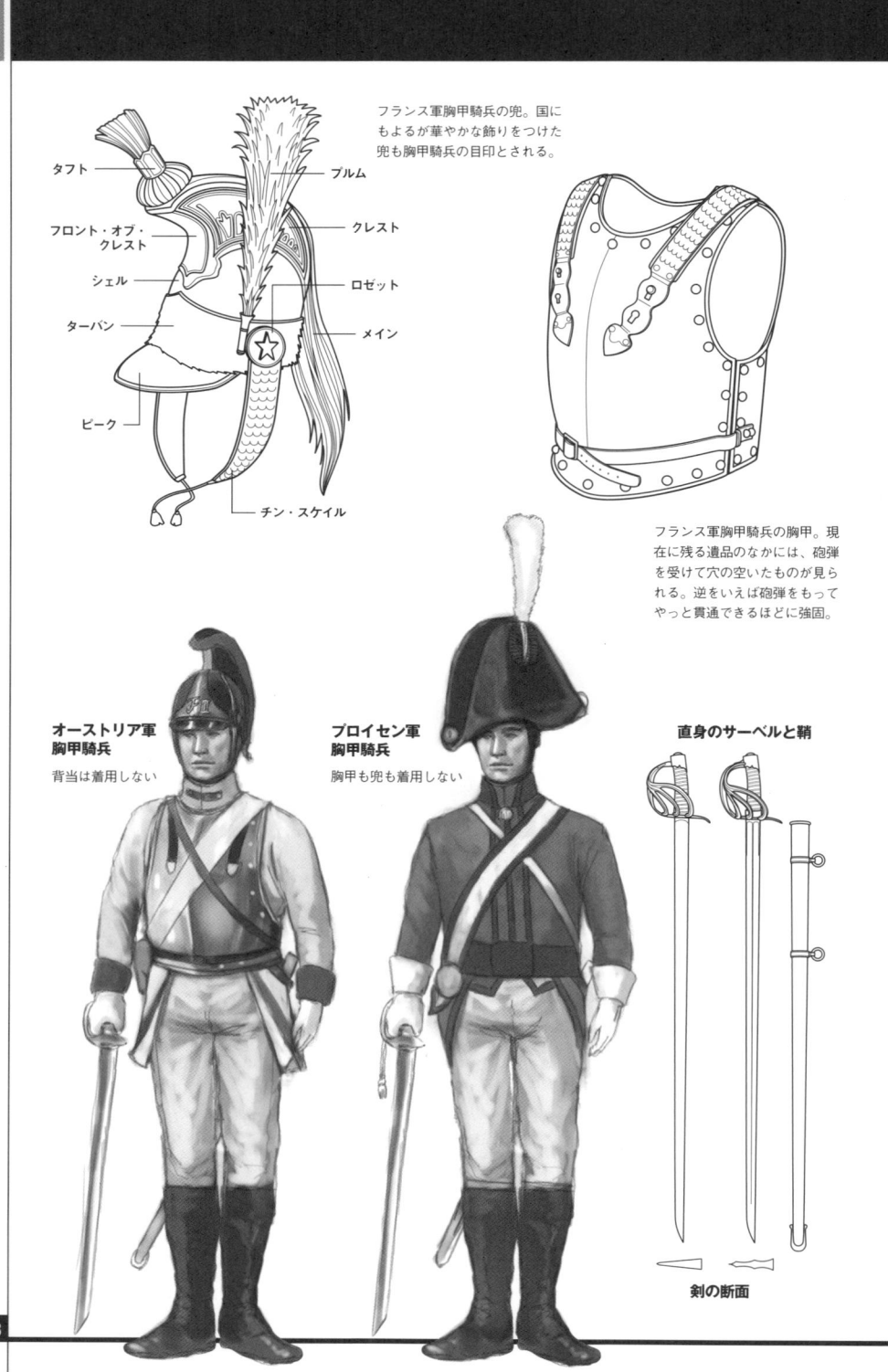

フランス軍胸甲騎兵の兜。国によるが華やかな飾りをつけた兜も胸甲騎兵の目印とされる。

- タフト
- フロント・オブ・クレスト
- シェル
- ターバン
- ピーク
- プルム
- クレスト
- ロゼット
- メイン
- チン・スケイル

フランス軍胸甲騎兵の胸甲。現在に残る遺品のなかには、砲弾を受けて穴の空いたものが見られる。逆をいえば砲弾をもってやっと貫通できるほどに強固。

オーストリア軍胸甲騎兵
背当は着用しない

プロイセン軍胸甲騎兵
胸甲も兜も着用しない

直身のサーベルと鞘

剣の断面

第Ⅳ章　近代の戦士
1792-1815年　ナポレオン戦争

竜騎兵（ドラグーン）

竜騎兵はルイ14世の時代に全盛したが、ナポレオン戦争でも継承されている。しかし戦場で下馬して戦うことは次第になくなっていき、騎兵としての性格がより重要視されるようになる。彼らは軽装で、カービン銃や、通常のマスケット銃よりも若干短い「ドラグーン・マスケット」（または「ムスケトゥーン」。フランス語で「ムスクトン」）といった小銃を装備し、射撃能力を備えていた。また鞍には2丁のピストルを備え、直身のサーベルをもって重騎兵のように突撃することもできた。万能の騎兵種といってよいが、重騎兵なのか軽騎兵なのかは曖昧。そのため"中騎兵"という新たな分類に種分けされることもある。フランス軍では元来の竜騎兵として歩兵扱いで投入されることも多く、スペイン戦役（半島戦争）では実際にそのように使用されている。イギリス軍では"軽"（ライト）と"重"（ヘビー）ふたつの竜騎兵に分類し、それぞれに任務を明確にしている。

フランス軍竜騎兵（ドラゴン）

■ ドラグーン・マスケット/ピストル

竜騎兵はカービン銃、またはドラグーン・マスケット銃のいずれかを装備した。後者は特に下馬して戦う目的で使用される。カービン銃とピストルは馬上で用いることをもっぱらとし、突撃時の乱戦ではピストルが有効。ピストルには照準がないためだいたいの見当で発射された。

イギリス軍重竜騎兵（ヘビー・ドラグーン）
重騎兵として突撃戦を行う

イギリス軍軽竜騎兵（ライト・ドラグーン）
機動力を頼りとして偵察・前哨任務、および散兵戦などを担当

第Ⅳ章　近代の戦士
1792-1815年　ナポレオン戦争

フザール

「フザール」（フランス語では「ユサール」）はハンガリー騎兵の軍装を模した騎兵のことをいい、ナポレオン戦争では軽騎兵種として知られる。この"軽騎兵"の語は、軽装であるからその名があるのではなく、任務が"重騎兵"とは異なることから比較する上で用いられる。彼らは哨戒や偵察を行い、戦闘では伝令や散兵戦を行った。一方で追撃戦や突撃戦を行うこともできた。この時代の軽騎兵は重騎兵に比べて密集した隊形をとっていなかったことから、さまざまな任務を与えることができた。そうしたことから最大の特徴はその用法だけでなく、独特な出で立ちにあったといってよい。どの国でも胸にひも飾り（その様子から肋骨飾りなどとも表現される）のある上着「ドルマン」を着用し、左肩から同じひも飾りをつけた丈の短いジャケット「ペリース」をぶら下げた。左肩にだけ掛けているのは、もともとはサーベルが使いやすいよう右側の肩と腕を自由にする配慮だった。しかしただ単に格好よく見せるためでもある。

フランス軍フザール

フザールなどの軽騎兵は白兵戦用に湾刀のサーベルを装備した。騎乗突撃では駆け抜けながら振り下ろしたり、下からすくい上げるようにして使用した。

■サーベルとサーベルタッシュ

フランス軍の湾刀サーベルと、同じベルトから下げられた平らな革鞄「サーベルタッシュ」（フランス語では「サブラータシュ」）。上蓋は連隊や王室をあらわす記章で飾られた。

オーストリア軍
フザール

プロイセン軍
フザール

第Ⅳ章　近代の戦士
1792-1815年　ナポレオン戦争

槍騎兵（ランサー）

突撃用のランス（騎槍）をもった騎兵の姿は、銃器の発達によって一旦は西欧諸国から姿を消した。しかし徐々に再評価されるようになり、槍騎兵で名を馳せたポーランドの分割を契機として復活した。フランス軍では「ランシィエ」。オーストリア軍、プロイセン軍、ロシア軍では「ウーラン」と呼ばれる。各国に従軍したポーランド人の槍騎兵は上から見ると菱形になっている「チャプカ」（ポーラン語では「ショースカ」）と呼ばれる軍帽をかぶった。ランスは3m前後で先端にペノン（槍旗）をつけた。ナポレオン戦争での槍騎兵の活躍は西欧に再びその全盛時代をもたらし、第1次大戦まで使用されつづける。

ランス（騎槍）
側面　正面

フランス軍槍騎兵
（ランシィエ）

チャプカ

オーストリア軍槍騎兵
（ウーラン）

シャスール騎兵

小銃装備の軽騎兵種。図はフランス軍のシャスール騎兵。「シャスール」はフランス語で"猟師"を意味し、そのため"猟騎兵"とも訳される。騎兵というよりも騎乗した軽歩兵といってよく猟師同様に狙撃能力をもつ。任務は機動力を生かした偵察と前哨任務だったが、小銃を装備していたことから散兵戦も行えた。時には密集隊形で騎乗突撃することもあった。

カラビニエ騎兵

「カラビニエ騎兵」はフランス軍の重騎兵。射撃の腕に優れたものたちから選抜されたエリート部隊で、騎兵突撃を先導する役割をもつ。敵歩兵が方陣を組んで対抗した場合には、馬上からその角部に射撃を集中して隊形を崩す手助けをした。竜騎兵同様に下馬しての戦闘も前提としていたが、実際にはそのような戦闘

シャスールのエリート中隊は、袋状の垂れ飾り（バッグ）がついた「バズビー」（フランス語では「コルバク」）と呼ばれる熊毛帽（ベアスキン）をかぶった。

フランス軍
カラビニエ騎兵

フランス軍
シャスール騎兵

第Ⅳ章　近代の戦士
1792-1815年　ナポレオン戦争

が行われることは滅多になかった。1811年からカービン銃を装備した。また当初は胸甲をつけていなかったが、前衛や哨戒任務に就いたことから負傷者も多く、1812年に胸甲の着用が義務づけられている。合わせて丈の高い熊毛帽が、鶏冠のついた金属製兜に代わっている。重装になって結構なことだと考えるかも知れないが、彼らにしてみればエリート部隊の印である熊毛帽を奪われ、勇気を疑う胸甲装備まで押しつけられては、不名誉なことだと考えるしかなかった。しかし胸甲騎兵とさほど変わらない姿になりはしたが、兜と胸甲には黄銅（士官は赤銅）のメッキがほどこされ、特別仕立てであった（胸甲騎兵は銀色）。

**胸甲着用の
カラビニエ騎兵
（1812年以降）**

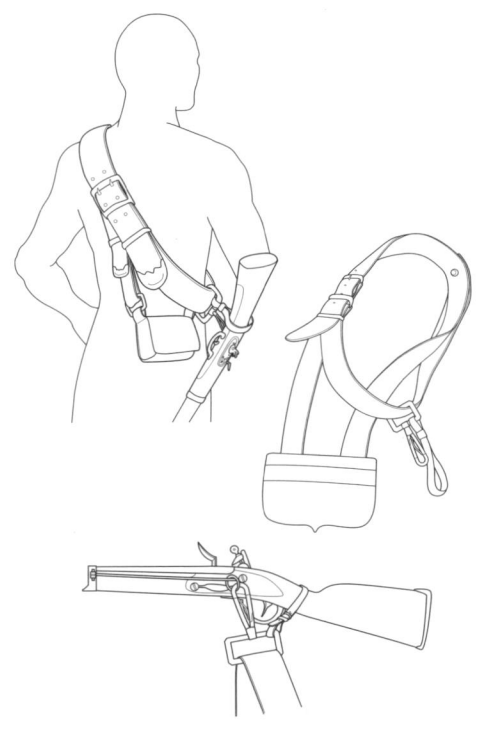

■カービン銃と装着ベルト

カービンは肩から斜めに掛けたベルトにぶら下げた。馬上で扱いやすいよう銃には長い金属棒（スゥイヴェル・バー）が取りつけられている。これに引っ掛けたベルトの金具が、棒に沿ってスライドすることから扱いに窮屈を感じない。

■騎兵の軍装

図はフランス軍フザールに見られる騎兵装備。弾薬ポーチはベルトにつけられ、肩から斜めに掛けて腰の後ろ側にまわした。肩から1本だけベルトを掛けたその姿は正面から見ると斜めの1本線となる。この斜線が作戦図などにおける騎兵部隊記号となった。行軍時に着用したグランド・コートは、戦闘時には畳んで鞍の後部に収納した。

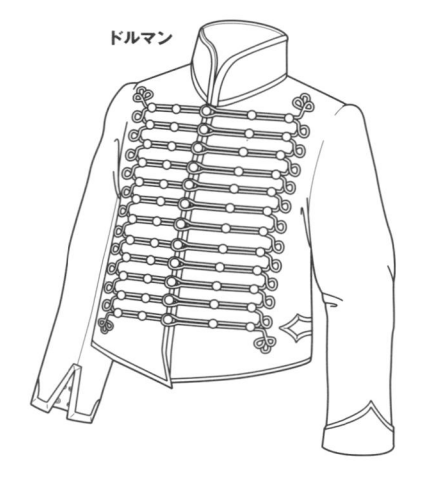

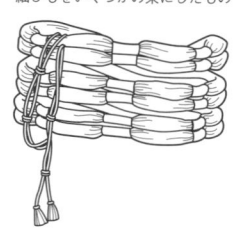

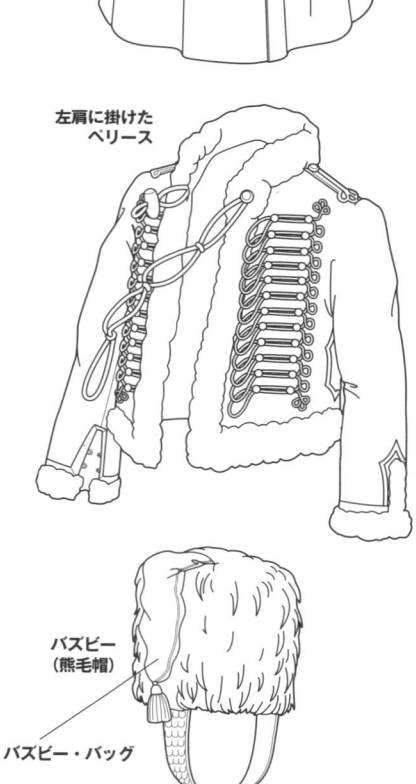

グランド・コート
行軍用の外套

ドルマン

左肩に掛けたペリース

サシュ（胴巻）
細ひもをいくつかの束にしたもの

バズビー（熊毛帽）

バズビー・バッグ

第Ⅳ章　近代の戦士
1792-1815年　ナポレオン戦争

オーヴァーオール
ズボンの上に履く

■鞍

鞍。兵種によって細部は異なるが基本構造と付属品は同じ。鞍前部の左右には都合2丁のピストルを収めるホルスターがある。後部にはグランド・コートや毛布、予備のブーツなどを収める収納ケースがある。

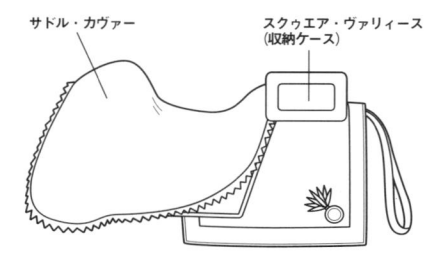

サドル・カヴァー
スクウェア・ヴァリィース（収納ケース）

フランス軍胸甲騎兵の鞍

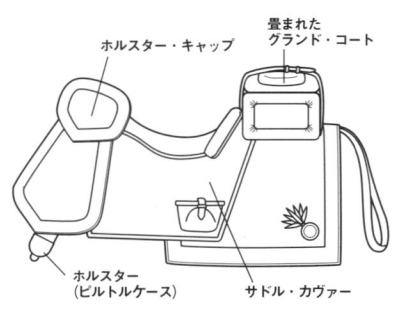

ホルスター・キャップ
畳まれたグランド・コート
ホルスター（ピルトルケース）
サドル・カヴァー

フランス軍重騎兵の鞍

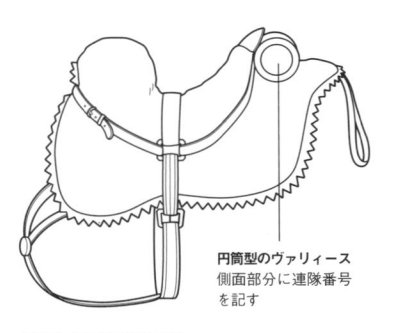

円筒型のヴァリィース
側面部分に連隊番号を記す

フランス軍軽騎兵の鞍

ブーツ
左は重騎兵用のハイ・ブーツ

397

近衛隊／親衛隊

英語の「ガード」（フランス語では「ガルド」）は、"親衛"または"近衛"（このえ）と訳される。違いは隊士の忠誠心がどこに向けられているかによる。前者の場合は"個人"であり、後者は"対象となる人物が代表する一族"になる。

フランス軍皇帝親衛隊

皇帝親衛隊はナポレオン帝国における最強の部隊である。帝国の拡大とともに徐々に規模が拡大し、歩兵、騎兵、砲兵隊が編制されるにいたった。創設時には厳しい入隊制限があったが、のちに緩和され、選抜制となり、10年以上の戦歴と、擲弾兵なら身長180cm以上、シャスールなら170cm以上が必要とされた。図は親衛隊の擲弾兵。"ハチの巣箱"と呼ばれた熊毛の帽子をかぶっている。彼らには"不平屋"（グロニャール）というあだ名があったが、それには幾分かの敬意も込められている。皇帝（すなわちナポレオン）が前線に出て、不必要な危険に身をさらすと、「皇帝がお下がりにならないのなら、我らは武器を捨てますぞ！」と叫んだという。そのくせ行軍中にはいつも不満を洩らし、うれしくもあり扱いにくくもある不平屋といったところである。

フランス軍
皇帝親衛隊兵士
（擲弾兵）

皇帝親衛隊の擲弾帽。頭頂部には"火を噴く擲弾"が描かれている。1808年までは赤地に白い十字だった。

第Ⅳ章　近代の戦士
1792-1815年　ナポレオン戦争

フランス軍皇帝親衛隊「ジャンダムリ」

フランス語の「ジャンダムリ」は"憲兵隊"だが、ナポレオン時代のフランス軍では親衛騎兵の一部隊を編制した重騎兵を指す。親衛騎兵にはほかに"神"と呼ばれたグルナディエ騎兵、"無敵"と呼ばれたシャスール騎兵がある。これらと並び称され、"不死身"のあだ名をもったのがジャンダムリ。前身は1801年7月創設の総裁警護部隊で、要人や施設を警護していた。それがナポレオンの警護部隊となり、戦場では皇帝とその幕営を警護し、また後方の連絡線の維持に勤めた。平時には憲兵としての役割もあった。

フランス軍皇帝親衛隊「マムルーク」

皇帝親衛隊のなかでも異色の存在だったのが「マムルーク」である。エジプト遠征（1798-1799年）の折りにシリアのイエニチェリ部隊から編制したのが始まり。その後フランスに連れてこられ、1800年に"共和国のマムルーク部隊"となる。1811年に親衛隊の仲間入りを果たし、1814年3月、皇帝の失脚とともに解隊された。独特の衣装と隊旗で知られる。

■ ブランダーバス銃

通称"ラッパ銃"または"雷銃"。散弾銃の原型。17世紀中頃にオランダで生まれ、18世紀頃に広く普及した。小型の弾を拡散させるため、また装填を容易にするために銃口部がラッパ状になっている。小石などを詰めて発射することもできるが至近距離でしか威力を発揮しない。銃に不慣れなものや船上での使用、あるいは身辺警護などでは有効。北アフリカの君主たちは護衛兵にこの銃をもたせており、マムルーク兵もこれを使用した。

フランス軍皇帝親衛隊「ジャンダムリ」

フランス軍皇帝親衛隊「マムルーク」

イギリス軍近衛騎兵

イギリス軍の重騎兵はよく訓練され、接近戦ではサーベルとピストルを用い、距離をおいてはカービン銃を使用した。優れた部隊であることには違いなかったが、小規模な戦闘には向かず、主に大々的な突撃で破壊力を発揮した。それが誇り高い彼らの好むところでもあった。一方でフランス軍のように胸甲を着用しないため、銃撃や側面への騎兵攻撃を受けるともろい一面があった。近衛騎兵には「ライフ・ガード」「ホース・ガード」「ドラグーン・ガード」「スコッツ・グレイ」などがある。スコッツ・グレイは正式名を"第2竜騎兵連隊ロイアル・スコッツ・グレイ"という。スコットランド人重騎兵で、騎乗する馬すべてを葦毛にした異色の部隊であった。

イギリス軍近衛騎兵
「ホース・ガード」

イギリス軍近衛騎兵
「スコッツ・グレイ」

イギリス軍近衛歩兵

近衛歩兵(「フット・ガーズ」)は3個連隊があった。うち第2連隊は「コールド・ストリーム」(スコットランドの地名)の名を冠されていた。チャールズ2世の王政復古に尽力したため、その名誉呼称を得たのである。図は第1近衛歩兵連隊の擲弾兵兵士。熊毛の軍帽を着用しているが、通常はウィンザー城やセント・ジェームズ宮殿の警護に就くときにだけ使用した。スペイン戦役中で一時使用したという記録があるが、戦場では一般の兵士と同じタイプのシャコをかぶった。

イギリス軍
近衛擲弾兵

第IV章　近代の戦士
1792-1815年　ナポレオン戦争

ロシア軍「パブロフスキー擲弾兵」

ナポレオン戦争の擲弾兵は、司教冠型の擲弾帽をかぶらなくなっていた。そうした風潮のなかにあってパブロフスキー擲弾兵連隊は司教冠帽をかぶりつづけた。当初、それは新しい軍服の支給が遅れていたからに過ぎなかったが、フリートラントの戦いで活躍してからは、功績によってロシア皇帝から司教冠帽をかぶりつづける名誉を受けた（1807年）。1813年には近衛部隊に格上げされた。

ロシア軍「近衛コサック」

コサック兵は軽騎兵としてロシア軍で活躍した。長槍を装備し、射撃の腕前も高く、機動力にも優れた部隊であった。しかし彼らを統制することは難しく、追撃戦などで敵に襲撃をかけるような任務で初めてその本領を発揮した。これに対して近衛コサックはある程度の統制がとれた優れた部隊であった。

ロシア軍
「パブロフスキー擲弾兵」

ロシア軍
「近衛コサック」

1861-1865年
US対CS

南北戦争

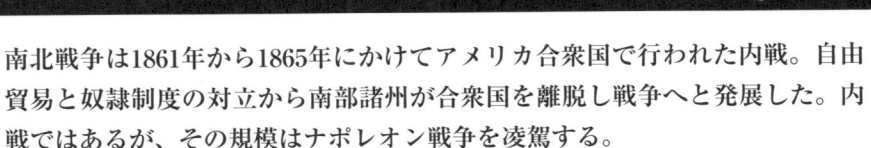

南北戦争は1861年から1865年にかけてアメリカ合衆国で行われた内戦。自由貿易と奴隷制度の対立から南部諸州が合衆国を離脱し戦争へと発展した。内戦ではあるが、その規模はナポレオン戦争を凌駕する。

北軍歩兵

"ヤンキー"の愛称で知られた北軍（北部連邦軍）兵士は開戦当時、火器に未熟だったために南軍（南部連合軍）兵士に圧倒されていた。しかし徹底した訓練により形勢は逆転するようになる。使用された小銃の種類は数十種に及ぶが、大半が施条式のマスケット銃か、着火方式を燧石式から「パーカッション・ロック」（管打ち式）に改造した滑腔式マスケット銃だった。ほとんどが前装式である。施条式（ライフリング）の小銃には円錐形の弾丸が使用された。これは「ミニエ式」と呼ばれるものでフランスで開発されたもの。この弾丸はおよそ800m先でも敵を殺傷し、訓練された兵士であれば1分間に3発発射することができた。おおむね射撃戦は200m前後の距離で行われ、それ以上の敵の前進を阻止したという。北軍兵士は青を基調にした軍服を着ており、灰色の軍服を着た南軍との戦いであることから南北戦争を"ブルー＆グレー"と通称することもある。

北軍のベルトのバックル、あるいは軍服のボタンに見られた"US"の文字。"United States"（合衆国）の略称。正式には"USA"（アメリカ合衆国）となるが、南軍と混同しやすいため"北部連邦"などと訳される。

第Ⅳ章　近代の戦士
1861-1865年　南北戦争

◆ インディアン・チャージ ◆

南北戦争では両軍ともに旅団単位で展開し、各旅団は800～1,000mの戦列をつくって前進した。旅団は4個連隊、連隊は10個中隊からなっていた。4個の旅団で1個師団となる。通常、1個連隊は1,500名の定員だったが、500名程度がふつうで（軍隊では定員と実数が違うのがふつう）、1個旅団は2,000～2,500名の兵員を有した。これが太鼓の音に歩調を合わせ、中隊単位で交互に射撃と前進をくり返していく。この突撃方式を俗に「インディアン・チャージ」と呼ぶ。教練では最後を銃剣突撃で締めくくっていたが、実戦ではそこにいたる以前にどちらかが退却した。これは火器の能力が向上していたためで、多くの兵が白兵戦以前に銃弾で倒れていた。そのため攻城戦で用いられていた塹壕が野戦でも掘られるようになり、兵たちはそこに隠れて射撃するようになった。南北戦争は野戦で最初に塹壕を用いた戦いでもある。

北軍の"US"に対して南軍で見られた"CS"の文字。"Confederate States"の略称。"州連邦"とか"州連合"の意味がある。正式には"CSA"（アメリカ盟邦）となるが、"南部連合"と訳されることが多い。

南軍歩兵

"ジョニー"の愛称で知られた南軍兵士。彼らは火器の扱いに慣れており、熱意にもあふれていたことから緒戦で勝利を重ねた。ところが敵を前にしては士気旺盛であったものの、反面で束縛を嫌い、多くの脱走兵と落伍者も出している。開戦当初では、歩兵の大半が前装式の滑腔式小銃を使用した。大半の小銃がイギリスからの輸入品で施条式の銃身は1863年になってからのこととなる。着火方式も初期には燧石式のマスケット銃を使用しており、管打ち式が使用されるようになったのは1862年の後半である。軍服の色は青みがかった灰色を基調にしている。くるぶしまでの軍靴は粗悪なものが多く、水に濡れるとバラバラになり、裸足で従軍した兵も少なくなかった。有名なゲッティスヴァーグの会戦（1863年）は、町で靴の安売りがあるという広告を見た両軍の兵が遭遇し、そこから大規模会戦に発展したといわれている。

北軍騎兵

小銃が格段に進歩していた南北戦争では、従来あったような騎兵の抜刀突撃もその効力を失っていた。もはや戦場での決戦戦力とはなり得ず、主に偵察や哨戒任務、急襲のために投入されている。特に北軍は騎馬警官を竜騎兵として編制し、目的地までは馬で移動させ、その後は徒歩の兵士として戦争の勝利に貢献させている。

■チューブ式弾倉とレバーアクション

図はチューブ式弾倉と「レバー・アクション」の装弾方式をもつカービン銃（騎兵銃）。南北戦争では標準化された正式カービン銃というものがなく、優れた性能のチューブ式弾倉も一部の騎兵部隊に使用されただけ。弾丸は当時では珍しい金属製薬莢（メタル・カートリッジ）付きのもので、不発が少なく兵士たちの評判も上々だった。しかし政府は同胞を容易く殺傷できる"兵器"の採用には消極的だった。装弾方式はレバー・アクションと呼ばれるもので、具体的にはトリガー・ガードを兼ねたレバーを動かすことで薬莢の排出と給弾を行うもの。今日でも一部の猟銃に使用されている。

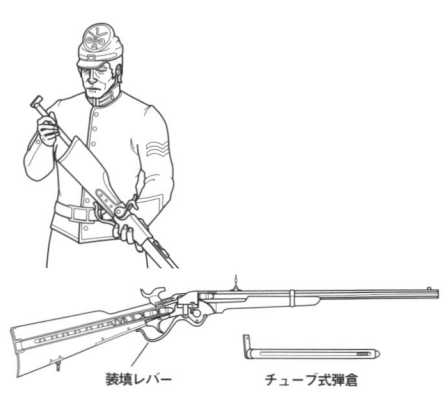

装填レバー　　チューブ式弾倉

第Ⅳ章　近代の戦士
1861-1865年　南北戦争

南軍騎兵

北軍同様、南軍においても騎兵は偵察と斥候を主な任務としていた。南部では農場経営や交通手段で騎乗することが日常的であったため、その技量は一歩北軍に抜きん出ていた。指揮官の騎兵観と運用方法はさまざまで、スチュアート将軍（1833-1864年）のように昔ながらの華やかな突撃戦を執拗に行ったものもいれば、フォレスト将軍（1821-1877年）のように騎乗した歩兵部隊として運用した将軍もいる。結果としては後者のほうが戦局打開には適していた。

■リボルバー式拳銃

ピストル（拳銃）は主に将校と騎乗兵が携帯した。もっとも使用されたのがコルト社製のリボルバー式拳銃だった。リボルバー式とは回転（リボルビング）式の弾倉をもつもので、弾倉は「シリンダー」と呼ばれる。このタイプの拳銃が初めて登場したのが南北戦争期のアメリカだった。初期のものは管打ち式で金属製薬莢がなく、リンネルや紙で包んだ発射薬と弾丸を弾倉に詰め込み（a図）、銃身下の装填レバーで深く押し込んだ（b図）。そのあとに着火用の雷管（「パーカッション」）を取りつけた（c図）。射撃は毎回、撃鉄を起こして引き金を引く「シングル・アクション」式。撃鉄を起こせば弾倉が自動回転して次の弾丸が発射可能となる。南軍で使用されたものは弾倉の回転軸がパイプ状で鹿弾（散弾）を装填できたという。

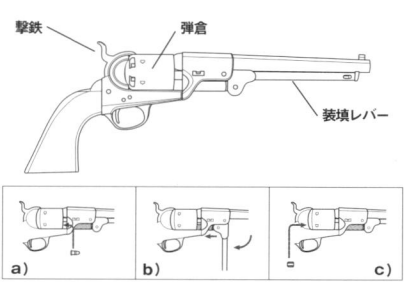

18-19世紀

北米大陸の先住者
ネイティヴ・アメリカン

先住アメリカ人（ネイティヴ・アメリカン）は一般に"アメリカ・インディアン"として知られている。白人の移住当初は良好とさえいえた関係は、移住者側の一方的な拡張政策によって容赦ない殺し合いへと発展していった。

イロクォイ族戦士

イロクォイには"真のマムシども"という意味がある。支族にはセネカ、カユーガ、オノンダガ、オナイダ、モホークの5つがあり、文化的に似ているタスカローラ（ヒューロン）族とともに6部族連合を築いていた。短いスカートと脚絆、そして革製の平底靴「モカシン」を履いている。「トマホーク」斧とさまざまな棍棒で戦い、パイプをくゆらせることで知られる。

ダコダ族戦士

スーとも呼ばれるが、その名称は敵対部族がつけた呼称で"ヘビ"を指す。大陸に来たフランス人は彼らを"ソーク"と呼び、その名が、今日、一般的な名称となっている。北米大平原に居住した平原インディアンの一部族で、白人との闘争はとりわけ長い歴史をもつ。特にシャイアン族とともにカスター将軍（1836-1876年）率いる第7騎兵隊を全滅させたことで知られている。

第Ⅳ章　近代の戦士
18-19世紀　ネイティヴ・アメリカン

■ネイティヴ・アメリカンの武器

先住アメリカ人の武器は木製の棍棒であったり、斧頭の小さいトマホークであったりと、見た目には威力がないように見える。しかし、鎧を廃した時代のヨーロッパ人には、これらの武器は恐ろしい凶器であり、扱いに熟達した先住民に白兵戦で勝つことは至難の業だった。

a)「イ・ワタ・ジンガ」。ストーンヘッデッド・クラブ（中央平原部族）
b)「ジャ・ダグナ」またはボールヘッデッド・クラブ（イロクォイ族）。木製。1700年頃
c) 鉄製棘のついたボールヘッデッド・クラブ（イロクォイ族）。1700年頃
d) ガンストック・ウォークラブ（ソーク族）。柄には"戦果"が刻まれている。1760年頃
e) ガンストックシャープ・クラブ（森林部族）。1820年頃
f) ウォー・アックス（ミズーリ川周辺部族）
g) パイプ・トマホーク
h)"ジャガイモつぶし棒"型クラブ（森林／平原部族）
i) 弓（平原部族）。平原部族の代表的武器。19世紀中頃
j) コヨーテの毛皮を利用した矢筒。19世紀末

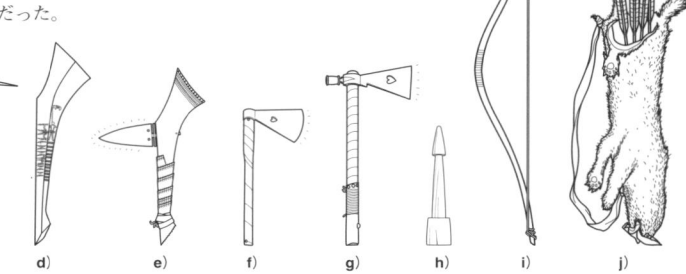

a) b) c) d) e) f) g) h) i) j)

アパッチ・ランス。武器よりも狩猟と祭祀目的で用いられ、羽根飾りがつけられている

アパッチ族戦士

南西インディアンの一部族。ズニ語で"敵"を意味する。アリゾナに居住し、早くから馬を取り入れていた。特に東部のアパッチは好戦的で馬を使って略奪をはたらいた。合衆国軍隊に抵抗した最後の族長ジェロニモ（1829-1909年）でよく知られている。革製の上着に見られるひも状の装飾は飾りではなく、雨が服から水滴となって垂れ落ちるよう工夫されたもの。

敵襲撃二番手
敵による負傷
羽をもぎとる
敵殺害
敵の喉を切る
敵襲撃三番手

"インディアン"といえば必ず頭に羽根飾りをつけた姿を思い浮かべるといってもよい。しかし羽根飾りは名誉の印であり、これを授かるのはごく限られたものたちだった。部族によっては羽根1本1本に意味があり、その人物の武勲をあらわしている。

407

19世紀後半

ナポレオン戦争後のヨーロッパ
クリミア／普墺／普仏戦争

対ナポレオン、対フランスで一応の結束を見せたヨーロッパ列強は、ナポレオン戦争終結後、たちまち牽制と紛争をくり返すようになる。一方で大きな戦争は19世紀後半まで起こされていない。しかしクリミア戦争以後、再び列強間の対立が戦争という形になってあらわれる。

クリミア戦争（1853-1856年）

クリミア戦争はロシアの南下政策によってはじまった戦争。ロシアがオスマン・トルコ領の割譲を求めたのに対し、脅威を感じたイギリスとフランスがトルコ側に立って参戦した。ロシアの南方の最大拠点であったセヴァスト・ポリ要塞を巡る戦いがクリミア半島でくり広げられた。

イギリス軍フュージリア近衛兵

図はアルマの戦い（1854年）で活躍した英スコットランド人近衛部隊兵士「フュージリア近衛兵」。近衛兵には鼓手以外の全員にダブル・コートが支給されていた。丈の高い熊毛の軍帽は戦場でもかぶられ、彼らの目印とされた。小銃は前装式の管打ち式ライフル銃でミニエ式の弾丸を用いたことから、射程は900mに達し、およそ1分間に2発の射撃ができた。

第Ⅳ章　近代の戦士
19世紀後半　クリミア／普墺／普仏戦争

ロシア軍歩兵

ロシア軍の小銃は質が悪い前装式の管打ち式ライフル銃で、射程130〜180mほどだった。ロシアでは"弾丸に頼るものは愚かもの、英雄なら銃剣で戦え"といわれており、射撃の訓練をまともに受けず、25年間従軍して一度も小銃を撃ったことがないという証言もある。小銃の多くが銃剣をつけて槍代わりに用いられたという。クリミア戦争の敗因はそうしたロシア軍の戦闘教義による無謀な突撃の結果ともいえる。

フランス軍ズワーヴ兵

ズワーヴ兵はフランス軍アフリカ軍団の部隊兵（1830年編制）。アルジェリア北部山岳地帯に居住するベルベル系カビール人で編制された。本来はズアウア人と呼ぶが、フランス語風にズワーヴと呼ばれるようになった。組ひもの装飾をつけた短いジャケットと青色のベスト。「サルウェル」と呼ばれるダブダブのズボン（白色。冬は赤色）を履き、赤い「フェズ」帽子またはターバンを巻いた。この独特のムーア人風軍服は、彼らがクリミア戦争で活躍したことから、その軍功にあやかりたいと各国でコピーされている。南北戦争でも見られ、ローマ法王の私兵ですらこの軍服を採用している。フランス軍で最初に袖章をつけた部隊でもある。

普墺／普仏戦争（1866／1870-1871年）

世界の近代化は戦争の技術にも大きな変化をもたらした。鉄道、電信、電話を用いた作戦行動はそれまで不可能だった、複数の部隊が複数のルートを使って決戦場で合流する分進合撃を可能とした。普墺戦争（7週間戦争）はドイツの中小諸邦国の再編と統一の主導権をいずれが握るかという戦争。普仏戦争は普墺戦争で勝利し大国化の道を進むプロイセンと、クリミア戦争で名を高めたナポレオン3世（皇帝在位1852-1870年。ナポレオンの甥）率いるフランスとの戦いである。

プロイセン軍歩兵

プロイセン軍は普墺戦争で後装式の小銃「ドライゼ式撃針銃」（ドイツ語では「ドライゼ・ツントナデール」）を使用した。この小銃は単発式ではあるが現代銃と同じ機構をもっていた。普墺戦争では前装式の小銃しかなかったオーストリア軍を速射性において凌駕し、以後、後装式小銃の開発が各国で押し進められていった。そのため画期的な発明品であったドライゼ式小銃も普仏戦争では、もはや最新式とはいえなかった。兵士は弾丸を100発分、銃剣、ナップサック、雑嚢、水筒、グレイト・コート（外套）、食器、塹壕掘削用具（スコップ等）を携帯した。完全武装した兵士の装備重量は26kgに及ぶ（当時のイギリス軍では22kg）。軍服の色は出身地方ごとに異なり、バイエルン人は水色、サクソン人は暗緑色、ドイツ人は黒に近い暗青色である。

第Ⅳ章　近代の戦士
19世紀後半　クリミア／普墺／普仏戦争

フランス軍フュージリア兵

フランス軍のフュージリア兵は「ケピ」帽という鍔のある帽子をかぶった。この帽子はフランスから軍事的な影響を受けた諸外国でも使用されている。帽子の頭頂部には部隊を表す文字や記章がつけられた。軍服からはショルダー・ストラップ（肩帯）が廃されており、戦争がはじまるとボタンが不足したことからカフス（袖）ボタンもなくなった。近代の兵器が登場しはじめた時代ではあったが、軍服の色にはいまだにカモフラージュ効果のない赤（ズボン）や青（上着）のフランス色が使用されていた。赤いズボンは第1次大戦初期まで使用されつづける。小銃には通称「シャスポー・ライフル」を装備した。この銃はアントン・アルフォンソ・シャスポーが開発したもので、プロイセンのドライゼ式小銃が発射ガスの密閉が不完全で時々暴発したのに対し、その点を改良している。ドライゼ式小銃もたちまち旧式となっていたわけである。

フランス軍胸甲騎兵

フランス軍にはかつてのナポレオン戦争当時のように優秀な胸甲騎兵がいた。しかし森林地で防戦体勢を敷く敵へ突撃するなど、作戦や指揮面での不手際が重なり、手痛い損害を被っている。とはいえその衝撃力は健在で、サーベルをかざした騎兵突撃は、敵を蹴散らす有効な手段のひとつであった。

1838-1902年

大英帝国の戦い
植民地戦争時代

19世紀から20世紀中頃まで、欧米列強は海外での植民地経営に邁進した。なかでも大英帝国とまで呼ばれたイギリスは世界中に領土をもち、帝国全盛の時代を築いていた。ここでは植民地戦争時代の列強の代表として、1838年（第1次アフガン戦争）から1902年（ボーア戦争終結年）までのイギリス兵の軍装を扱い、合わせてこれに抵抗したひとびとについても扱っている。

赤い上着を着た
"トミー"
（1878年当時）

イギリス軍兵士 （19世紀後半）

イギリス兵は植民地戦争時代にアフリカやインドに派遣された。イギリス兵は"トミー"の愛称で知られるが、これは帝国主義的な思想で知られる小説家ラディヤード・キプリング（1865-1936年）が広めたキャラクター"トミー・アトキンス"に由来する。当時の大英帝国にあった風潮に乗って人気を博し、兵士の愛称にまでなった。派遣された兵士たちは、当初、ナショナル・カラーである赤い軍服を身につけていたが、現地民との戦いでは一方的に目立ち過ぎたため次第にカーキ色へと変えていった。騎兵はナポレオン戦争以降に復活したランス（騎槍）をもっている。ハイランド兵（スコットランド高地兵）はどこであろうと彼ら独特の衣装であるキルトを身につけた。

第Ⅳ章　近代の戦士
1838-1902年　植民地戦争時代

■**ウェブリー・リボルバー**
回転式の弾倉をもつ「ウェブリー」拳銃。引き金の手前に支点があって、そこで折り曲げ、一度に空薬莢をすべて排出できる。

ドラグーン
（1899年当時）

"トミー"
（1885-1896年）

ハイランド兵
（1898年当時）

413

■イギリス軍歩兵装備（19世紀後半）

ナポレオン時代から歩兵の基本的な装備はそれほど変わらない。違うのは弾丸がメタル・カートリッジとなったことで、火薬を収める容器が不要になったことくらいである。弾丸ポーチはさまざまな形態が登場したが、100発ほどをひとりの兵士が携帯した。装備の総重量はおよそ26.5kgである。ほかの列強軍隊もほぼ同じで23〜26kg以内に収まっている。

■リー・メトフォード銃

イギリス軍最初の連発式ライフル銃「リー・メトフォード」銃。1888年採用。アメリカのリー式ボルト・アクションと、8連発箱型弾倉、メトフォード社のライフル銃身を組み合わせている。のちに「リー・エンフィールド」銃に取って代わられる。

弾丸ポーチ

背嚢
食事用具
毛布
水筒

第Ⅳ章　近代の戦士
1838-1902年　植民地戦争時代

マフディー教徒の戦士（スーダン）

マフディー教団は19世紀に東スーダンで成立した宗教結社。1881年に教団の設立者ムハマンド・アフマド（1844-1885年）がトルコ、エジプト、ヨーロッパ諸国などに対して聖戦（ジハード）を宣言し、イギリスのゴードン将軍（1833-1885年）率いる軍をハルトゥームで全滅させた。しかし1898年にイギリス軍に鎮圧されている。図はマフディー教団のベジャ族戦士。独特の髪型と「タコーバ」剣、小型の丸盾を装備したことで知られる。ベジャ族は厳密には4つの部族に分かれており、それぞれに独自の立場を維持した。マフディーの反乱にはそのうちの1部族ハデンドゥワが加わり、2部族はイギリスに荷担している。

シーク教徒の戦士（インド）

シーク教はヒンドゥー教とイスラム教の折衷を図る革新的なヒンドゥー教一派。19世紀初めにパンジャブに国家を築き、イギリスと対立。1849年に敗れてインド領に併合されるまで武力闘争をつづけた。"清きものたちの集団"という意味の"カルーサー"を中心に戦闘集団を形成した。隊員は長い髪と髭をはやし"シン"（"ライオン"の意）という名で呼ばれる。武器として短剣を所持することが義務づけられ、刀剣「ソースン・パタ」や小盾も装備した。変わった武器としてリング状の投擲武器「チャクラム」を使用した。これは頭に乗せて携帯し、投擲するときには人差し指で回転させたり、フリスビーのように指で挟んで投擲した。

アフガーン戦士（アフガニスタン）

19世紀のアフガニスタンはイギリスとロシアの勢力争いのまっただ中にあった。インドを支配したイギリスはロシアの南下を恐れ、先手を打つ形で国家形成期にあったアフガニスタンに3度侵攻した（1838-1842年、1878-1880年、1919年）。最初の2度の戦いではカンダハルを占領したが、戦いは熾烈を極めている。アフガーン人にはパシュトゥーン人の呼称もあり、"パシュトゥヌワレイ"という武勇と自由を重んじる慣習をもっていた。衣服は綿製の白地が大半で、ゆるめの服を着用しており、時に赤や青、灰色も用いた。頭には頭頂部が尖った「フラー」という帽子をかぶり、その上にターバンを巻いた。武器は燧石式の小銃「ジェザイル」。この銃は旧式だが銃身が長く、有効射程は200〜300mほどある。湾刀「タルワー」や短刀「チョラ」も使用した。チョラは通称「アフガーン・ナイフ」とも呼ばれ、腹帯（カマーバンド）に差した。ほかに「ダー」と呼ばれる小型の丸盾を装備した。これはインドを始めとして広く普及している。

アビシニア人戦士（エチオピア）

アビシニアはエチオピアの古称。エチオピアは1868年にイギリスとの戦争で敗れたが、列強の進出を防ぎ、アフリカ分割の時代を生き残った数少ない国。ここに暮らしたアビシニア人（アムハラ人）は、「ショテル」という"S"字の剣身をもった独特の刀剣を使用した。ただしこの剣は古くからあったものではなく、呼称も19世紀中頃、イギリスの冒険家N・ピアースによって命名されたもの。彼らはもともとは刀剣よりも槍を重視した武装をしていたが、内戦や他国軍隊の侵入に備えて日頃から剣で武装するようになり、同時に剣による攻撃を防ぐために直径50cmほどの丸盾を装備するようになった。ショテルはその過程で生まれた刀剣で、盾をかいくぐって攻撃するよう考えだされたもの。

ズールー族戦士（南アフリカ）

ズールー族は南アフリカ東岸部に暮らした一大部族。19世紀初頭にシャカ王（1787頃-1828年）がズールー王国を打ち立て、独自の軍事機構と戦術によって周辺諸族を統合した。1838年には進出してきたボーア人（古くからの白人移民勢力）の火器の前に敗北したが、イギリス人から銃を買ってこれに対抗した。1879年には代わって進出してきたイギリス軍と争い、初め勝利したが大軍の前に敗北し征服されている（ズールー戦争）。図は伝統的なズールー戦士。柄が短く穂先の長い手槍「イシュジュラ」を用い、動物の革を張った楕円形の大きな盾をもった。イシュジュラは投擲と白兵戦両方に使用できる。ズールー族の得意とした攻撃隊形は"角"（つの）と呼ばれた。"胸"と呼ばれる戦列の中央に年長者からなる熟練兵士を配し、両翼に"アマブト"と呼ばれる未婚の若い兵士を配して、戦いがはじまると中央が敵を攻め立て、両翼が突出して敵を包囲した。彼らは足が強く、馬並の機動力を発揮した。起伏の激しい土地では馬よりも迅速に移動できた。

第Ⅳ章　近代の戦士
1838-1902年　植民地戦争時代

アフガーン戦士

アビシニア人戦士

ズールー族戦士

417

ボーア人兵士 （南アフリカ）

"ボーア"とは"農民"という意味で、南アフリカに暮らした、古くからの白人移住者を指す。イギリス人は蔑みの意味を込めて使用したが、そもそもは移住者自らが"ブール"（オランダ語）と自称したことにはじまる。彼らは非イギリス系の白人で、主にオランダ系が中心となっていた。共和国を建設していたがイギリスの侵略を受け（ボーア戦争。1899-1902年）、イギリスの自治領となった。ボーア人はドイツ製の火器を使用し、「モーゼル・ピストル」や「モーゼル・ライフル」はイギリス軍装備の火器と比べてはるかに優秀だった。モーゼル・ライフルは口径7.29mmのボルト・アクション式で、5連発箱型弾倉ながら弾丸の初速が速く命中精度が高い。さらに弾丸をまとめる挿弾子（「クリップ」）が使用でき、弾丸を素早く装填できた。イギリス軍の小銃は8連発弾倉だが、一発ずつ手で装填しなければならない。ボーア戦争での戦闘は射撃戦に終始し、"西トランスヴァールの獅子"と呼ばれたド・ラ・レイ（1847-1914年）などは塹壕を隠蔽して兵を配し、敵を狙い撃ちにした。これは近代塹壕戦の先駆けともいわれている。

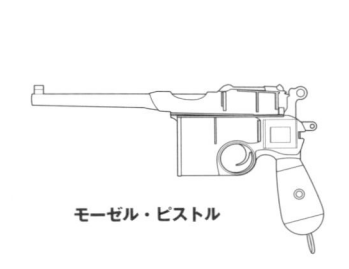

モーゼル・ピストル

第Ⅳ章　近代の戦士
1838-1902年　植民地戦争時代

◆ 植民地勢力の武器 ◆

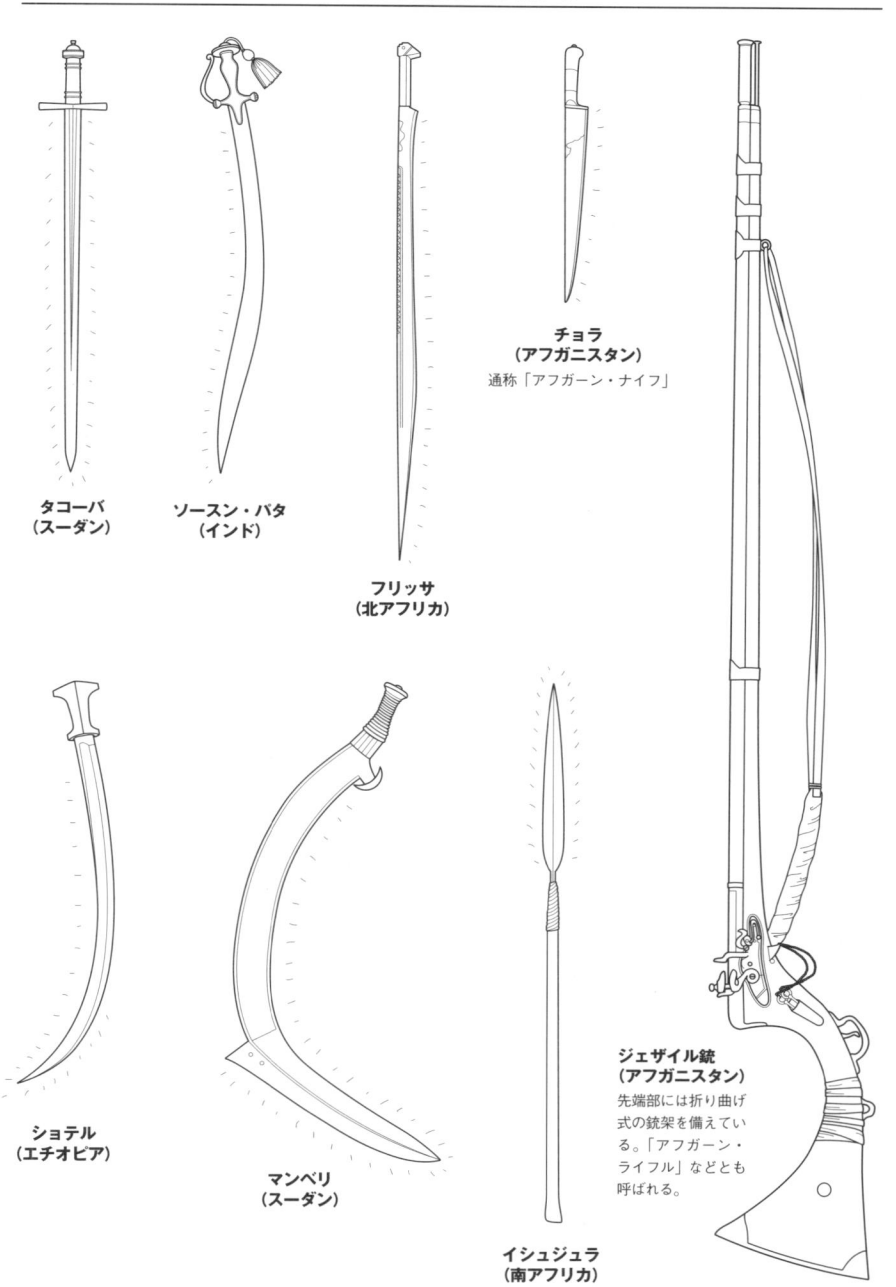

チョラ（アフガニスタン）
通称「アフガーン・ナイフ」

タコーバ（スーダン）

ソースン・パタ（インド）

フリッサ（北アフリカ）

ショテル（エチオピア）

マンベリ（スーダン）

イシュジュラ（南アフリカ）

ジェザイル銃（アフガニスタン）
先端部には折り曲げ式の銃架を備えている。「アフガーン・ライフル」などとも呼ばれる。

戦争の技術 12
機関銃の発明 ―大量殺戮の時代へ―

初期の火器の最大の欠点は、一度発射すると次の発射まで時間がかかることだった。そのため、複数の兵士による交互の射撃など運用面におけるさまざまな工夫がなされてきた。同時に、絶え間なく発射できる兵器の開発も飽くことなくつづけられてきた。その結果、人類はついに"機関銃"を誕生させ、大量殺戮の時代へと足を踏み入れる。

多銃身式砲

15世紀初頭に登場した「リボドゥカン」(「オルガン砲」)。多銃身をもった火砲。多銃身化は、単発銃を合体させて弾丸の大量発射を可能にしようというものだが、オルガン砲では弾丸が一斉に発射されたことから、次弾の装填にひどく時間がかかった。また銃身を増やせば重量が重くなるため、移動も困難で、戦場での初期配置を誤ると意味のない兵器となった。

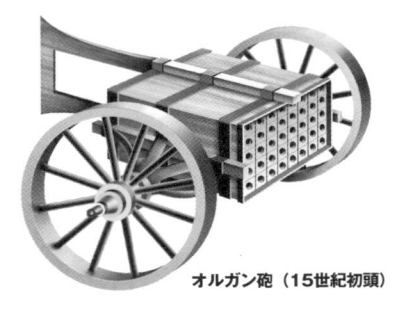

オルガン砲（15世紀初頭）

パックル銃

1718年にジェームズ・パックルによって考案された「ディフェンス」銃。通称「パックル」銃。9発分の回転式弾倉を備え、9回の連続発射ができる。回転式の弾倉によって即座に次弾を発射するアイデアは名案だったが"キリスト教徒には丸い弾丸、イスラム教徒には四角い弾丸を使用する"というバカげたことも書き残している。

パックル銃（1718年）

エイガー砲

その姿がコーヒー・ミルに似ていたことから"コーヒー・ミル"銃とも呼ばれた。1860年に登場した。弾丸、発射薬、雷管を鉄管に詰め込んで実包とし、これを銃上部の広く空いた弾倉口からばらばらと落とし込んだ。クランク・ハンドルを回せば弾丸が発射される。まだ金属薬莢がない時代に考案されたもの。

エイガー砲（1860年）

ガトリング砲

南北戦争に登場した多銃身式手動機関銃。リチャード・ガトリングが発案した。後尾側面のクランク・ハンドルを回すことで次々と弾丸を発射できる。1862年に完成したが、内乱において同胞に対し使うべきではないとされた。その一方でイギリス軍ではアフリカなどの原住民に対する効果的な兵器として採用されている。

ガトリング砲（1862年）

モンテグニー／ミトライユーズ砲

ナポレオン3世の秘密兵器で1851年にベルギーのジョセフ・モンテグニーが発案したものにフランス人が改良を加え普仏戦争（1870-1871）で使用した。多銃身で後部のハンドルをまわして弾丸を発射する。弾丸はシャスポー小銃用だった。フランス軍はこの兵器を大砲扱いしたが実際には拠点防御や橋の防衛に威力を発揮し、野戦では射程外からの砲撃で破壊された。

モンテグニー／ミトライユーズ砲（1870年）

ノーデンフェルト砲

スウェーデン人のヘルゲ・パルムクランツによって1873年に考案された10本の銃身を束ねた手動機関銃。ガトリング砲同様にクランク式のハンドル操作で弾丸を発射する。主にヨーロッパで販売しイギリス軍も採用した。

ノーデンフェルト砲（1873年）

マキシム機関銃

1884年にハイラム・マキシムによって実用化された機関銃。発射時の反動を利用して弾丸を自動装填する。1890年にはウィリアム・J・ブラウニングがガス圧によって自動装填を行う「ブローニング」機関銃を発明した。この時点で機関銃（マシン・ガン）と呼ぶにふさわしい兵器が開発されたことになる。ボーア戦争で使用され威力を実証したが、第1次大戦がはじまるまでは、それほど多くの買い手がつかなかった。

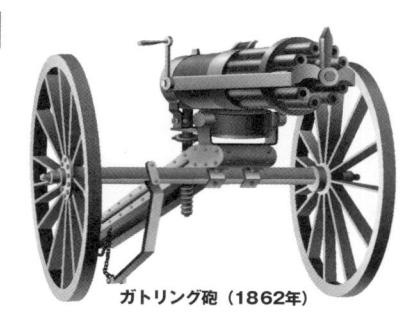

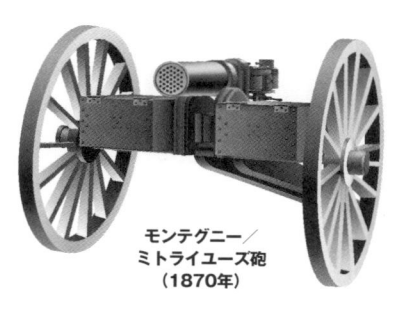

マキシム機関銃（1884年）

第Ⅳ章　近代の戦士　総論

　第Ⅳ章では17世紀末から20世紀初頭までの、「大量殺戮兵器」登場までの過程を駆け足で追った。

　近代は徴兵制度の導入による国民皆兵の時代である。それは古代ローマ・ギリシア世界にも試みられたことだったが、中世を経ることによって武力は特権階級に握られていった。それが火器が飛躍的に発達した近代になると、再び市民に武器をもたせ、戦場に赴かせる時代となったのである。

　火器の発達と銃剣の登場は、歩兵にほかの格闘戦用の武器（槍や刀剣）を廃させ、火力によって歩兵を"戦場の女王"とならしめることに成功した。騎兵は一部の特権部隊として編制されるか、哨戒や集団突撃を行うための機動部隊として再編された。

　17世紀末から19世紀初頭にかけての戦場では、歩兵が飛び交う銃弾のなかで規律を保ち、一団となって敵に向かって前進し、最終的には白兵戦で敵を粉砕する戦闘スタイルが用いられた。銃器にはそうするだけの性能しかなかったためである。19世紀中頃になるとさらなる銃器の進歩が、そうした戦い方を銃撃によって阻止できるようにしていた。ところが当時の指揮官たちは配下の兵が甚大な損害を被っても、戦闘スタイルを改めることはなかった。その間、相当数の尊い命を犠牲にしなければならなかったことは言うまでもない。しかもその事態は、最初の世界大戦がはじまってもなお改善されていなかったのである。

参考文献

ここで挙げる参考文献は通史と各章に分別し著者名順に羅列したものである。

新紀元社刊
　武器と防具・西洋編／市川定春／1995
　武勲の刃／市川定春と怪兵隊／1989
　幻の戦士／市川定春と怪兵隊／1988
　武器屋／Truth in Fantasy編集部編／1991

【通史、一般】
Ashdown, Charles Henry
　／European Arms & Armour/Brussel & Brussel/1967
Barber, Richard/Barker, Juliet/Tournaments
　　　　　　　　　　　　　　　　／Boydell Press/1989
Balent, Matthew
　／The Compendium of Weapons, Armour & Castles
　　　　　　　　　　　　　　　／Palladium Books/1989
Bilson, Frank/Crossbows/Hippocrene Books/1974
Blair, Claude/European Armour/Batsford/1958
Borg, Alan/Two Studies in the History of the Tower Armouries
　　　　　　　　　　　　　　／Society of Antiquaries/1976
Boutell, Charles/Arms and Armour
　　　　　　　　　　　　　　　　／Combined Books/1996
Burton, Richard F./The Book of the Sword/1884
Byam, Michele/Arms & Armour
　　　　　　　　　　　　　　／Dorling Kindersley/1988
Chandler, David G./The Art of Warfare On Land
　　　　　　　　　　／The Hamlyn Publishing Group Limited/1974
Clare, Jhon D./Knights in Armour/Bodley Head/1991
Connolly, Peter/The Cavalryman
　　　　　　　　　　　　　　／Oxford University Press/1988
Cottrell, Leonard/The Warrior Pharaohs
　　　　　　　　　　　　　　　／G.P.Putnam's Sons/1969
Davies, Charles Fox/The Art of Heraldry/
　　　　　　　　　　　　　　　　　Bloomsburt Books/1986
Dolinek, Vladimir/Durdik, Jan
　／The Encyclopedia of European Historical Weapons
　　　　　　　　　　　　　　　　　　／Hamlyn/1993
Dufty, Richard
　／European Swords and Daggers in the Tower of London
　　　　　　　　　　　　　　　　　　／HMSO/1974
Elgood, Robert/Firearms of the Islamic World
　　　　　　　　　　　　　　／I.B.Tauris & Co.Ltd/1995
Elgood, Robert
　／The Arms and Armour of Arabia/Scolar Press/1994
Elgood, Robert/Islamic Arms and Armour
　　　　　　　　　　　　　　　　／Scolar Press/1979
Embleton, Gerry/Medieval Military Costume
　　　　　　　　　　　　　　　／The Crowood Press/2000
Embleton, Gerry/Howe, John
　　　　　／Medieval Soldier/Windrow & Greene/2000
Faktor, Zdenek/Knives & Daggers
　　　　　　　／Hamlyn Publishing Group Limited/1989
Farwell, Byron
　／The Encyclopedia of Nineteenth-Century Land Warfare
　　　　　　　　　　　　　　　　　　／W.W.Norton/2001
Foulkes, Charles/The armourer and his craft/Dover/1988
Francesco, Rossi/Mediaeval arms and armour
　　　　　　　　　　　　　　　　／Magna books/1990
Funcken, Liliane & Fred/Arms and Uniforms Part 1-2
　　　　　　　　　　　　　　　　　　／Ward Lock/1978
Gallwey, Ralph Payne/The Crossbow/Holland Press/1903
Gorelik, Mikhael V./Warriors of Eurasia/1995
Government Bookshops/Crossbows/1976
Greener, W.W./The Gun and its development/A&AP/1986
Hammond, Peter/Royal Armouries/Tower of London/1986
Hart, Harold H./Weapons & Armor
　　　　　　　　　　　　　　／Dover Publications, Inc/1978
Held, Robert/Art, Arms and Armour Vol.1
　　　　　　　　　　　　　　／Acquafresga editrice/1979
Hewitt, John
　／Ancient Armour and Weapons in Europe Volume I-III
　　　　　　　(Iron Period of 13th to 17th centuries)
　　　　　　　　　　／John Henry and James Parker/1855-60
Hutton, Alfred /The Sword and the centuries/Tuttle/1973
Hyland, Ann/The Medieval Warhorse
　　　　　　　　　　　　　　／Alan Sutton Pub.Ltd./1994
Hogg, Ian V./The Encyclopedia of Weaponry
　　　　　　　　　　　　　　　　／Wellfleet Press/1992
Koch, H.W./History of Warfare/PRC Published/1987
Kottenkamp, F./The History of Chivalry and Armor
　　　　　　　　　　　　　　　／Portland House/1988
Lewerken, Heinz-Werner/Kombinations Waffen
　／Militarverlag der Deutschen Demokratischen Republik/1989
Mann, James Sir/Wallace Collection Catalogues
　　European Arms and Armour Volume I Armour
　　　　　　　　　　　／William Clowes and Sons Ltd/1962
Mann, James Sir/Wallace Collection Catalogues
　　European Arms and Armour Volume II Arms
　　　　　　　　　　　／William Clowes and Sons Ltd/1962
Narayan, Jagadish/The Art of War in Medieval India
　　　　　　　　　　　　　　　　　　　／MMP/1984
Nickel, Helmut/Arms and Armor in Africa/Atheneum/1971
Nickel, Helmut/Warriors and Worthis/Atheneum/1971
Norman, A.V.B./The Rapier and Small Sword/A&A/1980
Norman, A.V.B./Wilson, G.M.
　　　　　　／Treasures from the Tower of London/1983
Norman, Vesey/Arms and Armour/Octopus Books/1964
Oakeshott, R.Ewart/The Archaeology of Weapons
　　　　　　　　　　　　　　　　／Lutterworth/1960
Oakeshott, R.Ewart/The Sword in the Age of Chivalry
　　　　　　　　　　　　　　　　　／Praeger/1964
Oakeshott, R.Ewart/Records of the Medival Sword
　　　　　　　　　　　　　　　　　／Boydell/1991
Pant, G.N./Indiam Archery/Agam Kala Prakashan/1978
Pant, G.N./Indian Arms and Armour Volume 1
　　　　　:Pre-and Protohistoric Weapons and Archery
　　　　　　　　　　　　／Agam Kala Prakashan/1978
Pant, G.N./Indian Arms and Armour Volume 2

参考文献

:Swords and Daggers/Agam Kala Prakashan/1980
Pant, G.N./Indian Arms and Armour Volume 3
:Human Armour and Shield/Agam Kala Prakashan/1983
Pant, G.N./Indian Shield/Army Educational Stores/1982
Pant, G.N./Mughal Weapons in The Babur-Nama
　　　　　　　　　　　　/Agam Kala Prakashan/1989
Pant, G.N./Horse & Elephant Armour
　　　　　　　　　　　　/Agam Kala Prakashan/1997
Partition, J.R./A History of Greek Fire and Gunpowder
　　　　　　　　　　/Johns Hopkins University Press/1999
Paterson, W.F./A Guide of the Crossbow/1986
Perzolli, Susanna/Mediaeval arms and armor
　　　　　　　　　　　　　　　　/Magna Books/1990
Pfaffenbichler, Matthias/Armourers
　　　　　　　　　　　　/British Museum Press/1992
Pollington, Stephen/The Warrior's Way/Blandford/1989
Rangstrom, Lena/Riddarlek Och Tornerspel
　　　　　　　/Utstalling Livrustkammaren Stockholm/1992
Rawson, P.S./The Indian Sword/Herbert Jenkins/1968
Reid, William/Weapons Through the Ages
　　　　　　　　　　　　　　　/Peerage Books/1976
Reid, William/Buch der Waffen/ECON/1976
Robinson, H.Russell/Oriental Armour/David & Charles/1967
Royal Armouries/The Royal armouries of ficial guide/1986
Stibbert, Frederick/European Civil and Military Clothing
　　　　　　　　　　　　　/Dover Publications/2001
Stone, George C./A Glossary of the Construction,
　　　　　　　Decoration and Use of Arms and Armor
　　　　　　　　　　　　　/The Southworth Press/1934
Spring, Christopher/African arms and armour
　　　　　　　　　　　　/British Museum Press/1993
Talhoffer, Hans/Medieval Combat/Greenhill Books/2000
Trench, Charles Chenevix/A History of Horsemanship
　　　　　　　　　　　/Longman Group Limited/1970
Troso, Mario/Le Armi in Asta
　　　　　　　/Istituto Geografico De Agostini/1988
Vadi, Filippo/Arte Gladiatoria Dimicandi
:15th Century Swordsmanship of Master Filippo Vadi
　　　　　　　　　　　　　/Chivalry Bookshelf/2002
Viereck, H.D.L./Die Romifche Flotte/Koehler/1975
Vuksic, V./Grbasic, Z.
　　　　　　　　/Cavalry:650BC-AD1914/Cassell/1993
Wagner, Eduard/Cut and Thrust Weapons
　　　　　　　　　　　　　　　/Spring Books/1967
Wagner, Eduard/Medieval Costume,
　　　　Armour and Weapons/Andrew Dakers/1958
Wallace Collection/Wallace Collection Catalogues
　　　　　: Europian Arms and Armour 1-3/1924-45
Watkins, Jane/Studies in European Arms and Armor
　　　　　　　　/University of Pennsylvania Press./1992
Watoson, Philip J./Costume of Old Testament Peoples
　　　　　　　　　　　　/B T Batsford Limited/1987
Wilkinson, Frederick/Arms & Armour
　　　　　　　　　　　　　/Chancellor Press/1996
岩堂憲人／世界銃砲史／国書刊行会／1995

ダイヤグラム・グループ編／武器／マール社
　　　　　　　　　　　／訳　田島優・木村孝一／1982
三浦權利／騎士と甲冑／大陸書房／1975
三浦權利／図説西洋甲冑武器事典／柏書房／2000

【第Ⅰ章　古代編】
Barker, Phil/The Armeies and Enemies of Imperial Rome
　　　　　　　　　　　　　　　　　　　/WRG/1981
Bishop, M.C.
/Journal of Roman Military Equipment Studies Volume.1
　　　　　　　　　　　　　　/David Brown Book/1990
Bishop, M.C.
/Journal of Roman Military Equipment Studies Volume.2
　　　　　　　　　　　　　　/David Brown Book/1991
Bishop, M.C.
/Journal of Roman Military Equipment Studies Volume.3
　　　　　　　　　　　　　　/David Brown Book/1993
Bishop, M.C.
/Journal of Roman Military Equipment Studies Volume.4
　　　　　　　　　　　　　　/David Brown Book/1994
Bishop, M.C.
/Journal of Roman Military Equipment Studies Volume.5
　　　　　　　　　　　　　　/David Brown Book/1996
Bishop, M.C.
/Journal of Roman Military Equipment Studies Volume.6
　　　　　　　　　　　　　　/David Brown Book/1996
Bishop, M.C.
/Journal of Roman Military Equipment Studies Volume.7
　　　　　　　　　　　　　　/David Brown Book/1999
Bishop, M.C.
/Journal of Roman Military Equipment Studies Volume.8
　　　　　　　　　　　　　　/David Brown Book/1999
Bishop, M.C.
　　　　/Lorica Segmentata/The Armatvra Press/2002
Bishop, M.C.
　　　/Coulston, J.C.N/Roman Military Equipment
　　　　　　　　　　　　　　　/Batsford Book/1993
Bohec, Yann Le
　　　/The Imperial Roman Army/Batsford Book/1994
Brentjes, Burchard/Arms of the Sakas
　　　　　　　　　　　　　/Rishi Oublications/1996
Buttery, Alan/Armies & Enemies of Ancirnt Egypt
　　　　　　　& Assyria 3200BC to 612 BC/WRG/1974
Connolly, Peter/Greece and Rome at War
　　　　　　　　　　/Macdonald Phoebus Limited/1981
de Camp, Sprague L./The Ancient Engineers
　　　　　　　　　　　　　　/Ballantine Books/1974
Dixon, Karen R./Southern, Pat
　　　　　　/The Roman Cavalry/B.T.Batsford Ltd/1992
Embleton, Roeland/Housesteads in the day of Romans
　　　　　　　　　　　　　　　　/Butler & butler/1988
Embleton, Roeland/Graham, Frank
　　　　　　/Hadrian's Wall in the day of the Romans
　　　　　　　　　　　　　　　　/Frank Graham/1984
Frank, Graham

/The Outpost forts of Hadrian's Wall/1983
Gardiner, Robert/The age of the Galley/1995
Goldsworthy, Adrian/the Complete Roman Army
　　　　　　　　　　　　　　　　/Thames & Hudson/2003
Hackett, Sir John/Warfare in the Ancient World
　　　　　　　　　　　/Sidgwick & Jackson Limited/1989
Head, Duncan/Aemies of the Macedonian and Punic Wars
　　　　　　　　　　　　　　　　　　　　/WRG/1982
Head, Duncan/The Achaemenid Persian Army
　　　　　　　　　　　　　/Montvert Publications/1992
Houston, Mary G.
/Ancient Greek, Roman and Byzantine Costume and Decoration
　　　　　　　　　　　　　　　　/A&C Black Ltd/1947
Hyland, Ann/Training the Roman Cavalry
　　　　　　　　　　　　　　　　/Alan Sutton/1993
Marsden, E.W.
　　　/Greek and Roman Artillery Technical Treatises
　　　　　　　　　　　　　/Oxford University Press/1999
Marsden, E.W.
　　　/Greek and Roman Artillery Historical Development
　　　　　　　　　　　　　/Oxford University Press/1999
Mielczarek, Mariuz/Cataphracti and Clibanarii
　　　　　　　　　　　　　/Oficyna Naukowa MS/1993

Millard, Anne/Going to war in Ancient Egipt
　　　　　　　　　　　　/Franklin Watts Books/2000
Nelson, Richard B./The Battle of Salamis
　　　　　　　　　　　　　　/Wiliam Luscombe/1975
Nelson, Richard B.
　　　　/Armies of the Greek and Persian Wars/1975
Newark, Tim/The Barbarians/Blandford Press/1985
Newark, Tim/Celtic Warriors/Blandford Press/1987
Nikonorov, Valerii P./The Armies of Bactria Vol1-2
　　　　　　　　　　　　　　/Montvert Publication/1997
Peddie, John/The Roman War Machine
　　　　　　　　　　　/Alan Sutton Publishing Ltd./1994
Peterson, Daniel
　/The Roman Legions Recreated in Colour Photographs
　　　　　　　　　　　　　　　/Windrow & Greene/1992
Roeland, T.H./Short Guide of the Roman Wall
　　　　　　　　　　　　　　　/Butler & butler/1988
Sekunda, Nick/The Seleucid Army
　　　　　　　　　　　　　　/Montvert Publication/1994
Sekunda, Nick/The Ptolemaic Army
　　　　　　　　　　　　　　/Montvert Publication/1995
Sekunda, Nicholas
　　　　　/Hellnistic Infantry Reform in the 160's BC
　　　　　　　　　　　　　/Oficyna Naukowa MS/2001
Shaw, Ian/Egyptian Warfare and Weapons
　　　　　　　　　　　　　/Shire Publications Ltd./1991
Simkins, Michael/Warriors of Rome/Blandford/1988
Snodgrass, Anthony
　　　/Early Greek Armour and Weapons before 600BC
　　　　　　　　　　　　　/Edinburgh University Press/1964
Stillman, Nigel/Tallis, Nigel

/Armies of the Ancient Near East, 3,000BC to 539BC
　　　　　　　　　　　　　　　　　　　　/WRG/1984
Warry, John/Warfare in the Classical World
　　　　　　　　　　　　　/Salamander Book Limited/1980
Warry, John/Warfare in the Classical World
　　　　　　　　　　　/University of Oklahoma Press/1995
Yadin, Yigael/The Art of Warfare in Biblical Lands
　　　　　　　　　　　　　/Weid Enfeld and Nicolson/1963
小川英雄／地中海アジアの古都　世界の大遺跡
　　　　　　　　　　　　　　　　　　/講談社／1987
カンリフ，バリー／図説　ケルト文化誌
　　　　　　　　　　　　　/原書房／蔵持不三也／1998
クレイトン，ピーター／ファラオ歴代誌
　　　　　　／創元社／藤沢邦子　訳・吉村作治　監修／1999
古代オリエント博物館・岡山市立オリエント美術館編
　　　　　　　　　／壺絵が語る古代ギリシア／山川出版社／2000
コノリー，ピーター　ユンケル，L.E.
　　　　　／ギリシア軍の歴史／訳　福井芳男・木村尚三郎
　　　　　　　　　　　　　　　　　　/東京書籍／1989
コノリー，ピーター　ジョリエ，L.E.
　　　　　／ローマ軍の歴史／訳　福井芳男・木村尚三郎
　　　　　　　　　　　　　　　　　　/東京書籍／1989
桜井清彦／ナイルの王墓と神殿　世界の大遺跡
　　　　　　　　　　　　　　　　　　/講談社／1986
バウラ，C・モーリス／古代ギリシア
　　　　　　　／タイム・ライフ・インターナショナル
　　　　　　　　　　　　　/村川堅太郎　監修／1966
増田精一／メソポタミアとペルシア　世界の大遺跡
　　　　　　　　　　　　　　　　　　/講談社／1988
三浦一郎／エーゲとギリシアの文明　世界の大遺跡
　　　　　　　　　　　　　　　　　　/講談社／1987
弓削 達（編纂）／ローマ帝国の栄光　世界の大遺跡
　　　　　　　　　　　　　　　　　　/講談社／1987

【第Ⅱ章　中世編】
Almgren, Bertil/The Viking/Crescent Books/1975
Armstrong, Pete/The Battle of Bannockburn
　　　　　　　　　　　:Heraldry, Armour and Knights
　　　　　　　　　　　　　/Border Miniatures/1998
Boss, Roy/Justinian's Wars
　　　　　　　　　　　　　/Montvert Publications/1993
Bradbury, Jim/The Medieval Archer/Boydell/1985
Cairns, Trevor/Medieval Knights/Cambridge/1991
Curry, Anne/Hughes, Michael
/Arms, Armies and Fortifications in the Hundred Years War
　　　　　　　　　　　　　　　　/Boydell Press/1994
Edge, David/Paddock, Jphn M.
　　　　　　　/Arms & Armor of the Medieval Knight
　　　　　　　　　　　　　　　　/Crecent Books/1988
Griffith, Paddy/The Viking art of war
　　　　　　　　　　　　　　　　/Greenhill Books/1995
Harmand, Adrien/Jeanne d' Arc, ses costumes,
　　　　　　　　　son armure:Essai de reconstitution
　　　　　　　　　　　　　　　　/Ernest Leroux/1929
Hardy, Robert/Longbow/Mary Rose Trust/1976

参考文献

Heath, E.G./The Grey Goose Wing
　　　　　　　　／New York Graphic Society Ltd/1971
Heath, Ian/Armies of the Dark Ages 600-1066
　　　　　　　　　　　　　　　　　／WRG/1979
Heath, Ian
　／Armies and Enemies of the Crusades 1096-1291
　　　　　　　　　　　　　　　　／WRG/1978
Heath, Ian
　／Armies of Feudal Europe 1066-1300/WRG/1989
Klein, Andrzej/Sekunda, Nicholas
／Cernielewski, Konrad A/Banderia Apud Grunwald 1-2
　　　　　　　　　　　　／Alexander s.c./2000
Newark, Tim/Women Warlords/Blandford/1989
Newark, Tim/Medieval Warlords
　　　　　　　　　　／Blandford Press/1986
Nicolle, David
　　／Arms & Armour of the Crusading Era 1050-1350
　　　　　：Western Europe/Greenhill Books/1999
Nicolle, David
　　／Arms & Armour of the Crusading Era 1050-1350
　　：Islam, Eastern Europe and Asia/Greenhill Books/1999
Nicolle, David/Medieval Warfare Source Book Volume 1
　　　　　　　　：Warfare in Western Christendom
　　　　　　　　　　／Arms And Armour/1995
Nicolle, David/Medieval Warfare Source Book Volume 2
　　　　　　　　：Christian Europe and Its Neighbors
　　　　　　　　　　／Arms And Armour/1996
Pollington, Stephen/The English Warrior
　　　　　　　　　　／Anglo-Saxon Books/2001
Rossi, Francesco/Mediaeval Arms and Armour
　　　　　　　　　　　／Magna Books/1990
Rothero, Christopher/Medieval military dress 1066-1500
　　　　　　　　　　　　／Blandford/1983
Smith, G.Rex/Medieval Muslim Horsemanship
　：A Fourteenth-century Arabic Cavalry Manual
　　　　　　　　　／The British Libeary/1979
Swietosawski, Witold/Arms and Armour of the Nomads
　of the Great Steppe in the Times of the Mongol Expantion
　　　　（12th-14th Centuries)/Oficyna Naukowa MS/1999
Tweddle, Dominic/The Coppergate Helmet
　　　　　　　　／Jorvik Viking Centre/1984
Underwood, Richard/Anglo-Saxon Weapons & Warfare
　　　　　　　　　／Tempus Publishing Ltd/1999
中国軍事史（１巻）／解放軍出版局／1983
中国古代兵器図集（改訂新版）／解放軍出版社／1990
アルハサン、アフマド・Y／ヒル、ドナルド・R
　　　　　　／イスラム技術の歴史／平凡社
　　　／訳・多田博一、原隆一、斉藤美津子／1999
マーシャル、ロバート／図説モンゴル帝国の戦い
　　　　　／東洋書林／訳・遠藤利国／2001
劉永華／春日井明　監訳／中国古代甲冑図鑑
　　　　　　　　　　　／アスペクト／1998

【第Ⅲ章　近世編】

Anglo, Sydney/The Martial Arts of Renassance Europe
　　　　　　　　　／Yale University Press/2000
Blackmore, David
　　　／Arms & Armour of the English Civil Wars
　　　　　　　　　／Royal Armouries/1990
Calvert, A.F./Spanish Arms and Armour
　　　　　　／John Lane, The Bodley Head/1907
Dillon, H/MS.Collection of Ordinances of Chivalry
　of the 15th century belonging to Lord Hastings
　　　　　　　　　／Archaeologia/1900
Fazl, Abu' l/Ain-I Akbari (1-3)/Oriental Books/1977
Forgeng, Jeffey L./The Medieval Art of Swordmanship
　　　　　　　　／Chivalry Bookshelf/2003
Funcken, Liliane & Fred
　／Arms and Uniforms:The Age of Chivalry Part 1-3
　　　　　　　／Ward Lock Limited/1977-1978
Gheyn, Jacob de/The Exercise of Armes
　　　　　　　　／Greenhill Books/1989
Gilkerson, William/Boarders Away Part1
　　　　　　　／Andrew Mowbray, INC./1991
Gilkerson, William/Boarders Away Part2
　　　　　　　／Andrew Mowbray, INC./1993
Goodwin, Godfrey/The Janissaries/Saqi Books/1994
Gush, George/Renaissance Armies 1480-1650
　　　　　　　　　　　　／PSL/1975
Haider, Syed Zafar
　　／Islamic Arms and Armour of Muslim India
　　　　　　　　／Bahadur Publishers/1991
Hassing, Ross/Aztec Warfare/Oklahoma Press/1988
Haythornthwaite, Philip
　　　　　　　／The English Civil War/A&A/1984
Hayward, J.F.
／The Art of the Gunmaker Volume I:1500-1660(2ndED)
　　　　　　　　／Barrie and Rockliff/1965
Hayward, J.F.
　／The Art of the Gunmaker Volume II:1660-1830
　　　　　　　　／Barrie and Rockliff/1963
Heath, Ian/Armies of the Middle Ages, Vol.1-2/WRG/1984
Heath, Ian/Armies of the Sixteenth Century, volume1
　　　　　　　　／Foundry Publication/1997
Heath, Ian/Armies of the Sixteenth Century, volume2
　　　　　　　　／Foundry Publication/1999
Holmes, M.R./Arms & Armour in Tuder & Stuart
　　　　　　　　／London Museum/1957
Karcheski, Jr.Walter J./Imperial Austria/Prestel/1992
Krenn, Peter/Karcheski Jr, Walter J.
　／Imperial Austria Treasures of Art, Arms & Armor
　　　　　　　　　／Prestell/1993
Liechtenauer, Johannes/Ringeck, Sigmund
／Secrets of German Medieval Swordsmansip:Sigmund
　　　　　Ringeck' s Commentaries on Johannes
　　Lirchtenauer' s Verse/Chivalry Bookshelf/2001
Miller, Yuri/Russian Arms and Armour
　　　　　　　／Aurora Art Publishers/1982

Perski, Orez
/Persian and Indo-Persjan Arms and Armour of 16th-19th Century
/Malbork/2000
Peterson, Harold L.
/Arms and Armor in Colonial America 1526-1783
/Stackpol Company/1956
Powell, George H.
/Duelling Stories of the Sixteenth Century
/A.H.Bulle/1856
Robinson, H.R./Armours of Henry VIII
/Gavernment Bookshop/1977
Smith, Robert D./Brown, Ruth Rhynas
/Bombards:Mons Meg and her sisters
/Royal Armouries/1989
Snodgrass, Anthony/Arms and Armour of the Greek
/Thames and Hudson/1967
Tirri, Anthony C./Islamic weapons Maghrib to Moghul
/Indigo Publishing/2003
Wagner, Eduard/European Weapons & Warfare 1618-1648
/Octopus Books Limited/1979
Wasilkowska, Anna/Husaria:The Winged Horsemen
/Wydawnictwo Interpress/1998
Young, Alan/Tudar and Jacobean Tournaments
/George Philip/1987
グリュジンスキ，セルジュ／アステカ王国
／創元社／斎藤 晃／1992
寺崎秀一郎／図説古代マヤ文明／河出書房新社／1999
ベルナン，カルメン／インカ帝国
／創元社／訳・阪田由美子、監修・大貫良夫／1991
ボーデ，クロード／ピカソ，シドニー／マヤ文明
／創元社／訳・阪田由美子、監修・落合一泰／1991
マーティン，サイモン／グルーベ，ニコライ グルーベ
／古代マヤ王歴代誌／訳著・長谷川 悦夫、
訳・野口 雅樹、徳江 佐和子、中村 誠一
／創元社／2002

【第Ⅳ章　近代編】

Austin, Ronald
/The Australian Illlustrated Encyclopedia of the Zulu and Boer Wars
/Slouch Hat Publications/1999
Bukhari, Emir/Napoleon's Cavalry
/Osprey Publishing/1979
Ellis, Jhon/The social history of the Machine Gun
/Campbell Thomson & McLaughlin Ltd./1975
Elting, John R./Napoleonic Uniforms Volume 1-2
/Macmillan Publishing/1993
Elting, John R./Napoleonic Uniforms Volume 3-4
/Emperor's Press/2000
Featherstone, Donald
/Weapons & Equipment of the Victorian Soldier
/Blandford/1978
Field, Ron/Smith, Robin
/Uniforms of the American Civil War/Brasset's/2001
Funcken, Liliane & Fred/Arms and Uniforms
:The Lace Wars Part 1-2/Ward Lock Limited/1977
Funcken, Liliane & Fred/Arms and Uniforms
:The Napoleonic Wars Part 1-2/Ward Lock Limited/1973
Funcken, Liliane & Fred
/British Infantry Uniforms/Ward Lock Limited/1976
Grant, Charles Stewart
/From Pike to shot 1685 to 1720/WRG/1986
Griffith, Paddy/Battle in the Civil War/Field Books/1986
Hall, Robert/French Infantry under Louis XIV 1688-1714
/R.Hall/2001
Haythornthwaite, Philip/Uniforms of 1812
/Blandford Press/1976
Haythornthwaite, Philip/Uniforms of Peninsular Wars
/Arms And Armour Press/1976
Haythornthwaite, Philip
/Uniforms of the Civil War/Blandford Press/1975

Haythornthwaite, Philip/The Colonial Wars Source Book
/Arms And Armour Press/1995
Haythornthwaite, Philip/The Napoleonic Source Book
/Arms And Armour Press/1990
Haythornthwaite, Philip
/Weapons & Eqipment of the Napoleonic Wars
/Blandford Press/1979
Herbert, Edwin/Small war and Skirmishes 1902-18
/Foundry Publication/2003
Hogg, Ian V./Batchelor, Jhon
/Armies of te American Revolution
/Brison Books/1975
Hourtoulle, Francois Guy/Austerlitz
/Histoire & Collections/2003
Hourtoulle, Francois Guy/Borodino-The Moskova
/Histoire & Collections/2001
Hourtoulle, Francois Guy/Jena, Auerstaedt
/Histoire & Collections/1999
Hourtoulle, Francois Guy/Wagram
/Histoire & Collections/2002
Humfreville, J.Lee
/Twenty Years Among Our Hostile Indians
/Stackpole Books/2002
Jouineau, Andre
/Officera and Soldiers of the American Civil War Volime1-2
/Histoire & Collections/2001
Jouineau, Andre
/Officera and Soldiers of The French Imperial Guard 1-2
/Histoire & Collections/2002, 2003
Katcher, Philip/The American Civil War Source Book
/Arms And Armour Press/1992
Kemp, Anthony
/Weapons & Eqipment of the Marlborough Wars
/Blandford Press/1980
Lee, Emanoel/To The Bitter End
:A Photographic History of the Boer War 1899-1902
/Guild Publishing/1985
Leonov, O./Ylyanov, H.
/Регулярная пехота 1698-1801/AST/1995

参考文献

Leonidobich, Borodulin Aleksandr
　　　　　　　　　　　　／АрмияПетраⅠ／1994
Mark, Adkin／
　　　The Waterloo Conpanion／Stackpole Books／2001
Maughan, Stephen E.
　　　　／The Napoleonic Soldier／Crowood Press／1999
May, Robin／Embleton, G.A.
　　　　　　　　　／The Franco-Prussian War 1870
　　　　　　　　　　　　／Almark Publishing／1975
Mollo, Eugene／Russian Military Swords 1801-1917
　　　　　／Historical Research Unit Publication／1969
Mollo, Jhon／Uniforms of the American Revolution
　　　　　　　　　　　　／Blandford Press／1975
North, Rene
　／Regiments at Waterloo Vol2 Brotish Army Uniforms
　　　　　　　　　　　　／Almark Publishing／1977
Paterek, Josephine
　　　　　／Encyclopedia of American Indian Costume
　　　　　　　　　／W.W.Norton & Company／1996
Rector, Mark／Highland Swordsmanship
　　　　　　　　　　　／Chivalry Bookshelf／2001
Reid, Stuart／Like Hungry Wolves／Windrow & Greene／1994
Taylor, Colin F.／Native Americam Weapons
　　　　　　　／University of Oklahoma Press／2001
Warner, Richard／Napoleon' s Enemies
　　　　　　　　　　／Osprey Publishing／1977
Windrow, Martin
　／Embleton, Gerry／Military Dress of the Peninsular War
　　　　　　　　　　　／Windrow & Greene／1991
Yenne, Bill
　／The Encyclopedia of North American Indian Tribes
　　　　　　　　　　　／Brompton Books／1986
パーカー．アサー・C
　　　　　／アメリカ・インディアンＨＯＷブック
　　　　　　　　／訳　平尾圭吾／集英社／1999

英国オスプレイ社から発刊されている各シリーズはテーマを絞った軍装の資料として、遺物の写真やスケッチを手軽に参照できる。（）内は新紀元社より刊行されている日本語版の邦題。

\<Osprey Men-At-Arms Series\>
001 Katcher, Phillip
　／THE AMERICAN PROVINCIAL CORPS :1775-1784
004 Seaton, Albert
　　　　　／THE ARMY OF THE GERMAN EMPIRE
　　　　　　　　　　　　　　　　　:1870-1888
005 Seaton, Albert
／AUSTRO-HUNGARIAN ARMY
　　　　　　　　　OF THE NAPOLEONIC WARS
006 Seaton, Albert
／AUSTRO-HUNGARIAN ARMY
　　　　　　　　　OF THE SEVEN YEARS WAR
008 Grant, Charles／THE BLACK WATCH
010 Blaxland, Gregory／THE BUFFS
012 Sheppard, Alan／THE CONNAUGHT RANGERS
014 Young, Peter／ENGLISH CIVIL WAR ARMIES
015 Grant, Charles
　　／FOOT GRENADIERS OF THE IMPERIAL GUARD
016 Seaton, Albert
　　　　　　　／FREDERICK THE GREAT' S ARMY
018 Young, Peter
　　　　　　　／GEORGE WASHINGTON' S ARMY
019 Selby, John／IRON BRIGADE
026 Grant, Charles／ROYAL SCOTS GREYS
030 Selby, John／STONEWALL BRIGADE, THE
037 Katcher, Philip
　　　　　　／THE ARMY OF NORTHERN VIRGINIA
038 Katcher, Philip／ARMY OF THE POTOMAC
039 May, Robin
／THE BRITISH ARMY IN NORTH AMERICA
　　　　　　　　　　　　　　　　　:1775-1783
040 Nicholson, J. B. R.
　　　　　　／THE BRITISH ARMY OF THE CRIMEA
043 von Pivka, Otto
　　　　　　　／NAPOLEON' S GERMAN ALLIES (2)
045 von Pivka, Otto
　　　　　　　／NAPOLEON' S POLISH TROOPS
046 Simkins, Miachael
　　／ROMAN ARMY FROM CAESAR TO TRAJAN
（『ローマ軍：カエサルからトラヤヌスまで』）
047 Wilkinson-Latham, Christopher
　　　　　　　／THE SOUTH WALES BORDERERS
048 May, Robin／WOLFE' ARMY
050 Wise, Terry／Gerald Embelton
　　　　　　　　／MEDIEVAL EUROPEAN ARMIES
055 Bukhari, Emir
　　／NAPOLEON' S DRAGOONS AND LANCERS
057 McBride, Angus McBride／ ZULU WAR, THE
058 Miller, Douglas／THE LANDSKNECHTS
059 Wilkinson-Latham, Robert
　　　　　　　／THE SUDAN CAMPAIGNS 1881-1898
062 Wilkinson-Latham, Christopher
　　　　　　　　　　　　／THE　BOER WAR
063 Katcher, Phillip
　　　　　／THE AMERICAN INDIAN WAR, 1860-1890
064 Bukhari, Emir
　／NAPOLEON' S CUIRASSIERS & CARABINIERS
068 Bukhari, Emir
　　　　　　／NAPOLEON' S LINE CHASSEURS
069 Cassin-Scott, Jack
　　／THE GREEK AND PERSIAN WARS, 500-323 BC
（『古代ギリシアとペルシア戦争』）
073 Fraser, Sir David／THE GRENADIER GUARDS
075 Wise, Terence／ARMIES OF THE CRUSADES
（『十字軍の軍隊』）
076 Bukhari, Emir／NAPOLEON' S HUSSARS
（『ナポレオンの軽騎兵』）
077 Wise, Terence
　　　　／FLAGS OF THE NAPOLEONIC WARS (1)

078 Wise, Terence
/FLAGS OF THE NAPOLEONIC WARS (2)
079 Barthorp, Michael
/NAPOLEON'S EGYPTIAN CAMPAIGN
083 Bukhari, Emir
/NAPOLEON'S GUARD CAVALRY
084 Barthorp, Michael/WELLINGTON'S GENERALS
(『ウェリントンの将軍たち』)
085 Wise, Terence/SAXONS, VIKINGS & NORMAN
(『サクソン/ヴァイキング/ノルマン』)
087 von Pivka, Otto/NAPOLEON'S MARSHALS
(『ナポレオンの元帥たち』)
089 Heath, Ian/BYZANTINE ARMIES, 886-1118
(『ビザンティン帝国の軍隊』)
093 Simkins, Michael
/THE ROMAN ARMY FROM HADRIAN TO CONSTANTINE
094 Miller, Douglas
/THE SWISS AT WAR, 1300-1500
(『戦場のスイス兵』)
099 Wise, Terry/MEDIEVAL HERALDRY
(『中世の紋章』)
101 Wise, Terry /CONQUISTADORES, THE
105 Turnbull, Stephen/MONGOLS, THE
(『モンゴル軍』)
107 Chappell, Mike
/BRITISH INFANTRY EQUIPMENT:1808-1908
109 Wise, Terence
/ANCIENT ARMIES OF THE MIDDLE EAST
110 Asquith, Stuart /NEW MODEL ARMY 1645-60
111 Rothero, Chris
/ARMIES OF CRECY & POITERS, THE
113 Rothero, Chris/THE ARMIES OF AGINCOURT
114 Fosten, Bryan/WELLINGTON'S INFANTRY(1)
118 Barthorp, Michael
/THE JACOBITE REBELLIONS
119 Fosten, Bryan
/WELLINGTON'S INFANTRY(2):The Lights
121 Wise, Terry
/ARMIES OF THE CARTHAGIAN WARS:265-146BC
(『カルタゴ戦争』)
125 Nicolle, David
/THE ARMIES OF ISLAM, 7TH-11TH CENTURIES
126 Fosten, Bryan
/WELLINGTON'S LIGHT CAVALRY
129 Wilcox, Peter
/ROME'S ENEMIES (1):GERMANICS AND DRACIANS
(『ゲルマンとダキアの戦士』)
130 Fosten, Bryan
/WELLINGTON'S HEAVY CAVALRY
136 Nicolle, David
/ITALIAN MEDIEVAL ARMIES:1300-1500
137 Cernenko, Dr E.V. /THE SCYTHIANS, 700-300 BC
140 Nicolle, David
/ARMIES OF THE OTTOMAN TURKS 1300-1774
(『オスマン・トルコの軍隊』)
141 Haythornthwaite, Phillip
/NAPOLEON'S LINE INFANTRY
144 Michael, Nicholas
/ARMIES OF MEDIEVAL BURGUNDY, 1364-1477
145 Wise, Terry /THE WARS OF THE ROSES
(『ばら戦争』)
146 Haythornthwaite, Phillip
/NAPOLEON'S LIGHT INFANTRY
148 Sekunda, Nick
/THE ARMY OF ALEXANDER THE GREAT
(『アレクサンドロス大王の軍隊』)
149 Haythornthwaite, Phillip
/PRUSSIAN LIGHT INFANTRY 1792-1812
150 Nicolle, David/AGE OF CHARLEMAGNE, THE
(『シャルルマーニュの時代』)
151 Rothero, Christopher
/THE SCOTTISH AND WELSH WARS:1250-1400
152 Hofschroer, Peter/PRUSSIAN LINE INFANTRY
153 Haythornthwaite, Phillip
/NAPOLEON'S GUARD INFANTRY(1)
154 Nicolle, David
/ARTHUR AND THE ANGLO-SAXON WARS
(『アーサーとアングロサクソン戦争』)
155 Wise, Terry/KNIGHTS OF CHRIST, THE
(『聖騎士団』)
158 Wilcox, Peter
/ROME'S ENEMIES (2): GALLIC & BRITISH CELTS
(『ガリアとブリテンのケルト戦士』)
160 Haythornthwaite, Phillip
/NAPOLEON'S GUARD INFANTRY (2)
162 Hofschroer, Peter
/PRUSSIAN CAVALRY OF THE NAPOLEONIC WARS(1)
163 Hook, Jason
/THE AMERICAN PLAINS INDIANS
166 Cravett, Chris
/GERMAN MEDIEVAL ARMIES 1300-1500
168 Katcher, Philip/US CAVALRY ON THE PLAINS 1850-90
170 Katcher, Philip
/ACW ARMIES (1):CONFEDERATE ARTILLERY, CAVALEY, INFANTRY
(『南北戦争の南軍』)
171 Nicolle, David/SALADIN AND THE SARACENS
(『サラディンとサラセン軍』)
172 Haythornthwaite, Phillip
/PRUSSIAN CAVALRY OF THE NAPOLEONIC WARS(2)
173 Haythornthwaite, Phillip
/ALMO & THE WAR OF TEXAS INDEPENDENCE 1835-36
175 Wilcox, Peter
/ROME'S ENEMIES (3): PARTHIANS & SASSANID PERSIA
176 Haythornthwaite, Phillip
/AUSTRIAN ARMY OF THE NAPOLEONIC WARS(1)
177 Katcher, Phillip/ACW ARMIES(2)
:UNION ARTILLERY, CAVALRY, INFANTRY
(『南北戦争の北軍』)
179 Katcher, Phillip

参考文献

/AMERICAN CIVIL WAR ARMIES(3):SPECIALIST TRPS
180 Trevino, Rafael
/ROME'S ENEMIES, SPANISH ARMIES
181 Haythornthwaite, Phillip
/AUSTRIAN ARMY OF THE NAPOLEONIC WARS-CAVALRY
184 Brzezinski, Richard/POLISH ARMIES (1)
185 Haythornthwaite, Phillip
/PUSSIAN ARMY OF THE NAPOELONIC WARS-INFANTRY
186 Hook, Jason /THE APACHES
188 Brzezinski, Richard/POLISH ARMY(2)
189 Haythornthwaite, Phillip
/RUSSIAN ARMY OF THE NAPOLEONIC WARS-CAVALRY
190 Katcher, Philip
/AMERICAN CIVIL WAR ARMIES(4)-STATE TROOPS
191 Cornish, Paul/HENRY VIII'S ARMY
193 Barthorp, Michael
/BRITISH ARMY ON CAMPAIGN, THE:1816-1853
195 Nicolle, David
/HUNGARY-THE FALL OF EASTERN EUROPE 1000-1568
196 Barthorp, Michael
/BRITISH ARMY ON CAMPAIGN (2): THE CRIMEA
199 Haythornthwaite, Phillip
/NAPOLEON'S SPECIALIST TRROPS
200 Nicolle, David
/EL CID & THE RECONQUISTA, 1050-1492
(『エル・シッドとレコンキスタ』)
201 Barthorp, Michael
/BRITISH ARMY ON CAMPAIGN(4):1882-1902
203 Chartrand, Rene/LOUIS XIV's ARMY
(『ルイ14世の軍隊』)
204 Reid, Stuart
/WELLINGTON'S SPECIALIST TROOPS
207 Katcher, Phllip
/AMERICAN CIVIL WAR ARMIES 5, VOLUNTEER MILITI
210 Nicolle, David /VENITIAN EMPIRE
211 Chartrand, Rene
/NAPOLEON'S OVERSEAS ARMY
212 Knight, Ian
/QUEEN VICTORIA'S ENEMIES(1)SOUTHERN AFRICA
214 Katcher, Phillip
/US INFANTRY EQUIPMENT 1775-1910
219 Knight, Ian
/QUEEN VICTORIA'S ENEMIES(3):INDIA
222 Nicolle, David/AGE OF TAMERLANE, THE
223 Haythornthwaite, Phillip
/AUSTRIAN SPECIALIST TROOPS OF THE NAPOLEONIC
226 Katcher, Philip /AMERICAN WAR, THE
228 Johnson, Michael
/AMERICAN WOODLAND INDIANS
231 Nicolle, David
/FRENCH MEDIEVAL ARMIES 1000-1300
(『中世フランスの軍隊』)
233 Shann, Stephen
/FRENCH ARMY 1870-71(1) IMPERIAL TROOPS
235 Brzezinski, Richard
/ARMY OF GUSTAVUS ADOLPHUS, THE (1):INFANTRY
(『グスタヴ・アドルフの歩兵』)
236 Haythornthwaite, Phillip
/FREDERICK THE GREATS ARMY (1):CAVALRY
237 Shann, Stephen/RENCH ARMY 1870-71(2):REPUBLICAN TROOPS
239 Pohl, John
/AZTEC, MIXTEZ AND ZAPOTEC ARMIES
240 Haythornthwaite, Phillip
/FREDERICK THE GREATS ARMY(2):INFANTRY
(『フリードリヒ大王の歩兵』)
241 Thomas, R.
/RUSSIAN ARMY OF THE CRIMEAN WAR 1854-1856
243 Nicolle, David/ROME'S ENEMIES(5):THE DESERT FRONTIER
247 Nicolle, David
/ROMANO-BYZANTIUM ARMIES 4th?9th Centuries
248 Haythornthwaite, Philip
/FREDERICK THE GREAT'S ARMY(3):SPECIAL TROOPS
253 Reid, Stuart /WELLINGTON'S HIGHLANDERS
255 Nicolle, Dacid
/ARMIES OF THE MUSLIN CONQUEST
256 Heath, Ian /THE IRISH WARS 1485-1603
257 Haythornthwaite, Phillip
/NAPOLEON'S CAMPAIGN IN ITALY
259 Nicolle, David/MAMLUKS, THE 1250-1517
261 Reid, Stuart
/18TH CENTURY HIGHLAND REGIMENTS
262 Brzezinski, Richard
/ARMY OF GUSTAVUS ADOLPHUS(2):CAVALRY
(『グスタヴ・アドルフの騎兵』)
263 Nicolle, David/MONGHUL INDIA, 1523-1805
(『インドのムガル帝国軍』)
264 Konstam, Angus
/RUSSIAN ARMY OF PETER THE GREAT(2)
267 Tincay, John /BRITISH ARMY, THE:1660-1704
268 Bartorp, Michael
/BRITISH TROOPS IN THE INDIAN MUTINY 1857-59
271 Haythornthwaite, Phillip
/THE AUSTRIAN ARMY 1740-82(1):CAVALRY
273 Zlatich, Marko
/GENERAL WASHINGTON'S ARMY(1):1775-1778
276 Haythornthwaite, Phillip
/THE AUSTRIAN ARMY 1740-82(2):INFANTRY
(『オーストリア軍の歩兵』)
277 Drury, Ian/THE RUSSO-TURKISH WAR 1877
279 Durham, Keith/THE BORDER REIVERS
280 Haythornthwaite, Phillip
/AUSTRIAN ARMY 1740-82(3):SPECIALIST TROOPS
281 Langellier, John/U.S. DRAGOONS 1833-55
283 Sekunda, Nick/EARLY ROMAN ARMIES

285 Reid, Stuart /KING GEORGE' S ARMY
287 Nicolle, David/BYZANTINE ARMY 1118-1462
288 Johnson, Michael
/AMERCIAN INDIANS OF THE SOUTHEAST
289 Reid, Stuart
/KING GEORGE' S ARMY:THE CAVALRY
290 Barthorp, Michae
/GENERAL WASHINGTON' S ARMY(2)
291 Sekunda, Nicolas
/REPUBLICAN ROMAN ARMY 2ND CENTURY BC
(『共和制ローマの軍隊』)
292 Reid, Stuart /KING GEORGE' S ARMY (3):1740-93
294 Chartrand, Rene
/BRITISH TROOPS IN THE WEST INDIES 1792-1815
296 Chartrand, Rene
/THE ARMY OF LOUIS XV (1):Heavy Cavalry
297 Konstam, Angus
/RUSSIAN ARMY OF THE SEVEN YEARS WAR (1)
298 Konstam, Angus
/RUSSIAN ARMY OF THE SEVEN YEARS WAR (2)
299 Hollins, Dave/AUSTRIAN AUXILIARY TROOPS
:GRENZER & LANDWEHR
301 Knight, Ian/THE BOER WARS(1) 1836-1896
302 Chartrand, Rene
/THE ARMY OF LOUIS XV (2):French Infantry
303 Knight, Ian/THE BOER WARS(2) 1898-1902
304 Chartrand, Rene
/THE ARMY OF LOUIS XV (3):Foreign Infantry
308 Chartrand, Rene
/THE ARMY OF LOUIS XV (4):Specialist/Light Trp
310 Nicolle, David
/MEDIEVAL GERMAN ARMIES 1000-1300
(『中世ドイツの軍隊』)
315 Chartrand, Rene
/LOUIS XV' S ARMY (5):Colonial and Naval Troops
317 Knight, Paul
/HENRY V AND THE CONQUEST OF FRANCE 1416-53
319 Chartrand, Rene
/BRITISH ARMY IN NORTH AMERICA, 1793-1815
320 Nicolle, David
/ARMIES OF THE CALIPHATES, 862-1098
323 Pavlovic, Darko
/AUSTRIAN ARMY 1836-1866 (1) INFANTRY
324 Heath, Ian/NORTH EAST FRONTIER 1837-1901
328 Chartrand, Rene
/EMIGRE TROOPS IN BRITISH SERVICE 1792-1803
329 Pavlovic, Darko
/AUSTRIAN ARMY 1836-1866 (2) CAVALRY
331 Reid, Stuart
/SCOTS ARMIES OF THE ENGLISH CIVIL WAR
333 Nicolle, David
/MEDIEVAL RUSSIAN ARMEIS 838-1252
335 Chartrand, Rene
/EMIGRES FOREIGN TROOPS IN BRITISH SERV 1803-15
337 Nicolle, David
/FRENCH ARMIES OF THE HUNDRED YEARS WAR
(『百年戦争のフランス軍』)
344 Johnson, Michael
/TRIBES OF THE SIOUX NATION
345 Kochan, James
/THE UNITED STATES ARMY 1812-15
348 Nicolle, David/THE MOORS
352 Kochan, James
/THE UNITED STATES ARMY 1783-1811
360 Webber, Christopher/THE TRACIANS
366 Chartrand, Rene
/COLONIAL AMERICAN TROOPS 1610-1774 (1)
367 Nicolle, David
/MEDIEVAL RUSSIAN ARMIES 1250-1450
372 Chartrand, Rene
/COLONIAL AMERICAN TROOPS 1610-1774 (2)
373 Brzezinski, Richard
/Mielczarek, Mariusz/SARMATIANS 600BC-AD450
374 Sumner, Graham
/ROMAN MILITARY CLOTHING(1):100BC-AD450
376 Nicolle, David
/ITALIAN MEDIEVAL ARMIES 1000-1300
378 Pawly, Ronald
/NAPOLEON' S GARDES D' HONNEUR
381 Hofschroer, Peter/PRUSSIAN STAFF &
SPECIALIST TROOPS 1792-1815
382 Chappell, Mike
/WELLINGTON' S PENINSULA REGIMENTS(1)
383 Chartrand, Rene
/COLONIAL AMERICAN TROOPS 1610-1774 (3)
384 Nicolle, David
/GERMAN PEASANTS' WAR 1524-26
388 Castle, Ian
/ZULU WAR-VOLUNTEERS, IRREGULARS
& AUXLIARIES
389 Pawly, Ronald/NAPOLEON' S RED LANCERS
390 Sumner, Graham
/ROMAN MILITARY CLOTHING(2):AD 200-400
395 Johnson, Michael
/TRIBES OF THE IROQUOIS CONFEDERACY
396 Nicolle, David/Lindholm, David
/MEDIEVAL SCANDINAVIAN ARMIES(1):1100-1300
399 Nicolle, David/Lindholm, David
/MEDIEVAL SCANDINAVIAN ARMIES(2):1100-1300
400 Chappell, Mike
/WELLINGTON' S PENINSULA REGIMENTS(2)
:LIGHT INFANTRY
403 Crowdy, Terry
/FRENCH REVOLUTIONARY INFANTRYMAN 1789-98
408 Hook, Richard
/WARRIORS AT THE LITTLE BIGHORN 1876

<Osprey Elite Series>
003 Heath, Ian/VIKINGS, THE
007 Sekunda, Nick/ANCIENT GREEKS, THE

431

参考文献

009 Nicolle, David/NORMANS, THE
015 Tincey, John/ARMADA CAMPAIGN 1588, THE
017 Gravett, Chris/KNIGHTS AT TOURNAMENT (『馬上槍試合の騎士』)
019 Nicolle, David/CRUSADES, THE
021 Knight, Ian/ZULUS, THE
025 Roberts, Keith/SOLDIERS OF THE ECW (1):INFANTRY
027 Tincey, John/SOLDIERS OF THE ECW (2):CAVALRY
028 Gravett, Chris/MEDIEVAL SIEGE WARFARE
030 Nicolle, David/ATTILA AND THE NOMAD HORDES
032 Knight, Ian/BRITISH FORCES IN ZULULAND
039 Healey, Mark/ACIENT ASSYRIANS
040 Healy, Mark/NEW KINGDOM EGYPT
042 Sekunda, Nick/PERSIAN ARMY 560-300 BC
050 Rankov, Dr. Boris/PRAETORIAN GUARD
052 Fletcher, Ian/WELLINGTON'S FOOT GUARD
058 Nicolle, David/THE JANISSARY
066 Sekunda, Nicholas/THE SPARTAN ARMY
067 Konstam, Angus/PIRATES 1660-1730
069 Konstam, Angus/BUCCANEERS 1620-1690
070 Konstam, Angus/ELIZABETHAN SEA DOGS 1560-1605
074 Konstam, Angus/PRIVATEERS AND PIRATES
091 Field, Ron/US ARMY FONTIER SCOUTS 1840-1921

<Osprey Warrior Series>

001 Gravett, Christopher/NORMAN KNIGHT, 950-1204 AD
003 Harrison, Mark/VIKING HERSIR
004 Pegler, MArtin/US CAVALRYMAN
005 Harrison, Mark/Gerry Embleton/SAXON THEGAN
006 Dury, Ian/CONFEDERATE INFANTRYMAN
008 Haythornthwaite, Philip/BRITISH CAVALRYMAN, 1792-1815
009 MacDowell, Simon/LATE ROMAN INFANTRY, 236-565 AD
010 Nicolle, David/SARACEN FARIS, 100-1250 AD
011 Bartlet, Clive/THE ENGLISH LONGBOWMAN
013 Katcher, Philip/UNION CAVALRYMAN 1861-65
014 Knight, Ian/ZULU, THE COMPLETE LIFE OF A WARRIOR
015 MacDowall, Simon/LATE ROMAN CAVALRYMAN, 236-565 AD
017 MacDowell, Simon/GERMANIC WARRIOR 236-568AD
018 Nicolle, David/KNIGHT OF OUTREMER 1187-1344
019 Reid, Stuart/Richard Hook/BRITISH REDCOAT 1740-93
020 Reid, Stuart/Richard Hook/BRITISH REDCOAT 1793-1815
021 Reid, Stuart/HIGHLAND CLANSMAN 1314-1746
022 Haythornthwaite, Phillip/IMPERIAL GUARDSMAN 1799-1815
024 Hollins, David/AUSTRIAN INFANTRYMAN 1790-1816
025 Nicolle, David/ITALIAN CROSSBOWMAN 1260-1392
027 Sekunda, Nicholas/GREEK HOPLITE 480-323 BC
030 Allen, Stephen/CELTIC WARRIOR 300BC-AD100
031 John Langellier/UNION INFANTRYMAN 1861-1865
032 Pohl, John/AZTEC WARRIOR AD 1325-1521
033 Nicolle, David/KHIGHT HOSPITALIER(1) 1000-1309
035 Gravett, Christopher/ENGLISH MEDIEVAL KNIGHT 1400-1500 (『イングランドの中世騎士』)
040 Pohl, John/THE CONQUISTADOR 1492-1550
041 Nicolle, David/KNIGHT HOSPITALLER (2) 1306-1565
042 Reid, Stuart/REDCOAT OFFICER 1740-1815
043 Roberts, Keith/MATCHLOCK MUSKETEER 1588-1688
044 Tincey, John/IRONSIDES-ENGLISH CAVALRY
047 Haythornthwaite, Philip/BRITISH RIFLEMAN 1797-1815
048 Christopher Gravett/ENGLISH MEDIEVAL KNIGHT 13TH CENTURY
049 Richads, John Harald/LANDSKNECHT SOLDIER 1485-1555
050 Wagner, Paul/Konstam, Angus/PICTISH WARRIOR AD 297-858
051 Spring, Laurence/RUSSIAN GRENADIERS & INFANTRY 1799-1815
054 Katcher, Philip/CONFEDERATE CAVALRYMAN 1861-65
057 Crowdy, Terry/FRENCH NAPOLEONIC INFANTRYMAN 1804-1815
058 Gravett, Christopher/ENGLISH MEDIEVAL KNIGHT 1300-1400
060 Katcher, Philip/SHARPSHOOTERS OF THE ACW
062 Schmidt, Oliver/PRUSSIAN REGULAR INFANTRYMAN 1808-1815
063 Crowdy, Terry/FRENCH REVOLUTIONARY INFANTRYMAN 1791-1802
067 Spring, Laurence/THE COSSACKS
068 Milsop, John/CONTINENTAL INFANTRYMAN OF THE AMERICAN REVOLUTION
071 Cowan, Ross/ROMAN LEGIONARY 58 BC- 69 AD
072 Cowan, Ross/IMPERIAL ROMAN LEGIONARY AD 161-244
075 Meed, Douglas V./COMMANCHE 1800-74
077 Crowdy, Terry/FRENCH SOLDIER IN EGYPT(1)

ARMY OF THE ORIENT
081 Hollins, David/HUNGARIAN HUSSAR
083 Castle, Ian /BRITISH INFANTRYMAN IN S. AFRICA 1887-81
084 Turnbull, Stephen /MONGOL WARRIOR 1200-1350
086 Knight, Ian/BOER COMMANDO 1876-1902

<Osprey Campaign Series>
005 Sweetman, John/BALACLAVA, 1854
007 Warry, John/ALEXANDER 334-323BC
009 Bennett, Matthew/AGINCOURT 1415
010 Hankinson, Alan/FIRST BULL RUN 1861
012 Harrington, Peter/CULLODEN 1746
013 Gravett, Christopher/HASTINGS, 1066
014 Knight, Ian/Castle, Ian/ZULU WAR, 1879
015 Wootten, Geoffrey/WATERLOO 1815
017 Arnold, James/CHICKAMAUGA 1863
019 Nicolle, David/HATTIN 1187
020 Chandler, David/JENA 1806
021 Elliot-Wright, Phillip /CAMPAIGN, GRAVELOTTE, ST. PRIVAT 1870
022 Healy, Mark/QADESH 1300BC
023 Featherstone, Donald /CAMPAIGN, KHARTOUM 1885
025 Hofschorr, Peter/LEIPZIG 1813
026 Hankinson, Alan/VICKSBURG 1863
027 Featherstone, Donald/TEL EL-KEBIR 1882
028 Pickles, Tim/ NEW ORLEANS 1815
029 Featherstone, Don/OMDURAN 1898
031 Nicolle, David/YARMOUK, 636AD
032 Stevens, Norman/ANTIETAM
033 Castle, Ian/ASPERN & WAGRAM, 1809
034 Konstam, Angus/POLTAVA, 1709
035 Harrington, Peter/PLASSEY, 1757
036 Panzieri, Peter/CANNAE 216 B.C.
037 Morrissey/BOSTON, 1775
038 Knight, Ian/COLENSO, 1899
039 Panzieri/LITTLE BIG HORN, 1876
041 Knight, Ian/RORKES DRIFT
043 Nicolle, David/FORNOVA 1495
044 Konstam, Angus/PAVIA 1525
045 Castle, Ian/MUJABA 1881
046 Nicolle, David/LAKE PEIPUS 1242
047 Morrissey, Brendan/YORKTOWN
048 Fletcher, Ian/SALAMANCA
050 Pickles, Tim/MALTA 1565
051 Mercer, Lt. Col. Patrick/INKERMAN 1854
052 Smith, Carl/GETTYSBURG 1863
053 Nicolle, David/GRANDA 1481-92
054 Arnold, Jim/SHILOH 1862
055 Smith, Carl/CHANCELLORSVILLE 1863
056 Castle, Ian/EGGMUHL 1809
059 Fletcher, Ian/VITTORIA 1813
063 Smith, Carl/FREDERICKSBURG
064 Nicolle, David/NICOPOLIS 1396
065 Fletcher, Ian/ BADAJOZ 1812
066 Gravett, Chris/BOSWORTH 1485
067 Morrissey, Brendan/SARATOGA 1777
068 Brzezinski, Richard/LUTZEN 1632
070 Hollins, David/MARENGO 1800
071 Nicolle, David/CRECY 1346
076 Chartrand, Rene/TICONDEROGA 1758
078 Nicolle, David/CONSTANTINOPLE 1453
079 Chartrand, Rene /LOUISBOURG 1758
082 Roberts, Keith/EDGEHILL 1642
083 Philip Haythornthwaite/CORUNNA 1809
084 MacDowall, Simon /ADRIANOPLE 378
086 Konstam, Angus/ARMADA CAMPAIGN
087 Hofschroer, Peter/LUTZEN BAUTZEN 1813
090 Chartrand, Rene/VIMEIRO 1808
091 Millar, Simon/KOLIN 1757
094 Nicolle, David/ORLEANS 1429
095 Langellier, John/SECOND MANASSAS 1862
097 Fletcher, Ian/BUSSACO 1810
098 Nicolle, David/KALKA RIVER 1223
102 Armstrong, Peter/BANNOCKBURN 1314
103 Konstam, Angus/HAMPTON ROADS 1862
108 Sekunda, Nicholas/MARATHON 490BC
109 Konstam, Angus/GUILFORD COURTHOUSE 1781
111 Knight, Ian/ISANDLWANA 1879
113 Millar, Simon/ROSSBACH & LEUTHEN 1757
114 Konstam, Angus/LEPANTO 1571
116 Roberts, Keith/FIRST NEWBURY 1643
117 Armstrong, Peter /STIRLING BRIDGE & FALKIRK 1297-98
119 Tincey, John/MARTSON MOOR 1644
120 Gravett, Christopher/TOWTON 1471
121 Reid, Stuart/QUEBEC 1759
122 Turnbull, Stephen/TANNENBERG 1410
123 Reid, Stuart/AULDEARN 1645
124 Konstam, Angus/FAIR OAKS 1862
125 Millar, Simon/ZORNDORF 1758
128 Morrissey, Brendan/QUEBEC 1775
131 Gravett, Christopher/TEWKESBURY 1471
132 Nicolle, David/FIRST CRUSADE 1096-99

<雑誌>
TRADITION MAGAZINE No1-200

索引1 — 戦士・兵種・部隊・戦術等

言語略文字：個＝固有名詞、英＝英語、仏＝フランス語、西＝スペイン語、独＝ドイツ語、伊＝イタリア語、露＝ロシア語、瑞＝スウェーデン語、羅＝ラテン語、希＝ギリシア語、波＝ペルシア語、埃＝古エジプト語、亜＝アラビア語、土＝トルコ語、ヒ＝ヒンズー語、ポ＝ポーランド語、洪＝ハンガリー語、ア＝アイルランド語、ゲー＝ゲール語、フ＝フランク語、チェ＝チェコ語、ゲル＝ゲルマン語、古北＝古スカンジナビア語、蒙＝モンゴル語、古英＝古英語、中＝中国語

■ア行

アーチャー／英／archer	295
アーラ／羅／ALA	086
アイユーブ朝／亜／ayyūb	161
アイルランド戦士／英／irish warrior	185
アヴァール人／羅／AVARI	122
アウルク／蒙／auruq	175
アキンジ／土／akinji	247
アクシリア／羅／AUXILIA	086
アザプ／土／azap	251
アステカの長槍兵／英／aztec long spearmen	283
アステカ戦士／英／aztec warrior	280
アタナトイ／希／ΑΘΑΝΑΤΟΙ	032,033
アッシリア騎兵／英／assyrian cavalry	026
アッシリア歩兵／英／assyrian infantry	028,030,031
アッバース朝／亜／'abbās	158
アパッチ族戦士／英／apaches warrior	407
アビシニア人戦士／英／abyssinian warrior	416
アフガーン戦士／英／afgan tribsmen	416
アラワク族戦士／英／arawak warrior	287
アルカビュセロ／西／arcabuzero	305
アルギュラスピデス／希／ΑΡΓΥΡΑΣΠΙΔΕΣ	050
アルクビューズィエ／仏／arquebusier	297
アルシェ／仏／archer	295
アルバニア騎兵／英／albanian cavalrymen	307
アルモガバル／西／almogávar	180
アンサール／亜／anṣar	156
アンテシグナニ／羅／ANTESIGNANI	077
イーグル・ウォリアー／英／eagle warrior	282
イェガー／英／jager	381,383
イエニチェリ／土／janissarie	248,249
イフィクラテスのホプリテス／英／iphicratean hoplite	040
イホナ戦士／英／ihona warrior	287
イロコイ族戦士／英／iroquois warrior	406
インカ戦士／英／inca warrior	286
ヴァージニアの戦士／英／virginian warrior	289
ヴァラング人親衛隊／英／varangian guardsman	127,166
ヴァイキング騎兵／英／viking cavalry	142
ヴァイキング戦士／英／viking warrior	140
ウィングド・フザール／英／winged hussar	326
ウーラン／独／uhlan（ウラン／露／улан）	393
ウェレテス／羅／VELITES,VELES	066,068
ヴォルティジュール／仏／voltigeur	373
ウマイヤ朝／亜／umayya	157
ウルの兵士／英／ur soldier	16,17
ウルフヘズナル／古北／ulfhednar	143
エクイタス／羅／EQUITIS	063
エゲラー／露／éгерь	381
エテリアルヒス／希／ΕΤΑΙΡΙΑΡΧΗΣ	127
エトルリア人／羅／ETRUSCI	060
エレーリュエロ／西／herreruelo	302
横隊隊形／英／line	379
オーダー・ミックス／仏／ordre mixte	379
オセロメー／アステカ語／Ocelomeh	282
オッタワ族の戦士／英／ottawa warrior	289

■カ行

カーン／ゲー／kern	316
カウンター・マーチ／英／counter march	331
カザーク／露／казáк	269
ガズナ朝／英／ghaznavis	168
カタフラクトゥス／羅／CATAPHRACTUS	087,099,128
カタフラクトス／希／ΚΑΤΑΦΡΑΚΤΟΣ	88-90
カバラリウス／羅／CABALLARIUS	139
カバロッス・リゲロス／西／caballos ligeros	302
カラーシ／洪／calarasi	329
カラビニエ／仏／carabinier	373,394
カラビニエー／独／karabinier	320
ガリア人戦士／英／gallic warrior	078
カルカスピダス／希／ΧΑΛΚΑΣΠΙΔΣ	089
カルダケス／希／ΚΑΡΔΑΚΕΣ	033
カルタゴ神殿部隊／英／carthaginian citizen infantry	070
ガローグラス／ゲル／galloglasse	317
カンパニア人騎兵／英／campanian cavalry	061
騎士修道会の騎士／英／religious orders knight	149
キジルバーシュ／波／qizilbāsh	252
キャバリアーズ／英／cavaliers	336
キャリヴァー銃兵／英／caliveres	312
キュイラスィエ／仏／cuirassier	387
宮殿警護兵／英／palace guardswoman	057
弓兵／仏／archer	242
キュラシール／独／kurassier	319
キュラッサー／英／cuirassier	366,387
胸甲騎兵／英／cuirassier	332,366,367,387,388
キンブリ族／羅／CINBRI	100,101
キンブリ族戦士／英／cimbrian warrior	100
クィンクンクス／羅／QUINCUNX	068
クゥアクゥアウーティン／アステカ語／quaquauhtin	282
クゥスティラー／仏／coustillier	240
楔形隊形／希／ΕΜΒΟΛΟΣ（英／wedge）	049
クズルバシュ／土／kizilbaş	252
クリバナリウス／羅／CLIBANARIUS	099
クリバノフォロス／希／ΚΡΙΒΑΝΑΡΙΟΣ	129
クロスボウ兵／英／crossbowmen	152,180,202
クロスボウ兵（ジェノヴァ人）／英／genoese crossbowmen	202
クロスボウ兵（スペイン）／西／ballestero	180

日本語	言語	原語	ページ
グレナディール	独	grenadier	385
グルナディエ	仏	grenadier	349,374
グレナデール	露	гренадёр	381
グレナドジャエール	瑞	grenadjär	356
グレネイダー	英	grenadier	349,356,364,365,374,378,381,383,385
ケシクテン	蒙	qeshiquten	174
ケルト人貴族戦士	英	celtic nobles warrior	079
ケントゥリア	羅	CENTURIA	063,068,083
ケントゥリオ（百人隊長）	羅	CENTURIO	083
皇帝親衛隊	仏	garde impérial	398,399
護衛兵	瑞	guarde kavalleri	333
ゴート族	羅	GOTHI	101,103
ゴート族戦士	英	gothic warrior	103
ゴール朝	亜	ghoris	169
コサック	英	cossack	269
古代インド騎兵	英	ancient indian cavalry	055
古代インドの戦象	英	ancient indian war-elephant	056
古代インドのチャリオット	英	ancient indian chariot	057
古代インド歩兵	英	ancient indian infantry	054
古代エジプト兵士	英	ancient egyptian infantrymen	014,015
古代ローマ戦士	英	ancient roman warrior	062
近衛コサック	英	guard cossack (露 гвардейский казак)	401
近衛擲弾兵	露	гвардейский гренадёр	354
近衛兵	仏	garde	296
近衛兵	英	guard foots	400
コホルス	羅	COHORS	084
コムラーデ	ポ	comrade	326
コンキスタドール	西	conquistador	276
コンチネンタル・アーミー	英	continental army	370

■サ行

日本語	言語	原語	ページ
サージェント	英	sergeant	151
サイイド朝	英	sayyids	171
ササン朝ペルシア・カタフラクトス	英	sassanid persian cataphract	106,107
ササン朝ペルシア・クリバナリウス	英	sassanid persian clibanarius	107,108
ササン朝ペルシアの戦象	英	sassanid persian war elephant	109
サジタリウス	羅	SAGITTARIUS	087
サムニテ人	羅	SAMUNIS	061
サルマタエ・ロクサラニ人	羅	SARMATAE ROXOLANI	093
散兵隊形	英	skirmisher	379
シーク教徒の戦士	英	sikh warrior	415
シパーヒー	土	sipahi	246
ジャガー・ウォリアー	英	jaguar warrior	282
ジャコバイト	英	jacobite	358
シャスール	仏	chasseur	394
シャルダナ人親衛兵	英	shardana guardsman	023
ジャンダルム	仏	gendarme	294,295
十字軍騎士	英	crusade knight	148,150,154
縦隊隊形	英	colum	379
シュッツエン	独	schuetzen	385
シュッツエンファーンライン	独	schützenfähnlein	235
シュマーキアリィ	羅	SYMMACHIARII	087
ジョニー	英	johnny	403
シルトロン	ゲー	schiltron	184
新王朝エジプト歩兵	英	new kingdom egiptian infantry	022
シンディー族	英	sindhi	264
ズールー族戦士	英	zulu warrior	417
スエビ族	羅	SUEBI	101
スエビ族戦士	英	suebic warrior	101
スカラリウス	羅	SCARARIUS	138
スキタイ騎兵	英	scythian cavalry	035
スクタトゥス	羅	SCUTATUS	117,124
スコッツ・グレイ	英	scots greys	400
スコットランド騎士	英	scottish knight	182
スコットランド戦士	英	scottish warrior	314
スコットランド長槍兵	英	scottish long spearmen	184
スタンダード	英	standard	017,076,077,121
ストラディオット	伊	stradiot	221
スペイン騎士	英	spanish knight	179,180
ズワーヴ兵	英	zouaves	409
セイン	古英	thegn	134
セプニキ	チェ	cepnici	212
セルジューク朝	亜	saljūq	160
セレウコス朝チャリオット	希	ΑΡΜΑΤΑ ΔΡΕΠΑΝΗΦΟΑ	051
戦象	英	war elephant	056,058,059,073,109,262,263
戦象（重装）	英	heavy armored war elephant	262
戦闘犬	英	war-dog	278
選抜フュルド	英	select fyrd	134
戦列歩兵	英	line infantry	376

■タ行

日本語	言語	原語	ページ
ダキア人戦士	英	dacian warrior	091,092
ダコダ族戦士	英	dakotas warrior	406
チャリオット	英	chariot	016,020,024,051,057,073,079
チャリオット追走者	英	chariot runner	020
中世スペインの騎兵	英	medieval spanish cavalry	178
ティムール朝重装騎兵	英	tamerlane heavy cavalry	255
ティリィウル	仏	tirailleur	373
デイラミ族の歩兵	英	daylami infantry	168
テウトニ族	羅	TEUTONI	100,101
テウトニ族戦士	英	teutonic warrior	100
テーストゥード（亀甲隊形）	羅	TESTUDO	083
デミランサー	英	demilancer	310
テュルコプル	英	turcopole	153
デリ	土	deli	250
テルシオ	西	tercio	306
ドイツ騎士	英	german knight	186

435

索引1―戦士・兵種・部隊・戦術等

ドイツ騎士団の騎士／英／teutonic knight 204,206
トゥグルク朝／英／tughluqs 170
トゥプ・ハーナ／ヒ／tup-khana 260
投石ひも兵／英／slinger 28,29,73
トミー／英／tommy 412
トラキア人兵士／英／thracian soldier 043
ドラグーン（竜騎兵）／独／dragoner 321,352,366,367,389
ドラグーン・ガード／英／dragoon guards 400
ドラゴン／仏／dragon 352
トラペジトゥス／羅／TRAPZITOS 119
ドラマー／英／drummer 362
トリアリィ／羅／TRIARII,TRIARIUS 064,066,068

■ナ行

ヌミディア人騎兵／英／numidian cavalry 072
ノルマン騎士／英／norman knight 144-146
ノルマン歩兵（弓兵）／英／norman infantry 147

■ハ行

ハークィバス兵／英／harquebusier 331
ハークィバス兵／西／arcabucero 277
ハークビューザー／英／harquebusier 337
パイカ・セカ／西／pica seca 306
パイク兵／英／pikemen 237-239,308,315,323
パイク兵（スウェーデン）／瑞／pikar 335,357
パイク兵（スペイン）／西／pica 306
パイク兵（フランス）／仏／piquier 243
ハイランダー／英／highlander 314,315,358,360,378
ハウスカール／古北／housecarl 135
ハスタティ／羅／HASTATI,HASTATUS 64,65,68
バッグパイパー／英／piper 359
パブロフスキー擲弾兵／英／pavlov grenadier（露／пáвловский гренадéр） 401
ハルジー朝／英／khiljis 170
パルティア人騎馬弓兵／英／parthian horse-archer 090
ハルベルド兵／英／halberdier 234
パルミュラのカタフラクトス／英／palmyran cataphract 113
バレアレス諸島の投石ひも兵／英／balearic slinger 073
パンセルニ／ポ／pancerni 328
バンドゥクチー／ヒ／banduqchi 260
ハンドガン兵／英／handgunner 213,235
ハンドガン兵（ブルゴーニュ）／仏／coulevrinier 242
ピクエロ・セコ／西／piquero seco 306
ピクト人／羅／PICTI 104,105
ピクト人戦士／英／pictish warrior 105
ピケニール／独／pikenier 323
ビザンツ騎兵／英／byzanz cavalry 167
ビザンツ重装騎兵／英／byzanz armoured cavalry 166
菱形隊形／希／POMBOEIΔEΣ（英／rhomboid） 049
ヒスパニア人兵士／英／hispanian infantry 071
ヒッパカ・ギュムナシア／羅／HIPPAKA GYMNASIA 098

ヒネーテ／西／genitor 181
ヒュパスピスタイ／希／ΥΠΑΣΠΙΣΤΑΙ 047
ヒルドメン／古北／hirdmen 140
ファーティマ朝／亜／fāṭima 159
ファランクス／希／ΦΑΛΑΓΞ 036,038,045
フォエデラティ／羅／FOEDERATI 087
ブケラーリウス／羅／BUCELLARIUS 116
フザール／英／hussar 322,366,367,391,392,396
プシロス／羅／PSILOS 118,126
フュージリア／英／fusilier 346,355,372,382,385
フュージリア近衛兵／英／fusilier guard 408
フュージリエ／仏／fusilier 372
フュージリョル／露／фузилёр 355
フュズィリール／独／fusilier 382,385
フュルド／古英／fyrd 132
プラエトリウス／羅／PRAETORIUS 084,085
フランク族／フ／frank 101,102,136
フランク族戦士／英／frankish warrior 102
フランス騎士／英／franch knight 189-191
フランス戦士／英／franch soldier 188
ブリトン騎兵／英／sub-roman british cavalry 120
ブリトン歩兵／英／sub-roman british infantry 121
プリンキペス／羅／PRINCIPES,PRINCEPS 064,066,068
フルーシーヤー／亜／furūsīyah 163
ブルゴーニュ騎兵／英／burgundian heavy cavalryman 240
プロドロモイ／希／ΠΡΟΔΡΟΜΟΙ 049
フロリダ半島の戦士／英／floridian warrior 288
フン族戦士／英／hunnic warrior 111
ペゼタイロイ／希／ΠΕΖΕΤΑΙΡΟΙ 046,047,050
ペゼタイロイ（重装）／英／heavy armored pezetairoi 050
ヘタイロイ／希／ΕΤΑΙΡΟΙ 048
ヘビー・ドラグーン／英／heavy dragoon 390
ペルシア人騎兵／英／persian cavalry 034
ベルセルク／古北／berserkir 143
ペルタステス／希／ΠΕΛΤΑΣΤΑΙ 042
ペルタトゥス／羅／PELTATUS 125
ヘンダルメ／西／gendarme 300,301
方陣隊形／希／ΦΑΛΑΓΞ 049
方陣隊形／英／square 379
ボーア人戦士／英／boer soldier 418
ホース・ガード／英／horse guards 400
ポーランド人騎士／英／polish knight 207
ポストシグナニ／羅／POSTSIGNANI 077
ホプリテス／希／ΟΠΛΙΤΗΣ 036-040

■マ行

マイオル・ドーム／羅／MAIOR DOMUS 137
マケドニア式ファランクス／英／macedonian phalanx 044,045
マスケッター／英／musketeer 334,357,364,365,380
マニプルス／羅／MANIPULUS 068
マフディー教徒の戦士／英／mahdi warrior 415
マホウト（象使い）／ヒ／mahāut 262

マムルーク／仏／mamelouk		399
マムルーク朝／亜／mamlūk		162
マヤ戦士／英／maya warrior		284
マラータ族の騎兵／英／maratha cavalry		266
マロン教徒／英／maronite		153
マングダイ／蒙／mangutai		173
ミズーリ川周辺の部族戦士／英／missourian warrior		289
ミニステリアーレ／独／ministeriales		187
ミュケナイ貴族戦士／英／mycenaean nobles warrior(chariotry)		024
ミュケナイ戦士／英／mycenaean warrior		025
ミリテス・ペディテス／羅／MILITES PEDITES		188
ミレス／羅／MILES		188
ムゥスケテル（銃士）／仏／mousquetaire		297,353
ムースケティーア／独／musketier		323
ムースケティーア／独／musketeer		384
ムガル朝重装騎兵／英／mughul heavy cavalry		257-259
ムスケター／瑞／musketar		357
ムスケトル／露／мушкетёр		380
メロヴィング朝騎兵／英／merovingian cavalry		137
メロヴィング朝戦士／英／merovingian infantry		136
メン・アット・アームズ／英／men-at-arms		199,244
モスケテロ／西／mosquetero		305
モンゴル騎馬弓兵／英／mongol light cavalry		172
モンゴル重装騎兵／英／mongol heavy cavalry		174

■ヤ行

ヤンキー／英／yankee		402
ユサール／仏／hussar		381
ヨーマン衛兵／英／yeoman of the guard		313

■ラ行

ラージプート族の重装騎兵／英／rajiput heavy cavalry		264
ラーンサ／西／lanza,lancero		303
ラーンサ・ド・アルマス／西／lanza d' armas		303
ライト／英／light		377
ライト・ドラグーン／英／light dragoon		390
ライト・ホース／英／light horse		311
ライフ・ガード／英／life guards		400
ライフル／英／rifle		377
ライン／英／line		376
ラガシュの兵士／英／lagash soldier		18,19
ラクダ騎乗兵／英／camel rider		051
ラクダのカタフラクトス／英／camels cataphract		112,113
ラケダイモン（兵士）／希／ΛΑΚΕΔΑΙΜΩΝ		039
ランサー／英／lancer		309,393
ランシアリウス／羅／LANCIARIUS		097
ランシィエ／仏／lancier		393
ランツクネヒト／独／lansknecht		324
ラントヴェール／独／landwehr		384
リトアニア人騎士／英／lithuanian knight		207
リュビア人重装歩兵／英／libyan heavy infantry		070

ルネサンス期イタリア兵士／英／renaissance italian soldier		222
レイター／独／reiter		318
レギオ／羅／LEGIO		084
レギオナリウス（ローマ軍軍団兵）／羅／LEGIONARIUS		074,075,080,096
レジオン／仏／légion		297
レッド・コート／英／red coat		371
ロアノック島の戦士／英／roanoke warrior		289
ローディー朝／英／lodhis		171
ローデレロ／西／rodelero		304
ローマ軍軍旗手／羅／AQUILIFER		076
ローマ軍指揮官／羅／TRIBUNUS MILITUM		069
ロシア騎兵／英／russian cavalry		268,269
ロシア人騎士／英／russian knight		205
ロングボウ兵／英／longbowman		201

索引2―武器・防具・服飾

■ア行

アーミング・キャップ (保護帽) ／英／arming cap　231
アーミング・ダブレット (鎧下) ／英／arming doublet　221,230
アームズ・オブ・ザ・ヒルト (護指拳) ／英／arms of the hilt (pas d' âne)　299
アーメット／英／armet　218,219
アイ・アックス／英／eye axe　023
アイアン・パイレティース (黄鉄鉱) ／英／iron pyrites　342
アイゼンホーゼ／独／eisenhose　186
アイロン・ハット／英／iron hat　336,337
アヴァンテイル／英／aventail　167,189
アウフシュレッヒティゲン・ヴィジール／独／aufschlächtigem visier　227
アウベルグ／西／ausberg　179
アエロトノス／希／ΑΕΡΟΤΟΝΟΣ　095
アクウィラ／羅／AQUILA　077
アクトン／英／aketon, acton　153,155
アスピス／希／ΑΣΠΙΣ　037
アセガイ／英／assagai　221
アダカ／西／adaga　267
アダルガ／西／adarga　181
アックス (斧) ／英／axe　014
アックス・ブレイド (斧刃) ／英／axe blade　223,236
アックトゥン／亜／al-qutum　153
アッパー・ガード (上鍔) ／英／upper guard　147
アフガーン・ナイフ／英／afghan knife　416
アルカビュス／西／arcabuz　274,277,305
アルキブーゾ／伊／archibuso　274
アルクバリスタ／羅／ARCUBALLISTA　094
アルクビューズ／仏／arquebuse　274,297
アルクビューズ・ア・クロ／仏／arquebus-à-croc　274
アルケガイ／西／archegay　181
アルノワ・ブラン／仏／harnois blanc　198
アルメ／仏／armet　219
アルメット／独／armet　219
アロー・パス (矢摺) ／英／arrow pass　021
アンカー・アックス／英／anchor axe　023
アンクス／英／ancus　262
アンゴン／羅／ANGON　102,136
イェルマン／土／jelman　246
イギリス・ゴシック式甲冑／英／english gothic armour　245
イシュジュラ／ズールー語／isijula　416,419
イタリア・ゴシック式甲冑／英／italian gothic armour　218
イチュカウィピリ／アステカ語／ichcahuipilli　283
イプシロン・アックス／英／epsilon axe　023
イマジニフェル／羅／IMAGINIFER　077
イヤーガード (耳当) ／英／earguard　232
イ・ワタ・ジンガ／スー語／ (北米インディアン語) ／i-wata-jinga　407
ヴァッファー (緩衝金具) ／英／buffer　342

ヴァッフェンロック (サーコート) ／独／waffenrock　204
ヴァリース／英／valise　397
ヴァンターユ／仏／ventaille　189
ヴァンブレイス (前腕甲) ／英／vambrace　196,221
ヴァンプレイト／英／vamplate　233
ヴィーキング・ソード／英／viking sword　140
ウィングド・スピアー／英／winged spear　138
ウィンドラス／英／windlass　203
ウェキシラム／羅／VEXILLUM　077
ウェブリー・リボルバー／個／Webley revolver　413
ウェルトゥム (投槍) ／羅／VERICULUM　062
ウォー・アックス／英／war axe　407
ウォー・ピック／英／war pick　215
ウスクフ／土／üsküf　249
ウッデン・カートリッジ／英／cartridge　341
ウニフォルム／独／uniform　364
海の火／希／ΠΙΥΡΘΑΛΑΣΣΙΟΝ　131
ウルバン／土／urban　273
ウンチュ／マヤ語／uncu　286
柄／英／shaft　210
エイガー砲／個／Agar gun　420
エイレット／英／ailette　191
エキュ (盾) ／仏／écu　148
エスカルペ (鉄靴) ／西／escarpe　301
エスピンガルダ (大口径の火縄銃) ／西／espingarda　305
エッジ (刃) ／英／edge　147
エナーム／英／enarme　145
エニュトニオン／希／ΕΝΤΟΝΙΟΝ　053
エピロリキオン／希／ΕΠΙΛΟΡΙΚΙΟΝ (epilorikion)　129
エペ・ラピエル／仏／épé rapiere　298
エポレット／英／epaulette　375
エレット／仏／ailette　191
エレファント・ナイフ／英／elephant knife　264
オーヴァーオール／英／overall　397
大鎌戦車／希／ΑΡΜΑ,ΤΕΤΡΑΟΡΙΑ　130
大鎌戦車／羅／CURRUS,QUADRIGA　130
オーナメント／英／ornament　375
オーム／仏／heaume　187,190
オクレア (すね当) ／羅／OCREA　061,066
オセロトテク／アステカ語／ocelototec　282
オナゲル／希／ΟΝΑΓΡΟΣ　095
オナゲル／羅／ONAGER　095
オブズェク／ポ／obuszek　328
オルガン砲／英／organ gun　420

■カ行

カービン／英／carbine　275,320,387,395
カープス／瑞／karpus　357
カーワー／波／karwah　168
カイト・シールド／英／kite shield　144,148,189
カウス・アッリジュル／亜／qaws al-rjjl　164

ガウツ・フット／英／goat's foot	203	キナーナ／亜／kinana	158
カウンター・ガード（補助護拳）／英／counter-guard	299	キホーテ（股当）／西／quijote	300
カザーク／仏／casaque	334	ギャド／英／gad	311
カステンブルスト／独／kastenbrust	226	キャバセット／英／cabasset	304,305,320
ガストラフェテス／希／ΓΑΣΤΡΑΦΕΤΗΣ	052	キャリヴァー／英／caliver	312
カソック・コート／英／cassock coat	353,356	キュイラス／仏／cuirasse	387
カソック／英／cassock	303,310,330,331	臼砲／英／mortar	270
カタパルト／英／catapult	052	キュシトン／希／ΞΥΣΤΟΝ	048
カタプルトゥス／羅／CATAPULTS	094	キュリュンク／土／küünk	246
カタペルテス／希／ΚΑΤΑΠΕΛΤΗΣ	052	キヨン（鍔）／英／quillon	299
カタール／ヒ／katar	260,261	キヨン・ブロック（棒状鍔）／英／quillon block	299
滑腔式／英／smoothbore barrel	340,402	キリク／土／kiliç	246
カッシス（兜）／羅／CASSIS	066	キリジ／土／killiç	246
カッツバルゲル／独／katzbalger	324	クアラン（ブーツ）／ゲ／cuaran	315
カットラス／英／cutlasse	291,310	グアルダ（ひざ当）／西／guarda	300
カテブハー／ア／cathbharr (族長のスパンゲン型兜)	316	ゲイジェ／英／guige	145
ガトリング砲／個／Gatling gun	421	クウィス（もも当）／英／cuisse	196,221
カナート／亜／qanat	157	クウィラス／英／cuirass	337
カノン／仏／canon	272	クーター（ひじ当）／英／couter	196,221
カバセーテ／西／cabacete	304,305	クゥド（兜）／波／khud	257
カパリン／希／kapalin	207	クエッロ（＝クリネット。馬鎧の首当）／西／cuello	301
カフ／英／cuff	375	クネミドス／希／ΚΝΗΜΙΔΟΣ	037
カブザ（柄）／波／qabza	253	クラッキー・オブ・ウォー／英／crackys of war	210
カマイル（鎖垂れ）／英／camail	195,196	クラッパ（尻当）／英／crupper	229
カマーバンド／英／kummerbund	416	グラディウス（剣）／羅／GLADIUS	062,067,075
カマーユ／仏／camail	195	グラディウス・ヒスパニエンシス／羅／GLADIUS HISPANIENSIS	075
カマン／波／kaman	253	クランキン／英／crannequin	203
カメラウキオン／希／ΚΑΜΕΛΑΥΚΙΟΝ (kamelaukion)	167	グラブ／英／glove	227
火門（点火孔）／英／vent	210	グランド・コート／英／grand coat	374,396,397
火薬／英／gunpowder	177	グリーヴ（すね当）／英／greave	194,196,221
カラー／英／collar	375	クリップ／英／clip	418
カラセナ／英／karacena	326	グリップ（握り）／英／grip	21,147,299,340
カラセノワ／ポ／karacenowa	326	クリネット（首当）／英／crinet	229
カラベラ／ポ，英／karabela	326	クリバニオン／希／ΚΡΙΒΑΝΙΟΝ (klibanion)	128
カランスワ／亜／qalansuwa	156	クリペス／羅／CLIPEUS	062
カリガ／羅／CALIGAE	079	グレイヴ／英／glaive	225
カルヴァリン／英／culverin	272	グレイト・ヘルム／英／great helm	154,196,197
カルカン／土／kalkan	246,258	クレイモア／英／claymore	314,315,360
カルコトノン／希／ΧΑΛΚΟΤΟΝΟΝ	095	グレネイド・ガン／英／grenade gun	354
ガルタカ／亜／ghaltaq	170,171	グレーバ（すね当）／西／greba	300
カルツース／露／картуз kartuz	355	クロス・ガード／英／cross guard	223
ガルド・レン（尻当）／仏／garde reins	199	クローズ・ヘルム（密閉型兜）／英／close helmet	310
カロバリスタ／羅／CARROBALLISTA	094	クロスボウ（弩弓）／英／crossbow	152,180,201,202,203
ガンストック・ウォークラブ／英／gunstock warclub	289,407	クワフ／仏／coiffe	189
ガンストックシャープド・クラブ／英／gunstockshaped club	407	ゲートル／英／gaiter	168,351
ガン・スリング／英／gun sling	349	ケトル・ハット／英／kettle hat	208,234,240,243
ガンビスン／英／gambeson	194	ケブレシュ／埃／khepresh	020
ガンベゾン／仏／gambaison	194	ケンタッキー・ライフル／個／Kentucky rifle	369
キシト・ネザ／波／khisht neza	267	コイフ／英／coif	155,189
キドニー・ダガー／英／kidney dagger	243	口径／英／bore	210
		口薬（点火薬）／英／priming powder	210
		荒野の火／希／ΠΥΡΥΓΡΟΝ	131

索引―武器・防具・服飾

コースリット／英／corseret		303
コーティー／英／coatee		375
ゴーデンダック／独／godendag		193
コート・オブ・プレイツ／英／coat of plate		179,208,222
コーヒー・ミル銃／個／Coffee mill gun		420
コケイド／英／cokade		374
コケイド・ループ／英／cockade loop		374
コサッケン／瑞／cosacken		334
ゴージット（首鎧）／英／gorget		180,221
コセレーテ（＝ハーフ・アーマー。半甲冑）／西／coselete		303,306
コチー／ヒ／kothi		259
コック／英／cook		342
コック・スプリング（コック用スプリング）／英／cock-spring		342
コック・ブライドル（撃鉄用添え金）／英／cock-bridle		343
コッルク／土／kolluk		247
コピシュ／埃／kopsh		019
コラジン／土／korazin		247
コリュス（兜）／希／ΚΟΡΥΣ		041
ゴルズ／波／gorz		253
コルセーク／仏／corsèque		225
コルセスカ／伊／corsesca		225,338
コルバク／英／colback,colpack		394
コロネル／英／coronal		233
コンタリオン（長槍）／希／ΚΟΝΤΑΡΙΟΝ（kontarion）		125
コンツェルス／ポ／koncerze		326
コントス／羅／CONTUS		89,99,106
ゴントレ／仏／gantelet		194
ゴントレット（手甲）／英／gauntlet		180,190,191,218,221,227,318
コンポジット・ウェポン／英／composite weapon		275
コンポジット・ボウ（合成弓）／英／composite bow（カンパジット・バウ）		021,110

■サ行

サーコート／英／surcoat		149,191
サーベル（セイバー）／英／sabre		346,375,387,388,391,392
サーベルタシュ／英／sabretache		392
サーペンタイン（火鋏）／英／serpentine		342
サーペンティン／英／serpentine		211
サーリット／英／sallet		219,222,227,232
サイド・リング（側環）／英／side ring		299
サイフ／亜／saif		157
サイフォン／希／ΣΙΦΩΝ		131
サインティ／仏／sainti		267
サウニオン／希／ΣΑΥΝΙΟΝ		055
サクス／古北／sax		101,120,132,133,138
サコス（8字型盾）／希／ΣΑΚΟΣ		025
サシュ／英／sash		396
ザッラーカ／亜／zarraqa		165
サディキ／ヒ／sadiqi		259
サドル（鞍）／英／saddle		229
サドル・カヴァー／英／saddle cover		397
サバトン／英／sabaton		294
サブラータシュ／仏／sabretache		392
サリッサ／希／ΣΑΡΙΣΣΑ,ΣΑΡΙΣΑ		044,045,048
サルウェル／仏／saroual		409
サング／波／sang		267
ザンブラク／亜／zanburak		164
シアー（逆鉤）／英／sear		342
ジェザイル／波／jezail		416
シェブロン／英／chevron		374
シェル（貝鎧）／英／shell,shell-guard		299
シェル（兜の鉢）／英／shell		388
シグナム／羅／SIGNUM		77
シクラス／英／cyclas		195
シシパル／波／szeszpar,shishpar		253
施条式（ライフル）／英／rifled barrel		340
シックル／英／sickle		223
シパー／波／separ		253
シパー／波／sipar		170
ジャヴェリン（投槍）／英／javelin		016
ジャク／仏／jaque		243
シャコ／英／shako		372,374,379
シャスポー・ライフル／個／Chassepot rifle		411
ジャゼラント／英／jazerant		169
ジャ・ダグナ（スー語（北米インディアン語））／ja-dagna		407
ジャック／英／jack		230,243,312
シャフト（柄）／英／shaft		223
シャペル・ド・フェル／仏／chapel de fer		190,240
ジャムザル／ヒ／jamadhar		261
シャムシール／波／shamshir		253
シャルハーカマン／亜／sharkhkaman		165
シャレル／独／schaller		227
シャンフロン（馬面）／英／chamfron		229
銃口／英／muzzle		210
ジュストコル／仏／justaucorps		356
シュナーベルシュー（鉄靴）／独／schnabelschuh		227
ジュヌイエル／仏／genouillère		191
ジュポン／英／jupon		198,208
シュルコ／仏／surcot		191
焼夷弾／亜／kuraz,kurraz		165
ショウス／英／chausse		190
ショヴスリ／仏／chauvesouri		225
ショースカ／ポ／shaoska,tchapka		393
ショート・ソード／英／short sword		194
ジョシャン／亜／joshan		157,168
ジョシャン／波／dżouszan,juszman		253
ショズ／仏／chausse		190
ショテル／英／shotel		416,419
ショルダー・ストラップ／英／shoulder strap		375
ショルダー・ベルト／英／shoulder belt		375
シリー／波／shill		168
ジリー／波／zirih		168,169,257

ジリー・ハザール・マイハー／波／zirih hazar maikhi	169
ジリー・バハター／波／zirih baktar	171,258,264,265
ジルフ・キュラーフ／土／zirh külâh	246
ジルフ・ゴムレフ／土／zirh gömlek	249
ジルム／ヒ／jhilum	265
シングル・アクション／英／single action	405
スゥイヴェル・バー／英／swivel bar	320,395
ズーピーン／波／zupain	168
スカル・キャップ／英／skull cap	169
スキアヴォーナ／英／schiavona	360
スクゥエア・ヴァリィース／英／square valise	397
スクトゥム／羅／SCUTUM	065,117
スクラマサクス／羅／scramasax	132,133,138
スケイル／英／scale	375
スケイル・アーマー／英／scale armour	035,179
スコーピオン／英／scorpion	224
スコルピオ／希／ΣΚΟΡΠΙΟ	094
スコルピオ／羅／SCORPIO	094
スタッフ・スリング（投石棒）／英／staff sling	118,126
スティール（打ち金）／英／steel	343
スティール（当り金）／英／steel	342
スティール・スプリング（当り金用スプリング）／英／steel-spring	342
スティルラップ（鐙）／英／stirrup	152
ストック（弓床）／英／stock	152
ストック（銃床）／英／stock	340
ストリング（弦）／英／string	152
ストーンヘッデッド・クラブ／英／stoneheaded club	407
スナップハンス・ロック／英／snaphance-lock	342
すね当／仏／grève	194
スパー（拍車）／英／spur	196
スパイク（刺先）／英／spike	223,236
スパタ／羅／SPATHA	096
スパテ／希／ΣΠΑΘΗ	117
スパーテ／ゲ／sparth	317
スパティオン（長剣）／希／ΣΠΑΘΙΟΝ (sapathion)	128,129
スパンゲンヘルム／英／spangenhelme	93,188,316
スピアー（槍）／英／spear	014,018
スピアー・ヘッド／英／spear head	223
スピア・スローワー／英／spear-thrower	280,281,284,287
スピクルム（投槍）／羅／SPICULUM	096
スピンドル（歯輪軸）／英／spindle	342
スフェンドボロン（投石棒）／希／ΣΦΕΝΔΟΒΟΛΟΝ (spendobolon)	118,126
スモール・オブ・ザ・ストック（銃床握り）／英／small of the stock	340
スモール・ソード／英／small sword	299
スラング・ショット／英／alung shot	293
スリー・クォーター・アーマー／英／three quarter armour	310,333,336
スリング（投石ひも）／英／sling	028,029,126
スリング・スゥイヴェル（負帯環）／英／sling swivel	340
セクリス／羅／SECURIS	118
セプニキ／チェ／cepnici	212
セルヴェリエール／仏／cervelière	151,234,235
ゼレハ／波／zereh	253
センター・ファイヤー／英／center-fire	343
ソースン・パタ／波／sosun patta	415,419
ソケット（口金）／英／socket	223,236
ソマテマス／羅／SOMETIMES	062
ソラレト（鉄靴）／英／solleret	194,294
ソリフェレウム／羅／SOLLIFERRUM	071
ソルレ／仏／soleret	194,294

■タ行

ダー（盾）／波／dahl	416
ダー（刃）／波／dhar	253
ダーク／英／dirk	358
ターゲット・シールド／英／target shield	184
ターバン／英／turban	388
ダール／ヒ／dhal	258
ターンバック／英／turnback	375
タイズ（添えひも）／英／ties	152
ダガー（短剣）／英／dagger	243
タカラーダ／亜／taqallada	157
ダグ／英／dag	275
タコウバ／土／takouba	415,419
タセー／英／tasse	221
タセット（草摺）／英／tasset	221,226
タック／英／tuck	326
ダックビル・アックス／英／duck-bill axe	023
タッチ・ホール／英／touch-hole	211
タフト／英／tuft	388
ダブル・ヘイク／英／double-hake	274
ダブレット／英／doublet	230,232
ダリュー・グリエット／個／Dulle Griet	273
タルワー／波／talwar	257,258,416
弾丸／英／shot	210
単弓／英／self bow	021
タング（中子）／英／tang	147
タンネンベルク・カノン／英／tannenberg cannon	210
チェイン・メイル・アーマー（鎖鎧）／英／chain mail armour	089,155
チェラータ／伊／celata	219,222
チェルヴェリエーラ／伊／cerveliera	234
チチャク／土／çiçak	247
チヒリカド／波／chihilqad	257
チャクラム／シーク語／chakram	415
チャハラ・アーイネ／波／chahar-ainah	253,266
チャプカ／英／czapka	393
チャリオット／英／chariot	016,020,024,051,057,073,079
チャンピー／マヤ語／champi	286

索引―武器・防具・服飾

チョラ／波／chora	416,419
チョワンヌー／中／床弩	177
チルマン／ヒ／chilman	265
チン・スケイル／英／chin scale	374,388
ツァベラ／ポ／szable	328
ツィコウリオン／希／TYKOYΛION (tzikourion)	126
ツィシェッゲ／独／zischägge	326
ツィスザク／ポ／szyszaki	326
ツゥ・ハンデッド・ソード／英／two handed sword	324
ツバイヘンデル／独／zweihänder	324
ツラフィスツリィ／アステカ語／tlahuiztli	282
ティラー（台座）／英／tiller	152
ティラダ／亜／tirad	157
ディル／亜／dir	157
擲弾／英／grenade	349,350
テグハ／ヒ／tegha	258
テステーラ（馬面）／西／testera	301
デック・スペイド／英／deck spade	292
テポストピリー／アステカ語／tepoztopilli	283
テュフェク／土／tüfek	249
テュレオス／希／ΘYPOΣ	063
テリ・バー／英／tri-ber	337
ドイツ・ゴシック式甲冑／英／german gothic armour	226
投石ひも／希／ΣΦENΔONH	028,029,126
ドゥマラ（中子）／波／dumala	253
トーテンコップ（"骸骨"）／独／totenkopf	319
トーリア（鍔）／波／tholia	253
トキココリー／アステカ語／toxicocolli	282
ドシエール（背当）／仏／dossière	199
ドッグ・ヘッド（撃鉄）／英／dog-head	342
ドッグ・ロック／英／dog-lock	355
トップ・ジョオ・スクリュー（つめねじ）／英／top-jaw screw	343
トップフヘルム／独／topfhelm	187,204
トマホーク／英／tomahawk	406
トラープハルニッシュ／独／trabharnisch	319
トライコルン／英／tricorne	347
ドライゼ式実包／英／Dreyse cartridge	341
ドライゼ・ツントナーデル／個／Dreyse-Zundnadel,Zundnadel-Gewehr	343,410
ドラクス（胴鎧）／希／ΘΩPAΞ	037
ドラグーン・マスケット／英／doragoon musket	389,390
トラニヨン（砲耳）／英／trunnion	272
ドラマ／土／dolama	248
トリガー（引き金）／英／trigger	152,203,340
トリガー・ガード（用心鉄）／英／trigger guard	340
トリガー・ガード・フィニアル（用心鉄装飾金具）／英／trigger-guard	340
トリブルス／羅／TRIBULUS	113
ドリュ／希／ΔOPY	116
ドルマン／英／dolman	391
トレコン／希／ΘΩPHKON	125
トレダール／ヒ／toredar	260
トレビュシェ／仏／trebuchet	270
トレブシェット／英／trebuchet	164,270

■ナ行

ナーナル／ヒ／narnal	260
ナーワク／亜／nawak	160
長槍（ギリシアの）／希／ΛOΓXH	038
ナカラ／蒙／naccara	174
ナク（矢筈）／英／nock	021
投槍（ギリシアの）／希／MEΣAΓKYΛON	037
ナジャク／土／nacak	246
ナズィアキ／ポ／nadziaki	328
ナックル・ガード（護拳）／英／knuckle-guard(knuckle-bow)	299
ナッケンシルム（錏）／独／nackenschirm	227
ナップサック／英／knapsack	374
ナラチェ（柄舌）／波／narache	253
ニードル（撃針）／英／needle	343
ニードル銃／英／needle gun	343
ニップル（火門座）／英／nipple	343
ニップル・ランプ／英／nipple lump	343
ネイザル／英／nasal	127,145,195,205
ネザ／波／nejze,naza	253
ネックガード／英／neck guard	134
ノーデンフェルト砲／個／Nordenfelt gun	421
ノク（切先）／波／nok	253
ノルマン・ヘルム／英／norman helm	144,145,186

■ハ行

パーカッション・キャップ（雷管）／英／percussion cap	343
パーカッション・ロック／英／percussion-lock	343,402
バーガネット／英／burgonet	295
ハークィバス（火縄銃）／英／harquebus	274,277,297,320,330,331
ハーケンビュクゼ／独／hakenbüchse	211
バーゼル・ボンバート／英／Basel bombard	273
バーチィー／ヒ／barchhi	266,267
バート／ア／brat	316
バード（馬甲）／英／bard	229
バーバット／ヒ／barbut	218,219
ハーフ・アーマー（半甲冑）／英／half armour	306,308,318
ハーフ・コック・シアー（半起用逆鉤）／英／half-cock sear	343
パーリ／ヒ／phari	258
パーリ／波／phari	171
バールト／独／bart	227
バイオネット／英／bayonet	348
バイオネット／仏／baïonnette	348
パイク（長柄槍）／英／pike	237,238,306,308,314,315,321,323,335,338,357
パイクマンズ・アーマー／英／pikeman's armour	308,323,338
パイクマンズ・ポット／英／pikeman's pot	323

ハイ・ゴシック式甲冑／英／hight-gothic armour	227
バイコルン／英／bicorne	372
パイプ・トマホーク／英／pipe tomahawk	407
パヴィス／英／pavis	202
パウダー・フラスコ（火薬筒）／英／power flask	312,341
ハウト・ピース（冠板）／英／haute piece	200,220
ハウド／亜／khūdh	169
ハウンスカル／英／hounskull	198,206
パオ／中／砲	176
バカーリタカ／ヒ／baqhaltaq	259
バガルタカ／亜／baghaltaq	170
バグ・ナーク／ヒ／bagh nakh	267
パクハー／ヒ／pakhar	263
馬甲／英／bard	229
ハザガンド／波，亜／hazagand	169
バシネ／仏／bacinet	194
バシネット／英／bascinet	194,198
ハジナ（刃根本）／波／khajna	253
ハスタ（長槍）／羅／HASTA	062
バスタード・ソード／英／bastard sword	235
バストン／土／baston	251
バズバンド／波／bazuband	253,257
バズビー／英／busby	396
バズビー・バッグ／英／busby bag	396
バゼラード／独／baselard	237
パター／ヒ／pata	267
バック（弓の背）／英／back	021
バックサイト（照門）／英／backsight,rear sight	340
バックプレート（背当）／英／backplate	199,221
バックラー（小盾）／英／buckler	315
バックル銃／個／Puckle's gun	420
パッチボックス／英／patchbox	340
バッテリィー／英／battery	343
バット（床尾）／英／butt	340
バット（石突）／英／butt	032
バット・キャップ（床尾蓋）／英／butt cap	340
バットプレート（床尾板）／英／buttplate	340
バットプレート・タング（床尾板補強板）／英／buttplate tang	340
バットボックス（床尾箱）／英／buttbox	340
発射薬／英／powder	210
ハトリ（下部護拳）／波／katori	253
バトル・フック／英／battle-hook	225
鼻当／仏／nasal	145
パノプリア／希／ΠΑΝΟΠΛΙΑ	37
バフ・コート／英／buffe coat	320,321,323,332
パラメリオン（刀剣）／希／ΠΑΡΑΜΗΡΙΟΝ (paramerion)	125,126
パラヤ（護拳）／波／paraj	253
パリーイング・ダガー／英／parrying dagger	298,299
バリェスタ（弩弓）／西／ballesta	180
バリスタ／羅／BALLISTA	094
パリンティオン／希／ΠΑΛΙΝΘΙΟΝ	053
バルグスタワン／ヒ／bargustawan	263
バルグスタワン／波／bargustawan	169
バルチザン／波／partisan	225
バルディッシュ／露／бердыш	329
ハルバー／亜／harbah	157
バルブータ／伊／barbuta（仏／barbute）	218
ハルプヴィジール（半面当）／独／halbvisier	227
ハルプハルニッシュ（半甲冑）／独／halbharnisch	318
ハルベ／土／harbe	246
ハルベルド（斧槍）／英／halbard（ハルバード）	223,234,236
バレル（銃身）／英／barrel	340
パン（火皿）／英／pan	342
ハンガー／英／hanger	291
パン・カバー（火蓋）／英／pan-cover	342
パン・カバー・リリース（火蓋緩め）／英／pan-cover release	342
バンク／ヒ／bank	267
ハンジャル／亜／khanjar	291
ハンダ／ヒ／khanda	267
パンツェルクラーゲン（チェイン・メイル製の肩掛け）／独／panzerkragen	324
パンツェルヘムト／独／panzerhemd	186,204
パンディ・バラーム／波／pandi ballam	170
ハンド・アンド・ハーフ・ソード／英／hand and half sword	228,309
バンドゥーク・イ・キャクマキ／ヒ／bandug-i-chaqmaqi	260
ハンド・カノン（手砲）／英／hand cannon	207,210
ハンドガン／英／handgun	210,211,213,235
ハントビュークセ／独／handbüchse	274
ハンドル（弓束）／英／handle	021
バンバキオン／希／ΒΑΜΒΑΚΙΟΝ（bambakion)	125
ハンマー（撃鉄）／英／hammer	343
ピアジ／波／piazi	171,256
ビーヴァー（顎当）／英／beaver	219,221,227
ピーク／独／peak	374,388
ピークド・モリオン／英／peaked morion	338
ピーケ／独／pike	323
ビーバー（丈の高いフェルト製の帽子）／英／beaver	308,312
ピーン（刺端）／英／peen	223
ピカディル／英／pickadil	310
ビコケ／波・仏／bicoquet	199,226
ピスタラ／チェ／pist'al	213
ピストル／英／pistol	213,275,291,390
ピタ（棟）／波／pitha	253
ビチャウ・バグ・ナーク／ヒ／bich' hwa bagh nakh	267
ピック／英／pick	019
ピプラ（疑似刃）／波／pipla	253
ビペンニス／羅／BIPENNIS	060
ビル／英／bill	223
ビルホック／英／billhook	223
ピルム／羅／PILUM	064,069,076,081
ピルム・ムルス／羅／PILUM MURALIS	074

索引―武器・防具・服飾

ビレーピン／英／belaying pin	293
ファイヤー・ランス／英／fire lance	290
フアラカ／マヤ語／huaraca	286
ファラング／ア／failang	316
ファリ（剣身）／波／phal	253
ファルカタ／羅／FALCATA	071
ファルクス／羅／FALX	91,92
ファルコーネ／西／falcón	279
ブージ／ヒ／bhuj	264
ブルギニョット／仏／bourguignotte	295
ブルドナス／仏／bourdonasse	233
フェズ／英／fez	409
フェストーン／英／festoon	374
フェリュール（責金）／英／ferrule	299
フォアサイト（照星）／英／foresight,front sight	340
フォールス・エッジ／英／false edge	163
フォシャール／仏／fauchart	225
フォチャード／英／fauchard	225
フォルトフォールド（腰当）／英／fauld	199,221,226
プギオ／羅／PUGIO	075
ブジュガン／ポ／buzdygan	328
プスカ／ポ／puska	213,275
プタラ（握り）／波／putala	253
フック・ガン／英／hook-gun	211
プマーヘ／西／plumaje	302
フュージル／英／fusil	346,347
フュズィ／仏／fusil	346
フラー／波／kullah	416
フラー（樋）／英／fuller	147
ブライドル（添え金）／英／bridle(bow iron)	152
プライミング・フラスコ／英／priming flask	341
ブラヴァ／露／булава (bulawa)	268
フラウンダー／英／flounder	374
ブラウン・ベス／個／Brown Bess	370,376
ブラコニエール（腰当）／仏／braconnère	199
プラストロン（胸当）／仏／plastron	199
プラセーラ（肩からの吊帯）／西／bracera	304
フラチェト／英／flatchet(独：flatsche)	316
フラメア／ゲル／FRAMEA	101
ブラワ／英／bulawa	268
フランカド（腹当）／英／flanchard	229
フランキスカ／ゲル／FRANCISCA	102,136
ブランダーバス／英／blunderbuss	399
フランベルジュ／仏／flamberge	325
ブリガンディーン／英／brigandine	222,312
ブリーチ／英／breeche	356,375
ブリーチ・オブ・メイル（鎖腰巻）／英／breech of mail	221
ブリーチ・ローディング・カノン／英／breech-loading cannon	271
フリウリ・スピアー／個／friuli spear	225
プリック・スパー／英／prick spur	196
フリッサ／波／flissa,flyssa	419
フリント（燧石）／英／cock	342
フリント・ロック／英／flint-lock	343,346
フルーク（錨爪）／英／fluke	223,236
フルーティング／英／fluting	233
フルーティング・アーマー／英／fluting armour	229
フルーテッド・アーマー／英／fluted armour	229
フル・コック・シアー（全起用逆鉤）／英／full-cock sear	343
プルム／英／plume	374,377,388
プルムバタエ（投げ矢）／羅／PLUMBATAE	096
ブルンニャ／フ／brunnia	139
ブレイド（剣身／刀身）／英／blade	147,194,299
プレイト／英／plate	374
プレイト・メイル／英／plate mail	194
フレイル／英／flail	212,233
ブレストプレイト（胸当）／英／breastplate	199,221
ブローニング機関銃／個／Browning machine gun	421
ブロイグネ／フ／broigne	139
フロッグ／英／frog	346
フロント・オブ・クレスト／英／front of crest	388
フンダ（投石ひも）／羅／FUNDA	062
フンツグーゲル／独／hundsgugel	206
ベイカー・ライフル／個／Baker rifle	377,378
ペイトラル（胸当）／英／peytral	229
ペーパー・カートリッジ／英／paper cartridge	341,375
ベク・ド・コルビン／仏／bec-de-corbin	296
ベク・ド・フォコン／仏／bec-de-faucon	296
ペクトラーレ／羅／PECTORALE	061,062
ベサギュー（わき当）／英／besague	221,226
ヘッド・バンド／英／hed band	374
ペトロネル／英／petronel	275
ペトロボロス／希／ΠΕΤΡΟΒΟΛΟΣ	053
ペナン／英／pennon	240
ペノン／仏／pennon	393
ペリエール／仏／perrière	270
ペリース／英／pelisse	391
ベルーチ・ハット／英／belooch hat	383
ベルジーシュ／露／бердыш	269
ペルテ／希／ΠΕΛΤΗ	042
ヘルム／英／helm	187,190,204
ヘルメット（兜）／英／helmet	221
ヘレニコン・ニュル（ギリシア火）／希／ΕΛΛΗΝΙΚΟΝΝΥΡ	131
ヘレバルデ／独／hellebarde	236
ヘレポリス／希／ΕΛΕΠΟΛΙΣ	053
ペンシルヴァニア・ライフル／個／Pennsylvania rifle	369
ボア・スピアー／英／boar spear	324
ホイール（歯輪）／英／wheel	342
ホイール・アーバー／英／wheel-arbor	342
ホイール・ロック／英／wheel-lock	302,318,320,342
ホイホイパオ／中／回回砲	176
ポイント（切先）／英／point	147
ボウ（弓）／英／bow	152
砲架／英／carriage	271,272
ホウズ（タイツ）／英／hose	230
ボウストリング（弓弦）／英／bowstring	021

444

ホウバーグ／英／hauberk	144,148,155,179
ボウルスター（火門座受け）／英／bolster	343
ポウレイン（ひざ当）／英／poleyn	191,194,196,221
ポーチ／英／pouch	375
ポーチ・ベルト／英／pouch belt	375
ボーディング・アックス／英／boading axe	290
ボーディング・ナイフ／英／boading knife	292
ボーディング・パイク／英／boading pike	292
ボーディング・ランス／英／boading lance	293
ポール（柄）／英／pole	223
ポール・アーム／英／pole arm	192,212
ポール・アックス／英／pole axe	313,338
ポールドロン（肩当）／英／pauldron	196,221
ボールヘッデッド・クラブ／英／ballheaded club	407
ボーン・スペイド／英／bone spade	292
ボタン（止めネジ）／英／button	299
ポテイトモス＝タイプ・クラブ（「ジャガイモつぶし棒」型棍棒）／英／potatomasher¹ type club	407
ホプロン／希／ΟΠΛΟΝ	036,037
ポメル（柄頭）／英／pommel	147,299
ポルカンカ（四角盾）／マヤ語／polcanca	286
ホルスター・キャップ／英／holster cap	397
ホルスター／英／holster	397
ボルト／英／bolt	203
ボルハ／土／börk	248
ポルリュボロス・カタペルテス／希／ΠΟΛΥΒΟΛΟΣΚΑΤΑΠΕΛΤΗΣ	095
ボロック・ナイフ／英／ballock knife	243
ボンネット／英／bonnet	358,360
ボンバ／英／bomba	290
ボンバート／英／bombard	270
ポンポン／英／pompom	374

■マ行

マカナ／西／macana	287
マキシム機関銃／個／Maxim machine gun	421
マクアフィテル／アステカ語／maquahuitl	283
マクシミリアン式甲冑／英／mximilian armour	229
マグナ・ボンバーダ／英／magna bombarda	273
マサ／西／maza	307
マシュトラトル／アステカ語／maxtlatl	282
マジュラ／亜／majra	160
マスケット（大型火縄銃）／英／musket	274,297,305,312,321,331,338,339,349,357
マッチ（火縄）／英／match	342
マッチ・ケース／英／match case	351,383
マッチ・ロック／英／match-lock	342
マティーオバルブリィ（投げ矢）／羅／MATTIOBARBULI	096
マヌバリスタ／羅／MANUBALLISTA	094
マフラ／英／muffler	191
マル／ヒ／maru	267
丸楯（パルマ）／羅／PARMA	066
マルツォボウロン（投げ矢）／希／ΜΑΛΖΟΒΑΛΒΟΥΡΟΝ (marzobarboulon)	129
マレーオルス／羅／MALLEOLUS	105
マング（樋溝）／波／mang	253
マン・ゴシュ／仏／main gauche	299
マンベリ／スワヒリ語／mambeli	419
ミズラク／土／mizrak	246
ミドファ／亜／midfa	165
ミトラダ／亜／mitrad	157
ミトン／英／mitten	218
ミニエ／個／Minié	341,402,408
ミュクレット・ロック／英／miquelet-lock	343
ミルメート・カノン／英／milemete cannon	210
ムウフル／仏／moufle	191
ムスクトン／仏／mousqueton	387,389
ムスケーテ／独／muskete	323
ムスケトゥーン／英／musketoon	389
メイス（鎚矛）／英／mace	15,106,232
メイス・アックス／英／mace axe	022
メイル・カラー（鎖肩当）／英／mail collar	230
メイル・ショウス／英／mail chausse	230
メイル・ホウズ／英／mail hose	150,155
メイン／英／mane	388
メインスプリング（主スプリング）／英／mainspring	343
メザラク／波／mezraq	253
メタル・カートリッジ／英／metal cartridge	404
モーゼル・ピストル／個／Mauser pistor	418
モーゼル・ライフル／個／Mauser rifle	418
モーリオン／英／morion	300,305,306,308,312,320,338
モカシン／英／moccasin	406
モグラ（柄頭）／波／mogra	253
モスケット／伊／moschetto	274
モスケテ／西／mosquete	274,305
モナコン／希／ΜΟΝΑΓΚΩΝ	095
モリオン／西／morrión	300
モルゲンシュテルネ／独／morgensterne	232
モンス・メグ／個／Mons Meg	273
モンテグニー・ミトライユーズ砲／個／Montigny Mitrailleuse gun	421

■ヤ行

ヤイン（弓）／土／yayin	246
薬室／英／powder chamber	210
ヤーゲル・ライフル／個／Jäger rifle	369
ヤタガン／土／yatagan	249
ヤチョーラ／マヤ語／yacolla	286
槍先／英／lance head	233
ユニフォーム／英／uniform	364

■ラ行

ラーンサ／西／lanza	303
ライフル（施条）／英／rifle	340
ライフリング／英／rifling	402
ラウエル・スパー／英／rowel spur	196
ラウンド・シールド／英／round shield	137
ラグ（掛け金）／英／lug	152

索引―武器・防具・服飾

ラニヤード・リング（銃環）／英／lanyard ring 340
ラフ（襞襟：ひだえり）／英／ruff 310
ラペル／英／lapel 375
ラマー／英／rammer 340
ラマー・パイプ（込め矢筒）／英／rammer pipe 340
ラムフィン／ア／lamhuinn 316
ラムロッド（込め矢、かるか）／英／ramrod 340
ラメラー／英／lamellar 122
ラング（突端）／英／lugs 223
ラング・デ・ブフ／仏／langue de bœuf 225
ラングデベヴェ／英／langdebeve 225
ランゲット（柄舌）／英／langet(cheek,strap) 223,236
ランス（騎槍）／英／lance 048,233,393
ランス・レスト（槍掛）／英／lance rest 218,221,226
ランゾン／西／lanzón 303
リー・エンフィールド／個／Lee-Enfield 414
リー・メトフォード／個／Lee-Metford 414
リーフェル・ハルニッシュ／独／riefelharnisch 229
リアブレイス（上腕甲）／英／rerebrace 196,221
リカッソ（羽根元）／英／ricasso 299,324
リトボロス／希／ΛΙΤΘΟΒΟΛΟΣ 053
リボドゥカン／仏／ribaudequin 420
リボルビング／英／revolving 405
リュスト・ハーケン／独／rüsthaken 226
リリース・ナット（弦受け）／英／
　release nut(revolving nut) 152,203
ルネサンス式甲冑／英／renaissance armour 220
ルマー／亜／rumh 157
ルンカ／英／runka 225
レイネ（振り袖に似た袖のある服）／ア／leine 316
レイピア／英／rapier 298
レギング／英／legging 375
レザー・カノン／英／leather cannon 273
レッグ・ガード（脚防具）／英／leg guard 168
レバー・アクション／英／lever action 404
ロイン・ガード（尻当）／英／loin guard 199,221
ローデラ／西／rodéla 304
ロゼット／英／rosette 374,388
ロック（着火装置）／英／lock 340
ロックプレイト（着火装置）／英／lockplate 342
ロッホバー・アックス／英／lochaber ax 358
ロハトニャ（槍）／ポ／rohatyna 328
ロブスター・テイル・ポッド／英／lobster-tail helmet
　326,337
ロムファイア／希／POMΦAIA 043,127,166
ロリカ（胸甲）／羅／LORICA 69
ロリカ・スカマタ／羅／LORICA SQUAMATA 76,96
ロリカ・セグメンタータ／羅／
　LORICA SEGMENTATA 080,082
ロリカ・ハマタ／羅／LORICA HAMATA 066,075
ロリカ・ムスクラ／羅／LORICA MUSCULA 069
ロリカ・ラメルラ／羅／LORICA LAMELLA 098
ロワー・ガード（下鍔）／英／lower guard 147
ロング・ソード／英／long sword 194
ロングボウ／英／longbow 201

ロンコ／伊／ronca 223
ロンコーネ／伊／roncone 223
ロンデル／仏／rondelle 219
ロンドル／英／rondel 219

■ワ行
ワルダ／亜／warda 165

あとがき

　武器や甲冑そのものを、種類別や国別、時代別の一冊として紹介・解説した本はたくさん出版されている。しかしながら、それらだけでは実際にどのような者たちが、どのように使用したかについては不明瞭なことも多い。本書は「物」ではなく「人」の側に立ち、できるだけその不明瞭な部分を明らかにし、かつ一筋の道としてどのような変遷を辿ったかを追ったものである。

　扱おうとした時間的範囲は五千年近くにもなる。そのため最初に書き記した原稿量は完成した本書を遙かにしのぐ分量とならざるを得なかった。ところがすべてを余すところなくというわけにもいかず、最終的には内容を厳選し、できるかぎり一般の読者にわかりやすくすることを目指してまとめ直すことにした（特に第IV章は項目を含めて半分以上を省略した）。厳選する際には、実戦で使用された武器や甲冑を中心としたが、そのため数多くの武器や甲冑の紹介をできなかったことが気がかりな点ではある。例えばトーナメントや華麗なパレード用甲冑などはまったく登場させられなかった。これらの点についてはまた別の機会があればと考える次第である。

　最後に、素晴らしいイラストを描いてくださった有田満弘、諏訪原寛幸、福地貴子の三氏には巻末ながらお礼を申し上げたい。私の細かな注文を聞き、また私のいたらなさから何度も描き直していただいたことには、ただ感謝の意をあらわすのみである。また、原稿の執筆にあたって助言をくださった中西眞也氏、編集を担当していただいた畑野豊氏、天賦田夫氏、そのほか本書の製作に携わった皆さま方に感謝する次第である。

2004年8月吉日　市川定春

ARMS & ARMOR
武器甲冑図鑑

2004年9月7日 初版発行
2008年2月29日 3刷発行

著者	市川定春
カバーイラスト	有田満弘
本文イラスト	有田満弘（第Ⅰ章－第Ⅲ章、戦争の技術） 諏訪原寛幸（第Ⅳ章） 福地貴子（各章アイテム画、戦争の技術） 福田工芸株式会社（図版トレース）
デザイン	mikko（sola glaphics）
編集	新紀元社編集部・天賦田夫
発行者	大貫尚雄
発行所	株式会社新紀元社 〒101-0054 東京都千代田区神田錦町3-19 楠本第3ビル4F TEL　03-3291-0961 FAX　03-3291-0963 http://www.shinkigensha.co.jp/ 郵便振替　00110-4-27618
製版	株式会社明昌堂
印刷・製本	大日本印刷株式会社

ISBN978-4-7753-0275-0
Printed in Japan
定価はカバーに表示してあります。